高等职业教育教材

化工基础

第二版

冷士良　张旭光　主编
陆　清　主审

化学工业出版社
·北京·

内 容 简 介

《化工基础》依据国家教学标准和职业标准（规范）而编写。全书坚持贯彻德技并重、价值引领和新发展的理念，面向岗位需要、实际实用和未来发展的原则选择教材的编写内容。

全书共三个模块，模块一为化工单元操作基础，主要介绍工业生产中常见的单元操作规律及设备，模块二为单元反应基础，主要介绍几种典型反应及反应器；模块三为化学工艺基础，在介绍工艺概况的基础上，对无机、有机及精细化工各选一例进行介绍。每章配有学习目标、思考题和习题，以引发学习者思考、提高学习兴趣和学以致用，做中提高。书中植入的二维码提供了动画、视频等数字教学资源，便于学习者自主反复学习。书后附有附录，可供深入学习。

本书可以作为高职高专分析检验技术、化工装备技术、化工自动化技术、高分子材料智能制造技术、橡胶智能制造技术、高分子合成技术、化工安全技术及相关专业的教学用书，也可以作为各类化工技术人员及教师的参考书。

图书在版编目（CIP）数据

化工基础/冷士良，张旭光主编．—2 版．—北京：化学工业出版社，2022.1（2025.3重印）
高等职业教育教材
ISBN 978-7-122-39946-5

Ⅰ.①化… Ⅱ.①冷…②张… Ⅲ.①化学工程-高等职业教育-教材 Ⅳ.①TQ02

中国版本图书馆 CIP 数据核字（2021）第 189429 号

责任编辑：旷英姿　提　岩　　　　装帧设计：王晓宇
责任校对：宋　夏

出版发行：化学工业出版社（北京市东城区青年湖南街 13 号　邮政编码 100011）
印　　装：河北延风印务有限公司
787mm×1092mm　1/16　印张 20½　字数 521 千字　　2025 年 3 月北京第 2 版第 3 次印刷

购书咨询：010-64518888　　　　售后服务：010-64518899
网　　址：http://www.cip.com.cn
凡购买本书，如有缺损质量问题，本社销售中心负责调换。

定　　价：55.00 元

前 言

《化工基础》（第二版）是根据教育部《职业院校教材管理办法》的精神，在《化工基础》第一版基础上修订的。本次修订力求保持原教材“符合规范、深广得当、适应面广”特色，并广泛听取第一版教材使用学校教师的意见和建议，对内容进行适当的精简、优化，并增加数字教学资源等内容。修订后的教材更加符合新时期教材建设的要求，符合化工产业转型升级对技术技能人才的要求。

修订后的教材主要有以下特点：

1. 突出化学、化工让人类生活更加美好的理念及绿色、健康、安全、环保、节能等新发展理念，旨在让读者深入了解化工和正确认识化工。

2. 增强以学生为本，成果导向的理念，为每一章设置了知识目标、能力目标和素质目标，旨在为师生开展教学改革创造条件。

3. 充分体现化工单元操作、单元反应和相关产品生产工艺与新技术、新工艺、新规范的对接，旨在使内容更加贴近生产实际。

4. 利用现代教育技术，为部分重要原理或设备配备了相关的动画和视频等数字教学资源，通过扫描书中二维码可以获取，旨在为读者更好地理解和掌握教材中的重点和难点，创造自主反复学习的机会。

本次修订工作由徐州工业职业技术学院冷士良主持，书中数字教学资源主要由北京东方仿真软件技术有限公司提供。在第二版出版之际，谨向所有教材使用者和读者表示感谢与敬意!

由于编者水平所限，书中难免有不足之处，恳请读者批评指正。

编 者

2021 年 8 月

第一版前言

本教材是在全国化工高职教学指导委员会指导下，根据教育部有关高职高专教材编写的文件精神，为高职高专非化工技术类专业化工原理教学需要而编写。

本教材内容的深度、广度适中，既符合岗位工作需要，又符合认知规律。高职教育与生产实际相结合的特色在教材中得到了充分的展示。本教材从与化工工艺技术相关的高职专业需要出发，将化工单元操作、单元反应和化学工艺三部分内容融合在一起，本着简单、简明、实际、实用的原则，深入浅出地组织内容，力争使读者花最少的时间，学习到最实用的化工知识与技能，并学会用工程观念观察问题、分析问题和解决问题。

教材淡化了没有实用价值的推导及计算，以物料平衡及能量的平衡为重点，致力于解决工程实际问题。把工程技术观点的培养作为重点，努力把培养用工程技术观点观察、分析和解决单元操作中的操作问题的能力落到实处。教材中的物理量，统一采用法定计量单位，符号采用国家标准 GB 3100～3102—93。

全书共分三篇，第一篇为化工单元操作基础，主要介绍工业生产中常见的单元操作规律及设备知识；第二篇为单元反应基础，主要介绍几种典型反应及反应器的相关知识；第三篇为化学工艺基础，在介绍工艺概况的基础上，对无机、有机及精细化工各选一例进行介绍。

本书由徐州工业职业技术学院冷士良、张旭光担任主编，广西工业职业技术学院陆清担任主审。绪论、流体、传热及附录由冷士良编写；混合物分离中的概述、沉降、过滤和蒸馏由常州工程职业技术学院刘媛编写；吸收和单元反应基础由黄河水利职业技术学院王宗舞编写；化学工艺基础由张旭光编写。全书由冷士良统稿。

在本书编写过程中，得到企业专家和同行的帮助，在此一并表示感谢。

由于编者水平所限，时间仓促，不完善之处在所难免，敬请读者和同仁们指正，以便今后修订。

编　者

2007 年 5 月

目 录

第 2 章　热量传递 058

第 3 章　混合物分离 108

模块二
单元反应基础

模块三
化学工艺基础

第6章 无机化工实例——硫酸的生产 245

第7章 有机化工实例——氯乙烯生产 279

0 绪 论

0.1 化工生产概述

0.1.1 化工生产与化学工业

化学工业是指以工业规模对原料进行加工处理，使其发生物理和化学变化而成为生产资料或生活资料的加工业。由于化学工业的产品渗透到生产及生活的各个方面，化工技术的进展影响到几乎所有的工业行业，因此化学工业对国民经济的贡献和影响举足轻重。化学工业也因此赢得了工业革命的助手、农业丰收的支柱、抵抗疾病的武器和现代文明的手段等美誉。

化工生产过程是指化学工业的一个个具体的生产过程，简单地说，就是一个产品的加工过程。显然，化工生产过程的最明显特征或核心就是化学变化。为了使化学反应过程得以经济、有效地进行，必须创造并维持适宜的条件，如一定的温度、压力、物料的组成等。因此，原料必须经过适当的预处理（前处理），以除去其中对反应有害的成分、达到必要的纯度、营造适宜的温度和压力条件；反应混合物必须经过后处理分离提纯，获得合乎质量标准的产品；在必要的情况下，未反应完的原料还必须循环利用。这些前、后处理主要是物理操作，发生的是物理变化。因此，化工生产过程是若干个物理过程与若干个化学反应过程的组合。对化工生产来说，研究物理变化规律同研究化学变化规律同样重要，甚至更加重要。

化学工业品种多，工艺复杂，但基本上可用图 0-1 的框图模式来表示。在必要的时候，后处理分离出的未反应的原料应该循环利用。

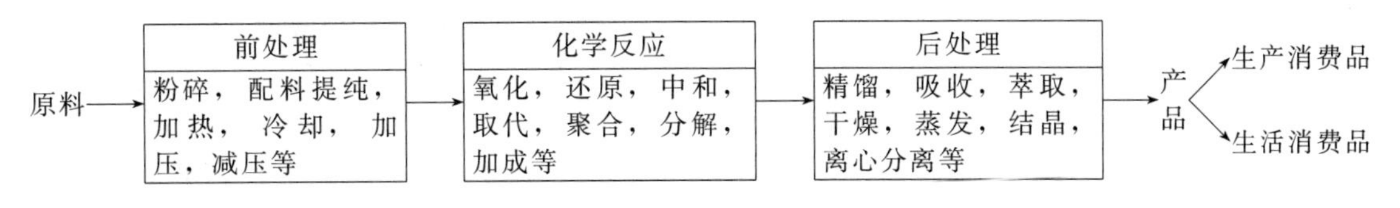

图 0-1 化工生产基本模式

化工生产的最原始原料为煤、石油、天然气、化学矿、空气和水等天然资源及农、林业副产品等，化学工业的产品则涉及国民经济的各个部门，它的产品与技术推动了世界经济的发展和人类社会的进步，提高了人民的生活质量与健康水平。化工生产的主要特点是原料来源丰富、生产路线多、技术含量高，经常涉及有毒、有害、易燃、易爆等物料，需要高温、高压、低温、低压等条件。因此，化学工业也带来了生态、环境及社会安全等问题。在 21 世纪，化工生产必须不断采用新工艺、新技术，提高对原料的利用率，消除或减少对环境的污染，实现可持续发展。

0.1.2 化工单元操作

经过长期的实践与研究，人们发现，尽管化工产品千差万别，生产工艺多种多样，但生产这些产品的过程所包含的物理过程并不是很多的，而且是相似的。比如，流体输送不论用来输送何种物料，其目的都是输送流体；加热与冷却都是为了得到需要的温度；分离提纯都是为了得到指定浓度的混合物等。人们把这些包含在不同化工产品生产过程中，发生同样的物理变化，遵循共同的规律，使用相似设备，具有相同作用的基本物理操作，称为单元操作。为人们所熟知的单元操作有流体流动与输送、传热、蒸发、结晶、蒸馏、吸收、萃取、干燥、沉降、过滤、离心分离、静电除尘、湿法除尘等。

0.1.3 化工单元反应

在化工生产过程中，总是包含一个或多个化学反应过程，尽管不同产品所包含的反应不一样，但从反应的机理或特点分析，可以类比单元操作的定义，把遵循同样反应原理，使用类似反应设备的反应称为单元反应。

按照不同的分类依据，单元反应可以有很多种：按反应类型分为分解反应、化合反应、置换反应和复分解反应等；按反应中电子得失情况分为氧化还原反应和非氧化还原反应等；按反应中化学粒子特征分为分子反应、离子反应和原子反应等；按反应的可逆性分为可逆反应和不可逆反应；按化学反应的热效应分为放热反应和吸热反应两大类；按反应物的性质分为无机反应、有机反应和生化反应等，按反应的动力学特性分为零级反应、一级反应、二级反应和多级反应等，另外，还可以把反应分成单分子反应、双分子反应和三分子反应；按引起化学反应的原因分为热化学反应、光化学反应以及核化学反应等；按反应物质所处状态分成气相反应、液相反应、固相反应和多相反应等。

不难看出，一个化工产品的生产过程是若干个单元操作与若干个单元反应的组合。

0.1.4 化工生产中的基本规律

物料衡算、能量衡算、平衡关系及过程速率是研究化工生产过程最常用的基本规律。

0.1.4.1 物料衡算

将质量守恒定律应用到化工生产过程，以确定过程中物料量及组成的分布情况，称为物料衡算。其通式为：

输入系统的物料量－输出系统的物料量＝系统中物料的积累量

首先要选择控制体（衡算范围，可以用框图框出）和衡算基准（时间基准和物质基准），然后再列方程计算。衡算时，方程两边计量单位应保持一致。

在过程没有化学变化时，全部物质的总量是平衡的，其中任何一个组分也是平衡的；在过程有化学变化时，全部物质的总量是平衡的，其中任何一种元素也是平衡的。

对于定态连续操作，过程中没有物质的积累，输入系统的物料量等于输出系统的物料量，在物料衡算时，物质的量通常以单位时间为计算基准；对于间歇操作，操作是周期性的，物料衡算时，常以一批投料作为计算基准。

在化工生产中，物料衡算是一切计算的基础，是保持系统物质平衡的关键，能够确定原料、中间产物、产品、副产品、废弃物中的未知量，分析原料的利用及产品的产出情况，寻求减少副产物、废弃物的途径，提高原料的利用率。

【例 0-1】 用蒸发器连续将质量分数为 0.20（下同）的 KNO_3 水溶液蒸发浓缩到 0.50，处理能力为1000kg/h，再送入结晶器冷却结晶，得到的KNO_3结晶产品中含水0.04，含KNO_3 0.375的母液循环至蒸发器。试计算结晶产品的流量、水的蒸发量及循环母液量。

解 根据题意，画出流程示意图如下。

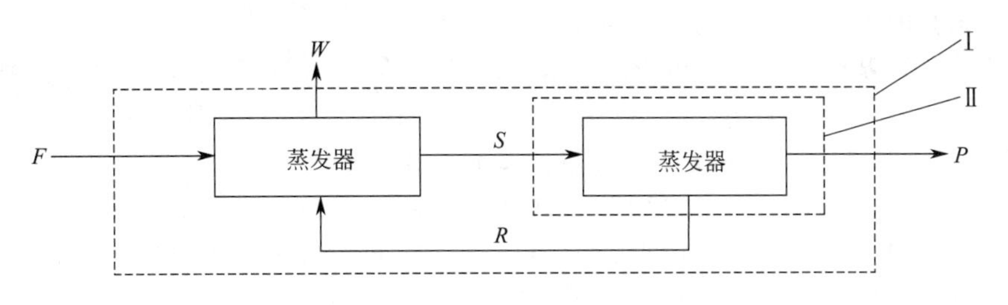

【例0-1】附图

(1) 求结晶产品量P

以图中框Ⅰ作为物料衡算的范围，以KNO_3为物质对象，以1h为衡算基准，则有物料衡算式：

$$Fx_F = Px_P$$

式中 $F=1000\text{kg/h}$ $x_F=0.20$ $x_P=1-0.04=0.96$

代入得 $$P=\frac{1000\times0.20}{0.96}=208.3\ (\text{kg/h})$$

(2) 求水分蒸发量W

以图中框Ⅰ作为物料衡算的范围，以水为物质对象，以1h为衡算基准，则有物料衡算式：

$$F=W+P$$

因此， $$W=F-P=1000-208.3=791.7\ (\text{kg/h})$$

(3) 求循环母液量R

以图中框Ⅱ作为物料衡算的范围，并设进入结晶器的物料量为S，单位为kg/h。分别以总物料和KNO_3为物质对象，以1h为衡算基准，则有物料衡算式：

$$S=R+P$$

$$Sx_S=Rx_R+Px_P$$

式中 $x_S=0.50$ $x_R=0.375$，其他同前

两式联合解得 $$R=766.6\text{kg/h}$$

0.1.4.2 能量衡算

将能量守恒定律应用到化工生产过程，以确定过程中能量的分配情况，称为能量衡算。其通式为：

输入系统的能量－输出系统的能量＝系统中物料的积累量

能量衡算时，也要先确定控制体和衡算基准，不过能量衡算时还必须有能量的计算基准。衡算时，方程两边计量单位应保持一致。

能量包括物料自身的能量（内能、动能、位能等）、系统与环境交换的能量（如功、热）等，因此能量的形式是多种多样的。同物料衡算相比，能量衡算要复杂些。但是，在化工生产中，特别是单元操作过程中，其他形式的能量在过程前后常常是不发生变化的，发生变化的多是热量，此时，能量衡算可以简化为热量衡算，热量衡算的通式为：

进入系统物料的焓－离开系统物料的焓＋系统与环境交换的热量＝系统内物料焓的积累量

上式中，当系统获得热量时，系统与环境交换的热量取正值，否则取负值。

对于定态连续操作，过程中没有焓的积累，输入系统的物料的焓与输出系统的物料的焓之差等于系统与环境交换的热量，通常以单位时间为计算基准；对于间歇操作，操作是周期性的。热量衡算时，常以一批投料作为计算基准。

选取焓的计算基准通常以简单方便为准，通常包括基准温度、压力和相态。例如，物料都是气态时，基准态应该选气态，都是液态时应该选择液态。基准温度常选 0℃，基准压力常选 100kPa。还要考虑数据来源，应尽量使基准与数据来源一致。

在化工生产中，热量衡算主要用于保持系统能量的平衡，能够确定热量变化、温度变化、热量分配、热量损失、加热或冷却剂用量等，寻求控制热量传递的办法，减少热量损失，提高热量利用率。热量衡算的基础是物料衡算，其衡算过程与方法均与物料衡算相似，此不举例，见传热及蒸发等单元操作的例题。

0.1.4.3 平衡关系

一个过程所能够达到的极限状态，称为平衡态。如相平衡、传质平衡、传热平衡、化学反应平衡等状态。平衡状态下，各参数是不随时间变化而变化的，并保持特定的关系。平衡时各参数之间的关系称为平衡关系。平衡是动态的，当条件发生变化时，旧的平衡将被打破，新的平衡将建立，但平衡关系不发生变化。如当水的液位不同时，连通就会发生流动现象，当液位同时，达到流动平衡，平衡关系就是液位 1 等于液位 2，不论流动平衡时，液位多高，平衡关系都是一样，即两液位相等。再如，当温度不同时，会发生热量传递，当温度相同时，达到传热平衡，平衡关系就是温度 1 等于温度 2，不论传热平衡时温度是多少，平衡关系都是一样，即两温度相等。

在化工生产中，平衡关系用于判定过程能否进行以及进行的方向和限度。操作条件确定后，可以通过平衡关系分析过程的进行情况，以确定过程方案、适宜设备等，明确过程限度和进行的方向。

当确定用某种液体吸收某混合气体中的溶质时，如果操作条件定了，就可以根据溶解相平衡关系分析吸收所能达到的极限，反过来，也能根据所要得到的吸收液浓度或尾气浓度分析需要的吸收条件。

0.1.4.4 过程速率

当实际状态偏离平衡状态时，就会发生从实际状态向平衡状态转化的过程，过程进行的快慢，称为过程速率。影响过程的因素很多，不同过程影响因素也不一样，因此，没有统一的解析方法计算过程速率。工程上，按照相似理论，仿照电学中的欧姆定律，认为过程速率正比于过程推动力，反比于过程阻力，即

$$\text{过程速率} \propto \frac{\text{过程推动力}}{\text{过程阻力}}$$

过程推动力是实际状态偏离平衡状态的程度，对于传热来说，就是温度差，对传质来说，就是浓度差等。显然，在其他条件相同的情况下，推动力越大，过程速率越大。

过程阻力是阻碍过程进行的一切因素的总和，与过程机理有关。阻力越大，过程速率越小。

在化工生产中，过程速率用于确定过程需要的时间或需要的设备大小，也用于确定控制过程速率办法。比如，通过研究影响过程速率的因素，可以确定改变哪些条件，以控制过程速率的大小，达到预期目的。这一点，对于一线操作人员来说，非常重要。

0.2 化工基础的性质、内容和任务

本课程是材料加工、应用化学、化工分析与检测、化工安全管理、化工设备维修技术、化工外贸营销专业等与化学化工相近或相关专业的一门技术性工程基础课，是扩展高等技术应用性工程人才综合能力的重要课程。其主要内容包括化工单元操作基础、化学反应器基础及化学工艺基础三个部分，通过学习，使读者能够获得化工生产较为全面的基础知识与基本技术。工程技术工作有很多是相通的，学习本课程可以起到“他山之石可以攻玉”的效果，而这些专业与化学工艺专业的交叉，更为学习者提供了根据需要学习和应用化工技术的途径。

本课程的任务是使学生掌握常见化工过程及设备的基础知识，具有初步计算能力和基本操作技能，接受用工程技术观点观察问题、分析问题和解决常见操作问题的训练，初步树立创新意识、安全生产意识、质量意识和环境保护意识，并了解化工生产的最新进展。

0.3 单位的正确使用

描述化工生产过程需使用大量物理量。物理量的正确表达应该是单位与数字统一的结果，比如，管径是 25mm，管长是 6m 等。因此，正确使用单位是正确表达物理量的前提。

由于国际单位制（SI 制）单位的一贯性与通用性，世界各国都在积极推广 SI 制，我国也于 1984 年颁发了以 SI 制为基础的法定计量单位，读者应该使用法定计量单位。

但是，由于数据来源不同，常会出现单位不统一或不一定符合公式需要的情况，这就必须进行单位换算。本课程涉及的公式有两种，一种是物理量方程，一种是经验公式。前者是有严格的理论基础的，公式中各物理量的单位只要统一采用同一单位制下的单位就可以了；而后者则是由特定条件下的实验数据整理得到的，经验公式中，物理量的单位均为指定单位，使用时必须采用指定单位，否则公式就不成立了。如果想把经验公式计算结果换算成 SI 制单位，先按经验公式的指定单位计算，再把结果转换成 SI 制单位，不要在公式中换算。

单位换算是通过换算因子来实现的，换算因子就是两个相等量的比值。比如，1m＝100cm，当需要把 m 换算成 cm 时，换算因子为$\frac{100\text{cm}}{1\text{m}}$，当需要把 cm 换算成 m 时，换算因子为$\frac{1\text{m}}{100\text{cm}}$。在换算时，目标单位等于原来的量乘上换算因子。

【例 0-2】 一个标准大气压（1atm）等于 1.033kgf/cm^2，等于多少 N/m^2？

解 $1\text{atm}=10.33\text{kgf/cm}^2=10.33\times\frac{\text{kgf}}{\text{cm}^2}\left(\frac{9.81\text{N}}{1\text{kgf}}\right)\left(\frac{100\text{cm}}{1\text{m}}\right)^2=1.013\times10^5\text{N/m}^2$

可见，当多个单位需要换算时，只要将各换算因子相乘即可。

【例 0-3】 三氯乙烷的饱和蒸气压可用如下经验公式计算，即

$$\lg p^0=\frac{-1773}{T}+7.8238$$

式中 p^0——饱和蒸气压，mmHg；

T——流体的热力学温度，K。

试求 300K 时，三氯乙烷的饱和蒸气压，Pa。

解 将温度 $T=300\mathrm{K}$ 代入得

$$\lg p^0=\frac{-1773}{T}+7.8238=\frac{-1773}{300}+7.8238=1.9138$$

因此 $p^0=81.9974\mathrm{mmHg}$ （注意，只能是 mmHg，而不能是 Pa）

$=81.9974\times133.3\mathrm{Pa}=10.93\mathrm{kPa}$

0.4 学习建议

建议组织一次化工认识实习，使学生形成对化工生产的整体认识，了解化工生产在国民经济中的地位，初步认识化工生产中的单元操作，认识到单元操作在化工生产中的地位与作用，从而激发学生学习本课程的兴趣，为学好本课程奠定基础。

实习可以采用多种办法：①在校内实训基地实习。有条件的学校，可以在单元操作训练室或实训工厂内实习，虽然与工厂的生产实际有一定的差距，真实感差一些，但只要安排合理，指导到位，也可以达到实习目的；②到工厂去，在生产现场边参观边听技术人员的介绍。此法真实感强，有利于学生获得真实可信的现场感受，但生产现场声音嘈杂，时间短，不一定能面向全体学生，如果人数少，指导人员较多，则能达到更好的效果；③通过多媒体工具实现。例如可以看化工生产的录像、多媒体课件、化工仿真等。三种方法各有优劣，也可以同时采用，以提高实习效果，真正达到认识单元操作的目的。

思考题

1. 查阅资料，举例说明化工生产的基本模式。
2. 对经验公式来说，指定单位意味着什么？
3. 通过了解化学工业与各行各业的关系，分析学习本课程的意义。
4. 当三氯乙烷的饱和蒸气压为 10.93kPa 时，三氯乙烷的温度是多少？第一种方法是将 10.93kPa 直接代入下式，第二种方法是将 10.93kPa 换算成 mmHg 后代入下式。比较两种方法的结果，判断哪一种算法正确。已知，三氯乙烷的饱和蒸气压可用如下经验公式计算，即

$$\lg p^0=\frac{-1773}{T}+7.8238$$

式中 p^0——饱和蒸气压，mmHg；

T——流体的温度，K。

模块一

化工单元操作基础

第 1 章

流体输送

知识目标

1. 了解流体输送与生产、生活的关系；
2. 能说出几种典型流体输送方式的异同点并能作出选择；
3. 理解密度、压力和黏度等流体物性并说明其在流体输送中的作用；
4. 能够运用流体静、动力学原理分析和解决流体输送中的问题；
5. 能说出流体阻力产生的原因及其对化工生产的影响；
6. 能说明管路各部件的结构与作用并理解管路布置的一般原理；
7. 能比较不同流体输送机械工作原理的异同点；
8. 能比较离心泵“气缚”和“汽蚀”现象的不同并知道如何避免。

能力目标

1. 能够计算或查找或实测密度、压力和黏度等流体物理性质；
2. 能够运用流量方程式、伯努利方程式进行流体输送相关计算；
3. 能够根据输送对象与任务要求选择适合的流体输送机械；
4. 能够正确操作离心式及容积式流体输送机械；
5. 能够在理解流量测量原理的基础上，正确选用流量计。

素质目标

1. 养成流体一样以柔克刚的做事习惯；
2. 养成“水滴石穿”的工匠精神；
3. 养成用工程思维和创新意识解决问题的习惯；
4. 正确认识化工与人类生活的关系，坚定化工让生活更美好的理念。

流体即可以流动的物体，包括可压缩的气体和难以压缩的液体。两者的共同特点是在外力作用下易于变形、具有流动性、没有固定形状，同时，当流体与界面物之间或自身各部分之间存在相对运动的趋势或发生相对运动时，会产生与之对抗的摩擦力。不同之处在于两者的可压缩性不同。但研究表明，在声速以下，气体表现出与液体相同的规律，因此工程上常将两者一起讨论。流体输送是指按照一定的目的，把流体从一处送到另一处。

1.1　概述

1.1.1　流体输送在化工生产中的应用

化工生产中的传热、传质及化学反应过程多数都是在流体流动条件下进行的。生产工艺的要求，需要将这些物料从一个设备输送到另一个设备、从一个车间输送到另一个车间。不难看出，流体的流动状况对化工过程的动力消耗，设备投资有着巨大的影响。这直接关系到化工产品的成本与经济效益。因此，流体输送对于保证工艺任务的完成及提高化工过程的速率和效率都是十分重要的。

1.1.2　常见流体输送方式

流体输送可以从生产实际出发，采取不同的输送方式，比如高位槽送料、真空抽料、压缩空气送料和流体输送机械送料等。

1.1.2.1　高位槽送料

利用容器、设备之间的位差，将处在高位设备内的液体输送到低位设备的操作称为高位槽送料。另外，在要求特别稳定的场合，也常设置高位槽，以避免输送机械带来的波动。如图 1-1 所示，脱甲醇塔的回流就是靠高位的塔顶冷凝器来维持的。

高位槽送料时，高位槽的高度必须能够保证输送任务所要求的流量。

1.1.2.2　真空抽料

通过真空系统造成的负压来实现流体从一个设备到另一个设备的操作称为真空抽料。如图 1-2 所示，糖精车间将烧碱送到高位槽内就是用真空抽送的办法。先将烧碱从碱储槽放入烧碱中间槽 1 内，然后通过调节阀门，利用真空系统产生的真空将烧碱吸入高位槽 2 内。

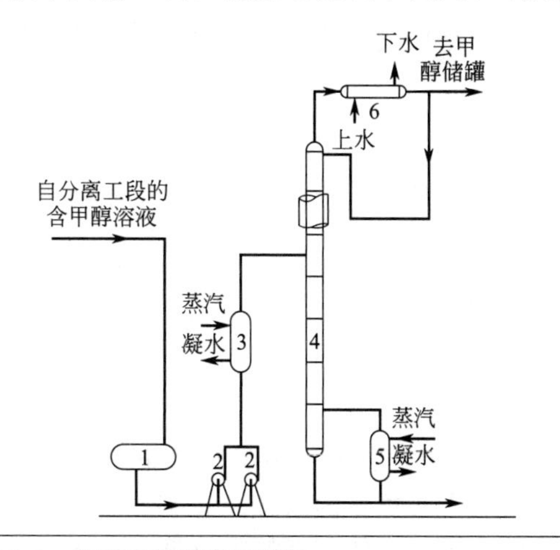

图 1-1　甲醇回收方案流程图

1—原料储槽；2—进料泵；3—预热器；
4—脱甲醇塔；5—再沸器；6—冷凝器

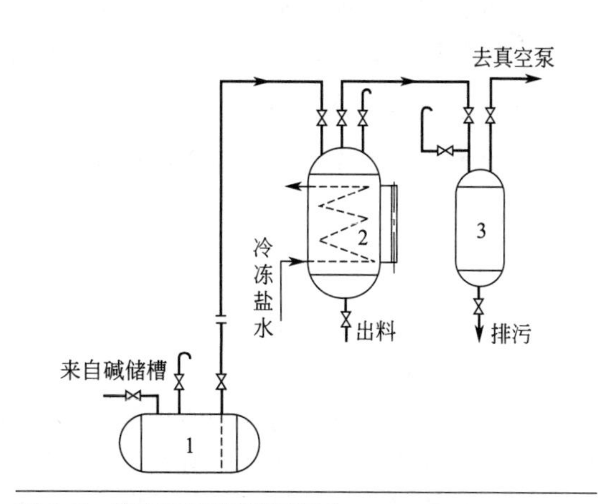

图 1-2　真空抽送烧碱示意图

1—烧碱中间槽；2—烧碱高位槽；3—真空汽包

真空抽料因为结构简单，操作方便，没有动件，是化工生产中常用的一种流体输送方法，但流量调节不方便，需要真空系统，不适于输送易挥发的液体。主要用在间歇送料的场合，在精细化率越来越高的今天，真空吸料的用途也越来越广泛。

在连续真空抽料时（比如，多效并流蒸发中），下游设备的真空度必须满足输送任务的流量要求，还要符合工艺条件对压力的要求。

1.1.2.3 压缩空气送料

通过压缩空气实现物料输送的操作称为压缩空气送料。此法结构简单，无动件，可间歇输送腐蚀性大及易燃易爆的流体，因此也是化工生产中常用的方法。例如酸蛋，如图 1-3 所示，先将储槽中的酸放入容器，然后通入压缩空气，在压力的作用下，将酸输送至目标设备。

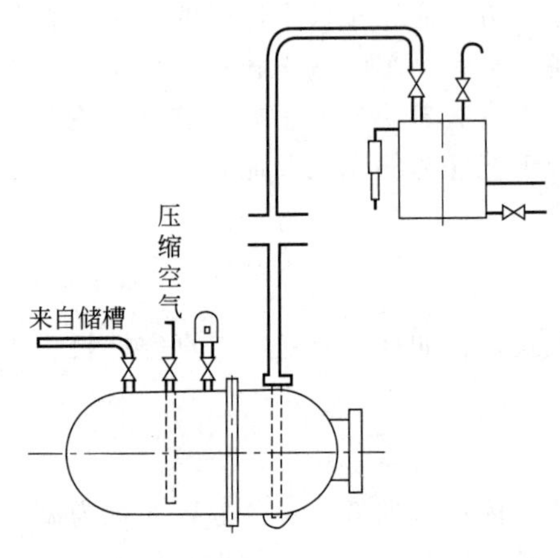

图 1-3 酸蛋送酸示意图

但此法流量小且不易调节，只能间歇输送流体。

压缩空气送料时，空气的压力必须满足输送任务对升扬高度的要求。

1.1.2.4 流体输送机械送料

借助流体输送机械对流体做功，实现流体输送的操作是工业生产中最常见的流体输送方式。由于原因是输送机械的类型多，压头及流量的可选范围宽广且易于调节。

用流体输送机械送料时，流体输送机械的型号及规格必须满足流体性质及输送任务的需要。

为了经济高效安全地输送流体，化工生产一线的高技能人才，必须对流体的性质、流体流动的表征、流体流动的基本规律、流体阻力、化工管路、输送机械等知识有一定的了解。

1.2 流体的物理性质

流体的常见物理性质包括密度、压力、黏度等不仅是描述流体流动与输送过程状态和规律的主要参数，也是影响液体输送经济性的重要物理量。

1.2.1 密度与相对密度

单位体积的流体所具有的质量称为流体的密度，用符号 ρ 表示，在国际单位制中，其单位是 kg/m^3。

$$\rho=\frac{m}{V} \tag{1-1}$$

式中 m——流体的质量，kg；

V——流体的体积，m^3。

密度是用来比较相同体积不同物质的质量的一个非常重要的物理量，对化工生产的操作、控制、计算等，特别是对质量与体积的换算，具有十分重要的意义。

任何流体的密度都与温度和压力有关。但压力的变化对液体密度的影响很小（压力极高时除外），故称液体是不可压缩的流体。工程上，常忽略压力对液体的影响，认为液体的密度只是温度的函数。例如，纯水在 277K 时的密度为 $1000kg/m^3$，在 293K 时的密度为

998.2kg/m³，在373K时的密度为958.4kg/m³。因此，在检索和使用密度时，需要知道液体的温度。对绝大多数液体而言，温度升高，其密度下降。

液体纯净物的密度可以从物理化学手册或化学工程手册等查取。液体混合物的密度通常由实验测定，比如波美度比重计法、韦氏天平法及比重瓶法等，其中，前者用于快速测量，因此在工业上广泛使用；后两者用于精确测量，多用于实验室中。

在工程计算中，当混合前后的体积变化不大时，液体混合物的密度也可以由下式计算，即

$$\frac{1}{\rho}=\frac{w_1}{\rho_1}+\frac{w_2}{\rho_2}+\cdots+\frac{w_i}{\rho_i}+\cdots+\frac{w_n}{\rho_n}=\sum_{i=1}^{n}\frac{w_i}{\rho_i} \tag{1-2}$$

式中 ρ——液体混合物的密度，kg/m³；

ρ_1、ρ_2、ρ_i、ρ_n——构成混合物的各纯组分的密度，kg/m³；

w_1、w_2、w_i、w_n——混合物中各组分的质量分数。

气体具有明显的可压缩性及热膨胀性，当温度、压力发生变化时，其密度将发生较大的变化。常见气体的密度也可从物理化学手册或化学工程手册中查取。在工程计算中，如果压力不太高、温度不太低，均可把气体（或气体混合物）视作理想气体，并由理想气体状态方程计算其密度。

由理想气体状态方程式

$$pV=\frac{m}{M}RT$$

变换可得：

$$\rho=\frac{pM}{RT} \tag{1-3}$$

式中 ρ——气体在温度T、压力p条件下的密度，kg/m³；

V——气体的体积，m³；

p——气体的压力，kPa；

T——气体的热力学温度，K；

m——气体的质量，kg；

M——气体的摩尔质量，kg/kmol；

R——通用气体常数，其值为8.314kJ/(kmol·K)。

如果是气体混合物，式中的M用气体混合物的平均摩尔质量M_m代替，平均摩尔质量由下式计算：

$$M_m=M_1\phi_1+M_2\phi_2+\cdots+M_i\phi_i+\cdots+M_n\phi_n=\sum_{i=1}^{n}M_i\phi_i \tag{1-4}$$

式中 M_1、M_2、M_i、M_n——构成气体混合物的各纯组分的摩尔质量，kg/kmol；

ϕ_1、ϕ_2、ϕ_i、ϕ_n——混合物中各组分的体积分数。理想气体的体积分数等于其压力分数，也等于其摩尔分数。

或者由

$$\frac{pV}{T}=\frac{p_0V_0}{T_0}$$

两边同除质量m，再变换可得：

$$\rho=\rho_0\frac{pT_0}{p_0T} \tag{1-5}$$

式中　下标“0”表示标准状况，即 273K，101.325kPa。

由于 1kmol 理想气体在标准状况下的体积是 22.4m^3，所以理想气体在标准状况下的密度为

$$\rho_0=\frac{M}{22.4} \tag{1-6}$$

当混合物中各纯组分的密度已知时，还可以根据混合前后质量不变的原则，用下式计算混合物的密度。

$$\rho=\rho_1\phi_1+\rho_2\phi_2+\cdots+\rho_i\phi_i+\cdots+\rho_n\phi_n=\sum_{i=1}^{n}\rho_i\phi_i \tag{1-7}$$

【例 1-1】用圆柱形储槽储存 8%的 NaOH 水溶液，已知储槽的底面直径是 6m。现因工艺需要，需将 30t 该碱液从储槽打到指定设备内，问储槽的液位计读数将下降多少？已知在当时条件下，该碱液的密度是 1061kg/m^3。

解　设储槽的液位计读数将下降 h，m，则

由
$$\frac{\pi}{4}D^2h\rho=m$$

得
$$h=\frac{m}{\frac{\pi}{4}D^2\rho}=\frac{30\times1000}{\frac{3.14}{4}\times6^2\times1061}=1\ (\text{m})$$

【例 1-2】已知甲醇水溶液中各组分的质量分数分别为：甲醇 0.9、水 0.1。试求该溶液在 293K 时的密度。

解　混合液的密度可以用 $\frac{1}{\rho}=\frac{w_1}{\rho_1}+\frac{w_2}{\rho_2}$计算

已知　$w_1=0.9$，$w_2=0.1$；

查附录，有机液体的相对密度，得 293K 时甲醇的密度为 791kg/m^3

查附录，水的重要物理性质，得 293K 时水的密度为 998.2kg/m^3

所以
$$\frac{1}{\rho}=\frac{0.9}{791}+\frac{0.1}{998.2}=0.001238\ (m^3/kg)\quad 或\quad \rho=808kg/m^3$$

即该混合液的密度为 808kg/m^3

【例 1-3】若空气的组成近似看作为：氧气和氮气的体积分数分别为 0.21 和 0.79。试求 100kPa 和 300K 时的空气密度。

解

方法一　先分别求出氧气和氮气的密度，再求取平均密度

氧气的密度 $\rho_1=\frac{pM_1}{RT}=\frac{100\times32}{8.314\times300}=1.283\ (kg/m^3)$

氮气的密度 $\rho_2=\frac{pM_2}{RT}=\frac{100\times28}{8.314\times300}=1.123\ (kg/m^3)$

空气的密度 $\rho=\rho_1\phi_1+\rho_2\phi_2=1.283\times0.21+1.123\times0.79=1.16\ (kg/m^3)$

方法二　通过平均摩尔质量求取空气的密度

空气的平均摩尔质量为

$$M=M_1\phi_1+M_2\phi_2=32\times0.21+28\times0.79=28.84\ (kg/kmol)$$

空气的密度为

$$\rho=\frac{pM}{RT}=\frac{100\times28.84}{8.314\times300}=1.16\ (kg/m^3)$$

或　　$\rho=\rho_0\dfrac{pT_0}{p_0T}=\dfrac{M}{22.4}\cdot\dfrac{pT_0}{p_0T}=\dfrac{28.84}{22.4}\times\dfrac{100\times273}{101.325\times300}=1.16\ (\mathrm{kg/m^3})$

可见，两种方法计算的结果是一样的。

在用仪器测量液体的密度时，在检索密度数据的过程中，常会遇到相对密度（过去称比重）和比体积（以前称比容）的概念。如用波美度比重计测出的就是被测液体的相对密度。

相对密度是一种流体的密度相对于另一种标准流体的密度的大小，是一个量纲一的量（准数）。对液体来说，常以 277K 的纯水作为标准液体（此时，水的密度为 $1000\mathrm{kg/m^3}$）。如水银的相对密度是 13.6，则水银的密度是 $1000\times13.6=13600\mathrm{kg/m^3}$。

比体积是反映单位质量物体所具有的体积的物理量，与密度互为倒数。

1.2.2　压力

工程上，使用单位面积上的力（应力）来表示力的作用强度。流体垂直作用在单位面积上的压力（压应力），称为流体的压力强度，简称压强，也称静压强，工程上习惯称为压力，本书中如无特别说明，一律称压力。其定义式为

$$p=\frac{F}{A} \tag{1-8}$$

式中　p——流体的压力，Pa；

F——垂直作用在面积 A 上的力，N；

A——流体的作用面积，$\mathrm{m^2}$。

可以证明，在静止流体中，任一点的压力方向都与作用面相垂直，并在各个方向上都具有相同的数值。

在化工生产中，压力是一个非常重要的控制参数，为了知道操作条件下压力的大小，以控制过程的压力，常在设备或管道上安装测压仪表。新型的测压仪表通常是自动的并可以由自动控制系统调节；传统的测压仪表主要有两种，一种叫真空表，一种叫压力表，至今仍在化工生产中广泛应用，但它们的读数都不是系统内的真实压力（绝对压力）。真空表的读数叫真空度，它所反映的是容器设备内的真实压力低于大气压的数值，即

真空度＝大气压－绝对压力

压力表的读数叫表压，它所反映的是容器设备内的真实压力比大气压高出的数值，即

表压＝绝对压力－大气压

显然，同一压力，用真空度和表压表示时，其值大小相等而符号相反。通常，把压力高于大气压的系统叫正压系统，压力低于大气压的系统叫负压系统。为了使用时不至于混淆，压力用表压和真空度表示时，必须注明，但用绝对压表示时，可以不加说明，例如 200kPa 表示绝对压力，2.5MPa（表压）表示系统的表压，绝对压力等于该值加上当地大气压，15Pa（真空度）表示系统的真空度，绝对压力等于当地大气压减去该值。

在工程上、文献中，压力的单位有很多种，因此要能够进行 Pa 与其他压力单位的换算，常见换算关系如下：

$$1\mathrm{atm}=101.3\mathrm{kPa}=1.033\mathrm{at}=760\mathrm{mmHg}=10.33\mathrm{mH_2O}$$

$$1\mathrm{at}=1\mathrm{kgf/cm^2}=98.07\mathrm{kPa}=735.6\mathrm{mmHg}=10\mathrm{mH_2O}$$

【例 1-4】 要求某蒸发器操作压力维持在 10kPa，若操作条件下，当地大气压为 100kPa，问：为测量系统压力，应该安装压力表还是真空表？其读数是多少？

解　由题意可知，操作压力比当地大气压低，因此应该安装真空表，

真空表的读数为　100－10＝90kPa

【例 1-5】安装在某生产设备进、出口处的真空表的读数是 3.5kPa、压力表的读数为 76.5kPa，试求该设备进出口的压力差。

解　设备进出口的压力差

＝出口压力－进口压力

＝(大气压＋表压)－(大气压－真空度)

＝表压＋真空度

＝76.5＋3.5

＝80.0(kPa)

1.2.3　黏度

当我们站在岸边，会发现水在河道中心的流速最快，越靠近河岸流速越慢，而在紧靠岸的地方流速为零。同样的情况也会发生在流体在管内的流动中。造成这一现象的原因是，流体对管壁的黏附力和流体分子间的吸引力。这种力的存在使流体质点发生相对运动时，会遇到来自自身的阻力，流体的这种属性称之为黏性，黏性是流体的固有属性，静止及运动流体都具有黏性，但只在流体流动时黏性才表现出来。

衡量流体黏性大小的物理量称为动力黏度或绝对黏度，简称黏度，用 μ 表示，在 SI 制中，其单位是 Pa·s。该单位太大，故在工程上或文献中常常使用泊（P）或厘泊（cP），它们之间的关系是：

$$1\text{Pa}\cdot\text{s}=10\text{P}=1000\text{cP}$$

黏度是流体的重要物理性质之一，其大小反映了在同样条件下，流体内摩擦力的大小。显然，在其他条件相同的情况下，黏度越大，流体的内摩擦力越大。

流体的黏度是流体种类及状态（温度、压力）的函数，气体的黏度比液体的黏度小得多。例如，常温常压下，空气的黏度约为 0.0184cP、而水的黏度约为 1cP。液体的黏度随温度的升高而减少，气体的黏度则随温度的升高而增加。例如冬天倒洗发精要比夏天倒洗发精难得多。压力改变对液体黏度的影响很小，可以忽略；除非压力很高，压力对气体黏度的影响也是可以忽略不计的。

流体的黏度通常是由实验测定的，例如涂 4 杯法、毛细管法和落球法等。一些常见的纯净物的黏度可以从手册中查取。在缺少条件时，混合物的黏度也可以用经验公式计算，可以参阅有关书籍资料。

在检索黏度资料时，有时会遇到运动黏度 ν 的概念，它与黏度 μ、密度 ρ 的关系是

$$\nu=\frac{\mu}{\rho} \tag{1-9}$$

在 SI 制中，运动黏度的单位是 m^2/s，其他单位有沲（St）和厘沲（cSt），它们之间的关系是

$$1\text{m}^2/\text{s}=10^4\text{St}=10^6\text{cSt}$$

1.3　流体流动基本知识

流体流动过程存在一定的规律，了解这些规律对流体输送具有重要的指导意义。在本节，将介绍流体流动的基本规律。

1.3.1　流量方程式

流量与流速是描述流体流动规律最基本的参数，而两者间的关系称为流量方程式。

1.3.1.1　流量

流体在流动时，单位时间内通过管道任一截面的流体量，称为流体的流量。流体的量可以用不同的方法量度，如果流体量用流体的质量来量度，则称为质量流量，用 q_m 表示，单位是 kg/s；如果流体量用流体的体积来量度，则称为体积流量，用 q_V 表示，单位是 m^3/s；如果流体量用流体的物质的量表示，则称为摩尔流量，用 q_n 表示，单位是 mol/s。本章采用质量流量和体积流量，两者的关系是：

$$q_m = \rho q_V \tag{1-10}$$

式中　ρ——相同条件下流体的密度，kg/m^3。

由于在不同的状态下，相同质量气体的体积是不同的，因此，当用体积流量表示气体的流量时，必须注明气体的状态。

流量既是表示输送任务的指标，又是过程控制的重要参数，因此，理解流量的概念，学会正确表示流量及流量的测量，对生产过程的操作控制具有重要的意义。

1.3.1.2　流速

单位时间内，流体在流动方向上经过的距离叫流体的流速。由于流体具有黏性，流体在管内流动时，同一流通截面上各点的流速是不同的，越靠近管壁，流速越小，中心的流速最大。在流体输送中所说的流速，通常指整个流通截面上流速的平均值，用 u 表示，单位是 m/s。平均流速可以用下式计算：

$$u = \frac{q_V}{A} \tag{1-11}$$

式中　A——垂直于流向的管道截面积（称为流通截面积），m^2。

对于圆形管路，A 就是截面圆的面积，即

$$A = \frac{\pi d^2}{4} \tag{1-12}$$

式中　d——管道的内径，m。

由于气体的体积是随着状态的变化而变化的，工业生产中也有用质量流速来表示气体的流速的，可参见有关书籍。

1.3.1.3　流量方程式

式(1-12) 为描述流体流量、流速和流通截面积三者之间的关系，称为流量方程式。显然，在流量一定的情况下，流通截面积越小，流速越大。在工程上，流量方程式主要用来指导选择管子规格和确定塔设备的直径。

将式(1-12) 代入式(1-11) 得

$$d = \sqrt{\frac{4q_V}{\pi u}} \tag{1-13}$$

通常，流量是由输送任务决定的，因此，管子的规格取决于流速的大小。由式(1-13) 可以看出，流速越大，管径越小，管路投入（设备费用）越小，但同时，流速越大，流体输送的动力消耗（操作费用）也越大（见流体阻力）；反之，结果相反。从经济上看，应该选取一个适宜流速，使设备折旧费用与操作费用之和达到最小。通常，常压气体的适宜流速为 10～20m/s，水及低黏度液体的适宜流速为 1.5～3.0m/s，饱和蒸汽的适宜流速为 20～40m/s 等（流体的适宜流速可从设计手册中查取）。

【例 1-6】 将密度为 $960kg/m^3$ 的料液送入某精馏塔精馏分离。已知进料量是 10000kg/h，

进料速率是 1.42m/s。问进料管的直径是多少？

解　进料管的直径为

$$d=\sqrt{\frac{4q_V}{\pi u}}=\sqrt{\frac{4}{\pi u}\times\frac{q_m}{\rho}}=\sqrt{\frac{4}{3.14\times1.42}\times\frac{10000}{3600\times960}}=0.051\ (\mathrm{m})$$

在我国，管子已经标准化和系列化，生产中应根据计算值在管子标准中选取内径最接近的管子规格，并反算管中的实际流速，并保证所选管子使用时，实际流速在适宜的范围内。关于适宜流速的选取及管子规格的确定，在管路设计手册中有详细的介绍，有兴趣的读者可以参阅有关书籍。

1.3.2　稳定流动与不稳定流动

流体流动分为稳定流动与不稳定流动两种。如图 1-4(a) 所示，由于进入恒位槽的流体的流量大于流出的流体的流量，多余的流体就会从溢流管流出，从而保证了恒位槽内液位的恒定。在流体流动过程中，流体的压力、流量、流速等流动参数只与位置有关，而不随时间的延续而变化，像这种流动参数只与空间位置有关而与时间无关的流动，叫稳定流动。

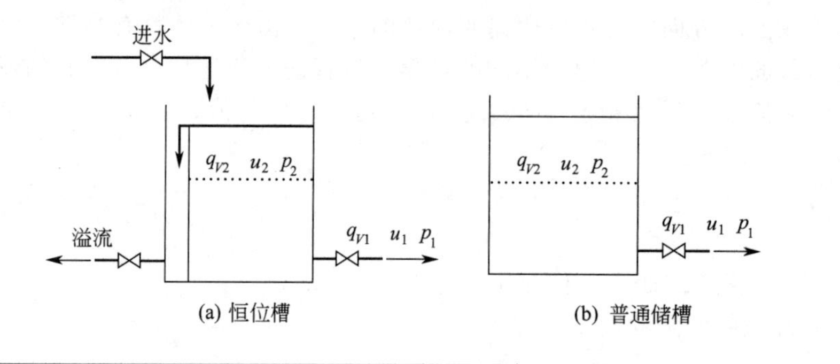

稳定流动与不稳定流动

图 1-4　稳定流动与不稳定流动

从图 1-4(b) 可见，由于没有流体的补充，储槽内的液位将随着流动的进行而不断下降，从而导致流体的压力、流量、流速等流动参数不仅与位置有关，而且与时间有关，像这种流动参数既与空间位置有关又与时间有关的流动，叫不稳定流动。

化工生产中的连续操作过程，多属于稳定流动，连续操作的开车、停车过程及间歇操作过程属于不稳定流动。在本书中，主要讨论流体稳定流动的基本规律。

1.3.3　稳定流动的物料衡算——连续性方程

当流体在密闭管路中稳定流动时，如果流通截面积发生了变化，则流体的流速也将发生变化。但是，根据质量守恒定律，在单位时间内，通过任一截面的流体质量均相等，如图 1-5 所示。即

$$q_{m1}=q_{m2}=\cdots=q_{mn}$$

或

$$u_1A_1\rho_1=u_2A_2\rho_2=\cdots=u_nA_n\rho_n \tag{1-14}$$

对于不可压缩或难以压缩的流体，上式可以简化为

$$u_1A_1=u_2A_2=\cdots=u_nA_n \tag{1-15}$$

方程(1-14) 与方程(1-15) 都是对输送过程物料衡算的结果，称为连续性方程，是研究分析流体流动的重要方程之一，它反映了不同截面间的流量、流速及流通截面积之间的关系，此规律与管路的布置形式及管路上是否有管件、阀门或输送设备无关，据此式分析可

知，在稳定流动系统中，流通截面积最小的地方，流体的流速最快。连续性方程与流量方程式都反映了流量、流速及流通截面积的关系，但实质是不同的，使用时应多加注意。

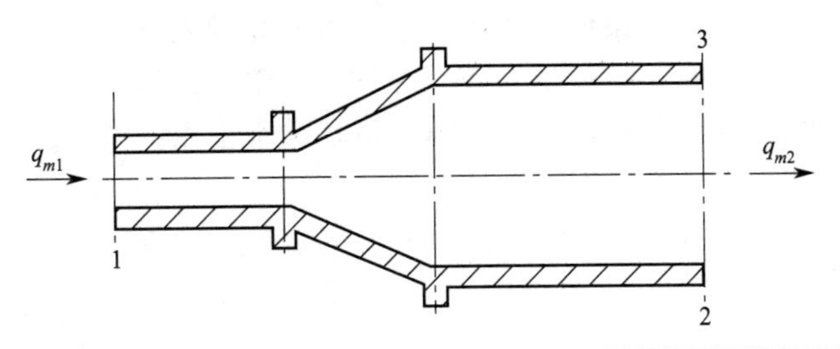

图 1-5　流体在管路中的稳定流动

【例 1-7】 在稳定流动条件下，某流体从内径 100mm 的钢管流入内径 80mm 的钢管，流量为 $60m^3/h$，试求两管内的流速。

解　大管内的流速　$u_1=\dfrac{q_V}{A}=\dfrac{q_V}{\dfrac{\pi}{4}d_1^2}=\dfrac{60/3600}{\dfrac{3.14}{4}\times(100\times10^{-3})^2}=2.12(m/s)$

由连续性方程 $u_1A_1=u_2A_2$ 得，$u_1\ \dfrac{\pi}{4}d_1^2=u_2\ \dfrac{\pi}{4}d_2^2$

所以
$$u_2=u_1\ \frac{d_1^2}{d_2^2}=2.12\times\frac{100^2}{80^2}=3.31\ (m/s)$$

从本例可以看出，在稳定流动系统中，流体的流速与管径的平方成反比。

1.3.4　稳定流动系统的能量衡算——伯努利方程

1.3.4.1　流动流体所具有的能量

能量是物质运动的量度，在流体流动过程中，一些能量形式会发生变化，但主要有三种能量可能发生变化。

(1) 位能　是流体质量中心处在一定的空间位置而具有的能量。位能是相对值，与所选定的基准水平面有关，其值等于把流体从基准水平面提升到当前位置所做的功。质量为 m（单位为 kg），距基准水平面的垂直距离为 Z（单位为 m）的流体的位能等于 mgz（单位为 J）。

(2) 动能　是流体具有一定的运动速度而具有的能量。质量为 m（单位为 kg），流速为 u（单位为 m/s）的流体所具有的动能为 $\frac{1}{2}mu^2$（单位为 J）。

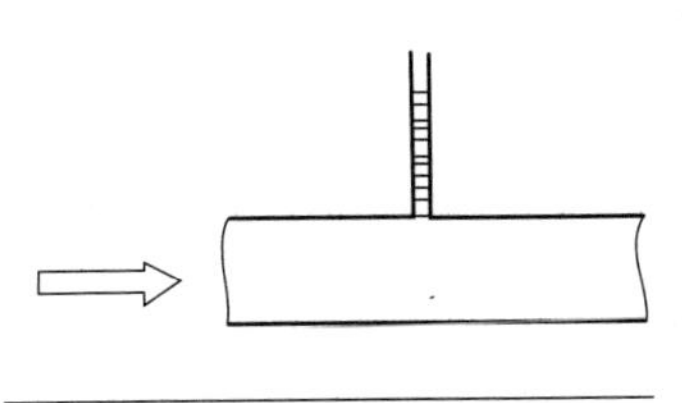

图 1-6　静压能示意图

(3) 静压能　是流体具有一定的静压力而具有的能量。静压力不仅存在于静止流体中，而且也存在于流动流体中，这种能量的宏观表现可以通过图 1-6 示意。流体从某管路中流过，如果在管路侧壁上开一小孔并装上一竖直玻璃管，流体将沿小管上升一定的高度并停止。静压能就是这种推动流体上升的能量。质量为 m（单位为 kg），在压力为 p（单位为 Pa）的流体的静压能为 $m\ \dfrac{p}{\rho}$（单位为 J）。

位能、动能与静压能都是机械能，在流体流动时，三种能量可以相互转换。

1.3.4.2　稳定流动系统的能量衡算

流体在图 1-7 所示的系统中稳定流动，由于截面 1—1 与截面 2—2 处境不同，因此处在

这两个截面上的流体的能量是不一样的，但根据能量守恒定律，能量可以转化但总量是守恒的，即

进入流动系统的能量＝离开流动系统的能量＋系统内的能量积累

对于稳定流动，系统内的能量积累为零。在图 1-7 中，流体从 1—1 截面经泵输送到 2—2 截面，设流体中心距基准水平面的距离分别为 Z_1、Z_2，两截面处的流速、压强分别为 u_1、p_1 和 u_2、p_2，流体在两截面处的密度均为 ρ，1kg 流体从泵获得的外加功为 W，1kg 流体从截面 1—1 流到截面 2—2 的全部能量损失为 $\sum E_f$，则按照能量守恒定律得到

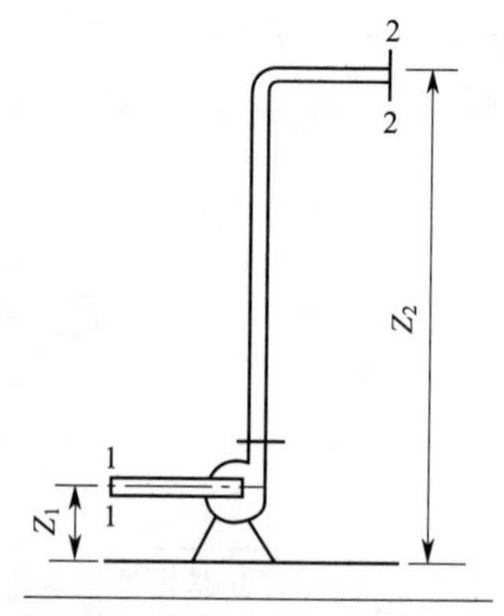

图 1-7　能量守恒示意图

$$gZ_1+\frac{p_1}{\rho}+\frac{1}{2}u_1^2+W=gZ_2+\frac{p_2}{\rho}+\frac{1}{2}u_2^2+\sum E_f \qquad (1\text{-}16)$$

式中　W——1kg 流体在 1—1 截面与 2—2 截面间获得的外加功，J/kg；

$\sum E_f$——1kg 流体从 1—1 截面流到 2—2 截面的能量损失，J/kg；

其他符号的意义及单位与前面相同。

在工程上，把 1N 流体所具有的能量称为压头，单位为 m，因此，流体的位能、动能、静压能分别称为位压头、动压头、静压头，1N 流体获得的外加功称为外加压头，1N 流体的能量损失称为损失压头等。

用压头表示的能量守恒定律如下：

$$Z_1+\frac{p_1}{\rho g}+\frac{1}{2g}u_1^2+H=Z_2+\frac{p_2}{\rho g}+\frac{1}{2g}u_2^2+\sum H_f \qquad (1\text{-}17)$$

式中　H——1N 流体在 1—1 截面与 2—2 截面间获得的外加压头，m；

$\sum H_f$——1N 流体从 1—1 截面流到 2—2 截面的损失压头，m；

其他符号的意义及单位与前面相同。

伯努利方程——能量转换与守恒

式(1-16) 和式(1-17) 是实际流体的机械能衡算式，习惯上称为伯努利方程式，它反映了流体流动过程中，各种能量的转化与守恒规律，这一规律在流体输送中具有重要意义。理想流体（没有黏性，流动时没有内摩擦力）流动时没有能量损失，也无须外加功，上两式分别变为：

$$gZ_1+\frac{p_1}{\rho}+\frac{1}{2}u_1^2=gZ_2+\frac{p_2}{\rho}+\frac{1}{2}u_2^2 \qquad (1\text{-}16a)$$

或

$$Z_1+\frac{p_1}{\rho g}+\frac{1}{2g}u_1^2=Z_2+\frac{p_2}{\rho g}+\frac{1}{2g}u_2^2 \qquad (1\text{-}17a)$$

(1-16a) 和 (1-17a) 称为理想流体的伯努利方程式。

1.3.4.3　伯努利方程的分析与应用

（1）能量守恒与转化规律　伯努利方程表明，在流体流动中，各种能量形式可以相互转化，但总能量是守恒的。为了分析方便，以理想流体的伯努利方程式来分析能量的变化规律。设 $Z_1=Z_2$，则可以看出，动能与静压能是可以相互转化的，由此可以推出，在流动最快的地方，压力最小。在工程上，利用这一规律，制造设计了流体动力式真空泵，制造了球类比赛中的旋转球等。

必须指出，实际流体流动时，由于流体阻力的存在，不同能量形式的转化是不完全的，其差额就是能量损失。

【例 1-8】密度为$900kg/m^3$的某流体从如图管路中流过。已知大、小管的内径分别为106mm和68mm；截面1—1处流体的流速为1m/s，压力为1.2atm。试求截面2—2处流体的压力。

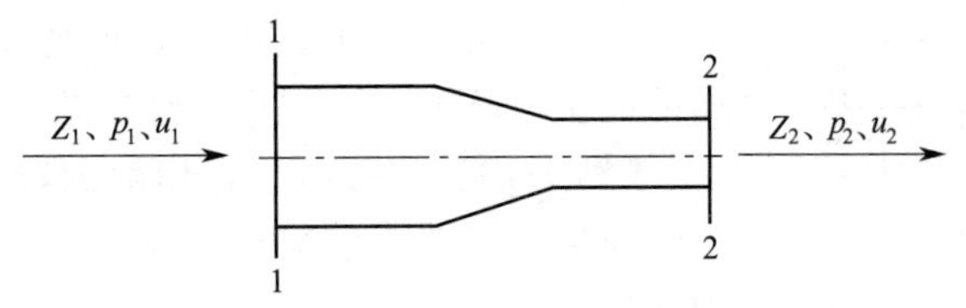

【例 1-8】附图

解　在截面1—1与截面2—2间列伯努利方程，可得

$$gZ_1+\frac{p_1}{\rho}+\frac{1}{2}u_1^2+W=gZ_2+\frac{p_2}{\rho}+\frac{1}{2}u_2^2+\sum E_f$$

式中，选管路中心线为基准水平面，则$Z_1=0$，$Z_2=0$；

$W=0$，$E_f=0$（两截面很近，忽略能量损失）；

$u_1=1m/s$，$p_1=1.2atm=121590Pa$，$\rho=900kg/m^3$；

$d_1=106mm=0.106m$，$d_2=68mm=0.068m$

所以
$$p_2=p_1+\frac{\rho}{2}(u_1^2-u_2^2)$$

根据连续性方程，得
$$u_2=u_1\left(\frac{d_1}{d_2}\right)^2=1\times\left(\frac{0.106}{0.068}\right)^2=2.43(m/s)$$

则
$$p_2=119382Pa$$

（2）流体自然流动的方向　流动自然流动时，外加功为零，但流体阻力始终大于零，因此，在方程式(1-16)中，流体在截面1—1所具有的总能量必然会大于流体在截面2—2所具有的总能量。这说明，流体自然流动只能从高能位向低能位进行。

在化工生产中，为了完成将流体从低能位输送到高能位的任务，必须采取措施，以保证上游截面处流体的能量能大于下游截面处流体的能量。从伯努利方程可以看出，这些措施包括增加上游截面的能量、减少下游截面的能量、在上、下游截面间使用流体输送机械对流体做功等。生产中常使用的办法是设置高位槽，在上游加压（酸蛋），在下游抽真空（真空抽料）和使用流体输送机械等。

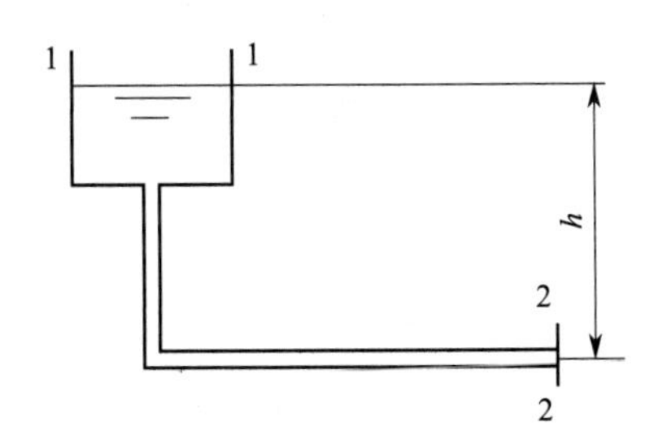

【例 1-9】附图

【例 1-9】如图所示，拟用高位水槽输送水至某一地点，已知输送任务为25L/s，水管规格为ϕ114mm×4mm，若水槽及水管出口均为常压，流体的全部阻力损失为62J/kg，问高位水槽液面至少要比水管出口截面高多少米？

解　在高位水槽液面1—1和水管出口截面2—2之间列伯努利方程，得

$$gZ_1+\frac{p_1}{\rho}+\frac{1}{2}u_1^2+W=gZ_2+\frac{p_2}{\rho}+\frac{1}{2}u_2^2+E_f$$

式中，令截面2—2中心所在的水平面为基准水平面，则$Z_1=h$，$Z_2=0$；而$W=0$，$E_f=62J/kg$；$p_1=p_2=0$（表压）；$u_1=0$，

$$u_2=\frac{q_V}{\frac{\pi}{4}d^2}=\frac{25\times10^{-3}}{\frac{3.14}{4}\times(114-2\times4)^2\times10^{-6}}=2.83(m/s)$$

代入伯努利方程式得　　　　　　$Z_1=h=6.7\text{m}$

即高位水槽的液面至少要比水管出口截面高6.7m，才能保证完成输送任务。

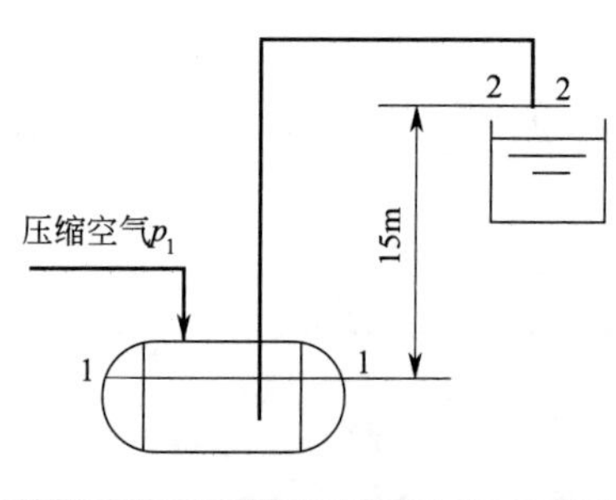

【例1-10】附图

从本题可以看出，通过设置高位槽，可以提高上游截面的能量，从而可以保证流体按规定的方向和流量流动。

【例1-10】 如图所示，用酸蛋输送293K，98%的硫酸至酸高位槽，要求的输送量是$1.8\text{m}^3/\text{h}$，已知管子的规格为$\phi 38\text{mm}\times 3\text{mm}$，管子出口比酸蛋内液面高15m，全部流体阻力为10J/kg，试求开始时压缩空气的表压力。

解　在酸蛋内液面1—1与管子出口截面2—2间应用伯努利方程，并以截面1—1为基准水平面，则有

$$gZ_1+\frac{p_1}{\rho}+\frac{1}{2}u_1^2+W=gZ_2+\frac{p_2}{\rho}+\frac{1}{2}u_2^2+\sum E_f$$

式中：$Z_1=0$，$Z_2=15\text{m}$；$p_2=0$（表压）；$\sum E_f=10\text{J/kg}$；

$$W=0;\ u_1=0,\ u_2=\frac{q_V}{\frac{\pi}{4}d^2}=\frac{1.8/3600}{\frac{3.14}{4}\times(38-2\times 3)^2\times 10^{-6}}=0.62(\text{m/s});$$

又查附表得，273K下，98%的硫酸的密度$\rho=1836\text{kg/m}^3$

代入伯努利方程式得：开始时压缩空气的压力$p_1=2.89\times 10^5\text{Pa}$（表压）

从本题可以看出，通过加压来提高上游截面的静压能，可以保证流体按规定的方向和流量流动。

【例1-11】 如图所示，用泵将水从水槽送入二氧化碳水洗塔。已知，储槽水面的压力300kPa，塔内压力为2100kPa，塔内水管与喷头连接处的压力为2250kPa；钢管规格为$\phi 57\text{mm}\times 2.5\text{mm}$；塔内水管与喷头连接处比储槽水面高20m；送水量为$15\text{m}^3/\text{h}$；流体从储槽水面流到喷头的全部流体阻力损失为49J/kg；水的密度取1000kg/m^3。试求水泵的有效功率。

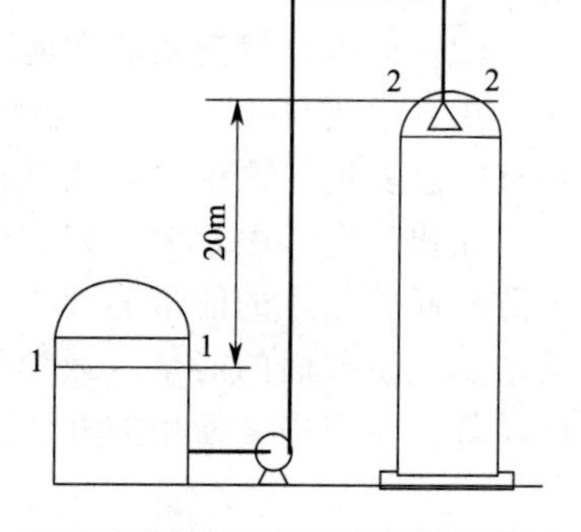

【例1-11】附图

解　在水槽液面1—1与塔内水管与喷头连接处2—2之间应用伯努利方程，并以截面1—1为基准水平面，得

$$gZ_1+\frac{p_1}{\rho}+\frac{1}{2}u_1^2+W=gZ_2+\frac{p_2}{\rho}+\frac{1}{2}u_2^2+\sum E_f$$

式中　$Z_1=0$，$Z_2=20\text{m}$；

$p_1=300\text{kPa}=3.00\times 10^5\text{Pa}$，$p_2=2250\text{kPa}=2.25\times 10^5\text{Pa}$；

$\sum E_f=49\text{J/kg}$；$\rho=1000\text{kg/m}^3$；$u_1=0$

$$u_2=\frac{q_V}{\frac{\pi}{4}d^2}=\frac{15/3600}{\frac{3.14}{4}\times(57-2\times 2.5)^2\times 10^{-6}}=1.96(\text{m/s})$$

将数据代入伯努利方程式，得　$W=2797\text{J/kg}$

水泵的有效功率为　$P_e=Wq_V\rho=2797\times 15\times 1000/3600=11654\text{W}=11.654\text{kW}$

（3）静止流体　如果流体是静止的，则$u_1=u_2=0$，$w=0$，$E_f=0$，因此方程式(1-16)变为

$$gZ_1+\frac{p_1}{\rho}=gZ_2+\frac{p_2}{\rho} \tag{1-18}$$

这说明，在静止流体内部，任一截面上的位能与静压能之和均相等，这就是伯努利方程在静止流体中的表现形式，在化工生产中具有广泛的应用，将在下面详述。

(4) 适应场合　伯努利方程除适合于连续稳定流动的液体外，也适合于压力变化不大 $\left(\dfrac{p_2-p_1}{p_1}\leqslant 20\%\right)$ 的气体，但对于气体，密度应取两截面密度的平均值，此外，对于不稳定流动的任一瞬间，伯努利方程也是适应的。

1.3.4.4　静力学规律与应用

方程(1-18) 反映了静止流体内部能量转化与守恒的规律，常把它称为流体静力学基本方程。仔细分析可以看出，静力学规律实际上就是静止流体内部压力与位置之间的关系。利用这种规律在工程上可以判断流体的流向、测量压差或压力、测定与控制液位、确定液封高度、设计分液器等。

① 方程(1-18) 表明，在静止流体内部，任一截面上的位能与静压能之和均相等。据此可以判定流体是否流动以及流动的方向和限度。例如，用管路将设备 1 与设备 2 连接起来，是否会发生流体在 1 与 2 之间的流动呢？只要计算一下 1 与 2 两截面的能量并加以比较就可以了。

如果$(位能+静压能)_1=(位能+静压能)_2$　　则流体处在静止状态；

如果$(位能+静压能)_1>(位能+静压能)_2$　　则流体从 1 向 2 流动；

如果$(位能+静压能)_1<(位能+静压能)_2$　　则流体从 2 向 1 流动；

② 方程(1-18) 变形可得，

$$p_2=p_1+\rho g(Z_1-Z_2) \tag{1-18a}$$

此式也称为流体静力学基本方程，它反映了静止流体内部任意两个截面压力之间的关系，它表明在静止、连续、均质的流体内部，当一点的压力发生变化时，其他各点的压力将发生同样大小和方向的变化，这正是液压传动的理论依据。

③ 如果截面 1 刚好与自由液面重合，则 (Z_1-Z_2) 就等于截面 2 距自由液面的深度，用 h 表示，于是，方程(1-18a) 就变为

$$p_2=p_1+\rho gh \tag{1-18b}$$

通常，液面上方的压力 p_1 是定值，因此，方程 (1-18b) 表明，在静止、连续、均质的流体内部，任一截面的压力仅与其所处的深度有关，而与底面积无关。显然，液体越深的地方压力越大，这就是拦河堤坝越靠底部越宽的原因。

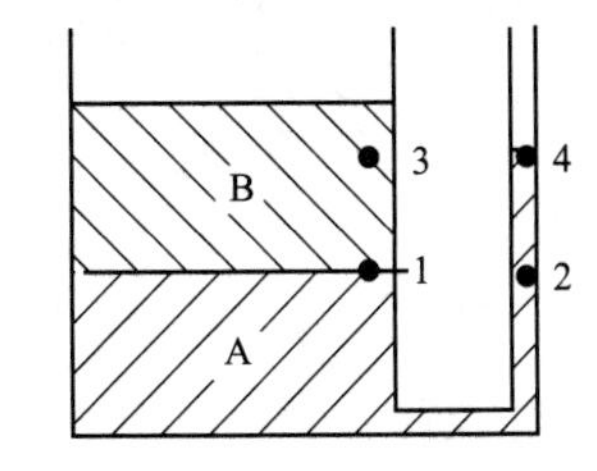

图 1-8　等压面示意图

显然，在静止、连续、均质的流体中，处在同一水平面上的各点的压力均相等。压力相等的截面称为等压面，等压面对解决静止流体的问题相当重要。

图 1-8 中，1 与 2 处在同一水平面上，3 与 4 也处在同一水平面上，但 1 与 2 处的压力相等，而 3 与 4 处的压力不相等。

④ 方程式(1-18a) 也可以变化如下：

$$\frac{p_2-p_1}{\rho g}=Z_1-Z_2 \tag{1-18c}$$

此式表明，静压头的变化可以用位压头的变化来显示，或者说压力的变化可以通过液位的变化来反映或相反，因此，可以用液柱高度表示压力大小，但必须带流体种类（如 760mmHg）。这就是连通器原理，利用这一原理可以设计制作压力计、液位计、分液器、出料管等。

如图 1-9 所示，为了测量某容器内的液位，可以在容器上部与底部各开一个小孔并用玻

璃管连接两孔。显然，玻璃管内的液位高度就是容器内的液位高度。这种液位计构造简单，造价低廉，但易于破碎，且不适宜集中控制及远距离测量。

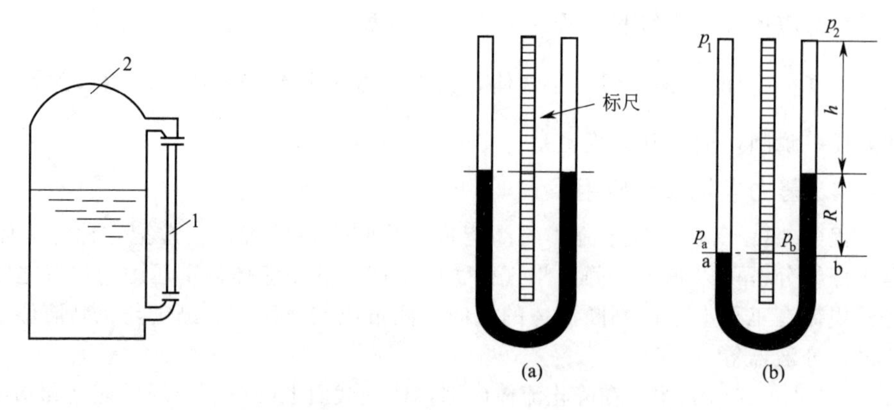

图 1-9 玻璃液位计

1—玻璃管；2—容器

图 1-10 液柱压力计

图 1-10 是用 U 形压力计的示意图，测量时，将 U 形管压力计的两端分别连接在要测量的两侧压点上，则根据 U 形管内指示液的液位变化（压力计的读数），可以算出两测压点之间的压力差。如果是测量某点的压力，只要将压力计的一端通大气即可。

如果测点 1 与 2 处在同一水平面上，则经推导可得

$$p_1-p_2=R(\rho_i-\rho)g \tag{1-19}$$

式中 p_1，p_2——测点 1 与 2 处的压力，Pa；

R——U 形压力计的读数，m；

ρ_i，ρ——指示液及被测介质的密度；

g——重力加速度，m/s^2。

图 1-11 是分液装置示意图，工业生产中经常需要将工艺过程中的两种密度不同的流体分离开来，通过该分离器可以实现水与有机液体的分离。

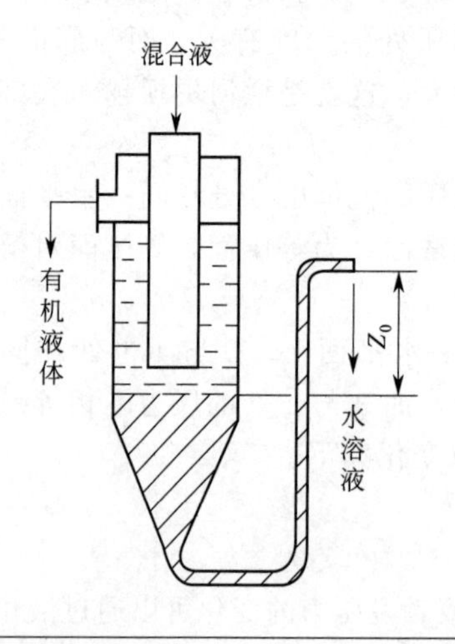

图 1-11 分液器示意图

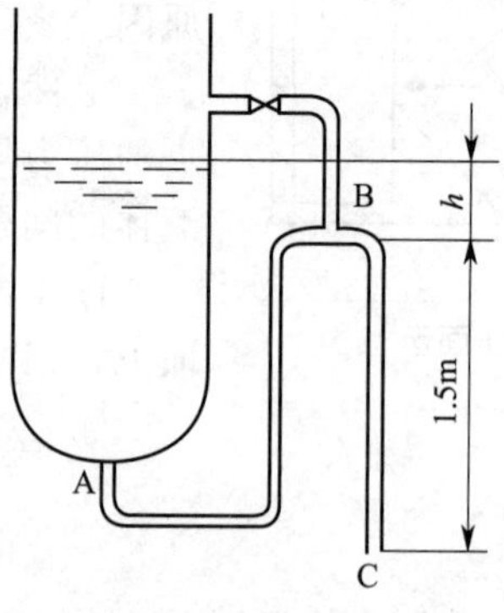

图 1-12 Π 形液体采出装置示意图

化工生产中广泛使用Π形液体采出装置，以使气液两相接触后能及时分开，如图 1-12 所示，此类采出装置既能保证液体的采出，又能有效阻止气体从液体通道流出来。

⑤ 对于气体，其密度随压力因而也随高度变化而变化的，严格地说，以上结论只适用于难以压缩的液体，而不适用于气体。然而，在工程上，考虑到在化工容器的高度范围内，气体的密度是变化不大的，因此，允许适用于气体。

【例 1-12】 某气柜内径为 9m、钟罩及附件的质量为 10t。试问：(1) 气柜内气体压强为多大时，才能将钟罩顶起来？(2) 当气柜内气量增加时，柜内气体的压强是否变化？(3) 若水的密度为 $1000\mathrm{kg/m^3}$，水对钟罩的浮力可以忽略不计，则钟罩内外的水位差是多少？

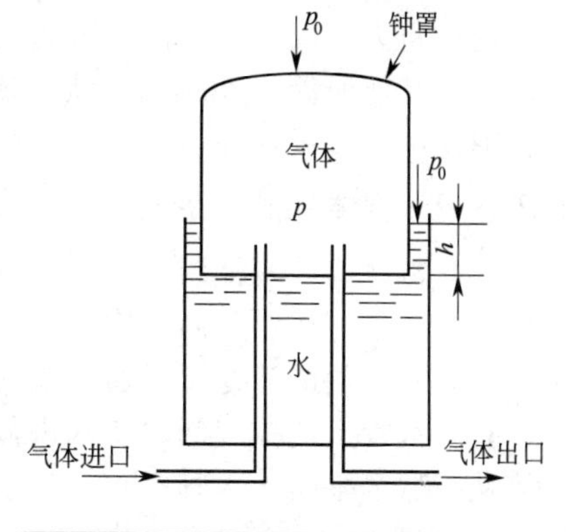

【例 1-12】 附图

解　设气柜内气体的压力为 p，气柜外的大气压为 p_0。

(1) 要将钟罩顶起来，罩内气体给予钟罩的向上推力必须大于或等于钟罩自身重量与外界大气给予钟罩的向下的压力之和，考虑到这两种力的作用面积相等，因此，必有罩内气体的表压力

$$p \geqslant \frac{F_g}{\frac{\pi}{4}D^2} \quad 或 \quad p \geqslant \frac{10\times1000\times9.81}{\frac{\pi}{4}\times9^2}$$

即罩内气体的表压力至少要达到 $p=1542.8\mathrm{Pa}$ 时才能把钟罩顶起来。

(2) 当罩内气体量增加时，钟罩就会上升，并平衡在新的位置，由于钟罩的质量没有变化，外界压力也没有变化，因此，罩内气体的压力也不改变。

(3) 设钟罩内外的水位差为 h（单位为 m），则

$$p=h\rho_w g=1542.8\mathrm{Pa}（表压）$$

或

$$h=\frac{p}{\rho_w g}=\frac{1542.8}{1000\times9.81}=0.157\ (\mathrm{m})$$

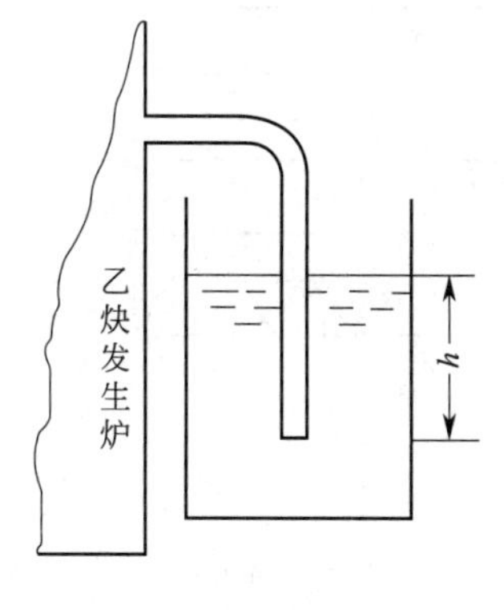

【例 1-13】 附图

【例 1-13】 为了控制乙炔发生炉内的压力不超过 80mmHg（表压），在炉外装有安全液封（水封），当炉内压力超过规定值时，气体能从水封管排出，从而达到稳压的目的。试求水封管必须插入水下的深度。

解　设水封管必须插入水下的深度为 h（单位为 m），才能维持乙炔发生炉内的压力不超过规定值，则水封管口所在水平面处的表压力为 80mmHg

于是：

$$p_{12}=h\rho_w g=80\mathrm{mmHg}=10664\mathrm{Pa}$$

故

$$h=\frac{10664}{\rho_w g}=\frac{10664}{1000\times9.81}=1.1\ (\mathrm{m})$$

1.3.5　流体阻力

流体流动过程中因为克服阻力而消耗的能量叫流体阻力。实际流体流动时，会因为流体自身不同质点之间以及流体与管壁之间的相互摩擦而产生阻力，造成能量损失。因此了解流体阻力产生的原因及其影响因素是十分重要的。

1.3.5.1　流体阻力产生的原因

黏性是流体阻力产生的根本原因，理想流体在流动时不会产生流体阻力。因为理想流体

是没有黏性的。黏度作为表征黏性大小的物理量，其值越大，说明在同样流动条件下，流体阻力就会越大，这已经为理论研究及实验结果所证实。不同流体在同一条管路中流动时，流体阻力的大小是不同的。研究也发现，同一种流体在同一条管路中流动时，也能产生大小不同的流体阻力，因此决定流体阻力大小的因素除了内因（黏性）和外因（流动的边界条件）外，还有其他原因。1883 年，雷诺用实验找到了这个原因。流体的流动存在不同的形态，每种形态中流体质点的运动是不一样的，造成的阻力也是不一样的。

1.3.5.2　流体的流动形态

（1）雷诺实验　雷诺实验装置如图 1-13 所示，设图中储槽水位通过溢流保持恒定，高位槽内为有色液体，与高位槽相接的细管喷嘴保持水平，并与水平透明水管的中心线重合，实验时，两管内的流速可以通过阀门调节。

打开水管上的控制阀，使水进行稳定流动，将细管上的阀门也打开，使高位槽内的有色液体从喷嘴水平喷入水管中，改变水管内水的流速，可以发现有三种不同的实验结果，如图 1-14(a)、(b)、(c) 所示。当流速较低时，实验结果如图(a) 所示，有色液体呈一条直线在水管内流动；随着水管内水的流速的增加，这条线开始变曲并抖动起来，像正弦曲线一样，如图(b) 所示；继续增加水管内水的流速，当增加到某一流速时，有色液体一离开喷嘴就立即与水混合均匀并充满整个管截面，如图(c) 所示。这说明，流体的流动形态是各不相同的，通常认为流体的流动形态有两种（注意不是三种），即层流与湍流。

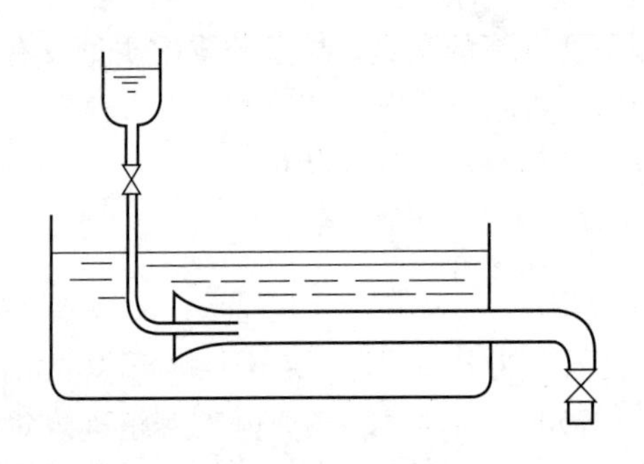

图 1-13　雷诺实验装置示意图

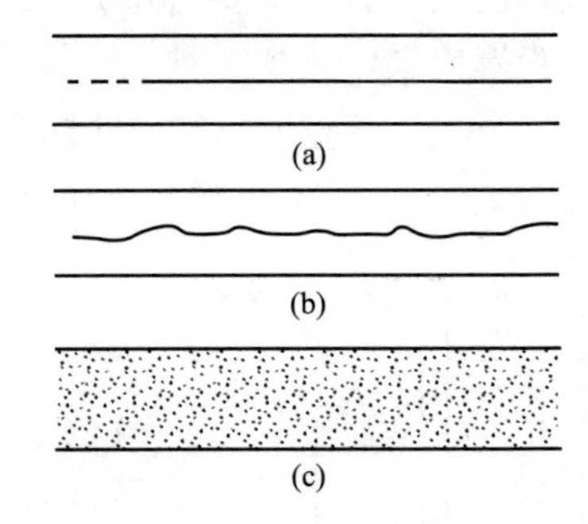

图 1-14　雷诺实验结果比较

图(a) 那样的流动称为层流，流体是分层流动的，层与层之间互不干扰，或者说，流体质点是做直线运动的，不具有径向的速度。由于该种情况主要发生在流速较小的时候，因此也称为滞流。流体在层流流动时，主要依靠分子的热运动传递动量、热量和质量。在化工生产中，流体在毛细管内的流动、在多孔介质中的流动、高黏度流体的流动等多属于层流。

图(c) 那样的流动称为湍流，也叫紊流，此时流体不再是分层流动的，其内部存在很多大小不同的旋涡，流体质点除具有整体向前的流速外，还具有径向的速度，因此流体质点的运动是杂乱无章的，运动速度的大小与方向时刻都在发生变化。流体在湍流流动时，除靠分子的热运动传递动量、热量和质量外，还靠质点的随机运动来传递动量、热量和质量，而且后者的传递能力更强、更快。化工生产中的多数流动均属于湍流流动。

而图(b) 所示的流动可以看作是不完全的湍流，或不稳定的层流，或者看作是两者的共同贡献，而不是一种独立的运动形态。

（2）流动形态的判定　雷诺通过改变实验介质、管材及管径、流速等实验条件，做了大量的雷诺实验，通过对实验结果的归纳总结，认为流体的流动形态主要与流体的密度 ρ、黏

度 μ、流速 u 和管内径 d 四个因素有关，并可以用这四个因素组合而成的复合变量的值，即雷诺数 Re 的数值来判定流动形态。雷诺数的定义如下：

$$Re=\frac{du\rho}{\mu} \tag{1-20}$$

雷诺数是一个量纲一的量，称为特征数，对于特征数来说，要采用同一单位制下的单位来计算，但无论采用哪种单位制，特征数的数值都是一样的。

根据大量实验的结果，当 $Re<2000$ 时，流动总是层流；当 $Re>4000$ 时，流动为稳定的湍流；当 $Re=2000\sim4000$ 时，不能肯定流动是层流还是湍流，即可能是层流也可能是湍流，但如果是层流，也是很不稳定的，流动条件的微小变化都可能使其转化为湍流，通常称为过渡流。另外，就湍流而言，Re 越大，湍动程度越高，或者说流体质点运动的杂乱无章的程度越高。

对于非圆形管路，Re 计算式中 d 须用当量直径 d_e 代替。当量直径定义如下

$$d_e=4\times\frac{\text{流通截面积}}{\text{润湿周边长度}} \tag{1-21}$$

对于环形管路，若 D 表示外管内径，d 表示内管外径，则其当量直径为

$$d_e=\frac{4\times\left(\frac{\pi}{4}D-\frac{\pi}{4}d^2\right)}{\pi D-\pi d}=D-d$$

（3）层流内层与流动主体　化工生产中流体的流动多为湍流，由于流体与壁面间的摩擦作用，在靠近壁面的地方，总有一层流体在做层流流动。湍流流动的流体中，做层流流动的流体层称为层流内层或层流底层或层流边界层；而层流边界层外的流体称为流动主体或湍动主体。

值得注意的是，层流边界层的存在，对流体的传热与传质均有明显的影响，减薄层流边界层的厚度是提高传质及传热速率的重要手段。

1.3.5.3　流体阻力的计算

如前所述，影响流体阻力大小的因素有流体物性、流体的流动形态和流动的边界条件等。根据流动边界条件的不同可以将流体阻力分为直管阻力和局部阻力，总流体阻力等于所有直管阻力与所有局部阻力之和。

（1）直管阻力　流体在直径不变的管路中流动时，克服摩擦而消耗的能量称为直管阻力，也叫沿程阻力。直管阻力由范宁公式计算，表达式为

$$E_f=\lambda\frac{l}{d}\frac{u^2}{2} \tag{1-22}$$

或

$$\Delta p_f=\lambda\frac{l}{d}\frac{\rho u^2}{2} \tag{1-22a}$$

式中　E_f——直管阻力，J/kg；

Δp_f——直管压降，$\Delta p_f=\rho E_f$，Pa；

λ——摩擦系数，也称摩擦因数，量纲一的量，其值主要与雷诺数和管子的粗糙程度有关，可由实验测定或由经验公式计算或查图获得，参见有关书籍，对于层流，$\lambda=\frac{64}{Re}$；

l——直管的长度，m；

d——直管的内径，m；

u——流体在管内的流速，m/s。

【例 1-14】 用内径 27mm 的塑料管输送某物质，已知流体的流速为 0.874m/s、黏度 $\mu=1499\times10^{-3}$ Pa·s、密度 $\rho=1261\text{kg/m}^3$，试求每 100m 长直管中的流体阻力和压降。

解　流体阻力 $E_f=\lambda\dfrac{l}{d}\times\dfrac{u^2}{2}$

式中，$d=0.027\text{m}$　$u=0.874\text{m/s}$　$\mu=1499\times10^{-3}\text{Pa·s}$　$\rho=1261\text{kg/m}^3$

求 λ

$$Re=\frac{du\rho}{\mu}=\frac{0.027\times0.874\times1261}{1499\times10^{-3}}=19.85<2000$$

因此，流动为层流流动，

$$\lambda=\frac{64}{Re}=\frac{64}{19.85}=3.224$$

每 100m 的阻力损失为

$$E_f=\lambda\frac{l}{d}\times\frac{u^2}{2}=3.224\times\frac{100}{0.027}\times\frac{0.874^2}{2}=4560\ (\text{J/kg})$$

每 100m 的压降为

$$\Delta p_f=\rho E_f=1261\times4560=5750\ (\text{kPa})$$

流体流动若不是层流，求取 λ 的步骤是先求雷诺数，再通过雷诺数及管子的相对粗糙度，查取经验公式或图表。

(2) 局部阻力　流体流过管件、阀件、变径、出入口等局部元件时，因为流通截面积突然变化而引起的能量损失。由于各元件结构不同，因此造成阻力的状况也不完全相同，目前只能通过经验方法计算局部阻力，主要有局部阻力系数法和当量长度法两种。

① 局部阻力系数法。此法把局部阻力 E'_f 看成是流体动能的某一倍数，即

$$E'_f=\xi\frac{u^2}{2} \tag{1-23}$$

式中　E'_f——局部阻力，J/kg；

ξ——局部阻力系数，量纲一的量，可实验测定或从图表中查取；

u——流体在局部元件内的流速，m/s。

② 当量长度法。此法把局部阻力视作为一定长度直管的直管阻力，再按直管阻力的计算方法计算，即

$$E'_f=\lambda\frac{l_e}{d}\frac{u^2}{2} \tag{1-24}$$

式中　l_e——局部元件的当量长度，m，它是与局部元件阻力相等的直管的长度，通常由实验测定或由图表查取；

其他符号意义同前。

(3) 总阻力　在化工管路上，可能会有若干个不同直径的直管，也会有多个局部元件，在计算总阻力时，可以分别计算各部分的直管阻力或局部阻力，再相加。

1.3.5.4　减少流体阻力的措施

一方面，流体阻力越大，输送流体的动力消耗也越大，造成操作费用增加；另一方面，流体阻力的增加还能造成系统压力的下降，严重时将影响工艺过程的正常进行。因此生产中应尽量减小流体阻力，从流体阻力计算公式可以看出，减少管长、增大管径、

降低流速、简化管路和降低管壁面的粗糙度都是可行的，主要措施如下：①在满足工艺要求的前提下，应尽可能减短管路；②在管路长度基本确定的前提下，应尽可能减少管件、阀件，尽量避免管路直径的突变；③在可能的情况下，可以适当放大管径。因为当管径增加时，在同样的输送任务下，流速显著减少，流体阻力显著减少；④在被输送介质中加入某些药物，如丙烯酰胺、聚氧乙烯氧化物等，以减少介质对管壁的腐蚀和杂物沉积，从而减少旋涡，使流体阻力减少。

1.4　化工管路

化工管路是化工生产中所涉及的各种管路形式的总称，是化工生产装置不可缺少的部分。对于化工生产，它就像“血管”一样，将化工机器与设备连在一起，从而保证流体能从一个设备输送到另一个设备，或者从一个车间输送到另一个车间，并最终确保工艺过程按目标进行。在化工生产中，只有管路畅通，阀门调节得当，才能保证各车间及整个工厂生产的正常进行，因此了解化工管路的构成与作用，学会合理布置和安装化工管路，是非常重要的。

1.4.1　化工管路的构成与标准化

化工管路主要由管子、管件和阀件构成，也包括一些附属于管路的管架、管卡、管撑等辅件。由于化工生产中输送的流体多种多样，有的易燃、易爆，有的高黏度，有的含有固体杂质，有的是液体或气体，还有的是蒸气等；输送量与输送条件也是各不相同，如流量很大或流量很小，常温常压或高温高压或低温低压等。因此为了适应不同输送任务的需求，化工管路也必须是各不相同的。工程上，为了避免杂乱，方便制造与使用，降低成本，实行了化工管路标准化。

1.4.1.1　化工管路的标准化

化工管路的标准化是指制定化工管路主要构件，包括管子、管件、阀件（门）、法兰、垫片等的结构、尺寸、连接、压力等的标准并实施的过程。其中，压力标准与直径标准是制定其他标准的依据，也是选择管子和管路附件（管件、阀件、法兰、垫片等）的依据，这些已由国家标准详细规定，使用时可以参阅有关专书。

(1) 压力标准　压力标准分为公称压力（PN）、试验压力（p_s）和工作压力3种，参见表1-1。

表1-1　管道元件的公称压力

公称压力PN					
2.5	10	25	63	160	320
6	16	40	100	250	400

注：摘自GB/T 1048—2019。

公称压力又称通称压力，其数值通常指管内工作介质的温度在273～393K范围内的最高允许工作压力。用PN+数值的形式表示，数值表示公称压力的大小，比如，PN25表示公称压力是2.5MPa。公称压力一般就大于或等于实际工作的最大压力。

为了水压强度试验或紧密性试验而规定的压力称为试验压力，用p_s+数值表示，比如，p_s10MPa，表示试验压力为10MPa。通常，取试验压力p_s为公称压力的1.5倍，特殊情况可以根据经验公式计算。

工作压力是为了保证管路正常工作而根据被输送介质的工作温度所规定的最大压力，用

p＋数值表示，为了强调相应的温度，常在 p 的右下角标注介质最高工作温度（℃）除以10后所得的整数。比如，p_{40} 1.8at表示在400℃下，工作压力是1.8at。显然工作压力随着介质工作温度的提高而降低。

（2）直径（口径）标准　直径标准是指对管路直径所作的标准，一般称为公称直径或通称直径，用DN＋数值的形式表示，比如，DN800表示管子或辅件的公称直径为800mm。通常，公称直径既不是管子的内径，也不是管子的外径，而是与管子内径相接近的整数。我国的公称直径为1～4000mm，在1～1000mm之间分得较细，而在1000mm以上，每200mm分一级，见表1-2。

表1-2　管道元件的公称直径

公称直径 DN											
6	25	80	250	500	750	1000	1300	1800	2300	2800	3600
8	32	100	300	550	800	1050	1400	1900	2400	2900	3800
10	40	125	350	600	850	1100	1500	2000	2500	3000	4000
15	50	150	400	650	900	1150	1600	2100	2600	3200	
20	65	200	450	700	950	1200	1700	2200	2700	3400	

注：摘自GB/T 1047—2019。

1.4.1.2　管子

按管材不同管子可分为金属管、非金属管和复合管。金属管主要有铸铁管、钢管（含合金钢管）和有色金属管等；非金属管主要有玻璃管、塑料管、陶瓷管、水泥管、橡胶管等；复合管指的是金属与非金属两种材料复合得到的管子，最常见的形式是衬里管，为了满足节约成本、强度和防腐的需要，在一些管子的内层衬以适当的材料，如塑料、橡胶、搪瓷、金属等而形成的。随着化学工业的发展，各种新型耐腐蚀材料不断出现，如有机聚合物材料，非金属材料管正在越来越多的替代金属管。

管子的规格通常是用“ϕ 外径×壁厚”来表示，ϕ57mm×3.5mm表示此管子的外径是57mm，壁厚是3.5mm。但也有些管子是用内径来表示其规格的，使用时要注意。管子的长度主要有3m、4m和6m，有些可达9m、12m，但以6m最为普遍。

（1）铸铁管　主要有普通铸铁管和硅铸铁管，在每一种公称直径下只有一种壁厚，因此，铸铁管的规格常用 ϕ 内径表示，如 ϕ1000mm表示铸铁管的内径是1000mm。铸铁管除75mm和100mm两种的长度是3m以外，其余都是4m长。

① 普通铸铁管　由上等灰铸铁铸造而成，其主要特点是价格低廉、耐浓硫酸和碱等，但拉抻强度、弯曲强度和紧密性差，性脆而不宜焊接及弯曲加工。因此，主要用于地下供水总管、煤气总管、下水管或料液管，不能用于有压、有害、爆炸性气体和高温液体的输送。

② 硅铁管　分为高硅铁管和抗氯硅铁管。前者指含硅14%以上的合金硅铁管，具有抗硫酸、硝酸和573K以下盐酸等强酸腐蚀的优点；后者指含有硅和钼的铸铁管，具有抗各种浓度和温度盐酸腐蚀的特点。两种管子的硬度都很高，只能用金刚砂轮磨修或用硬质合金刀具来加工；性脆，在敲击、剧冷或剧热的条件下，极易破裂；机械强度低于铸铁，只能在0.25MPa（表压）下使用。

（2）钢管　分为有缝钢管和无缝钢管两种。

① 有缝钢管。是用低碳钢焊接而成的钢管，又称为焊接管，分为水、煤气管和钢板电焊钢管。水、煤气管的主要特点是易于加工制造，价格低廉，但因为有焊缝而不适宜在

0.8MPa（表压）以上的压力条件下使用。目前主要用于输送水、蒸汽、煤气、腐蚀性低的液体、压缩空气及真空管路。表 1-3 摘录了低压流体输送焊接钢管规格。钢板电焊钢管是由钢板焊制而成的，只在直径相对较大，壁相对较薄的情况下使用，因此，只作为无缝钢管的补充。

表 1-3　低压流体输送用焊接钢管规格

公称直径 DN	外径 D/mm			最小公称壁厚 t/mm	不圆度/mm,≤
	系列 1	系列 2	系列 3		
6	10.2	10.0	—	2.0	0.20
8	13.5	12.7	—	2.0	0.20
10	17.2	16.0	—	2.2	0.20
15	21.3	20.8	—	2.2	0.30
20	26.9	26.0	—	2.2	0.35
25	33.7	33.0	32.5	2.5	0.40
32	42.4	42.0	41.5	2.5	0.40
40	48.3	48.0	47.5	2.75	0.50
50	60.3	59.5	59.0	3.0	0.60
65	76.1	75.5	75.0	3.0	0.60
80	88.9	88.5	88.0	3.25	0.70
100	114.3	114.0	—	3.25	0.80
125	139.7	141.3	140.0	3.5	1.00
150	165.1	168.3	159.0	3.5	1.20
200	219.1	219.0	—	4.0	1.60

注：1. 表中的公称直径系近似内径的名义尺寸，不表示外径减去两倍壁厚所得的内径。

2. 系列 1 是通用系列，属推荐选用系列；系列 2 是非通用系列；系列 3 是少数特殊、专用系列。

3. 本表摘自 GB/T 3091—2015。

② 无缝钢管。用棒料钢材经穿孔热轧（热轧管）和冷拔（冷拔管）制成的钢管称为无缝钢管。其制造材料主要有普通碳钢、低合金钢、优质碳钢、不锈钢和耐热铬钢等。其主要特点是强度高、管壁薄、质地均匀，少数特殊用途的无缝钢管的壁厚也可以很厚，如锅炉及石油工业专用的一些管子的壁就比较厚。工业生产中，无缝钢管能用于输送各种温度和压力下的流体，广泛用于输送有毒、易燃易爆、强腐蚀性流体和制作换热器、蒸发器、裂解炉等化工设备。

无缝钢管的规格以 $\phi 45 \times 2.5 \times 4/20$ 的形式表示，其中 45 表示外径为 45mm，2.5 表示壁厚为 2.5mm，4 表示管长 4m，20 表示材料是 20 号钢。其规格与质量参见书后附录。

（3）有色金属管　以有色金属为原料制造的管子统称为有色金属管，主要有铜管、黄铜管、铅管和铝管。在化工生产中，有色金属管主要用在一些特殊用途场合。

① 铜管与黄铜管。是由紫铜或黄铜制成的。由于铜的导热能力强，适应于制造换热器的换热管；因其延展性好，易于弯曲成型，故常用于油压系统、润滑系统来输送有压液体；由于其耐低温性能好，故也适用在低温管路使用。在海水管路中也有广泛应用。但当操作温度高于 523K 时，不宜在高压下使用。

② 铅管。用铅制作的管子具有良好的抗蚀性，能抗硫酸及 10%以下的盐酸。故工业生产中主要用于硫酸工业及稀盐酸的输送，但不适用于浓盐酸、硝酸和醋酸的输送。其最高工作温度是 413K，由于其机械强度差、笨重、导热能力小，因此已正在被合金管及塑料管所取代。

铅管的规格习惯上用 ϕ 内径×壁厚表示。

③ 铝管。用铝制造的管子也有较好的耐酸性，其耐酸性主要由其纯度决定，但耐碱性差，且导热能力强，重量轻。工业生产中广泛用于输送浓硫酸、浓硝酸、甲酸和醋酸；也用于制作换热器；小直径铝管可以代替铜管来输送有压流体。但当温度超过 433K 时，不宜在较高的压力下使用。

(4) 非金属管　用各种非金属材料制作的管子统称为非金属管。

① 玻璃管。用于化工生产中的玻璃管主要由硼玻璃和石英玻璃制成。具有透明、耐腐蚀、易清洗、阻力小和价格低的优点和性脆、热稳定性差和不耐压力的缺点，对除氢氟酸、含氟磷酸、热浓磷酸和热碱外的绝大多数物料均具有良好的耐腐蚀性。但玻璃的脆性限制了其用途。

② 塑料管。是以树脂为原料经加工制成的管子，主要有聚乙烯管、聚氯乙烯管、酚醛塑料管、聚甲基丙烯酸甲酯管、增强塑料管（玻璃钢管）、ABS 塑料管和聚四氟乙烯管等。其共同优点是抗腐蚀性强、质量轻、易于加工，热塑性塑料管还能任意弯曲和加工成各种形状。但都具有强度低、不耐压和耐热性差的缺点。每一种管子均又有各自的特点，使用中可根据具体情况，参阅有关文献合理选择。应该指出，由于塑料种类繁多，有的专项性能优于金属管，因此用途越来越广泛，有很多原来用金属管的场合均被塑料管所代替，比如下水管。

③ 陶瓷管。陶瓷管的特点是耐腐蚀性高，除氢氟酸以外的所有酸碱物料均是耐腐蚀的，但性脆、机械强度低、承压能力弱、不耐温度剧变。因此，工业生产中主要用于输送压力小于 0.2MPa，温度低于 423K 的腐蚀性流体。

主要规格有 DN50、DN100、DN150、DN200、DN250 及 DN300 等。

④ 水泥管。水泥管主要用于下水道的排污水管，通常，无筋混凝土管用作无压流体的输送；预应力混凝土管，可在有压情况下输送流体，并用以代替铸铁管和钢管。水泥管的内径范围在 100～1500mm，规格常用 ϕ 内径×壁厚表示。

⑤ 橡胶管。橡胶管按结构分为纯胶小口径管、橡胶帆布挠性管和橡胶螺旋钢丝挠性管等；按用途分为抽吸管、压力管和蒸汽管。橡胶管的特点是能耐酸碱，但不耐硝酸、有机酸和石油产品。主要用作临时性管路连接及一些管路的挠性连接，如水管、煤气管的连接。通常不用作永久连接。近年来，由于聚氯乙烯软管的使用，橡胶管正逐渐为聚氯乙烯软管所替代。

1.4.1.3　管件

用来连接管子、改变管路方向或直径、接出支路和封闭管路的管路附件统称为管件。一种管件能起到上述作用中的一个或多个，比如，弯头既是连接管路的管件，又是改变管路方向的管件。

化工生产中的管件类型很多，根据管材类型分为 5 种，即水、煤气钢管件，铸铁管件，塑料管件，耐酸陶瓷管件和电焊钢管管件。

(1) 水、煤气钢管件　通常采用锻铸铁（白口铁经可锻化热处理）制造而成，也有些是用钢材制成，适应于要求相对较高的场合。水、煤气管件的种类很多，但已经标准化，可以从有关手册中查取，其名称与用途列于表 1-4。

(2) 铸铁管件　普通灰铸铁管件主要有弯头（90°、60°、45°、30°及 10°）、三通、四通和异径管（大小头）等，使用时主要采用承插式连接、法兰连接和混合连接。铸铁管件已经标准化，使用时可从手册中查取。图 1-15 是普通铸铁管件。

表 1-4　水、煤气管件的种类与用途

种　　类	用　　途	种　　类	用　　途
内螺纹管接头	俗称“内牙管、管箍、束节、管接头、死接头”等。用以连接两段公称直径相同的管子	等径三通	俗称“T 形管”。用于接出支管，改变管路方向和连接三段公称直径相同的管子
外螺纹管接头	俗称“外牙管、外螺纹短接、外丝扣、外接头、双头丝对管”等。用于连接两个公称直径相同的具有内螺纹的管件	异径三通	俗称“中小天”。可以由管中接出支管，改变管路方向和连接三段公称直径不相同的管子
活管接头	俗称“活接头”“由壬”等。用以连接两段公称直径相同的管子	等径四通	俗称“十字管”。可以连接四段公称直径相同的管子
异径管	俗称“大小头”。可以连接两段公称直径不相同的管子	异径四通	俗称“大小十字管”。用以连接四段具有两种公称直径的管子
内外螺纹管接头	谷称“内外牙管、补心”等。用以连接一个公称直径较大的内螺纹的管件和一段公称直径较小的管子	外方堵头	俗称“管塞、丝堵、堵头”等。用以封闭管路
等径弯头	俗称“弯头、肘管”等。用以改变管路方向和连接两段公称直径相同的管子，它可分 40°和 90°两种	管帽	俗称“闷头”。用以封闭管路
异径弯头	俗称“大小弯头”。用以改变管路方向和连接两段公称直径不同的管子	锁紧螺母	俗称“背帽、根母”等。它与内牙管联用，可以看得到的可拆接头

高硅铸铁和抗氯硅铸铁管件主要有弯头、三通、四通、异径管、管帽、中继管和嵌环等。管件上铸的凸肩用于对开式松套法兰连接。其结构可以参考产品手册。

（3）塑料管件　塑料管件的材料是与管子的材料一致的。有些塑料管件已经标准化，如酚醛塑料管件，ABS 塑料管件；有些塑料管件则是由短管弯曲及焊制而成的，比如聚氯乙烯塑料管件。塑料管件除采用其他管件的连接方法外，还常常采用胶黏剂粘接的方法连接，这是与其他材料管件所不同的。

（4）耐酸陶瓷管件　主要有弯头（90°、45°）、三通、四通和异径管等，其形状与铸铁管件相似，已经标准化，用时可查取。主要连接方式是承插式连接和法兰连接。

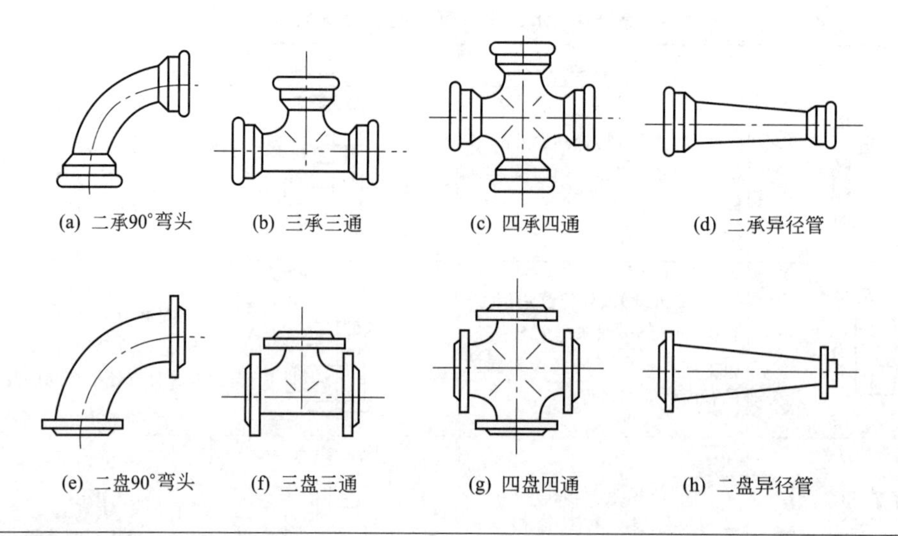

图 1-15　普通铸铁管件

（5）电焊钢管管件　由短管或钢板焊制而成，常用在不需经常拆装的场合，尚未完成标准化工作。

1.4.1.4　阀件（门）

阀件是用来开启、关闭和调节流量及控制安全的机械装置，也称阀门、截门或节门。化工生产中，通过阀门可以调节流量、系统压力、流动方向，从而确保工艺条件的实现与安全生产。

（1）阀件的型号　阀件的种类与规格很多，为了便于选用和识别，规定了工业管路使用阀门的标准，对阀门进行了统一编号。阀门的型号由七个部分组成，其形式如下：

$$X_1\ X_2\ X_3\ X_4\ X_5—X_6\ X_7$$

X_1～X_7 为字母或数字，可从有关手册中查取。

① 阀门类别代号 X_1，用阀门名称的第一个汉字的拼音字首来表示，如截止阀用 J 表示。

② 阀门传动方式代号 X_2，用阿拉伯数字表示，如气动为 6、液动为 7、电动为 9 等。

③ 阀门连接型式代号 X_3，用阿拉伯数字表示，如内螺纹为 1、外螺纹为 2 等。

④ 阀门结构型式代号 X_4，用阿拉伯数字表示，以截止阀为例，直通式为 1、角式为 4、直流式为 5 等。

⑤ 阀座密封面或衬里材料代号 X_5，用材料名称的拼音字首来表示，如铜合金材料为 T、氟塑料为 F、搪瓷为 C 等。

⑥ 公称压力的数值 X_6，是阀件在基准温度下能够承受的最大工作压力，可从公称压力系列表选取。

⑦ 阀体材料代号 X_7，用规定的拼音字母表示，如铸铜为 T、碳钢为 C、Cr5Mo 钢为 I 等。

例如，有一阀门的铭牌上标明其型号为 Z941T—1.0K，则说明该阀门为闸阀，电动传动，法兰连接，明杆楔式单闸板，阀座密封面的材料为铜合金，公称压力为 1.0MPa，阀体材料为可锻铸铁。

（2）阀门的类型　阀门的种类很多，按启动力的来源分为他动启闭阀和自动作用阀。顾名思义，他动启闭阀是在外力作用下启闭的，而自动作用阀则是不需要外力就可以工作的。在选用时，应依据被输送介质的性质、操作条件及管路实际进行合理选择。

① 他动启闭阀。有手动、气动和电动等类型，若按结构分则有旋塞、闸阀、截止阀、节流阀、气动调节阀和电动调节阀等，表 1-5 介绍了几种常见的他动化工用阀门。

表 1-5　他动启闭阀的种类及用途

种类	旋塞(又叫扣克)	截止阀(又叫球形阀)	节流阀	闸阀(又叫闸板阀)
用途	用于输送含有沉淀和结晶以及黏度较大的物料。适用于直径不大于 80mm 及温度不超过 273K 的低温管路和设备上，允许工作压力在 1MPa(表压)以下	用于蒸汽、压缩空气和真空管路，也可用于各种物料管路中，但不能用于沉淀物，易于析出结晶或黏度较大、易结焦的料液管路中。此阀尺寸较小，耐压不高，在工厂中有特殊的应用	此阀启动时流通截面变化较缓慢，有较好的调节性能；不宜作隔断阀；适用于温度较低、压力较高的介质和需要调节流量和压力的管路上	用于大直径的给水管路上，也可用于压缩空气、真空管路和温度在 393K 以下的低压气体管路，但不能用于介质中含沉淀物质的管路，很少用于蒸汽管路

② 自动作用阀。当系统中某些参数发生变化时，自动作用阀能够自动启闭。主要有安全阀、减压阀、止回阀和疏水阀等。

安全阀是为了管道设备的安全保险而设置的截断装置，它能根据工作压力而自动启闭，从而将管道设备的压力控制在某一数值以下，从而保证其安全。主要用在蒸汽锅炉及高压设备上。

减压阀是为了降低管道设备的压力，并维持出口压力稳定的一种机械装置，常用在高压设备上。比如，高压钢瓶出口都要接减压阀，以降低出口的压力，满足后续设备的压力要求。

止回阀也称止逆阀或单向阀，是在阀的上下游压力差的作用下自动启闭的阀门，其作用是使介质按一定方向流动而不会反向流动。常用在泵的进出口管路中，蒸汽锅炉的给水管路上。比如，离心泵在开启之前需要灌泵，为了保证液体能自动灌入，常在泵吸入管口装一个底阀（自动止逆阀）。

疏水阀是一种自动间歇排除冷凝液，并能自动阻止蒸汽排出的机械装置。蒸汽是化工生产中最常用的热源，只有及时排除冷凝液，才能很好地发挥蒸汽的加热功能。几乎所有使用蒸汽的地方，都需要使用疏水阀。

（3）阀门的维护　阀门在化工生产广泛使用，数量广，类型多，其工作情况直接关系到化工生产的好坏与优劣。为了使阀门正常工作，必须做好阀门的维护工作。①保持清洁与润滑良好，使传动部件灵活动作；②检查有无渗漏，如有及时修复；③安全阀要保持无挂污与无渗漏，并定期校验其灵敏度；④注意观察减压阀的减压效能，若减压值波动较大，应及时检修；⑤阀门全开后，必须将手轮倒转少许，以保持螺纹接触严密，不损伤；⑥电动阀应保持清洁及接点的良好接触，防止水、汽和油的沾污；⑦露天阀门的传动装置必须有防护罩，以免大气及雨雪的侵蚀；⑧要经常测听止逆阀阀芯的跳动情况，以防止掉落；⑨做好保温与防冻工作，应排净停用阀门内部积存的介质；⑩及时维修损坏的阀门零部件，发现异常及时处理。处理方法见表 1-6。

表 1-6　阀门异常现象与处理方法

异常现象	发生原因	处理方法
填料函泄漏	①压盖松 ②填料装得不严 ③阀杆磨损或腐蚀 ④填料老化失效或填料规格不对	①均匀压紧填料，拧紧螺母 ②采用单圈、错口顺序填装 ③更换新阀杆 ④更换新填料
密封面泄漏	①密封面之间有脏物粘贴 ②密封面锈蚀磨伤 ③阀杆弯曲使密封面错开	①反复微开、微闭冲走或冲洗干净 ②研磨锈蚀处或更新 ③调直后调整
阀杆转动不灵活	①填料压得过紧 ②阀杆螺纹部分太脏 ③阀体内部积存结疤 ④阀杆弯曲或螺纹损坏	①适当放松压盖 ②清洗擦净脏物 ③清理积存物 ④调直修理
安全阀灵敏度不高	①弹簧疲劳 ②弹簧级别不对 ③阀体内水垢结疤严重	①更换新弹簧 ②按压力等级选用弹簧 ③彻底清理
减压阀压力自调失灵	①调节弹簧或膜片失效 ②控制通路堵塞 ③活塞或阀芯被锈斑卡住	①更换新件 ②清理干净 ③清洗干净，打磨光滑
机电机构动作不协调	①行程控制器失灵 ②行程开关触点接触不良 ③离合器未啮合	①检查调节控制装置 ②修理接触片 ③拆卸修理

1.4.2　化工管路的布置与安装

1.4.2.1　化工管路的布置原则

布置化工管路既要考虑到工艺要求，又要考虑到经济要求，还要考虑到操作方便与安全，在可能的情况下还要尽可能美观。因此，布置化工管路必须遵守以下原则。

① 在工艺条件允许的前提下，应使管路尽可能短，管件阀件应尽可能少，以减少投资，使流体阻力减到最低。

② 应合理安排管路，使管路与墙壁、柱子、场面、其他管路等之间应有适当的距离，以便于安装、操作、巡查与检修。如管路最突出的部分距墙壁或柱边的净空不小于 100mm，距管架支柱也不应小于 100mm，两管路的最突出部分间距净空，中压约保持 40～60mm，高压保持约 70～90mm，并排管路上安装手轮操作阀门时，手轮间距约 100mm。

③ 管路排列时，通常使热的在上，冷的在下；无腐蚀的在上，有腐蚀的在下；输气的在上，输液的在下；不经常检修的在上，经常检修的在下；高压的在上，低压的在下；保温的在上，不保温的在下；金属的在上，非金属的在下；在水平方向上，通常使常温管路、大管路、振动大的管路及不经常检修的管路靠近墙或柱子。

④ 管子、管件与阀门应尽量采用标准件，以便于安装与维修。

⑤ 对于温度变化较大的管路就采取热补偿措施，有凝液的管路要安排凝液排出装置，有气体积聚的管路要设置气体排放装置。

⑥ 管路通过人行道时高度不得低于 2m，通过公路时不得小于 4.5m，与铁轨的净距离不得小于 6m，通过工厂主要交通干线一般为 5m。

⑦ 一般情况下，化工管路采用明线安装，但上下水管及废水管采用埋地铺设，埋地安装深度应当在当地冰冻线以下。

在布置化工管路时，应参阅有关文献，依据上述原则制订方案，确保管路的布置科学、经济、合理、安全。

1.4.2.2　化工管路的安装

（1）化工管路的连接　管子与管子、管子与管件、管子与阀件、管子与设备之间连接的方式主要有四种，即螺纹连接、法兰连接、承插式连接及焊接连接。

① 螺纹连接。依靠刻出的螺纹把管子与管路附件连接在一起，连接方式主要有内牙管、长外牙管及活接头等。通常用于小直径管路、水煤气管路、压缩空气管路、低压蒸气管路等的连接。安装时，为了保证连接处的密封，常在螺纹上涂上胶黏剂或包上填料。

② 法兰连接。是最常用的连接方法，其主要特点是已经标准化，装拆方便，密封可靠，适应的管径、温度及压力范围均很大，但费用较高。连接时，为了保证接头处的密封，需在两法兰盘间加垫（巴金垫），并用螺丝将其拧紧。

③ 承插式连接。是将管子的一端插入另一管子的钟形插套内，并在形成的空隙中装填料（丝麻、油绳、水泥、胶黏剂、熔铅等）加以密封的一种连接方法。主要用于水泥管、陶瓷管和铸铁管的连接，其特点是安装方便，对各管段中心重合度要求不高，但拆卸困难，不能耐高压。

④ 焊接连接。焊接连接是一种方便、价廉而且不漏但却难以拆卸的连接方法，广泛使用于钢管、有色金属管及塑料管的连接。主要用在长管路和高压管路中，但当管路需要经常拆卸时，或在不允许动火的车间，不宜采用焊接法连接管路。

（2）化工管路的热补偿　化工管路的两端是固定的，当温度发生较大变化时，管路就会因管材的热胀冷缩，而承受压力或拉力，严重时将造成管子弯曲、断裂或接头松脱。因此必须采取措施消除这种应力，这就是管路的热补偿。热补偿的主要方法有两种，其一是依靠弯管的自然补偿，通常当管路转角不大于150°时，均能起到一定的补偿作用；其二是利用补偿器进行补偿，主要有方形、波形及填料三种补偿器。

（3）化工管路的试压与吹扫　化工管路在投入运行之前，必须保证其强度与严密性符合设计要求，因此，当管路安装完毕后，必须进行压力试验，称为试压，试压主要采用液压试验，少数特殊情况也可以采用气压试验；另外，为了保证管路系统内部的清洁，必须对管路系统进行吹扫与清洗，以除去铁锈、焊渣、土及其他污物，称为吹洗，管路吹洗根据被输送介质的不同，有水冲洗、空气吹扫、蒸汽吹洗、酸洗、油清洗和脱脂等。具体方法参见有关管路施工的专著。

（4）化工管路的保温与涂色　化工管路通常是在异于常温的条件下操作的，为了维持生产需要的高温或低温条件，节约能源，维护劳动条件，必须采取措施减少管路与环境的热量交换，这就叫管路的保温。保温的方法是在管道外包上一层或多层保温材料（参见第2章2.2和2.3）。化工厂中的管路是很多的，为了方便操作者区别各种类型的管路，常在管外（保护层外或保温层外）涂上不同的颜色，称为管路的涂色。常见化工管路的颜色可参阅手册，如给水管为绿色，饱和蒸汽管为红色。

（5）化工管路的防静电措施　在化工生产中，电解质之间、电解质与金属之间都会因为摩擦而产生静电。如当粉尘、液体和气体电解质在管路中流动，或从容器中抽出或注入容器时，都会产生静电，这些静电如不及时消除，就容易因产生电火花而引起火灾或爆炸。管路的抗静电措施主要是静电接地和控制流体的流速，可参阅管路安装手册。

1.5　流体输送设备

工程上把对流体做功的机械装置统称为流体输送机械。在化工生产中，经常使用流体输送机械将流体从一个设备输送到另一个设备，从一个车间输送到另一个车间，从常压变成高压或负压等。由于这类机械广泛使用于国民经济的各个行业，因此，也被称作是通用机械。通常输送液体的机械叫泵，输送和压缩气体的机械叫气体压送机械，根据用途不同，压送机械可分为风机、压缩机或真空泵等。

工业生产对流体输送机械的基本要求是：①满足生产工艺对流量和能量的需要；②满足被输送流体性质的需要；③结构简单，价格低廉，质量小；④运行可靠，维护方便，效率高，操作费用低。选用时应综合考虑，全面衡量，其中最重要的是满足流量与能量的要求。

由于流体种类不同、输送任务各异、工艺条件复杂，流体输送机械也是多种多样的，按照工作原理可分为四类，如表 1-7 所示。

表 1-7　流体输送机械的类型

类　　型	离心式	往复式	旋转式	流体作用式
流体输送机械	离心泵、旋涡泵	往复泵、隔膜泵 计量泵、柱塞泵	齿轮泵、螺杆泵 轴流泵	喷射泵、酸蛋、 空气升液器
气体输送机械	离心通风机 离心鼓风机 离心压缩机	往复压缩机 往复真空泵 隔膜压缩机	罗茨通风机 液环压缩机 水环真空泵	蒸汽喷射泵 水喷射泵

对于同一工作原理的气体输送机械与液体输送机械，它们的基本结构与主要特性都是相似的。离心泵与离心式风机都是依靠离心力对流体做功的，主要工作部件都是叶轮。但由于气体是易于压缩的，而液体是难以压缩的，因此两种机械还是有一定的差异性的，因此，常将两者分开讨论。本章以化工生产中最常见的离心泵作为讨论重点，其他输送机械只做简单介绍。

1.5.1　离心泵

离心泵是依靠高速旋转的叶轮所产生的离心力对液体做功的流体输送机械。由于它具有结构简单、操作方便、性能适应范围广、体积小、流量均匀、故障少、寿命长等优点，在化工生产中应用十分广泛，有统计表明，化工生产所使用的泵大约有 80%为离心泵。离心泵作为通用机械，在其他工业及日常生活中也有广泛应用。

1.5.1.1　离心泵的结构与工作原理

（1）基本结构　离心泵的结构如图 1-16 所示，在蜗牛形泵壳内，装有一个叶轮，叶轮与泵轴连在一起，可以与轴一起旋转，泵壳上有两个接口，一个在轴向，接吸入管，一个在切向，接排出管。通常，在吸入管口装有一个单向底阀，在排出管口装有一调节阀，用来调节流量。

离心泵的工作原理

（2）工作原理　在离心泵工作前，先灌满被输送液体，当离心泵启动后，泵轴带动叶轮高速旋转，受叶轮上叶片的约束，泵内流体与叶轮一起旋转，在离心力的作用下，液体从叶轮中心向叶轮外缘运动，叶轮中心（吸入口）处因液体空出而呈负压状态，在吸入管的两端就形成了一定的压差，即吸入液面压力与泵吸入口压力之差。只要这一压差足够大，液体就会被吸入泵体内，这就是离心泵的吸液原理；另一方面，被叶轮甩出的液体，在从中心向外缘运动的过程中，动能与静压能均增加了，流体进入泵壳后，由于泵壳内蜗形通道的面积是逐渐增大的，液体的动能将减少，静压能将增加，达到泵出口处时压力达到最大，于是液体被压出离心泵，这就是离心泵的排液原理。

如果在启动离心泵前，泵体内没有充满液体，由于气体密度比液体的密度小得多，产生的离心力就很小，从而不能在吸入口形成必要的真空度，在吸入管两端不能形成足够大的压

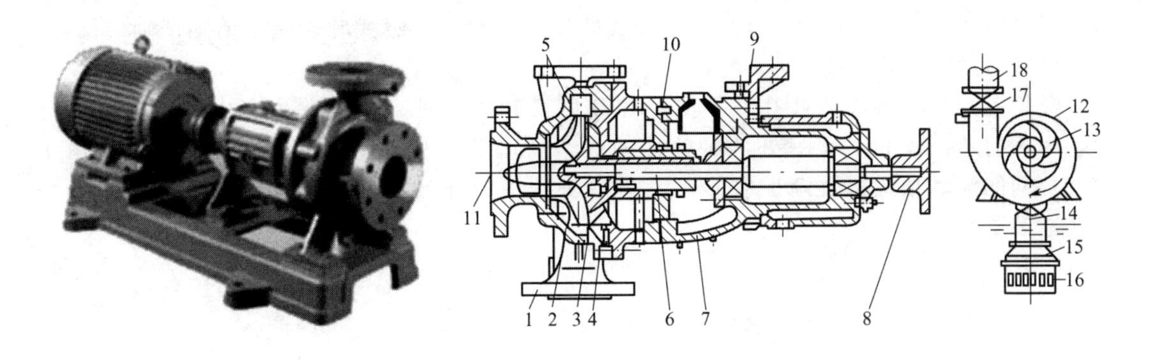

图 1-16　离心泵的结构

1—泵体；2—叶轮；3—密封环；4—轴套；5—泵盖；6—泵轴；7—托架；8—联轴器；9—轴承；10—轴封装置；11—吸入口；12—蜗形泵壳；13—叶片；14—吸入管；15—底阀；16—滤网；17—调节阀；18—排出管

差，于是就不能完成离心泵的吸液。这种因为泵体内充满气体（通常为空气）而造成离心泵不能吸液（空转）的现象称为气缚现象。因此，离心泵是一种没有自吸能力的泵，在启动离心泵前必须灌泵。

（3）主要构件　离心泵的主要构件有叶轮、泵壳和轴封，有些还有导轮，下面分别简要介绍。

离心泵的气缚现象

① 叶轮。叶轮是离心泵的核心构件，是在一圆盘上设置 4～12 个叶片构成的。其主要功能是将原动机械的机械能传给液体，使液体的动能与静压能均有所增加。

根据叶轮是否有盖板可以将叶轮分为三种形式，即开式、半开（闭）式和闭式。如图 1-17 所示，其中(a）为闭式叶轮，（b）为半开式叶轮，（c）为开式叶轮。通常，闭式叶轮的效率要比开式高，而半开式叶轮的效率介于两者之间，因此应尽量选用闭式叶轮，但由于闭式叶轮在输送含有固体杂质的液体时，容易发生堵塞，故在输送含有固体的液体时，多使用开式或半开式叶轮。对于闭式与半开式叶轮，在输送液体时，由于叶轮的吸入口一侧是负压，而在另一侧则是高压，因此在叶轮两侧存在着压力差，从而存在对叶轮的轴向推力，将叶轮沿轴向吸入口窜动，造成叶轮与泵壳的接触磨损，严重时还会造成泵的振动，为了避免这种现象，常在叶轮的盖板上开若干个小孔，即平衡孔。但平衡孔的存在降低了泵的效率。其他消除轴向推力的方法是安装止推轴承或将单吸改为双吸。

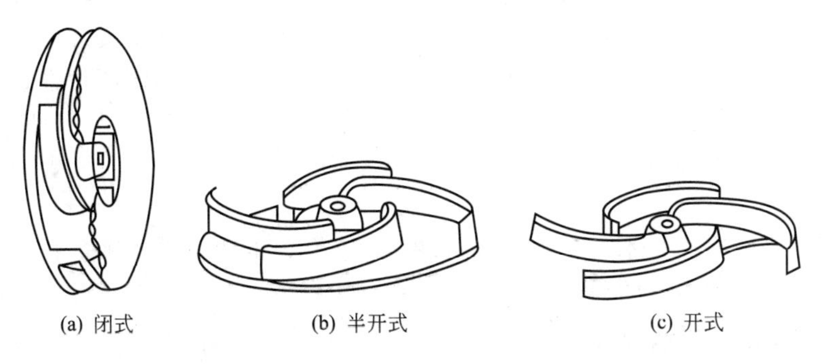

图 1-17　离心泵的叶轮

根据叶轮的吸液方式可以将叶轮分为两种，即单吸式叶轮与双吸式叶轮，如图 1-18 所示，图中(a）是单吸式叶轮，(b）是双吸式叶轮，显然，双吸式叶轮完全消除了轴向推力，而且具有相对较大的吸液能力。

叶轮上的叶片有前弯叶片、径向叶片和后变叶片三种。但工业生产中主要为后弯叶片，因为后弯叶片相对于另外两种叶片的效率高，更有利于动能向静压能的转换。由于两叶片间的流动通道是逐渐扩大的，因此能使液体的部分动能转化为静压能，叶片是一种转能装置。

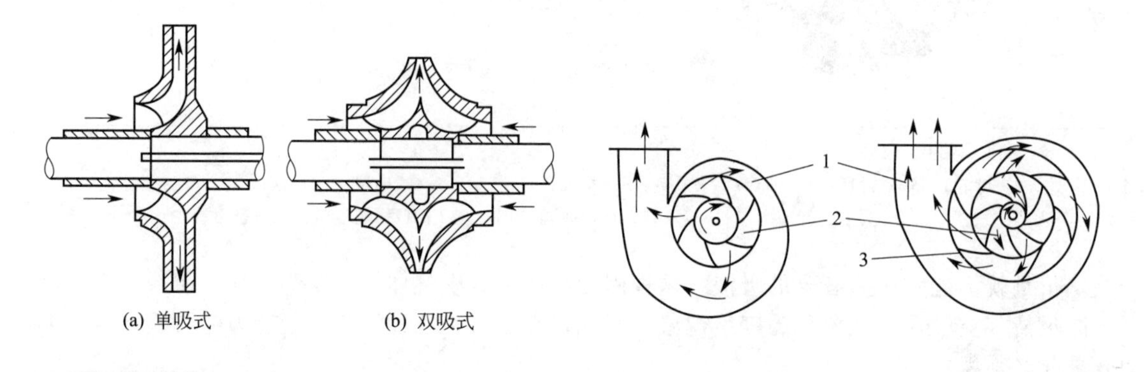

图 1-18　离心泵的吸液方式

图 1-19　泵壳与导轮

1—泵壳；2—叶轮；3—导轮

② 泵壳。由于泵壳的形状像蜗牛，因此又称为蜗壳。这种特殊的结构，使叶轮与泵壳之间的流动通道沿着叶轮旋转的方向逐渐增大并将液体导向排出管。因此，泵壳的作用就是汇集被叶轮甩出的液体，并在将液体导向排出口的过程中实现部分动能向静压能的转换，泵壳是一种转能装置。为了减少液体离开叶轮时直接冲击泵壳而造成的能量损失，常在叶轮与泵壳之间安装一个固定不动的导轮（如图 1-19 所示），导轮带有前弯叶片，叶片间逐渐扩大的通道，使进入泵壳的液体的流动方向逐渐改变，从而减少了能量损失，使动能向静压能的转换更加有效。导轮也是一个转能装置。通常多级离心泵均安装导轮。

③ 轴封装置。由于泵壳固定而泵轴是转动的，因此在泵轴与泵壳之间存在一定的空隙，为了防止泵内液体沿空隙漏出泵外或空气沿相反方向进入泵内，需要对空隙进行密封处理。用来实现泵轴与泵壳间密封的装置称为轴封装置。常用的密封方式有填料函密封与机械密封两种。

填料函密封是用浸油或涂有石墨的石棉绳（或其他软填料）填入泵轴与泵壳间的空隙来实现密封目的的；机械密封是通过一个安装在泵轴上的动环与另一个安装在泵壳上的静环来实现密封目的的。工作时，借助弹力使两环密切接触达到密封目的。两种方式相比较，前者结构简单、价格低，但密封效果差；后者结构复杂、精密、造价高，但密封效果好。因此，机械密封主要用在一些密封要求较高的场合，如输送酸、碱、易燃、易爆、有毒、有害等液体。

近年来，随着磁防漏技术的日益成熟，借助加在泵内的磁性液体来达到密封与润滑作用的技术正在越来越引起人们的关注。

1.5.1.2　离心泵的主要性能

离心泵的主要性能参数有送液能力、扬程、功率和效率等，这些性能与它们之间的关系在泵出厂时会标注在铭牌或产品说明书上，供使用者参考。

（1）主要性能参数

① 送液能力。指单位时间内从泵内排出的液体体积，用 q_V 表示，单位 m^3/s，也称生产能力或流量。离心泵的流量与离心泵的结构、尺寸和转速有关。离心泵的流量在操作中可以变化，其大小可以由实验测定。离心泵铭牌上的流量是离心泵在最高效率下的流量，称为设计流量或额定流量。

② 扬程。是离心泵对 1N 流体所做的功，它是 1N 流体在通过离心泵时所获得的能量，用 H 表示，单位 m，也叫压头。离心泵的扬程与离心泵的结构、尺寸、转速和流量有关。通常流量越大，扬程越小，两者的关系由实验测定。离心泵铭牌上的扬程是离心泵在额定流量下的扬程。

③ 功率。离心泵在单位时间内对流体所做的功称为离心泵的有效功率，用 P_e 表示，单位 W，有效功率由下式计算，即　$P_e = Hq_V\rho g$

离心泵从原动机械那里所获得的能量称为离心泵的轴功率，用 P 表示，单位 W，由实验测定，是选取电动机的依据。离心泵铭牌上的轴功率是离心泵在额定状态下的轴功率。

④ 效率。是反映离心泵利用能量情况的参数。由于机械摩擦、流体阻力和泄漏等原因，离心泵的轴功率总是大于其有效功率的，两者的差别用效率来表示，用 η 表示，其定义式为

$$\eta = \frac{P_e}{P} \tag{1-25}$$

离心泵效率的高低既与泵的类型、尺寸及加工精度有关，又与流量及流体的性质有关，一般地，小型泵的效率为 50%～70%，大型泵的效率要高些，有的可达 90%。

【例 1-15】用如图系统核定某离心泵的扬程，实验条件为：介质清水；温度 20℃；压力 98.1kPa；转速 2900r/min。实验测得的数据为：流量计的读数 $45m^3/h$；泵吸入口处压力表的读数 255kPa；泵排出口处真空表读数 27kPa；两测压口间的垂直距离为 0.4m。若吸入管路与排出管路的直径相同，试求该泵的扬程。

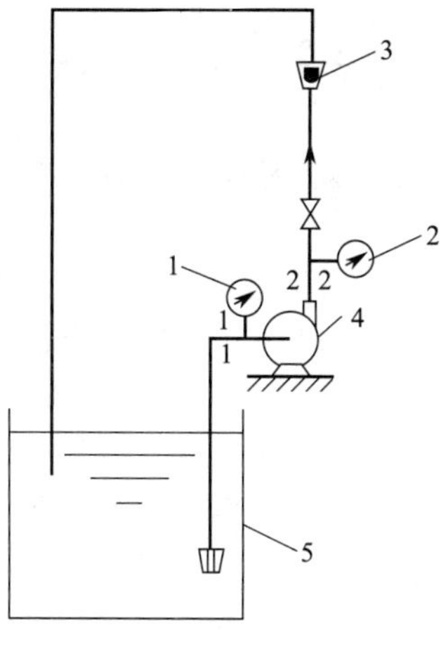

【例 1-15】 附图
1—压力表；2—真空表；3—流量计；4—泵；5—储槽

解　在压力表及真空表所在截面 1—1 和 2—2 间应用伯努力利方程，得

$$z_1 + \frac{p_1}{g\rho} + \frac{u_1^2}{2g} + H = z_2 + \frac{p_2}{g\rho} + \frac{u_2^2}{2g} + H_{f,1-2}$$

式中　令 $z_1 = 0$，则 $z_2 = 0.4m$；

而　$p_1 = -27kPa$（表压）；$p_2 = 255kPa$（表压）

$u_1 = u_2$（吸入管与排出管管径相同）

$H_{f,1-2} = 0$（两截面间距很短，故忽略阻力）

又　查得 20℃清水的密度为 $1000kg/m^3$，

所以　该泵的扬程为

$$H = 0.4 + \frac{255 \times 1000 + 27 \times 1000}{1000 \times 9.807} = 29.2\ (m)$$

【例 1-16】某离心泵采用直联方式与电动机相连，功率表测得电动机的功率为 6.2kW 若电动机的效率为 0.94，试求离心泵的轴功率。

解　泵的轴功率为泵从原动机械（此例是电动机）接受的功率，功率表测得的功率为电动机的输入功率。

电动机的输出功率＝输入功率×效率＝6.2×0.94＝5.83（kW）

泵的轴功率＝电动机的输出功率×传动效率

因为采用直联方式连接，所以传动效率可以取 1，所以该离心泵的轴功率等于电动机的输出功率，即 5.83kW。

（2）性能曲线　实验表明，离心泵的扬程、功率及效率等主要性能均与流量有关。把它们与流量之间的关系用图表示出来，就构成了离心泵的特性曲线，如图 1-20 所示为 IS 100—80—125 型离心泵特性曲线

不同型号的离心泵的特性曲线的总体规律是相似的。

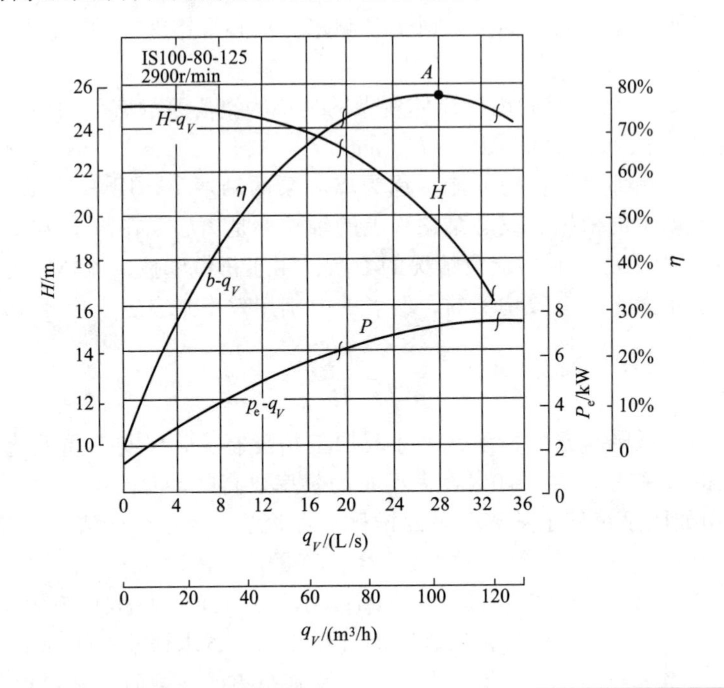

图 1-20　IS 100—80—125 型离心泵特性曲线

① 扬程-流量（H-q_V）曲线。扬程随流量的增加而减少。少数泵在流量很小时会略有增加，然后再减少。

② 轴功率-流量（P_e-q_V）曲线。轴功率随流量的增加而增加，也就是说当离心泵处在零流量时消耗的功率最小。因此，离心泵开车和停车时，都要关闭出口阀，以达到降低功率，保护电机的目的。

③ 效率-流量（$\eta-q_V$）曲线。离心泵在流量为零时，效率为零，随着流量的增加，效率也增加，当流量增加到某一数值后，再增加，效率反而下降。通常把最高效率点称为泵的设计点或额定状态，对应的性能参数称为最佳工况参数。铭牌上标出的参数就是最佳工况参数。显然，泵在最高效率下运行最为经济，但在实际操作中做到始终在最高效率下操作是不可能的。规定效率不低于最高效率的 92%的区域为高效区，性能曲线上常用破折号将高效区标出，如图 1-20 所示，在实际操作中，应维持离心泵在高效区内操作。

离心泵在指定转速下的特性曲线由泵的生产厂家提供，标在铭牌或产品手册上。需要指出的是，性能曲线是在 293K 和 98.1kPa 下以清水作为介质测定的，因此，当被输送液体的性质与水相差很大时，必须校正。

（3）影响离心泵性能的因素　离心泵样本中提供的性能是以清水作为介质，在一定的条件下测定的。当被输送液体的种类、转速和叶轮直径改变时，离心泵的性能将随之改变。

① 密度。密度对流量、扬程和效率没有影响，但对轴功率有影响，轴功率可以用下式

校正

$$\frac{P_1}{P_2}=\frac{q_V H\rho_1 g/\eta}{q_V H\rho_2 g/\eta}=\frac{\rho_1}{\rho_2} \tag{1-26}$$

② 黏度。当液体的黏度增加时，液体在泵内运动时的能量损失增加，从而导致泵的流量、扬程和效率均下降，但轴功率增加。因此黏度的改变会引起泵的特性曲线的变化。当液体的运动黏度大于 $2.0\times10^{-6}\text{m}^2/\text{s}$ 时，离心泵的性能必须校正

$$q_{V_1}=c_q q_V \qquad H_1=c_H H \qquad \eta_1=c_\eta \eta \tag{1-27}$$

式中 q_{V_1}，H_1，η_1——分别为操作状态下的流量，扬程，效率；

q_V，H，η——分别为实验状态下的流量，扬程，效率；

c_q，c_H，c_η——分别为流量，扬程，效率的校正系数，可从手册上查取。

③ 转速。当效率变化不大时，转速变化引起流量、压头和功率的变化符合比例定律，即

$$\frac{q_{V_1}}{q_{V_2}}=\frac{n_1}{n_2} \qquad \frac{H_1}{H_2}=\left(\frac{n_1}{n_2}\right)^2 \qquad \frac{P_1}{P_2}=\left(\frac{n_1}{n_2}\right)^3 \tag{1-28}$$

④ 叶轮直径。在转速相同时，如果叶轮切削率不大于20%，则叶轮直径变化引起流量、压头和功率的变化符合切割定律，即

$$\frac{q_{V_1}}{q_{V_2}}=\frac{D_1}{D_2} \qquad \frac{H_1}{H_2}=\left(\frac{D_1}{D_2}\right)^2 \qquad \frac{P_1}{P_2}=\left(\frac{D_1}{D_2}\right)^3 \tag{1-29}$$

1.5.1.3 离心泵的型号与选用

（1）离心泵的型号 离心泵的种类很多，分类方法也很多。例如按吸液方式分为单吸泵与双吸泵；按叶轮数目分为单级泵与多级泵；按特定使用条件分为液下泵、管道泵、高温泵、低温泵和高温高压泵等；按被输送液体性质分为清水泵、油泵、耐腐蚀泵和杂质泵等；按安装形式分为卧式泵和立式泵；20世纪80年代设计生产的磁力泵也在科研与生产中应用越来越广等。这些泵均已经按其结构特点不同，自成系列并标准化，可在泵的样本手册查取，下面介绍几种形式的离心泵，以引导读者根据需要进一步学习有关知识。

① 清水泵。清水泵是化工生产中普遍使用的一种泵，适用于输送水及性质与水相似的液体。包括IS型、D型和S型。

IS型泵代表单级单吸离心泵，即原B型水泵。但IS型泵是按国际标准（ISO 2858）规定的尺寸与性能设计的，其性能与原B型泵相比较，效率平均提高了3.76%，特点是泵体与泵盖为后开结构，检修时不需拆卸泵体上的管路与电机。其结构图如图1-21所示。

IS型水泵是应用最广的离心泵，用于输送温度不高于80℃的清水及与水相似的液体，其设计点的流量为 $6.3\sim400\text{m}^3/\text{h}$，扬程为5～125m，进口直径50～200mm，转速为2900r/min或1450r/min。其型号由符号及数字表示，举例说明如下：

型号为IS100-65-200，则IS表示单级单吸离心水泵，100表示吸入口直径为100mm，65表示排出口直径为65mm，200表示叶轮的名义直径是200mm。

D型泵是国产多级离心泵的代号，其结构示意图如图1-22所示，是将多个叶轮安装在同一个泵轴构成的，工作时液体从吸入口吸入，并依次通过每个叶轮，多次接受离心力的作用，从而获得更高的能量。因此，D型泵主要用在流量不很大但扬程相对较大的场合。D型泵的级数通常为2～9级，最多可达12级，全系列流量范围为 $10.8\sim850\text{m}^3/\text{h}$。

D型泵的型号与原B型相似，比如100D45×4，其中，100表示吸入口的直径为100mm，45表示每一级的扬程为45m，4为泵的级数。

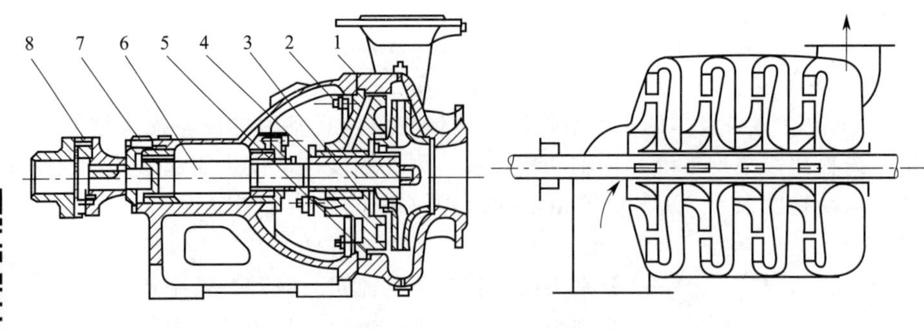

IS型离心泵结构

图1-21　IS型水泵的结构图

1—泵体；2—叶轮；3—密封圈；4—护轴套；5—后盖；6—轴；7—托架；8—联轴器部件

图1-22　D型泵的结构示意图

S型泵是双吸离心泵的代号，即原SH型泵，有两个吸入口，从而能吸入更多的液体量。因此，S型泵主要用在流量相对较大但扬程相对不大的场合。其结构图如图1-23所示。

S型泵的全系列流量范围为120～12500m^3/h，扬程为9～140m。

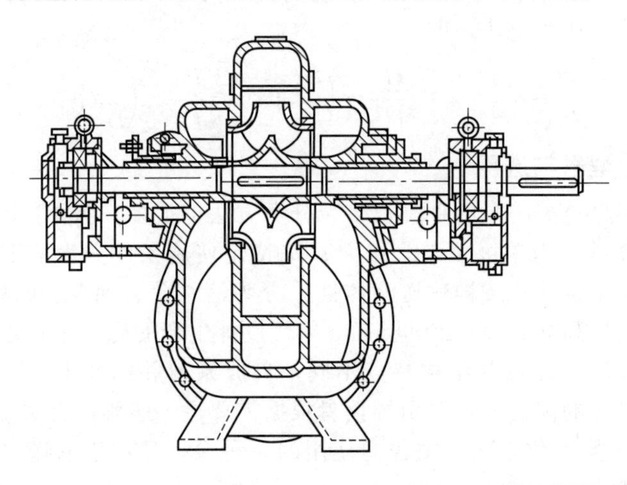

图1-23　S型泵的结构图

S型泵的型号如100S90A，其中，100表示吸入口的直径为100mm，90表示设计点的扬程为90m，A指泵的叶轮经过一次切割。

② 耐腐蚀泵。耐腐蚀泵是用来输送酸、碱等腐蚀性液体的泵的总称，系列号用F表示。F型泵中，所有与液体接触的部件均用防腐蚀材料制造，其轴封装置多采用机械密封。

F型泵的全系列流量范围为2～400m^3/h，扬程为15～105m。

F型泵的型号中在F之后加上材料代号，如80 FS 24所示，其中，80表示吸入口的直径为80mm，S为材料聚三氟氯乙烯塑料的代号，24表示设计点的扬程为24m。如果将S换为H，则表示灰口铸铁材料，其他材料代号可查有关手册。

注意，用玻璃、陶瓷和橡胶等材料制造的小型耐腐蚀泵，不在F泵的系列之中。

③ 油泵。油泵是用来输送油类及石油产品的泵，由于这些液体多数易燃易爆，因此必须有良好的密封，而且当温度超过473K时还要通过冷却夹套冷却。国产油泵的系列代号为Y，如果是双吸油泵，则用YS表示。

Y型泵全系列流量范围为5～1270m^3/h，扬程为5～670m，输送温度在228～673K。

Y型泵的型号，比如80Y-100×2A，其中，80表示吸入口的直径为80mm，100表示每一级的设计点扬程为100m，2为泵的级数，A指泵的叶轮经过一次切割。

④ 磁力泵。是一种高效节能的特种离心泵，通过一对永久磁性联轴器将电机力矩透过隔板和气隙传递给一个密封容器，带动叶轮旋转。其特点是没有轴封、不泄漏、转动时无摩擦，因此安全节能。特别适合输送不含固粒的酸、碱、盐溶液；易燃、易爆液体；挥发性液体和有毒液体等。但被输送介质的温度不宜大于363K。

磁力泵的系列代号为C，C泵全系列流量范围为0.1～100m^3/h，扬程为1.2～100m。

除以上介绍的这些泵外，还有用于输送含有杂质液体的杂质泵（P型泵），用于汲取地下水的深井泵，用于输送液化气体的低温泵，用于输送易燃、易爆、剧毒及具有放射性液体的屏蔽泵，安装在液体中的液下泵等，使用时可参阅有关专书。

（2）离心泵的选用　离心泵的类型很多，必须根据生产任务进行合理选用，选用步骤如下。

① 根据被输送液体的性质及操作条件，确定泵的类型。要了解液体的密度、黏度、腐蚀性、蒸气压、毒性、固含量等；要明确泵在什么温度、压力、流量等条件下操作；还要了解泵在管路中的安装条件与安装方式等。例如含有杂质就应该选杂质泵，输送水就应该选清水泵，输送液化气需用低温泵等。

② 确定流量。如果输送任务是变化的，应以最大的流量作为选择基准。

③ 确定完成输送任务需要的压头。

④ 通过流量与压头在相应类型的系列中选取合适的型号。选用时要使所选泵的流量与扬程比任务要求的要稍大一些，通常扬程以大10～20m为宜。如果用性能曲线来选，要使（q_V，H）点落在泵的q_V～H线以下，并处在高效区。

必须指出，符合条件的泵通常会有多个，应选取效率最高的一个。

⑤ 校核轴功率。当液体密度大于水的密度时，必须校核轴功率。

⑥ 列出泵在设计点处的性能。

【例1-17】现有一送水任务，流量为100m^3/h，需要压头为76m。现有一台型号为IS125-100-250的离心泵，其铭牌上的流量为120m^3/h，扬程为87m。问此泵能否用来完成这一任务。

解　IS型泵是单级单吸水泵，主要用来输送水及与水性质相似的液体，本任务是输送水，因此可以作为备选泵。此离心泵的流量与扬程分别大于任务需要的流量与扬程，所以也可以完成输送任务。使用时，可以根据铭牌上的功率选用电机，因为介质为清水，不需校核轴功率。

1.5.1.4　离心泵的汽蚀与安装高度

离心泵的扬程可以达到几百甚至千米以上，但离心泵的安装高度却会受到一定的限制。如果安装过高，将发生汽蚀现象，轻则导致流量、压头迅速下降，重则导致不能吸液或叶轮的伤害。

（1）汽蚀现象　如前所述，离心泵的吸液是靠吸入液面与吸入口间的压差完成的。当吸入液面压力一定时，泵的安装高度越大，则吸入口处的压力将越小。当吸入口处压力小于操作条件下被输送液体的饱和蒸气压时，液体将会汽化产生气泡，含有气泡的液体进入泵体后，在离心力的作用下，进入高压区，气泡在高压的作用下，又液化为液体。由于原气泡位置的空出造成局部真空，周围液体在高压的作用下迅速填补原气泡所占空间。这种高速冲击频率很高，可以达到每秒几千次，冲击压强可以达到数百个大气压甚至更高，这种高强度高频率的冲击，轻的能造成叶轮的疲劳，重的则可以将叶轮与泵壳破坏，甚至能把叶轮打成蜂窝状。这种因为被输送液体在泵体内汽化再液化并造成离心泵不能正常工作的现象叫离心泵的汽蚀现象。

离心泵的汽蚀现象

汽蚀现象发生时，会产生噪声和引起振动，流量、扬程及效率均会迅速下降，严重时不能吸液。工程上当扬程下降3%时就认为进入了汽蚀状态。

避免汽蚀现象的方法是限制泵的安装高度。避免离心泵汽蚀现象的最大安装高度，称为离心泵的允许安装高度，也叫允许吸上高度。

(2) 允许安装(吸上)高度　离心泵的允许安装高度可以通过在图1-24中的0—0截面和1—1截面间列伯努利方程求得，即

$$H_g=\frac{p_0-p_1}{\rho g}-\frac{u_1^2}{2g}-\sum H_{f,0-1} \tag{1-30}$$

式中　H_g——允许安装高度，m；

p_0——吸入液面压力，Pa；

p_1——吸入口允许的最低压力，Pa；

u_1——吸入口处的流速，m/s；

ρ——液体的密度，kg/m^3；

$\sum H_{f,0-1}$——流体流经吸入管的阻力，m。

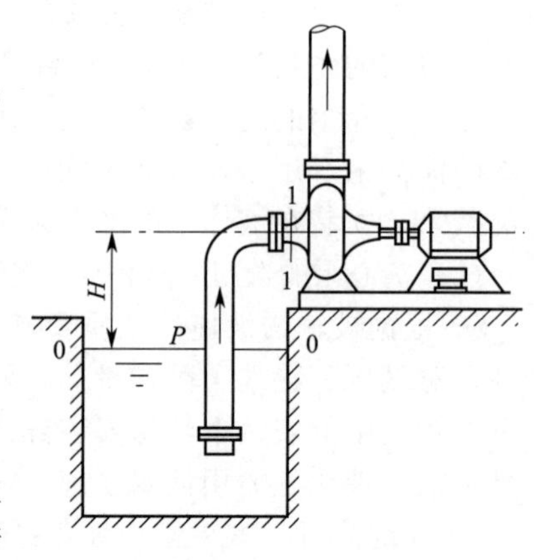

图1-24　求离心泵安装高度示意图

从式(1-30)可以看出，允许安装高度与吸入液面上方的压力p_0、吸入口最低压力p_1、液体密度ρ、吸入管内的动能及阻力有关。因此，增加吸入液面的压力，减小液体的密度、降低液体温度(通过降低液体的饱和蒸气压来降低p_1)、增加吸入管直径(从而使流速降低)和减少吸入管内流体阻力均有利于允许安装高度的提高，在其他条件都确定的情况下，如果流量增加，将造成动能及阻力的增加，安装高度会减少，汽蚀的可能性增加。

离心泵的允许安装高度可以由允许吸上真空高度法或允许汽蚀余量法计算。近年来，前者已经很少使用，故只介绍后一种方法。

离心泵的抗汽蚀性能参数可用允许汽蚀余量来表示，其定义为泵吸入口处动能与静压能之和比被输送液体的饱和蒸气压头高出的最低数值，即

$$\Delta h=\frac{p_1}{\rho g}+\frac{u_1^2}{2g}-\frac{p_v}{\rho g} \tag{1-31}$$

将上式代入(1-30)得

$$H_g=\frac{p_0}{\rho g}-\frac{p_v}{\rho g}-\Delta h-\sum H_{f,0-1} \tag{1-32}$$

式中　Δh——允许汽蚀余量，m(可查取)；

p_v——操作温度下液体的饱和蒸气压，Pa；

其他符号意义同前。

同样，泵的生产厂家提供的允许汽蚀余量是在98.1kPa和293K下以水为介质测得的，当输送条件不同时，应该对其校正，校正方法参见有关专业书。

【例1-18】 拟用IS65-40-200离心水泵输送323K水。已知，泵的铭牌上标明的转速为2900r/min，流量为$25m^3/h$，扬程为50m，允许汽蚀余量为2.0m；液体在吸入管的全部阻力损失为2m；当地大气压力为100kPa。求泵的允许安装高度。

解　泵的允许安装高度

$$H_g=\frac{p_0}{\rho g}-\frac{p_v}{\rho g}-\Delta h-\sum H_{f,0-1}$$

式中：$p_0=100\text{kPa}$，$\Delta h=2.0\text{m}$，$\sum H_{f,0-1}=2\text{m}$

又查附录得，水在 323K 下的密度为 988.1kg/m^3，饱和蒸气压为 12.34kPa

$$\text{所以}\quad H_g=\frac{100\times1000-12.34\times1000}{988.1\times9.81}-2.0-2=5.04\ (\text{m})$$

因此，泵的安装高度不应高于 5.04m。

1.5.1.5 离心泵的工作点与调节

（1）离心泵的工作点　离心泵的流量与压头之间存在一定的关系，这是由泵特性曲线决定的，而对于给定的管路其输送任务（流量）与完成任务所需要的压头之间也存在一定的关系，这可由伯努利方程决定，这种关系称为管路特性。显然，当泵安装在指定管路时，流量与压头之间的关系既要满足泵的特性，也要满足管路的特性。如果这两种关系均用方程来表示，则流量与压头要同时满足这两个方程，在性能曲线图上，应为泵的特性曲线和管路特性曲线的交点。这个交点称为离心泵在指定管路上的工作点，显然，交点只有一个，也就是说，泵只能在工作点下工作。

（2）离心泵的调节　当工作点的流量及压头与输送任务的要求不一致时，或生产任务改变时，必须进行适当的调节，调节的实质就是改变离心泵的工作点。主要方法如下。

① 改变阀门开度。主要是改变泵出口阀门的开度。因为即使吸入管路上有阀门，也不能进行调节，在工作中，吸入管路上的阀门应保持全开，否则易引起汽蚀现象。

由于用阀门调节简单方便，因此工业生产中主要采用此方法。

② 改变转速。通过前面对离心泵性能的分析可知，当转速改变时，离心泵的性能也会跟着改变，工作点也随之改变。

由于改变转速需要变速装置，使设备投入增加，故生产中很少采用。

③ 改变叶轮直径。通过车削的办法改变叶轮的直径，来改变泵的性能，从而达到改变工作点的目的。

由于车削叶轮不方便，需要车床，而且一旦车削便不能复原，因此工业上很少采用。

1.5.1.6 离心泵的安装与操作

离心泵出厂时，说明书对泵的安装与使用均做了详细说明，在安装使用前必须认真阅读。下面仅对离心泵的安装使用要点作简要说明。

（1）安装要点

① 应尽量将泵安装在靠近水源，干燥明亮的场所，以便于检修。

② 应有坚实的地基，以避免振动。通常用混凝土地基，地脚螺栓连接。

③ 泵轴与电机转轴应严格保持水平，以确保运转正常，提高寿命。

④ 安装高度要严格控制，以免发生汽蚀现象。

⑤ 在吸入管径大于泵的吸入口径时，变径连接处要避免存气，以免发生气缚现象。如图 1-25 所示，图中(a) 不正确，(b) 正确。

（2）操作要点

① 灌泵。启动前，使泵体内充满被输送液体的操作。用来避免气缚现象。

② 预热。对输送高温液体的热心油泵或高温水泵，在启动与备用时均需预热。因为泵是设计在操作温度下工作的，如果在低温工作，各构件间的间隙因为热胀冷缩的原因会发生变化，造成泵的磨损与破坏。预热时应使泵各部分均匀受热，并一边预热一边盘车。

③ 盘车。用手使泵轴绕运转方向转动的操作，每次以 180°为宜，并不得反转。其目的是检查润滑情况、密封情况、是否有卡轴现象、是否有堵塞或冻结现象等。备用泵也要经常盘车。

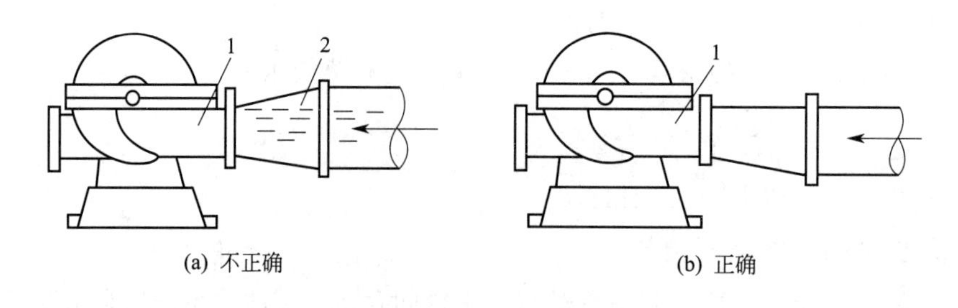

图 1-25　吸入口变径连接法

1—吸入口；2—空气囊

④ 关闭出口阀，启动电机。为了防止启动电流过大，要在最小流量，从而在最小功率下启动，以免烧坏电机。但对耐腐蚀泵，为了减少腐蚀，常采用先打开出口阀的办法启动。但要注意，关闭出口阀运转的时间应尽可能短，以免泵内液体因摩擦而发热，发生汽蚀现象。

⑤ 调节流量。缓慢打开出口阀，调节到指定流量。

⑥ 检查。要经常检查泵的运转情况，比如轴承温度、润滑情况、压力表及真空表读数等，发现问题应及时处理。在任何情况下都要避免泵内无液体的干转现象，以避免干摩擦，造成零部件损坏。

⑦ 停车时，要先关闭出口阀，再关电机。以免高压液体倒灌，造成叶轮反转，引起事故。在寒冷地区，短时停车要采取保温措施，长期停车必须排净泵内及冷却系统内的液体，以免冻结胀坏系统。

1.5.2　其他类型泵

1.5.2.1　往复泵

往复泵是一种容积式泵，即通过容积的改变对液体做功的机械。通过活塞或柱塞的往复运动对液体做功的机械统称为往复泵，包括活塞泵、柱塞泵、隔膜泵、计量泵等。

（1）结构与工作原理　往复泵的主要构件有泵缸、活塞（或柱塞）、活塞杆及若干个单向阀等，如图 1-26 所示。泵缸、活塞及阀门间的空间称为工作室。当活塞从左向右移动时，工作室容积增加而压力下降，吸入阀在内外压差的作用下打开，液体被吸入泵内，而排出阀则因内外压力的作用而紧紧关闭；当活塞从右向左移动时，工作室容积减小而压力增加，排出阀在内外压差的作用下打开，液体被排到泵外，而吸入阀则因内外压力的作用而紧紧关闭。如此周而复始，实现泵的吸液与排液。

活塞在泵内左右移动的端点叫“死点”，两“死点”间的距离为活塞从左向右运动的最大距离，称为冲程。在活塞往复运动的一个周期里，如果泵只吸液一次，排液一次，称为单动（单级）往复泵；如果各两次，称为双动往复泵；人们还设计了三联泵，三联泵（多级泵）的实质是三台单动泵的组合，只是排液周期相差了三分之一。图 1-27 是三种泵的流量曲线图。

（2）主要性能　与离心泵一样，往复泵的主要性能参数也包括流量、扬程、功率与效率等，定义不再赘述。

① 流量。往复泵的流量是不均匀的，如图 1-27 所示。但双动泵要比单动泵均匀，而三联泵又比双动泵均匀。由于其流量的这一特点限制了往复泵的使用。工程上，有时通过设置空气室使流量更均匀。

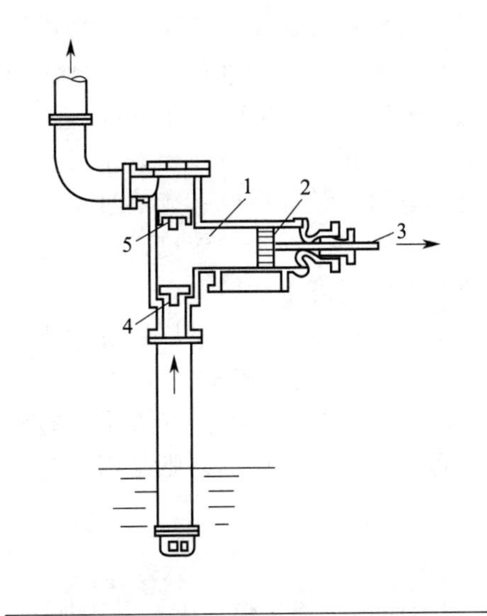

图 1-26　往复泵结构简图

1—泵缸；2—活塞；3—活塞杆；
4—吸入阀；5—排出阀

往复泵的工作原理

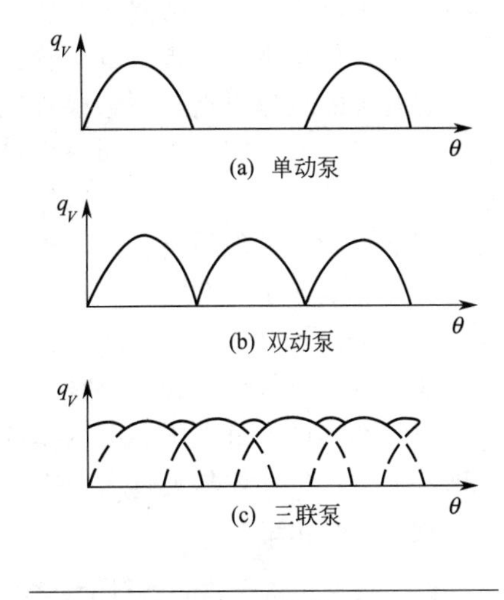

图 1-27　往复泵流量曲线图

从工作原理不难看出，往复泵的理论流量只与活塞在单位时间内扫过的体积有关，因此往复泵的理论流量只与泵缸的截面积、活塞的冲程、活塞的往复频率及每一周期内的吸排液次数等有关。因此，从理论上看，其流量是定值，但是，由于密封不严造成泄漏、阀启闭不及时等原因，实际流量要比理论值小。如图 1-28 所示。

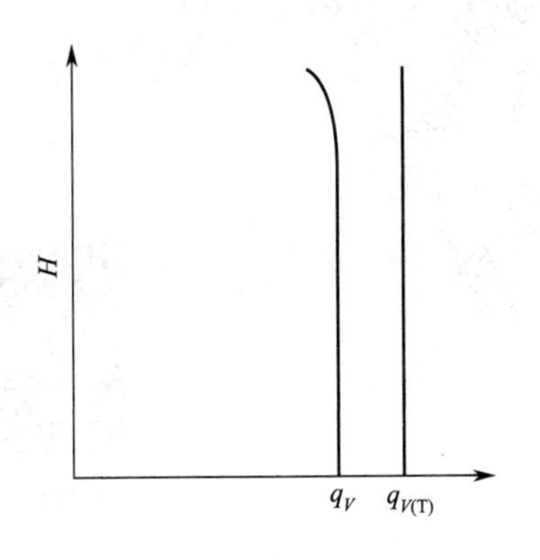

图 1-28　往复泵的性能曲线

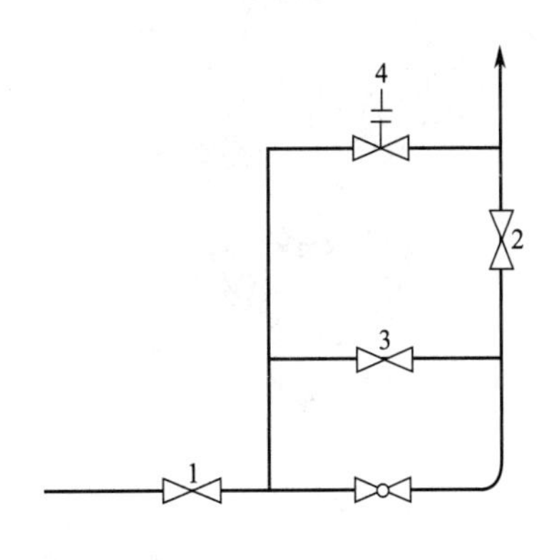

图 1-29　旁路调节流量示意图

1—入口阀；2—出口阀；3—旁路阀；4—安全阀

② 压头（扬程）。往复泵的压头与泵的几何尺寸及流量均无关系。只要泵的机械强度和原动机械的功率允许，系统需要多大的压头，往复泵就能提供多大的压头，如图 1-28 所示。

③ 功率与效率。计算与离心泵相同。但效率比离心泵高，通常在 0.72～0.93 之间，蒸气往复泵的效率可达到 0.83～0.88。

（3）往复泵的使用与维护　以上分析可以看出，同离心泵相比较，往复泵的主要特点是流量固定而不均匀，但压头高，效率高等。因此，化工生产中主要用来输送黏度大，温度高的液体，特别适应于小流量和高压头的液体输送任务。另外，离心泵没有自吸作用，但往复泵有自吸作用，因此不需要灌泵；由于都是靠压差来吸入液体的，因此安装高度也受到限制；由于其流量是固定的，绝不允许像离心泵那样直接用出口阀调节流量，否则会易造成泵的损坏。生产中常采用旁路调节法来调节往复泵的流量（注：所有位移特性的泵均用此法调节。所谓正位移性，是指流量与管路无关，压头与流量无关的特性），如图 1-29 所示。

往复泵的操作要点是：①检查压力表读数及润滑等情况是否正常；②盘车检查是否有异常；③先打开放空阀、进口阀、出口阀及旁路阀等，再启动电机，关放空阀；④通过调节旁路阀使流量符合任务要求；⑤做好运行中的检查，确保压力、阀门、润滑、温度、声音等均处在正常状态，发现问题及时处理。严禁在超压、超转速及排空状态下运转。

另外，生产中还有两种特殊的往复泵，计量泵和隔膜泵。计量泵是一种可以通过调节冲程大小来精确输送一定量液体的往复泵；隔膜泵则是通过弹性薄膜将被输送液体与活塞（柱）隔开，使活塞与泵缸得到保护的一种往复泵，用于输送腐蚀性液体或含有悬浮物的液体；而隔膜式计量泵则用于定量输送剧毒、易燃、易爆或腐蚀性液体；比例泵则是用一台原动机械带动几个计量泵，将几种液体按比例输送的泵。

1.5.2.2 旋涡泵

旋涡泵也是依靠离心力对液体做功的泵，但其壳体是圆形而不是蜗牛形，因此易于加工，叶片很多，而且是径向的，吸入口与排出口在同侧并由隔舌隔开，如图 1-30 所示。工作时，液体在叶片间反复运动，多次接受原动机械的能量，因此能形成比离心泵更大的压头，而流量小，而且由于在叶片间的反复运动，造成大量能量损失，因此效率低，约在 15%～40%。因此，旋涡泵适用于输送流量小而压头高的液体。比如送精馏塔顶的回流液。其性能曲线除功率-流量线与离心泵相反外，其他与离心泵相似，所以旋涡泵也采用旁路调节。

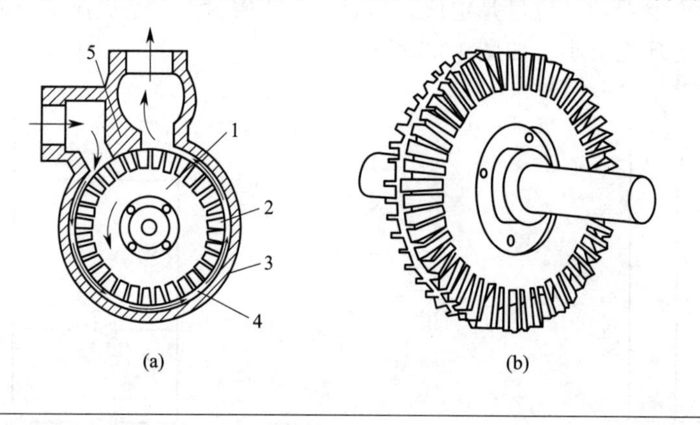

图 1-30 旋涡泵结构图

1—叶轮；2—叶片；3—泵壳；4—引液道；5—隔舌

旋涡泵的工作原理

1.5.2.3 旋转泵

是依靠转子转动造成工作室容积改变来对液体做功的机械，具有正位移特性。其特点是流量不随扬程而变，有自吸能力，不需灌泵，采用旁路调节，流量小，比往复泵均匀，扬程高，但受转动部件严密性限制，扬程不如往复泵高。常用的旋转泵有齿轮泵和螺杆泵两种，见图 1-31 和图 1-32。

齿轮泵是通过两个相互啮合的齿轮的转动对液体做功的，一个为主动轮，另一个为从动轮。齿轮将泵壳与齿轮间的空隙分为两个工作室，其中一个因为齿轮的打开而呈负压与吸入管相连，完成吸液；另一个则因为齿轮啮合而呈正压与排出口相连，完成排液。近年来，内啮合形式正逐渐替代外啮合形式，因为其工作更平稳，但制造复杂。

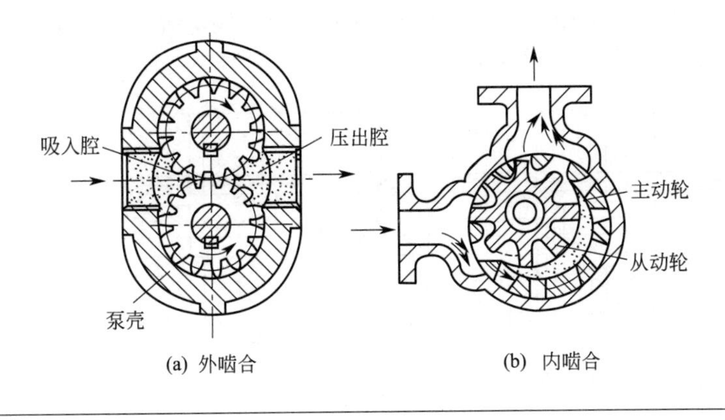

齿轮泵的工作原理

图 1-31　齿轮泵结构图

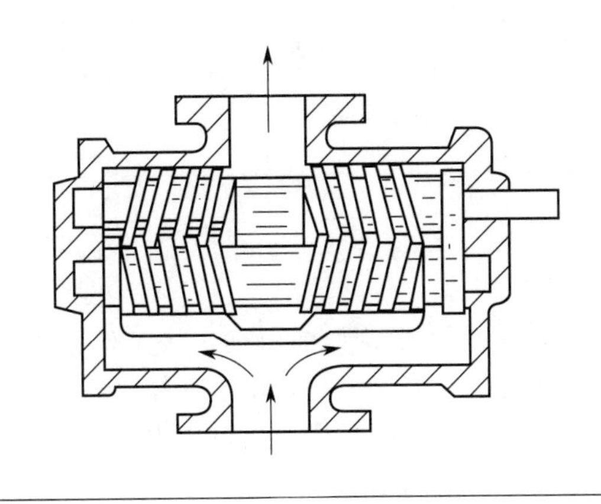

螺杆泵的工作原理

图 1-32　螺杆泵结构图

齿轮泵的流量小，扬程高，流量比往复泵均匀。适应于输送高黏度及膏状液体，例如润滑油，但不宜输送含有固体杂质的悬浮液。

螺杆泵是由一根或多根螺杆构成的，以双螺杆泵为例，是通过两个相互啮合的螺杆来对液体做功的，其原理、性能均与齿轮泵相似，不再赘述。具有流量小，扬程高，效率高运转平稳，噪声低等特点，流量均匀。适应于高黏度液体的输送，在合成纤维、合成橡胶工业中应用较多。

化工生产中使用的泵还有很多类型，不再一一介绍，读者在需要时可查阅有关手册。通过中国泵业网等专业网站可以得到全国的专业资料。

1.5.2.4　化工常用泵的性能比较与选用

泵的类型很多，在接受生产任务时，要根据任务需要与特点，做出合理选择，以节约能量，提高经济性。

在众多类型泵中，由于离心泵具有结构简单，操作方便，对基础要求不高，流量均匀，可以用耐腐蚀材料制作，适应范围广等特点而应用最为广泛。但离心泵的扬程不太高，效率不太高，又没有自吸能力。

往复泵流量固定，扬程高，效率也高，有自吸能力，但结构复杂、笨重、需要传动部件，调节不方便。所以近年来除计量泵外，往复泵正逐渐为其他类型的泵所代替。

旋转泵具有流量小，扬程高的特点，因此适于输送高黏度的液体。

流体动力作用泵能在一些场合代替耐腐蚀泵和液下泵使用，适于输送酸、碱等腐蚀性液体。各类泵的适用范围如图 1-33 所示，供选泵时参考。

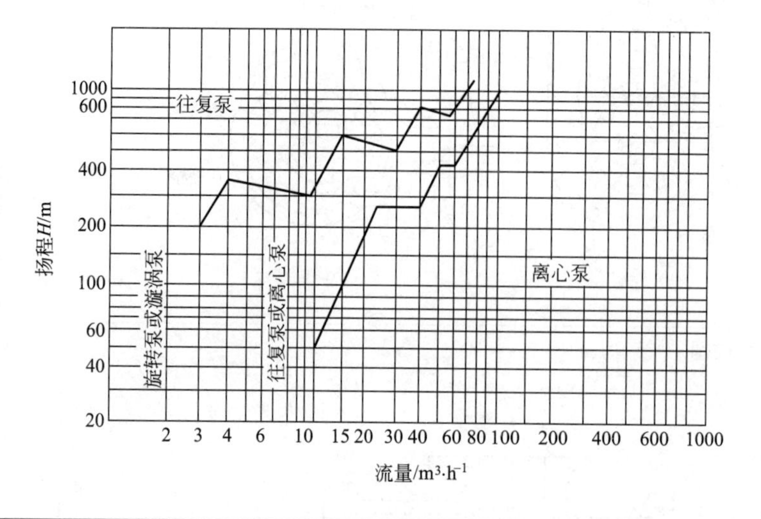

图 1-33　各种泵的适用范围

1.5.3　往复式压缩机

气体压缩与输送机械广泛应用于化工生产中，如前所述，按工作原理分也可以分为四类，而且各类的工作原理也与相应类型的泵相似。但是，由于气体的明显可压缩性，使气体的压送机械更具有自身的特点。通常，按终压或压缩比（出口压力与进口压力之比）可以将气体压送机械分为四类，见表 1-8。

表 1-8　气体压送机械的分类

类　型	终压/kPa(表压)	压缩比	备　　注
通风机	＜15	1～1.15	用于换气通风
鼓风机	15～300	1.15～4	用于送气
压缩机	＞300	＞4	造成高压
真空泵	当地大气压	很大	取决于所造成的真空度

过去主要靠往复式压缩机实现高压，但由于离心式压缩技术的成熟，离心式压缩机的应用已经越来越广泛，而且，由于离心式在操作上优势，离心式大有取代往复式的趋势，离心式压缩机在合成氨厂的推广就是很好的证明。

前面已经详细介绍了离心泵，离心式压送机械与之有很多相似之处，此处仅简单介绍往复式压缩机，其他气体压送机械请参阅有关专业书。

1.5.3.1　往复式压缩机的构造与工作过程

其构造与往复泵相似，主要由气缸、活塞、活门构成，也是通过往复运动的活塞对气体做功的，但是其工作过程与往复泵是不同的，这种不同是由于气体的可压缩性造成的。往复式压缩机的工作过程分为 4 个阶段。

（1）膨胀阶段　当活塞运动造成工作室容积的增加时，残留在工作室内的高压气体将膨胀，但吸入口活门还不会打开，只有当工作室内的压降低到等于或略小于吸入管路的压力时，活门才会打开。

（2）吸气阶段　吸入口活门在压力的作用下打开，活塞继续运行，工作室容积继续增大，气体不断被吸入。

（3）压缩阶段 活塞反向运行，工作室容积减少，工作室内压力增加，但排出口活门仍不打开，气体被压缩。

（4）排气阶段 当工作室内的压力等于或略大于排出管的压力时，排出口活门打开，气体被排出。

显然，同离心泵相比，因为存在膨胀与压缩这两个过程，吸气量减少了，缸的利用率下降了。另外，由于气体本身没有润滑作用，因此必须使用润滑油以保持良好润滑，为了及时除去压缩过程产生的热量，缸外必须设冷却水夹套，活门要灵活、紧凑和严密。

1.5.3.2 多级压缩

气体在压缩过程中，排出气体的温度总是高于吸入气体的温度，上升幅度取决于过程性质及压缩比。如果压缩比过大，则能造成出口温度很高，温度过高有可能使润滑油变稀或着火，且造成增加功耗等。因此，当压缩比大于8时，常采用多级压缩，以提高容积系数、降低压缩机功耗及避免出口温度过高。所谓多级压缩是指气体连续并依次经过若干个气缸压缩，达到需要的压缩比的压缩过程，每经过一次压缩，称为一级，级间设置冷却器及油水分离器。理论证明，当每级压缩比相同时，多级压缩所消耗的功最少。

1.5.3.3 往复式压缩机的主要性能

往复式压缩机的主要性能有排气量、功率与效率。

（1）排气量 是指在单位时间内，压缩机排出的气体体积，并以入口状态计算，也称压缩机的生产能力，用 q_V 表示，单位 m^3/s。与往复泵相似，其理论排气量只与气缸的结构尺寸、活塞的往复频率及每一工作周期的吸气次数有关，但由于余隙内气体的存在、摩擦阻力、温度升高、泄漏等因素，使其实际排气量要小。往复式压缩机的流量也是脉冲式的，不均匀的。为了改善流量的不均匀性，压缩机出口均安装油水分离器，既能起缓冲作用，又能除油沫水沫等，同时吸入口处需安装过滤器，以免吸入杂物。

（2）功率与效率 往复式压缩机理论上消耗的功率可以根据气体压缩的基本原理进行计算（可参阅有关书籍），实际消耗的功率要比理论功率大，两者的差别同样用效率表示，其效率范围大约为0.7～0.9。

1.5.3.4 往复式压缩机的分类与选用

往复式压缩机的类型很多，按照不同的分类依据可以有不同名称。常见的方法是按被压缩气体的种类分类，可分为空压机、氧压机、氨压机等；按气体受压缩次数分为单级、双级及多级压缩机；按气缸在空间的位置分为立式、卧式、角式和对称平衡式；按一个工作周期内的吸排气次数分为单动与双动压缩机；按出口压力分为低压（$<10^3$kPa）、中压（$10^3\sim10^4$kPa）、高压（$10^4\sim10^5$kPa）、和超高压（$>10^5$kPa）压缩机；按生产能力分为小型（$10m^3/min$）、中型（$10\sim30m^3/min$）和大型（$>30m^3/min$）往复式压缩机。

在选用压缩机时，首先要根据被压缩气体的种类确定压缩机的类型，比如压缩氧气要选用氧压机，压缩氨用氨压机等，再根据厂房的具体情况，确定选用压缩机的空间形式，比如，高大厂房可以选用立式等，最后根据生产能力与终压选定具体型号。

1.5.3.5 往复式压缩机的操作

往复式压缩机的操作要点如下。

① 开车前应检查仪表、阀门、电气开关、联锁装置、保安系统是否齐全、灵敏、准确、可靠。

② 启动润滑油泵和冷却水泵，控制在规定的压力与流量。

③ 盘车检查，确保转动构件正常运转。

④ 充氮置换 当被压缩气体易燃易爆时，必须用氮气置换气缸及系统内的介质，以防开车时发生爆炸事故。

⑤ 在统一指挥下，按开车步骤启动主机和开关有关阀门，不得有误。

⑥ 调节排气压力时，要同时逐渐调节进、出气阀门，防止抽空和憋压现象。

⑦ 经常“看、听、摸、闻”，检查连接、润滑、压力、温度等情况，发现隐患及时处理。

⑧ 在下列情况出现时就紧急停车：断水、断电和断润滑油时；填料函及轴承温度过高并冒烟时；电动机声音异常，有烧焦味或早火星时；机身强烈振动而减振无效时；缸体、阀门及管路严重漏气时；有关岗位发生重大事故或调度命令停车时等。

⑨ 停车时，要按操作规程熟练操作，不得误操作。

1.6 流量测量

流量是化工生产中需要经常测量、调节与控制的物理量，因此测量流量是化工生产的一项常规操作。工业生产中使用的流量测量方法很多，最简单的方法就是重量法与体积法，本节只介绍依据能量转化与守恒规律设计制作的流量计，在生产中，如果遇到其他类型的流量计，可以参阅产品说明书学习使用。

1.6.1 孔板流量计

1.6.1.1 构造

将带孔的金属薄板（6～12mm）用法兰连接在被测管路上，要求孔板中心线与管路中心线重叠，如图 1-34 所示。带孔的板称为孔板。

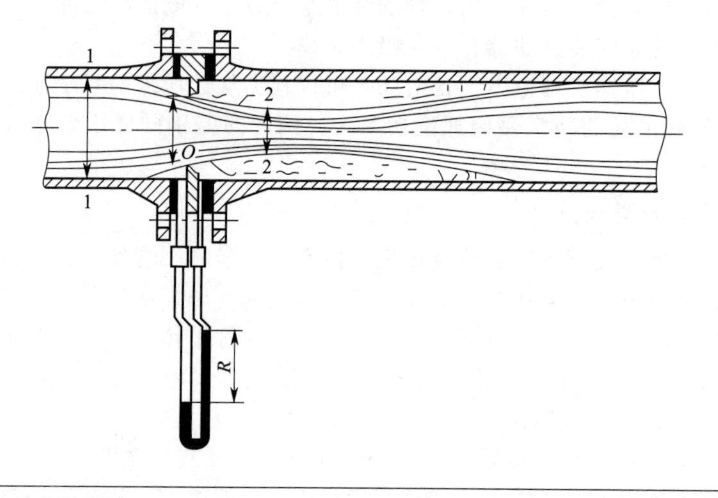

孔板流量计

图 1-34　孔板流量计

1.6.1.2 原理

当管内流体流过孔板的小孔时，由于流通截面积的突然减小，动能增加，引起静压能下降，在孔板两侧形成压差，当流量变化时，此压差也跟着变化。显然，找出压差与流量之间的关系，测出压差就可以获得流量了。这就是孔板流量计的测量原理。

流量与压差的关系可以通过伯努利方程求得，计算方法可参阅有关书籍。

1.6.1.3　主要特点与适应场合

结构简单，更换方便，价格低廉，但阻力损失大，不宜在流量变化很大的场合使用。安装时孔板的中心线必须与被测管路的中心线重合，而且在孔板前后都必须有稳定段。稳定段是指一段大于 50 倍管路直径直管。

1.6.2　文丘里流量计

为了克服孔板流量计阻力损失大的缺点，可以使用文丘里管来代替孔板测量流量显然其工作原理与孔板相同。

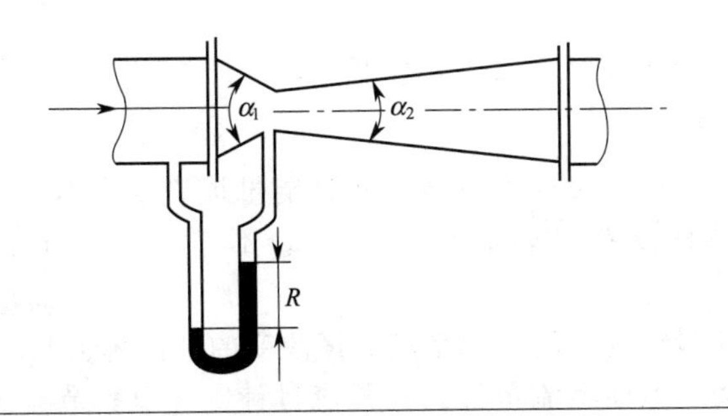

图 1-35　文丘里流量计

文丘里流量计工作原理

文丘里管由渐缩管和渐扩管构成的，图中 $\alpha_1=15°\sim20°$，$\alpha_2=5°\sim7°$，如图 1-35 所示。同孔板流量计相比，文丘里流量计的能量损失极小，但结构精密，造价高。

1.6.3　转子流量计

1.6.3.1　构造

转子流量计由一个截面积自下而上逐渐扩大的锥形玻璃管构成，管内装有一个由金属或其他材料制作的转子，由于流体流过转子时，能推转子旋转，故有此名。如图 1-36 所示。图中（a）是结构示意图，（b）是安装示意图。

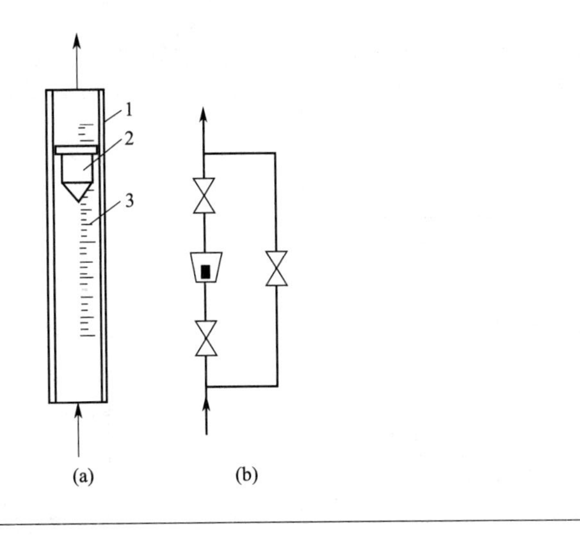

图 1-36　转子流量计

1—锥形管；2—转子；3—刻度

转子流量计工作原理

1.6.3.2　原理

当流体自下而上流过转子流量计时，由于受到转子与锥壁之间环隙的节流作用，在转子上下游形成压差，在压差的作用下，转子被推动上升，但随着转子的上升，环隙面积扩大使流速减小，因此转子上下游压差也减小，当压差减小到一定数值时，因压差形成的、对转子的向上推力刚好等于转子的净重力，于是转子就停止上升，而留在某一高度。当流量增加时，转子又会向上运动而停在新的高度。因此，转子停留高度与流量之间有一定的对应关系。根据这种对应关系，把转子的停留高度做成刻度，代表一定的流量，就可以通过转子的停留高度读出流量了。

转子停留高度与流量间的关系也可以通过伯努利方程获得。

1.6.3.3　主要特点与适用场合

转子流量计的最大优点在于可以直接读出流量，而且能量损失小，不需要设置稳定段。因此，应用十分广泛。但必须垂直安装，玻璃制品不耐压，不宜在 4～5atm 以上的工作条件下使用。

与孔板流量计相比，转子流量计的节流面积是随流量改变的，而转子上下游的压差是不变的，因此，也称转子流量计为变截面型流量计。孔板流量计则相反，节流面积是不变的，而孔板两侧的压差是随流量改变的。因此也称孔板流量计为变压差型流量计。

需要说明的是，转子流量计的读数是生产厂家，在一定的条件下用空气或水标定的，当条件变化或输送其他流体时，应进行标定，标定方法参阅产品手册或有关书籍。

思　考　题

1. 实际流体在静止时有无黏性？

2. 工业生产中，有时会用真空抽送的方式将水或密度比水大的流体输送到 10m 以上的高位槽中，试解释这样做的理由。

3. 在工业生产中，有时能够遇到这样的现象：某管路已经被腐蚀出小孔，但当流体流过却不泄漏。为什么？

4. 某液体在如图所示的三根管路中稳定流过。设三种情况下，液体在 1—1′截面处的流速与压力均相等，且管路的直径、粗糙度均相同。试分析三种情况下，2—2′截面处的流速是否相等，压力是否相等。

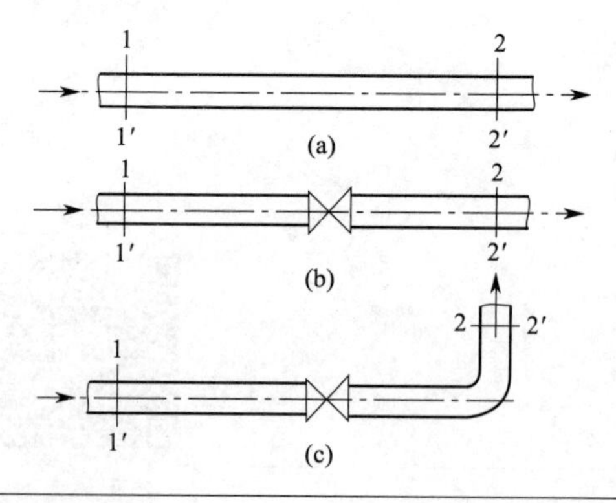

思考题 4 附图

思考题 5 附图

5. 水在如图管路中稳定流动，设高位槽液位保持恒定，管路 ab 与 cd 的长度、直径及粗糙度均相同，水温在流动过程中保持不变。问（1）水流过两管段的流体阻力是否相等？（2）流体经过两管段的压力差是否相等？（3）如果减小阀门开度，水的流量是增加还是减少？（4）水流过管路的全部阻力损失是多少？

6. 转子流量计的钢质转子坏了，拟用大小相同的塑料转子替代。问替代后，同刻度下流量是增加还是减小？

7. 分析气缚与汽蚀；允许吸上真空高度与允许安装高度；扬程与升扬高度（液体被提升的几何高度）等的不同之处。

8. 试分析启动离心泵后，没有液体流出的可能原因。如何解决呢？

9. 分析如下几种情况下，哪一种情况更容易发生汽蚀？

（1）液体密度的大与小　（2）夏季与冬季　（3）流量大与小

（4）泵安装的高与低　（5）吸入管路的长与短　（6）吸入液面的高与低

10. 说明输送如下流体需要什么材质的管路，并说明输送中需要注意的问题。

（1）水　（2）硫酸　（3）石油产品　（4）水蒸气

习　题

1. 计算空气在 0.25MPa（表压）和 298K 下的密度，已知当地大气压强为 100kPa。

2. 某气柜内的混合气体的表压力是 0.08MPa，温度为 295K。若混合气体的组成为

气体种类	H_2	N_2	CO	CO_2	CH_4
体积分数	0.41	0.19	0.32	0.07	0.01

试计算混合气体的密度。已知当地大气压力为 100kPa。

3. 某真空蒸馏塔在大气压力为 100kPa 的地区工作时，塔顶真空表的读数为 90kPa。问当塔在大气压力为 86kPa 的地区工作时，如塔顶绝对压力仍要维持在原来的水平，则真空表的读数变为多少？

4. 假设苯与甲苯混合时没有体积效应，试求两者在 293K 下，等体积混合时的密度。

5. 如图所示，常压储槽中盛有密度为 960kg/m^3 重油，油面最高时深度为 9.5m，底部直径为 760mm 的人孔中心距槽底 1000mm，人孔盖板用 14mm 的钢制螺钉紧固。设每根螺钉能够承受的工作压力为 39.5×10^6 Pa，试求需要的螺钉数。

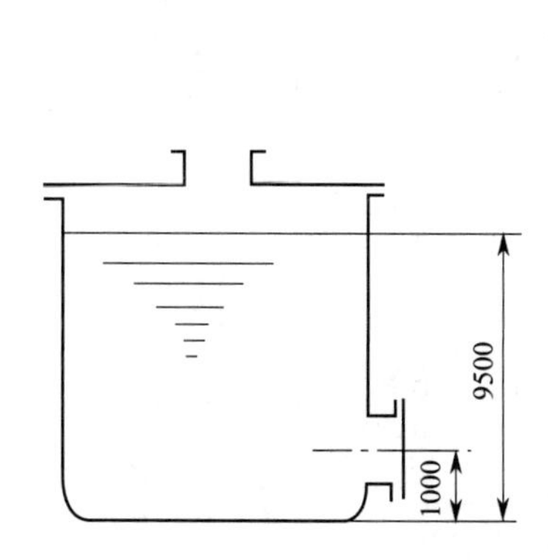

习题 5 附图

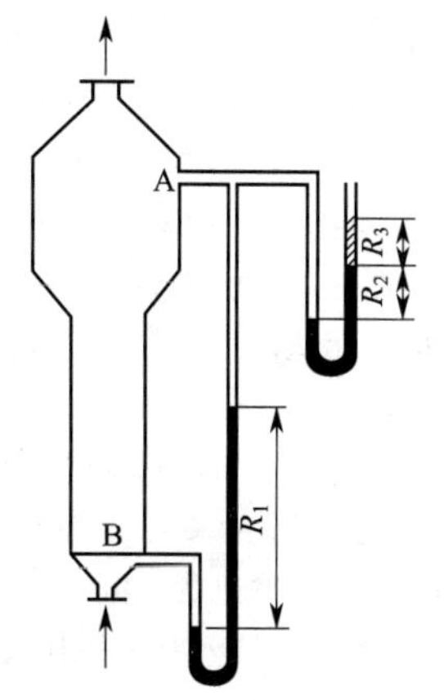

习题 6 附图

6. 如图所示，在某流化床反应器上装有两个U形水银压差计，读数分别为 $R_1=500\text{mm}$，$R_2=80\text{mm}$。为了防止水银蒸发，在右侧U形管通大气的支管内注入了一段高度 $R_3=100\text{mm}$ 的水，试求图中A、B两处的压力差。

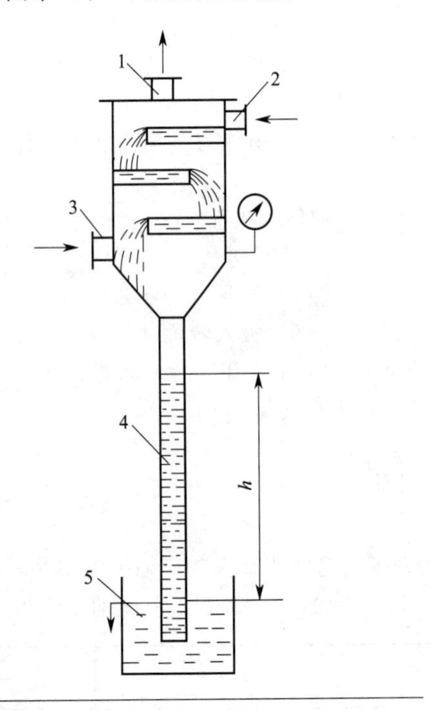

习题7附图

1—与真空泵相通的不凝性气体出口；
2—冷凝水进口；3—水蒸气进口；
4—气压管；5—液封槽

习题8附图

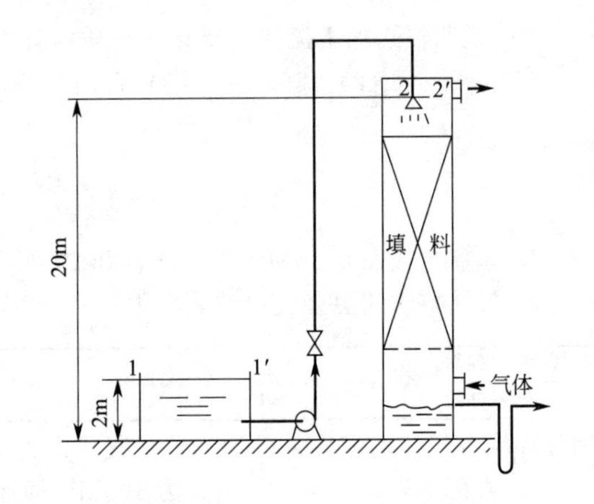

习题9附图

7. 如图所示，用混合式冷凝器除去真空蒸发操作产生的水蒸气，为了维持必要的真空度，用真空泵从冷凝器上部抽走不凝性气体。试求，为了不使空气漏入系统中，液封必须维持的高度 h。

8. 如图所示，20℃的水以2.5m/s的流速流过直径 $\phi38\text{mm}\times2.5\text{mm}$ 的水平管，此管通过变径与另一规格为 $\phi53\text{mm}\times3\text{mm}$ 的水平管相接。现在在两管的A、B处分别装一垂直玻璃管，用以观察两截面处的压力。设水从截面A流到截面B处的能量损失为1.5J/kg，试求两截面处竖直管中的水位差。

9. 如图所示，用水吸收混合气中的氨。已知管子的规格是 $\phi89\text{mm}\times3.5\text{mm}$，水的流量是 $40\text{m}^3/\text{h}$，水池液面到塔顶管子与喷头连接处的垂直距离是18m，管路的全部阻力损失为40J/kg，喷头与管子连接处的压力是120kPa（表压），泵的效率是65%，试求泵所需要的功率。

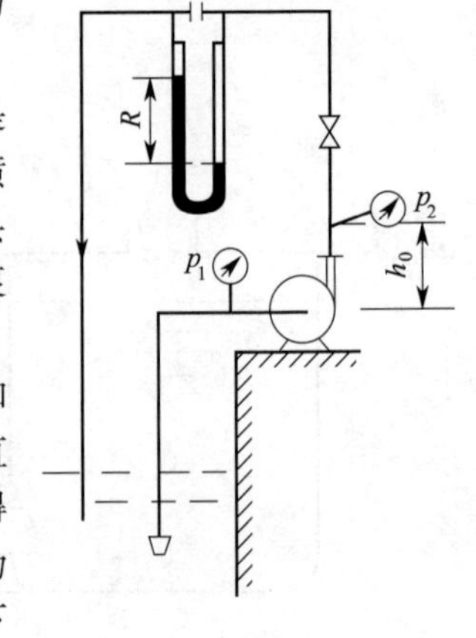

习题10附图

10. 用如图所示的实验装置，以水为介质，在293K和101.3kPa下测定某离心泵的性能参数。已知，两测压截面间的垂直距离为0.4m，泵的转速为2900r/min，当流量是 $26\text{m}^3/\text{h}$ 时，测得泵入口处真空表的读数为68kPa，泵排出口处压力表的读数为190kPa，电动机功率为3.2kW，电动机效率是96%。试求此流量下泵的主要性能，并用表列出。

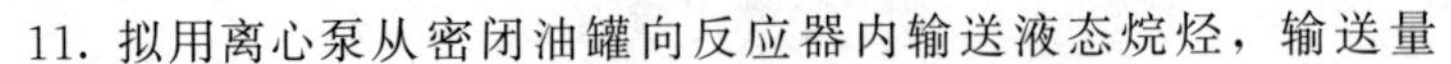

11. 拟用离心泵从密闭油罐向反应器内输送液态烷烃，输送量

为 18m³/h。已知操作条件下烷烃的密度为 740kg/m³，饱和蒸气压为 130kPa；反应器内的压力是 225kPa，油罐液面上方为烃的饱和蒸气压；反应器内烃液出口比油罐内液面高 5.5m；吸入管路的阻力损失与排出管路的阻力损失分别是 1.5m 和 3.5m；当地大气压为 101.3kPa。试判定库中型号为 65Y-60B 型的油泵是否能满足任务要求。如果能满足要求，安装高度应为多少？

本章主要符号说明

英文字母

A——流通截面积，m^2；

d——管道的内径，m；

E_f——直管阻力，J/kg；

E_f'——局部阻力，J/kg；

E_f——能量损失，J/kg；

g——重力加速度，m/s^2；

H——外加压头，m；

l——直管的长度，m；

l_e——局部元件的当量长度，m；

m——质量，kg；

M——摩尔质量，kg/kmol；

M_m——平均摩尔质量，kg/kmol；

n——转速，r/min；

p——流体的压力，kPa；

P，P_e——输送机械的轴功率与有效功率，W；

p_s——试验压力，Pa；

q_m——质量流量，kg/s；

q_V——体积流量，m^3/s；

R——U 形压力计的读数，m；

R——通用气体常数，8.314kJ/kmol·K；

T——流体的热力学温度，K；

u——流速，m/s；

V——流体的体积，m^3；

W——外加功，J/kg；

希文字母

ρ——流体的密度，kg/m^3；

ρ_1，ρ_2，ρ_i，ρ_n——构成混合物的各纯组分的密度，kg/m^3；

w_1，w_2，w_i，w_n——混合物中各组分的质量分数；

ϕ_1，ϕ_2，ϕ_i，ϕ_n——混合物中各组分的体积分数；

ν——运动黏度，m^2/s；

μ——动力黏度，Pa·s；

ξ——局部阻力系数，量纲一的量；

λ——摩擦系数，也称摩擦因数，量纲一的量；

η——效率。

第 2 章

热量传递

知识目标

1. 了解传热与生产、生活的关系；
2. 能根据生产要求选择适当的换热方法；
3. 能描述工业换热器的类型、结构、特点、操作原理及其适用范围；
4. 能说明新型换热器的发展趋势；
5. 能说明传导、对流和辐射三种基本传热方式的实现过程并能够区分之；
6. 理解传热速率方程中各符号的意义并知道其用途。

能力目标

1. 能够根据生产任务选择匹配的换热器类型；
2. 能够依据操作规程正确操作换热器并在条件波动时提出操作建议；
3. 能够运用传热基本理论与工程技术思维强化和削弱传热过程；
4. 能够运用热量平衡原理和传热速率方程进行换热基本计算。

素质目标

1. 通过深入理解“热量总是由高能位向低能位传递”的原理，逐步建立自我追求、自立自强的生活态度；
2. 通过对“热损失”的认识，自觉建立节约能源和综合用能的理念；
3. 正确认识温度控制对工业生产的重要性，强化健康、安全、环境的意识；
4. 正确认识化工与人类生活的关系，坚定化工让生活更美好的理念。

2.1 概述

热量传递，简称传热，是自然界和工程技术领域中普遍存在的一种现象，只要有温度变化或相态变化的地方，就会有热量传递。这一普遍性使能源、宇航、化工、动力、冶金、机械、建筑、农业、环境保护等部门中都涉及许多传热问题。

2.1.1　传热在化工生产中的应用

化学工业与传热的关系尤为密切。因为无论生产中的化学过程（单元反应），还是物理过程（化工单元操作），几乎都伴有热量的传递。传热在化工生产过程中的应用主要有以下方面。

（1）创造并维持需要的温度条件　几乎所有的化学反应都要求有一定的温度条件，例如，合成氨的操作温度为470～520℃；氨氧化法制备硝酸过程中氨和氧的反应温度为800℃等。为了达到要求的反应温度，先必须对原料进行加热，而反应又会放热或吸热，为了保持最佳反应温度，对于放热反应，必须及时移走放出的热量；对于吸热反应，则要及时补充热量。另一方面，一些化工单元操作，如蒸发、结晶、蒸馏和干燥等，也需要输入或输出热量，以维持良好的操作温度。例如在精馏操作中，需要向塔釜内输入热量，使塔釜内的液体不断汽化从而得到操作所必需的上升蒸气，同时，又需要从塔顶冷凝器中移出热量，以创造回流条件和得到塔顶产品。

（2）提高能量利用的合理性　很多化工过程都是在很高或很低的温度条件下进行的，应该考虑如何充分利用能量。在上述实例中，合成氨的反应气以及氨和氧的反应气温度都很高，有大量的余热需要回收，通常可设置余热锅炉生产蒸汽甚至发电。

（3）隔热与节能　传到环境中的热量称为热损失，为了减少热量（或冷量）的损失，对设备和管道进行保温是十分普遍的。保温至少有三方面的好处，即降低消耗、维持系统温度、劳动及环境保护。

统计表明，传热设备在化工厂的设备投资中占有很大的比例，能量消耗十分可观。因此，利用好传热为化工生产服务，直接关系到化工过程的实现及其经济性的高低。因此，学习以下内容是十分必要的：①传热的基本规律；②工业换热方法及其主要特点；③换热器内传热过程的分析与基本计算；④常见换热器的结构与性能特点，换热器发展趋势，典型换热器的选型原则与正确使用；⑤强化传热与削弱传热的途径与方法。

传热系统（例如换热器）中的温度仅与位置有关而与时间无关的传热称为稳态传热，其特点是系统中不积累热量（即输入的能量等于输出的能量），在传热方向上，传热速率（单位时间内传递的热量）为常数。传热系统中各点的温度既与位置有关又与时间有关的传热称为非稳态传热。化工生产中连续操作时的传热大多可视为稳态传热，本章只讨论稳态传热。

2.1.2　工业换热方法

化工生产中的热量交换通常发生在两流体之间。在换热过程中，温度较高放出热量的流体称为热流体；温度较低吸收热量的流体称为冷流体。若换热的目的是将冷流体加热，此时热流体称为加热剂，常见的加热剂为水蒸气（一般称为加热蒸汽）；若换热的目的是将热流体冷却（或冷凝），此时冷流体称为冷却剂（或冷凝剂），常见的冷却剂（或冷凝剂）为冷却水、冷冻盐水和空气。

在工业生产中，实现热量交换的设备称为热量交换器，简称为换热器。根据换热器结构不同，换热方法通分为如下几种类型。

2.1.2.1　间壁式换热

流体在间壁两侧流过，借助劈面的导热作用实现二者的热量交换，这种换热称为间壁式换热，使用的换热器称为间壁式换热器，又称表面式换热器或间接式换热器。该类换热器最突出的特点是两流体进行换热时不发生混合。通常，生产中两流体是不允许混合的，因此，间壁式换热器应用最广，形式多样，各种管式和板式结构的换热器均属此类。

2.1.2.2　直接混合换热

与间壁式换热不同，通过冷热流体直接接触实现热量交换的方法称为直接混合式换热。因两流体直接接触，相互混合，因此传热速率快，效率高，但只适用于两流体允许混合的场合。使用的换热器称为直接混合式换热器，常见的这类换热器有凉水塔、洗涤塔、喷射冷凝器等。

2.1.2.3　蓄热式换热

以热容量较大的固体为蓄热体，将热量由热流体传给冷流体的换热方式称为蓄热式换热，使用的换热器称为蓄热式换热器。操作时，让热、冷流体交替进入换热器，热流体将热量储存在蓄热体中，然后由冷流体取走，从而达到换热的目的。此类换热方式具有设备结构简单，可耐高温的特点，常用于高温气体热量的回收或冷却。其缺点是设备体积庞大，热效率低，且不能完全避免两流体的混合。最典型的例子是石油化工中的蓄热式裂解炉。

2.1.3　典型间壁式换热器

在前已述及的三种换热器中，由于间壁式换热器综合特性优越，因此在工业生产中得到了最广泛的应用。为便于结合工程实际讨论传热的基本原理及应用，先简单介绍两种典型的间壁式换热器。

2.1.3.1　套管换热器

如图 2-1 所示，套管换热器是由两个直径不同的同心圆管套在一起而构成的。一种流体在管内流动，另一种流体在环隙中流动，通过内管壁面进行热量交换。因此内管壁面面积即为传热面积。

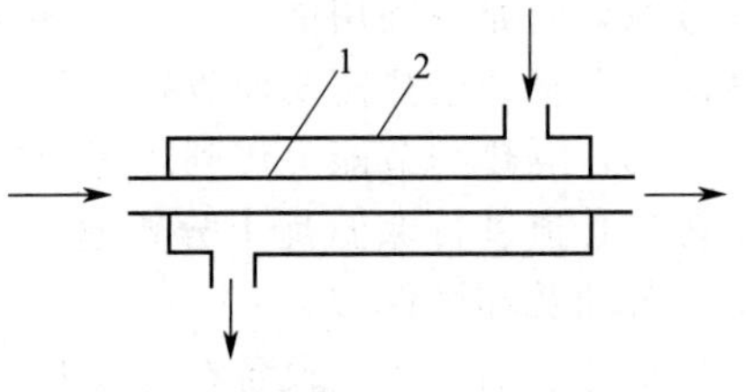

图 2-1　套管换热器

1—内管；2—外管

2.1.3.2　列管换热器

如图 2-2 所示，为一固定管板式列管换热器，主要由壳体、封头、管束、管板等部件构成。操作时一种流体由封头上的接管 3 进入器内，经封头与管板间的空间（分配室）分配至各管内，流过管束后，从另一端封头上的接管 4 流出换热器。另一种流体由壳体上的接管 3 流入，壳体内装有若干块折流挡板 7，流体在壳体内沿折流挡板作折流流动，从壳体上的接管 4 流出换热器。两流体在换热器内隔着管壁进行换热。通常将流经管内的流体称为管程（管方）流体；将流经管外的流体称为壳程（壳方）流体。由于在图 2-2 所示的换热器内，管程流体和壳程流体均只一次流过换热器，没有回头，故称为单管程单壳程列管换热器。

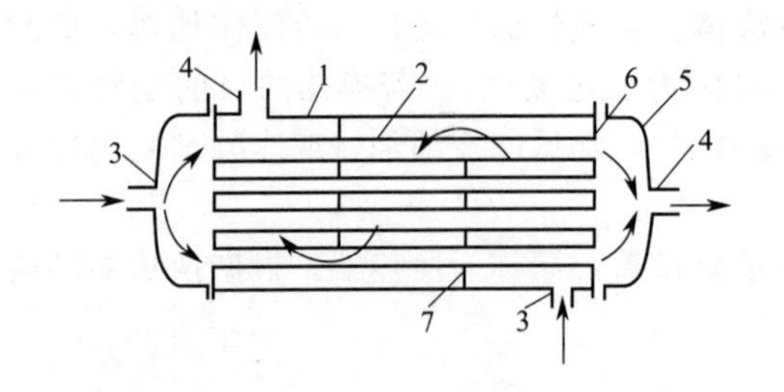

图 2-2　单程固定管板式列管换热器

1—壳体；2—管束；3,4—接管；5—封头；6—管板；7—挡板

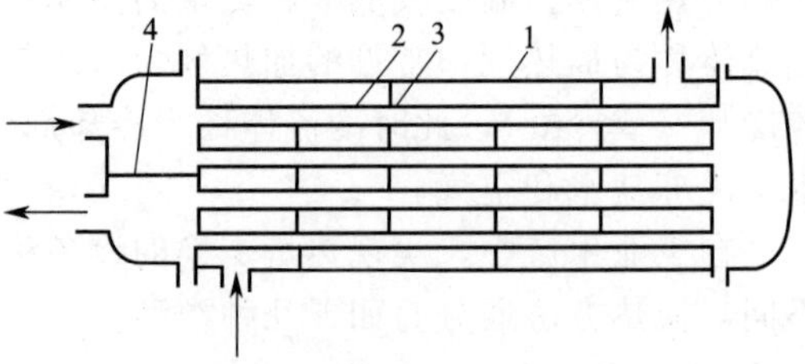

图 2-3　双管程列管换热器

1—壳体；2—管束；3—挡板；4—隔板

为改善换热器的传热，工程上常采用多程换热器，图 2-3 为一双管程单壳程列管换热器，封头内隔板 4 将分配室一分为二，管程流体只能先通过一半管束，流到另一端分配室后再折回流过另一半管束，然后流出换热器，由于流体在管束内流经两次，故称为双管程列管换热器。若流体在管束内来回流过多次，则称为多管程，一般地说，除单管程外，管程数为偶数，有二、四、六、八程等，但随着管程数的增加，流动阻力迅速增大，因此管程数不宜过多，一般为二、四管程。在壳体内，也可在与管束轴线平行方向设置纵向隔板使壳程分为多程，但是由于制造、安装及维修上的困难，工程上较少使用，通常采用折流挡板，以改善壳程传热。设置多程的原因将在本章后续内容中介绍。

2.2　传热的基本方式

热量自发传递的方向总是由高温处向低温处传递的，但实现传递的方式可以不同。根据传热的机理的不同，热量传递分为热传导、热对流和热辐射等三种基本方式，传热可依靠其中的一种或几种方式进行。

热传导又称导热，是由于物质的分子、原子或电子的热运动或振动，使热量从物体的高温部分向低温部分传递的过程。任何紧密接触的物体，不论其内部有无质点的相对运动，只要存在温度差，就必然发生热传导。可见热传导不但发生在固体中，而且也是流体内的一种传热方式。气体、液体、固体的热传导进行的机理各不相同。在气体中，热传导是由不规则的分子热运动引起的；在大部分液体和不良导体的固体中，热传导是由分子或晶格的振动传递动量来实现的；在金属固体中，热传导主要依靠自由电子的无规运动来实现。因此，良好的导电体也是良好的导热体。热传导不能在真空中进行。

热对流是指流体中质点发生相对运动而引起的热量传递。热对流仅发生在流体中。由于引起流体质点相对运动的原因不同，对流又可分为强制对流和自然对流。由于外力（泵、风机、搅拌器等作用）而引起的质点运动，称为强制对流；由于流体内部各部分温度的不同而产生密度的差异，使流体质点发生相对运动，称为自然对流。在流体发生强制对流时，往往伴随着自然对流，但一般强制对流的强度比自然对流的强度大得多。

流体中发生对流传热时，导热是不能避免的，通常把流体与固体壁面间的热量传递称之为对流传热（或给热）。本章讨论的为此种对流传热。

温度大于 0K 的物体均能向周围辐射能量，热辐射是指物体间相互辐射和相互吸收能量的传热过程。物体将热能转变成辐射能，以电磁波的形式在空中进行传送，当遇到另一物体时，即被其部分或全部吸收并转变为热能。显然，辐射传热不仅是能量的传递，同时还伴有能量形式的转换，而且不需要任何媒介，可以在真空中传播，这是热辐射不同于其他传热方式的特点。必须指出，只有物体温度较高时，辐射传热才能成为主要的传热方式。

实际上，传热过程往往不是以某种传热方式单独出现，而是两种或三种传热方式的组合。例如生产中普遍使用的间壁式换热器中的传热，主要是以热对流和热传导相结合的方式进行的。下面将结合实际生产情况对传导传热、对流传热和辐射传热分别进行介绍。

2.2.1　传导传热

热传导是由于介质内存在温度差而依靠粒子的热运动或振动来传递热量的现象，其在固体、液体、气体中均可发生，但严格而言，只有固体中才是纯粹的热传导，而流体即使处于静止状态，其中也会有由于温度差产生密度差而引起的自然对流，所以在流体中热对流与热传导是同时发生的。鉴于此，本节只讨论固体内的热传导问题，并结合实际情况，介绍其在工程中的应用。

2.2.1.1　傅立叶定律

在物体内部，凡在同一瞬间、温度相同的点所组成的面，称为等温面。在稳态导热时，一般来说，对于平壁导热，等温面为垂直于热流方向的平面，对于圆筒壁导热，等温面为半径相同的圆柱面。相邻两等温面之间的温度差 Δt 与这两个等温面之间的距离 Δx 的比值的极限，称为温度梯度，用 $\mathrm{d}t/\mathrm{d}x$ 表示。温度梯度是向量，其方向垂直于等温面，它的正方向是温度增加的方向，与导热方向刚好相反。

理论研究和实验都证明，导热速率（单位时间内的导热量）与温度梯度以及垂直于热流方向的等温面面积成正比，即

$$Q=-\lambda S\frac{\mathrm{d}t}{\mathrm{d}x} \tag{2-1}$$

式中　Q——导热速率，或 W；

λ——比例系数，称为热导率，W/(m·K)；

S——导热面积，m^2。

负号表示热流方向与温度梯度方向相反。式(2-1) 称为傅立叶定律。

2.2.1.2　热导率

热导率 λ 是物质的一种物理性质，反映物质导热能力的大小。物质的热导率越大，相同条件下，传导的热量就越多，其导热能力也越强。其物理意义为：在单位温度梯度（1K/m）下，单位时间（1s）通过单位导热面积（$1\mathrm{m}^2$）的导热面所传导的热量（J）。

物质的热导率通常由实验测定。各种物质的热导率数值差别极大，一般而言，金属的热导率最大，非金属的次之，液体的较小，而气体的最小。工程上常见物质的热导率可从有关手册中查得，本书附录亦有部分摘录。

（1）气体的热导率　与液体和固体相比，气体的热导率最小，对导热不利，但却有利于保温、绝热。工业上所使用的隔热材料，如玻璃棉等，就是因为其空隙中有大量空气，因其热导率很小，适用于保温隔热。但只有在严格限制了空气运动（限制对流传热）的情况下，空气才能用于隔热。

理论和实验都已证明，气体的热导率随温度的升高而增大，而在相当大的压力范围内，气体的热导率随压力的变化很小，可以忽略不计，只有当压力很高（大于 200MPa）或很低（小于 2.7kPa）时，才应考虑压力的影响，此时热导率随压力升高而增大。

常压下气体混合物的热导率可用下式估算：

$$\lambda_{\mathrm{m}}=\frac{\sum\lambda_i y_i M_i^{1/3}}{\sum y_i M_i^{1/3}} \tag{2-2}$$

式中　λ_{m}——气体混合物的热导率，W/(m·K)；

λ_i——气体混合物中 i 组分的热导率，W/(m·K)；

y_i——气体混合物中 i 组分的摩尔分数；

M_i——气体混合物中 i 组分的摩尔质量，kg/kmol。

（2）液体的热导率　液体可分为金属液体（液态金属）和非金属液体。大多数金属液体的热导率随温度的升高而降低。在非金属液体中，水的热导率最大。除水和甘油外，大多数非金属液体的热导率亦随温度的升高而降低。液体的热导率基本上与压力无关。

（3）固体的热导率　在所有固体中，金属的导热性能最好，大多数纯金属的热导率随温度升高而降低。导热性能与导电性能密切相关，一般而言，良好的导电体必然是良好的导热

体，反之亦然。金属的纯度对热导率的影响很大，合金的热导率比纯金属要低。

非金属固体的热导率与其组成、结构的紧密程度及温度有关，一般其热导率随密度增加而增大，亦随温度升高而增大。

对大多数均质固体材料，其热导率与温度呈线性关系。

应予指出，在导热过程中，固体壁面内的温度沿传热方向发生变化，其热导率也应变化，但工程计算中，为简便起见，通常将热导率视为常数——平均热导率，可取壁面两侧温度下 λ 的平均值或平均温度下的 λ 值。在以后的导热计算中，均用平均热导率。

2.2.1.3　平壁导热

（1）单层平壁导热　如图 2-4 所示，假设平壁的热导率为常数，面积相对于厚度很大，边缘与外界的传热可以忽略，壁内温度只沿传热方向变化，即所有等温面是与传热方向垂直的平面，且壁面的温度不随时间变化。对此种平壁的稳态导热，导热速率 Q 和导热面积 S 均为常数。应用式(2-1) 得

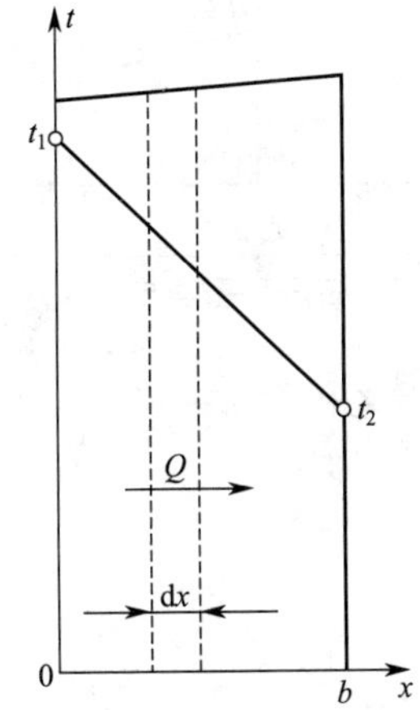

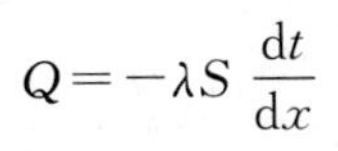

$$Q=-\lambda S\frac{\mathrm{d}t}{\mathrm{d}x}$$

当 $x=0$ 时，$t=t_1$；$x=b$ 时，$t=t_2$；且 $t_1>t_2$，积分上式可得：

$$Q=\frac{\lambda}{b}S(t_1-t_2) \tag{2-3}$$

或

$$Q=\frac{t_1-t_2}{\dfrac{b}{\lambda S}}=\frac{\Delta t}{R} \tag{2-3a}$$

或

$$q=\frac{Q}{S}=\frac{t_1-t_2}{\dfrac{b}{\lambda}}=\frac{\Delta t}{R'} \tag{2-3b}$$

图 2-4　单层平壁导热

式中　q——单位面积上的传热速率，称为热通量，$\mathrm{W/m^2}$；

b——平壁厚度，m；

$\Delta t=t_1-t_2$——平壁两侧温度差，导热推动力，K；

$R=\dfrac{b}{\lambda S}$——导热热阻，K/W；

$R'=\dfrac{b}{\lambda}$——比导热热阻，$\mathrm{K/(m^2\cdot W)}$。

热阻对传热过程的分析和计算都是非常有用的。由式(2-3a) 可以看出，对于导热，壁面越厚，导热面积和热导率越小，其热阻越大。

【例 2-1】 普通砖平壁厚度为 0.5m，一侧为 300℃，另一侧温度为 30℃，已知平壁的平均热导率为 0.9W/(m·℃)，试求：

① 通过平壁的导热通量，$\mathrm{W/m^2}$；

② 平壁内距离高温侧 300mm 处的温度。

解　①由式(2-3b) 有：

$$q=\frac{Q}{S}=\frac{t_1-t_2}{\dfrac{b}{\lambda}}=\frac{300-30}{\dfrac{0.5}{0.9}}=486\ (\mathrm{W/m^2})$$

② 由式(2-3b) 可得：

$$t=t_1-q\frac{b}{\lambda}=300-486\times\frac{0.3}{0.9}=168.8\ (℃)$$

（2）多层平壁导热　工程上常常遇到多层不同材料组成的平壁，例如工业用的窑炉，其炉壁通常由耐火砖、保温砖以及普通建筑砖由里向外构成，像这种通过多层平壁传导热量的过程称为多层平壁导热。以图 2-5 所示的三层平壁为例，说明多层平壁导热的计算方法。由于是平壁，各层壁面面积可视为相同，设均为 S，各层壁面厚度分别为 b_1、b_2 和 b_3，热导率分别为 λ_1、λ_2 和 λ_3，假设层与层之间接触良好，即互相接触的两表面温度相同。各表面温度分别为 t_1、t_2、t_3 和 t_4，且 $t_1>t_2>t_3>t_4$，则在稳态导热时，通过各层的导热速率必定相等，即

$$Q_1=Q_2=Q_3=Q$$

$$Q=\frac{\Delta t_1}{R_1}=\frac{\Delta t_2}{R_2}=\frac{\Delta t_3}{R_3}=\frac{\Delta t_1+\Delta t_2+\Delta t_3}{R_1+R_2+R_3}\tag{2-4}$$

即

$$Q=\frac{t_1-t_4}{\dfrac{b_1}{\lambda_1 S}+\dfrac{b_2}{\lambda_2 S}+\dfrac{b_3}{\lambda_3 S}}\tag{2-5}$$

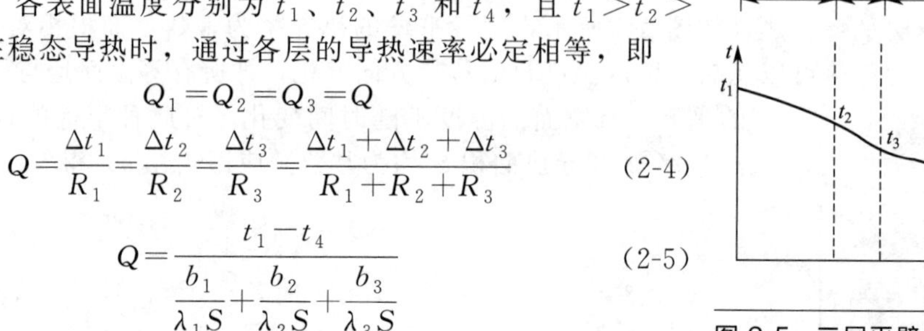

图 2-5　三层平壁导热

从式(2-4) 可知，某层的热阻越大，该层的温度差也越大。多层平壁的导热，总推动力等于各层推动力之和，总热阻等于各层热阻之和，这一规律称为热阻叠加原理，对其他传热场合同样适用。这与串联电路的欧姆定律是相似的。

推而广之，对 n 层平壁，其导热速率方程式为：

$$Q=\frac{\sum_{i=1}^{n}\Delta t_i}{\sum_{i=1}^{n}R_i}=\frac{t_1-t_{n+1}}{\sum_{i=1}^{n}\dfrac{b_i}{\lambda_i S}}\tag{2-6}$$

式中下标 i 为平壁的序号。

【例 2-2】某平壁燃烧炉由一层 0.10m 厚的耐火砖和 0.08m 厚的普通砖砌成，其热导率分别为 1.0W/(m·℃) 和 0.8W/(m·℃)。操作稳定后，测得炉内壁温度 700℃，外表面温度为 100℃。为减少热损，在普通砖的外表面增加一层厚为 0.03m，热导率为 0.03W/(m·℃) 的隔热材料。待操作稳定后，又测得炉内壁温度为 800℃，外表面温度为 70℃。设原有两层材料的热导率不变，试求：

① 加保温层前后的热损失；

② 加保温层后各层的温度差。

解　① 加变温层前，为双层平壁的导热，单位面积的热损失为

$$q=\frac{Q}{S}=\frac{t_1-t_3}{\dfrac{b_1}{\lambda_1}+\dfrac{b_2}{\lambda_2}}=\frac{700-100}{\dfrac{0.10}{1.0}+\dfrac{0.08}{0.8}}=3000\ (\mathrm{W/m^2})$$

加保温层后，为三层平壁导热，单位面积的热损失为

$$q'=\frac{Q'}{S}=\frac{t_1-t_4}{\dfrac{b_1}{\lambda_1}+\dfrac{b_2}{\lambda_2}+\dfrac{b_3}{\lambda_3}}=\frac{800-70}{\dfrac{0.10}{1.0}+\dfrac{0.08}{0.8}+\dfrac{0.03}{0.03}}=608\ (\mathrm{W/m^2})$$

② 已求得 $q'=Q'/S=608\mathrm{W/m^2}$，则由式(2-4)，有

$$\Delta t_1=\frac{b_1}{\lambda_1}(Q'/S)=\frac{0.1}{1.0}\times 608=61(℃)$$

$$\Delta t_2=\frac{b_2}{\lambda_2}(Q'/S)=\frac{0.08}{0.8}\times 608=61(℃)$$

$$\Delta t_3=\frac{b_3}{\lambda_3}(Q'/S)=\frac{0.03}{0.03}\times 608=608(℃)$$

2.2.1.4　圆筒壁导热

(1) 单层圆筒壁导热　化工生产中，经常遇到圆筒壁的导热问题，它与平壁导热的不同之处在于圆筒壁的传热面积和热通量不再是常量，而是随半径而变，同时温度也随半径而变，但传热速率在稳态时依然是常量。如图 2-6 所示，设圆筒壁的内、外半径分别为 r_1 和 r_2，管长为 L，内、外表面温度分别为 t_1 和 t_2，且 $t_1>t_2$。若在圆筒壁半径 r 处沿半径方向取微元厚度 $\mathrm{d}r$ 的薄层圆筒，其传热面积可视为常量，等于 $2\pi rL$；同时通过该薄层的温度变化为 $\mathrm{d}t$，则通过该薄层的导热速率可表示为

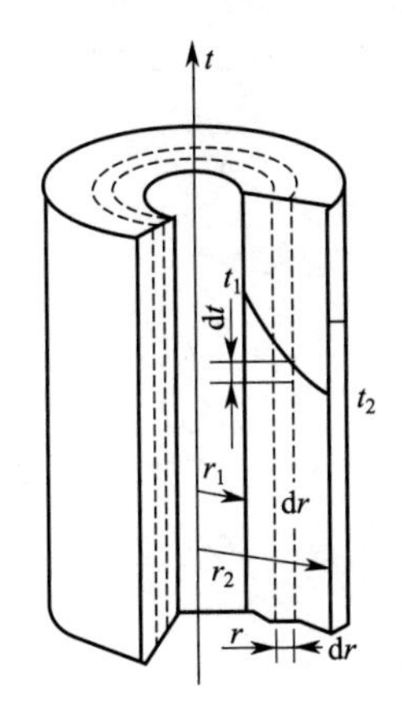

图 2-6　单层圆筒壁导热

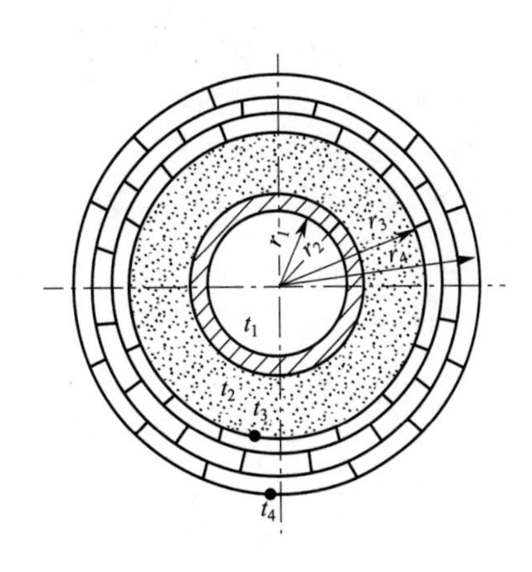

图 2-7　三层圆筒壁导热

$$Q=-\lambda S\frac{\mathrm{d}t}{\mathrm{d}r}=-\lambda(2\pi rL)\frac{\mathrm{d}t}{\mathrm{d}r}$$

将上式分离变量积分并整理得

$$Q=\frac{2\pi L\lambda(t_1-t_2)}{\ln\dfrac{r_2}{r_1}}=\frac{t_1-t_2}{\dfrac{\ln(r_2/r_1)}{2\pi L\lambda}}=\frac{\Delta t}{R} \tag{2-7}$$

式中　$R=\dfrac{\ln(r_2/r_1)}{2\pi L\lambda}$，即为圆筒壁的导热热阻。

式(2-7) 即为单层圆筒壁的导热速率方程式，将该式写成与平壁导热速率方程式相类似的形式，即

$$Q=\frac{S_m\lambda(t_1-t_2)}{b}=\frac{S_m\lambda(t_1-t_2)}{r_2-r_1} \tag{2-8}$$

将式(2-7) 和式(2-8) 对比，得

$$S_m=2\pi\frac{r_2-r_1}{\ln(r_2/r_1)}L=2\pi r_m L$$

或
$$S_m=\frac{2\pi r_2L-2\pi r_1L}{\ln\frac{2\pi r_2L}{2\pi r_1L}}=\frac{S_2-S_1}{\ln\frac{S_2}{S_1}}$$

式中　$r_m=\frac{r_2-r_1}{\ln(r_2/r_1)}$——圆筒壁的对数平均半径，m；

S_m——圆筒壁的对数平均面积，m^2。

当 $0.5\leqslant r_2/r_1\leqslant 2$ 时，上述各式中的对数平均值可用算术平均值代替。

（2）多层圆筒壁导热　在工程上，多层圆筒壁的导热情况也比较常见，在高温或低温管道的外部包上一层乃至多层隔热材料，以减少热损（或冷损）；在反应器或其他容器内衬以工程塑料或其他材料，以减小腐蚀；在换热器内换热管的内、外表面形成污垢等。

以三层圆筒壁为例，如图 2-7 所示，假设各层之间接触良好，各层的热导率分别为 λ_1、λ_2 和 λ_3，厚度分别为 $b_1=r_2-r_1$，$b_2=r_3-r_2$ 和 $b_3=r_4-r_3$，根据串联过程的规律，可写出三层圆筒壁的导热速率方程式为

$$Q=\frac{\Delta t_1+\Delta t_2+\Delta t_3}{R_1+R_2+R_3}=\frac{2\pi L(t_1-t_4)}{\frac{\ln(r_2/r_1)}{\lambda_1}+\frac{\ln(r_3/r_2)}{\lambda_2}+\frac{\ln(r_{4/3})}{\lambda_3}} \tag{2-9}$$

或
$$Q=\frac{t_1-t_4}{\frac{b_1}{\lambda_1S_{m_1}}+\frac{b_2}{\lambda_2S_{m_2}}+\frac{b_3}{\lambda_3S_{m_3}}} \tag{2-10}$$

对 n 层圆筒壁

$$Q=\frac{2\pi L(t_1-t_{n+1})}{\sum_{i=1}^{n}\frac{\ln(r_{i+1}/r_i)}{\lambda_i}} \tag{2-11}$$

或
$$Q=\frac{t_1-t_{n+1}}{\sum_{i=1}^{n}\frac{b_i}{\lambda_iS_{m_i}}} \tag{2-12}$$

【例 2-3】 外径为 0.426m 的蒸汽管道外包上一层厚度为 0.2m 的保温层，保温层材料的热导率为 0.50W/(m·℃)。若蒸汽管道与保温层交界面处温度为 180℃，保温层的外表面温度为 40℃，试求每米管长的热损和保温层内部的温度分布。假定层间接触良好。

解　已知　$r_2=0.426/2=0.213\text{m}$　$t_2=180℃$

$r_3=0.213+0.2=0.413\text{m}$　$t_3=40℃$

则
$$\frac{Q}{L}=\frac{2\pi\lambda(t_2-t_3)}{\ln\frac{r_3}{r_2}}=\frac{2\pi\times0.50\times(180-40)}{\ln\frac{0.413}{0.213}}=664(\text{W/m})$$

设保温层内半径为 r 处，温度为 t，代入上式，有：

$$\frac{2\pi\times0.50\times(180-t)}{\ln\frac{r}{0.213}}=664$$

整理，得：$t=-211.36\ln r-146.86$

计算结果表明，当热导率为常数时，圆筒壁内温度分布为曲线，而平壁内温度分布为直线，这是平壁导热与圆筒壁导热的又一不同之处。

2.2.2 对流传热

2.2.2.1 对流传热分析

对流传热时，流体流动情况以及和流动方向垂直的某一截面上流体的温度分布情况，如图 2-8 表示。图 2-8 中，热流体侧的温度差为 $T-T_w$，冷流体侧的温度差为 t_w-t，T、t 分别代表 1—1 截面上热、冷流体的平均温度。

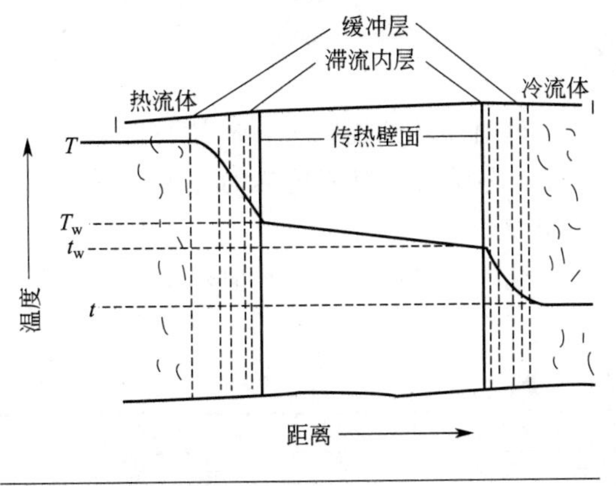

图 2-8 对流传热过程分析

在湍流主体内，热量传递主要依靠对流进行，传导所起作用很小，由于流体质点湍动剧烈，造成在传热方向上，流体的温度差极小，各处的温度基本相同。在过渡层内，流体的温度发生缓慢变化，传导和对流同时起作用，温度略有变化。在滞流内层中，热量传递主要依靠传导进行，这是因为流体仅沿壁面平行流动，在传热方向上没有质点位移。由于流体的热导率很小，使滞流内层中的导热热阻很大，因此在该层内流体温度差较大。

因此，在对流传热（或称给热）时，热阻主要集中在滞流内层内，减薄滞流内层的厚度或破坏滞流内层是强化对流传热的重要途径。

2.2.2.2 对流传热基本方程——牛顿冷却定律

对流传热是一个相当复杂的传热过程，影响因素很多。牛顿根据对流传热的速率与传热面积成正比、与流体和壁面间的温差成正比的事实，提出用牛顿冷却定律计算算对流传热的速率，即

$$Q=\frac{\Delta t}{\dfrac{1}{\alpha S}}=\alpha S\Delta t \tag{2-13}$$

或

$$\frac{Q}{S}=\frac{\Delta t}{\dfrac{1}{\alpha}}=\alpha\Delta t \tag{2-13a}$$

当流体被加热时，$\Delta t=t_w-t$；当流体被冷却时，$\Delta t=T-T_w$。

式中 Q——对流传热（或给热）速率，W；

S——对流传热面积，m^2；

Δt——流体与壁面（或相反）间温度差的平均值，K；

α——对流传热系数（或给热系数），$W/(m^2 \cdot K)$；

$1/(\alpha S)$——对流传热热阻，K/W。

使用牛顿冷却定律时，对流传热系数必须和传热面积及温度差相对应，例如，若热流体在换热器的管内流动，冷流体在换热器的管外流动，则它们的对流传热方程式分别为

$$Q=\alpha_i S_i (T-T_w) \tag{2-14}$$

$$Q=\alpha_o S_o (t_w-t) \tag{2-14a}$$

式中 S_i，S_o——换热器的管内表面积和管外表面积，m^2；

α_i，α_o——换热器管内侧和管外侧流体的对流传热系数，$W/(m^2 \cdot K)$。

牛顿冷却定律提供了一种用简单方法解决复杂问题的途径，值得读者在工作生活中借

鉴。其实质是将矛盾集中在对流传热系数 α 上，因此，研究对流传热系数的影响因素及其求取方法，便成为解决对流传热问题的关键。

2.2.2.3　对流传热系数

从牛顿冷却定律变换可得

$$\alpha=\frac{Q}{S\Delta t} \tag{2-15}$$

上式表明，对流传热系数表示在单位时间内，单位对流传热面积上，流体与壁面（或相反）的温度差为1K时，以对流传热方式传递的热量。它反映了对流传热的强度，对流传热系数 α 越大，说明对流传热强度越大，对流传热热阻越小。

表2-1列出了几种对流传热情况下的 α 值，从中可以看出，气体的 α 值最小，载热体发生相变时的 α 值最大，且比气体的 α 值大得多。

表 2-1　α 值的范围

无相变对流传热	$\alpha/[W/(m^2\cdot K)]$	有相变对流传热	$\alpha/[W/(m^2\cdot K)]$
气体加热或冷却	5～100	有机蒸气冷凝	500～2000
油加热或冷却	60～1700	水蒸气冷凝	5000～15000
水加热或冷却	200～15000	水沸腾	2500～25000

与热导率 λ 不同，对流传热系数 α 不是流体的物性，既与流体物性有关，还与流体流动形态有关，还与壁面状况有关。

（1）影响对流传热系数的因素　通过理论分析和实验证明，影响对流传热的因素有以下几个方面。

① 流体的种类及相变情况。流体的状态不同，如液体、气体和蒸气，它们的对流传热系数各不相同。流体有无相变，对对流传热有明显影响，一般流体有相变时的对流传热系数较无相变时的为大，而且大得多。

② 流体的性质。影响对流传热系数的因素有热导率、比热容、黏度和密度等。对同一种流体，这些物性又是温度的函数，有些还与压强有关。

③ 流体的流动状态。当流体呈湍流时，随着 Re 的增大，滞流内层的厚度减薄，对流传热系数增大。当流体呈滞流时，流体在传热方向上无质点位移，故其对流传热系数较湍流时的小。

④ 流体流动的原因。一般强制对流传热时的对流传热系数较自然对流传热的为大，而且可以根据需要调节。

⑤ 传热面的形状、位置及大小。传热面的形状（如管内、管外、板、翅片等）、传热面的方位、布置（如水平或垂直放置、管束的排列方式等）及传热面的尺寸（如管径、管长、板高等）都对对流传热系数有直接的影响。

（2）对流传热系数的特征数关联式　由于影响对流传热系数的因素很多，要建立一个通式来求取各种条件下的对流传热系数是不可能的。目前，常采用因次分析法。因次分析法是一种重要的工程方法，有兴趣的读者可以参见有关资料学习。表2-2列出了各特征数的名称、符号及意义。

表 2-2　特征数的名称及意义

特征数名称	符号	特征数	意　义
努塞尔特征数	Nu	$\alpha l/\lambda$	表示对流传热系数的特征数
雷诺特征数	Re	$lu\rho/\mu$	确定流动状态的特征数

续表

特征数名称	符号	特征数	意　义
普朗特特征数	Pr	$c_p\mu/\lambda$	表示物性影响的特征数
格拉斯霍夫特征数	Gr	$\frac{gl^3\rho^2\beta\Delta t}{\mu^2}$	表示自然对流影响的特征数

特征数关联式是一种半经验半理论的公式，对公式的使用有明确的要求，即

① 应用范围。关联式可以使用的条件范围，比如式中 Re、Pr 等特征数的数值范围等；

② 特征尺寸。用来表征壁面影响的尺寸，即 Nu、Re 等特征数中 l 应如何取定；

③ 定性温度。决定各特征数中流体物性的温度。

化工生产中的对流传热大致有以下几类。

① 流体无相变时的对流传热　包括强制对流和自然对流；

② 流体有相变时的对流传热　包括蒸气冷凝和液体沸腾。

每一种类型的对流传热的具体条件（例如流体、管内或管外、滞流或湍流等）各不相同，因此，对流传热的特征数关联式数量很多，在此不一一介绍，如有必要，可参阅有关资料。下面通过一个关联式来说明特征数关联式的应用。其他情况可类似处理。

对在圆形直管内作强制湍流且无相变，其黏度小于2倍常温水的黏度的流体，可用下式求取给热系数。

$$Nu=0.023Re^{0.8}Pr^n \tag{2-16}$$

或

$$\alpha=0.023\frac{\lambda}{d_i}\left(\frac{d_iu\rho}{\mu}\right)^{0.8}\left(\frac{c_p\mu}{\lambda}\right)^n \tag{2-16a}$$

式中，n 值随热流方向而异，当流体被加热时，$n=0.4$，当流体被冷却时，$n=0.3$。

应用范围：$Re>10000$，$0.7<Pr<120$；管长与管径比 $L/d_i\geqslant60$。若 $L/d_i<60$，需将由式(2-16)算得的 α 乘以 $[1+(d_i/L)^{0.7}]$ 加以修正。

特征尺寸：Nu、Pr 特征数中的 l 取管内径 d_i。

定性温度：取为流体进、出口温度的算术平均值。

不难看出，计算对流传热膜系数 α 时，需分四步走，第一步，须要确定对流传热的类型（例如圆管还是非圆管；强制对流还是自然对流；有相变还是没有相变；直管还是弯管等）；第二步，根据对流传热类型初选特征数关联式；第三步，验证所选关联式要求的应用范围；第四步，若所选特征关联式正确，计算即可，若不正确重选关联式。比如，若流体在圆管内做无相变强制对流，则可考虑选择式(2-16)，若 $Re>10000$，$0.7<Pr<120$；管长与管径比 $L/d_i\geqslant60$，则说明选择式(2-16)是正确的，代入计算即可。

(3) 提高对流传热系数的措施　减小对流传热热阻，提高对流传热系数，是强化对流传热的关键。

① 无相变时的对流传热。以式(2-16a)为例分析，在一定温度下，流体的物性为定值，此时，式(2-16a)可以写成：

$$\alpha=B\frac{u^{0.8}}{d^{0.2}}=B'\frac{V_s^{0.8}}{d^{1.8}}$$

式中 B、B' 均为常数。上式表明增大流速和减小管径都能增大对流传热系数，但以增大流速更为有效。当流量一定时，管路直径的减小，对流传热系数增加很快，但在工程上，通过改变流量来控制传热更为方便。研究表明，这一规律对流体无相变时的其他对流情况也基本适用。

此外，不断改变流体的流动方向，也能使 α 得到提高。比如将传热面由光滑变为不光滑、管内加填料、管外加挡板等。

在列管换热器中，为了提高 α，通常采取将换热器做成多程或设置挡板的办法。

在管程，采用多程结构，可使流速成倍增加，流动方向不断改变，从而大大提高了 α，但当程数增加时，流动阻力会随之增大，换热器结构变得复杂，需全面权衡。

在壳程，也可采用多程，即装设纵向隔板，但限于制造、安装及维修上的困难，工程上一般不采用多程结构，而广泛采用横向折流挡板，这样，不仅可以局部提高流体在壳程内的流速，而且迫使流体多次改变流向，从而强化了对流传热。

② 有相变时的对流传热。通常，有相变对流传热的对流传热系数比无相变的要大得多。对于液体沸腾传热，设法使加热表面粗糙化，或在液体中加入如乙醇、丙酮等添加剂，是可以有效地提高对流传热系数的；对于蒸气冷凝传热，须及时排除冷凝液和不凝性气体，还可以采取在管壁上开一些纵向沟槽或装金属网，以阻止液膜的形成等措施。

2.2.3　辐射传热

辐射传热是物体间相互发射电磁波并相互吸收能量的过程，是自然界中最广泛的传热现象，但只在温差较大时才考虑。近年来，辐射传热在化工、食品等工业中应用越来越广，比如，红外加热、微波干燥等。

2.2.3.1　物体的辐射能力

物体可同时发射波长从 0～∞的各种电磁波。但是，在工业上所遇到的温度范围内，有实际意义的热辐射波长位于 0.38～1000μm 之间，而且大部分集中在红外线区段的 0.76～20μm 范围内。

热辐射投射到物体表面时，会发生吸收、反射和穿透现象，如图 2-9 所示，假设外界投射到物体表面的总能量为 Q，其中一部分 Q_A 物体被吸收，一部分 Q_R 被物体反射，其余部分 Q_D 穿透物体。根据能量守恒定律

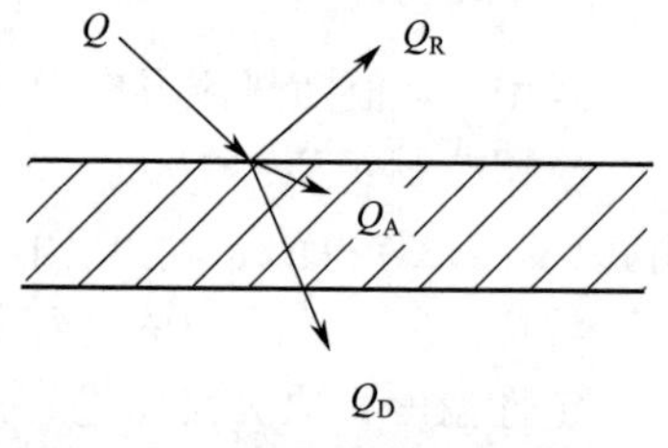

图 2-9　辐射能的吸收、反射和透过

$$Q=Q_A+Q_R+Q_D$$

或

$$\frac{Q_A}{Q}+\frac{Q_R}{Q}+\frac{Q_D}{Q}=1$$

式中各比值依次称为该物体对投入辐射的吸收率、反射率和穿透率，并分别用符号 A、R、D 表示。上式可写成

$$A+R+D=1 \tag{2-17}$$

$A=1$ 的物体称为黑体；$R=1$ 的物体称为镜体；$D=1$ 称为透热体。

固体和液体不允许热辐射透过，$D=0$，则 $A+R=1$；而气体对热辐射基本没有反射能力，即 $R=0$，所以，$A+D=1$。

能够将外来热辐射全部吸收的物体称为黑体。黑体是一种理想物体，没有绝对的黑体。但引入黑体的概念，能为研究其他物体的热辐射建立一个标准。黑体并非光学上的黑色物体。

（1）黑体的辐射能力　物体的辐射能力是指一定温度下，单位时间单位物体表面向外界发射的全部波长的总能量。黑体的辐射能力可用下式计算：

$$E_b=C_0\left(\frac{T}{100}\right)^4 \tag{2-18}$$

式中 E_b——黑体的辐射能力，W/m^2；

C_0——黑体辐射系数，其值为5.67$W/(m^2 \cdot K^4)$；

T——黑体表面的温度，K。

（2）实际物体的辐射能力与吸收能力　理论研究和实验表明，相同温度下，实际物体的辐射能力恒小于黑体的辐射能力。实际物体的辐射能力和同温下黑体的辐射能力的比值称为该物体的黑度，用 ε 表示

$$\varepsilon=\frac{E}{E_b}$$

所以，实际物体的辐射能力为

$$E=\varepsilon E_b=\varepsilon C_0\left(\frac{T}{100}\right)^4 \tag{2-19}$$

黑度表明了物体接近黑体的程度，反映了物体辐射能力的大小。黑度越大，物体的辐射能力也越大，黑体的黑度等于1，实际物体的黑度恒小于1。纯净的白雪接近于黑体。实验表明，黑度与物体的种类、表面状况以及表面温度等因素有关，是物体自身的一种性质，与外界无关。物体的黑度可由实验测得。常用材料的黑度可查阅有关书籍。

黑体能够全部吸收投入其上的辐射能，其吸收率 $A=1$。实际物体只能部分地吸收投入其上的辐射能，且物体的吸收率与辐射能的波长有关。实验表明，对于波长在0.76～20μm范围内的辐射能，即工业上应用最多的热辐射，可以认为物体的吸收率为常数，并且等于其黑度，即

$$A=\varepsilon$$

由此可知，物体的辐射能力越大，其吸收能力也越大。

2.2.3.2 辐射传热速率

两固体之间的辐射传热速率可以用式(2-20）计算

$$Q=C_{1-2}S\Phi\left[\left(\frac{T_1}{100}\right)^4-\left(\frac{T_2}{100}\right)^4\right] \tag{2-20}$$

式中 T_1，T_2——高温和低温物体的表面温度，K；

C_{1-2}——总辐射系数；

S——有效辐射面积，m^2；

Φ——修正系数，称为角系数，表示一物体向外辐射的能量能够到达另一物体的分数。几种情况下角系数与总辐射系数的计算式见表2-3。

表2-3　工业上几种常见情况下的辐射系数的计算式

序号	物体间的相对位置	计算面积 S	角系数 Φ	总辐射系数 C_{1-2}
1	很大物体包住另一物体 $S_1/S_2\approx0$	S_1	1	$\varepsilon_1 C_0$
2	物体恰好包住另一物体 $S_1/S_2\approx1$	S_1	1	$\dfrac{C_0}{1/\varepsilon_1+1/\varepsilon_2-1}$
3	在1,2两种情况之间	S_1	1	$\dfrac{C_0}{1/\varepsilon_1+S_1/S_2(1/\varepsilon_2-1)}$
4	相等面积的平行面	S_1	<1	$\varepsilon_1\varepsilon_2 C_0$

注：下标“1”表示内物体，下标“2”表示外物体。

2.2.3.3 影响辐射传热的主要因素

（1）温度的影响　由式(2-20）可知，辐射传热速率正比于温度的四次方之差，而不是

正比于温度差。因此，相同温差下，高温时的传热速率将远大于低温时的传热速率。例如，$T_1=800\text{K}$，$T_2=780\text{K}$ 与 $T_1=300\text{K}$，$T_2=280\text{K}$ 两者温差相等，但在其他条件相同时，其辐射传热速率相差几乎 20 倍。因此，在低温传热时，辐射的影响总是可以忽略；在高温传热时，热辐射不但不能忽略，有时甚至占主导地位。

（2）几何位置的影响　同样由式(2-20) 可知，辐射传热速率与角系数 Φ 成正比。角系数的大小决定于两物体之间的方位与距离。一般来说，距离越远，角系数越小，但对两无限大的平壁或一物体包住另一物体，距离的变化不会影响辐射系数，其值总是等于 1。

（3）黑度的影响　由表 2-3 可知，总辐射系数 C_{1-2} 与物体的表面黑度有关。工程上，可以通过改变物体表面黑度的方法来强化或削弱辐射传热，例如，为增加电气设备的散热能力，可在其表面涂上黑度较大的油漆；而为了减少辐射传热，可在物体表面镀以黑度较小的银、铝等。

（4）物体之间介质的影响　以上讨论没有考虑物体间的介质，当其间存在物质时，辐射传热被减弱或隔断。由于气体也具有发射和吸收辐射能的能力，因此，气体的存在对物体间的辐射传热也有减弱作用。工业上为了阻挡辐射传热，常在两物体之间插入反射能力强的薄板（称为遮热板）。

2.2.3.4　对流-辐射联合传热

在化工生产中，当管道及设备温度异于周围环境温度时，系统与环境之间就会发生热量传递，传递方式则是对流和辐射两种。工程上，仿照牛顿冷却定律将对流-辐射合并处理，联合传热速率计算式为

$$Q=\alpha_T S_w(t_w-t) \tag{2-21}$$

式中　α_T——对流-辐射联合传热系数，$\text{W}/(\text{m}^2\cdot\text{K})$；

S_w——设备或管道的外壁面积，m^2；

t_w，t——设备或管道的外壁温度和周围环境温度，K。

对流-辐射联合系数 α_T 可用如下经验式估算

（1）室内（$t_w<150℃$，自然对流）

对圆筒壁（$D<1\text{m}$）　$\alpha_T=9.42+0.052(t_w-t)$　(2-22)

对平壁（或 $D\geqslant 1\text{m}$ 的圆筒壁）　$\alpha_T=9.77+0.07(t_w-t)$　(2-23)

（2）室外

$$\alpha_T=\alpha_0+7\sqrt{u} \tag{2-24}$$

对于保温壁面，一般取 $\alpha_0=11.63\text{W}/(\text{m}^2\cdot\text{K})$；对于保冷壁面，一般取 $\alpha_T=7\sim8$ $\text{W}/(\text{m}^2\cdot\text{K})$；$u$ 为风速，m/s。

【例 2-4】 有一室外蒸汽管道，敷上保温层后外径为 0.4m，已知其外壁温度为 33℃，周围空气的温度为 25℃，平均风速为 2m/s。试求每米管道的热损失。

解　由式(2-24) 可知联合传热系数为

$$\alpha_T=\alpha_0+7\sqrt{u}=11.63+7\sqrt{2}=21.53\text{W}/(\text{m}^2\cdot\text{K})$$

由式(2-21) 有

$$Q=\alpha_T S_w(t_w-t)=\alpha_T\pi dL(t_w-t)$$

即 $Q/L=\alpha_T\pi d(t_w-t)=21.53\pi\times0.4\times(33-25)=216.44(\text{W/m})$

2.3　间壁传热

热、冷流体在间壁式换热器内传热壁面两侧流过，热流体以对流传热（给热）方式将热量传给壁面一侧，壁面以导热方式将热量传到壁面另一侧，再以对流传热（给热）方式传给冷流体，这就是间壁传热的实际过程，如图 2-10 所示。间壁换热在工业生产中十分普遍，研究其传热速率、影响因素等对选择和使用换热器均是十分重要的。

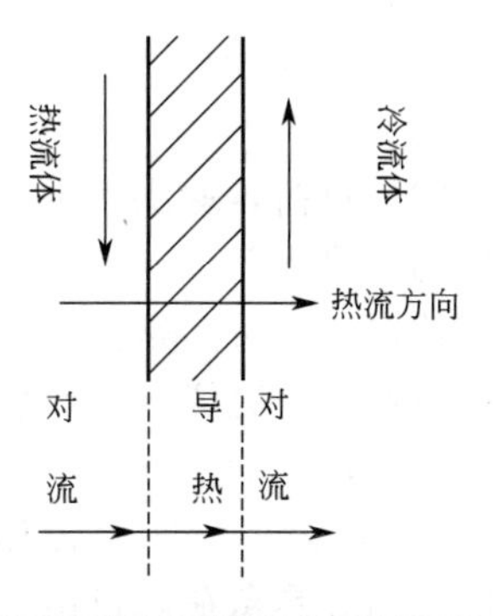

图 2-10　间壁两侧流体间的传热

2.3.1　总传热速率方程及其应用

根据过程速率正比于推动力，反比于阻力的规律。

$$传热速率=\frac{传热推动力(温度差)}{传热阻力(热阻)}=\frac{\Delta t}{R}$$

传热过程的推动力是冷、热流体的温度差，传热过程的阻力则是换热器阻碍传热的能力，与对流、导热及壁面状况有关。

由于间壁式换热既与对流有关，也与导热有关，因此，凡是影响对流和导热的因素都是影响传热速率的因素，因此很难从理论上推导传热速率的计算公式。但是，温差越大，传热面积越大，传热速率与也越大，研究表明，传热速率与传热面积成正比、与传热推动力成正比，即

$$Q \propto S\Delta t_{m}$$

引入比例系数，写成等式，即

$$Q=KS\Delta t_{m} \tag{2-25}$$

或

$$Q=\frac{\Delta t_{m}}{\frac{1}{KS}}=\frac{\Delta t_{m}}{R} \tag{2-25a}$$

$$q=\frac{Q}{S}=\frac{\Delta t_{m}}{\frac{1}{K}}=\frac{\Delta t_{m}}{R'} \tag{2-25b}$$

式中　Q——传热速率，W；

q——热通量，W/m^2；

K——比例系数，称为传热系数，$W/(m^2 \cdot K)$；

S——传热面积，m^2；

Δt_{m}——换热器的传热推动力（或称平均传热温度差），K；

$R=1/(KS)$——传热热阻，K/W。

式(2-25) 称为传热基本方程，又称总传热速率方程，是依照传热规律、解决传热计算、设备选用及强化的核心和基础。

工业传热问题有两类：一类是设计型问题，即根据生产要求，选定（或设计）换热器；另一类是操作型问题，即对于给定换热器，当操作条件变化或换热任务变化时，如何应对这种变化。但两类问题的解决都属于传热方程的应用范畴，下面以设计型问题为例说明解决传热问题的方法。

当传热任务确定后，则要根据单位时间内把某种流体从一温度加热（或冷却）到另一温度来选择适宜的换热器。这需要解决两个问题，一是选择加热或冷却介质（见第 2 章 2.3.6），二是确定需要的换热面积。根据式(2-25)，传热面积可由下式计算：

$$S=\frac{Q}{K\Delta t_m} \tag{2-26}$$

由上式可知，要计算传热面积，必须先求得传热速率 Q、平均传热温度差 Δt_m 以及传热系数 K。

2.3.2 热量衡算

2.3.2.1 传热速率与热负荷

（1）热负荷　要求换热器在单位时间内完成的传热量称为换热器的热负荷，取决于生产任务，是换热中的已知量。对于间壁是换热器，热负荷应取管内流体的传热量。

（2）热负荷与传热速率的关系　传热速率是换热器单位时间能够传递的热量，是换热器的生产能力，主要由换热器自身的性能决定；热负荷是生产上要求换热器必须完成的生产任务。为保证换热器完成传热任务，应使换热器的传热速率大于至少等于其热负荷。

在换热器的选型（或设计）中，由式(2-26）可知，计算传热面积时，需要先知道传热速率，但当换热器还未选定或设计出来之前，传热速率是无法确定的。而其热负荷则可由生产任务求得。因此，通常先用热负荷代替传热速率计算传热面积，再考虑一定的安全裕量。

2.3.2.2 热量衡算与热负荷的确定

（1）热量衡算　在没有其他能量变化的情况下，根据能量守恒定律，单位时间内，换热器中热流体放出的热量（或称热流体的传热量）等于冷流体吸收的热量（或称冷流体的传热量）加上散失到环境中的热量（热量损失，简称热损），即

$$Q_h=Q_c+Q_L \tag{2-27}$$

式中　Q_h——热流体放出的热量，kW；

　　Q_c——冷流体吸收的热量，kW；

　　Q_L——热损，kW。

热量衡算用于确定加热剂或冷却剂的用量或确定一端的流体温度，因此在传热中具有重要地位。

（2）热负荷的确定　当换热器保温性能良好，热损失可以忽略不计时，式(2-27）可变化为：

$$Q_h=Q_c \tag{2-27a}$$

此时，热负荷取 Q_h 或 Q_c 均可。

当换热器的热损失不能忽略时，必定有 $Q_h \neq Q_c$，此时，热负荷取 Q_h 还是 Q_c，需根据具体情况而定。

以套管换热器为例，当热流体走管程，冷流体走壳程时，从图 2-11(a）可以看出，经过传热面（间壁）传递的热量为热流体放出的热量，因此，热负荷应取 Q_h；当冷流体走管程，热流体走壳程时，从图 2-11(b）可以看出，经过传热面传递的热量为冷流体吸收的热量，因此，热负荷应取 Q_c。

总之，哪种流体走管程，就应取该流体的传热量作为换热器的热负荷。

（3）传热量的计算　根据流体在换热过程中温度与相态的变化，可以采用不同的方法计算传热量。

① 显热法。物质在相态不变而温度变化时吸收或放出的热量，称为显热。若流体在换热过程中没有相变化，且流体的比热容变化不大时，其传热量可按下式计算：

$$Q_h=q_{mh}c_{ph}(T_1-T_2) \tag{2-28}$$

$$Q_c=q_{mc}c_{pc}(t_2-t_1) \tag{2-28a}$$

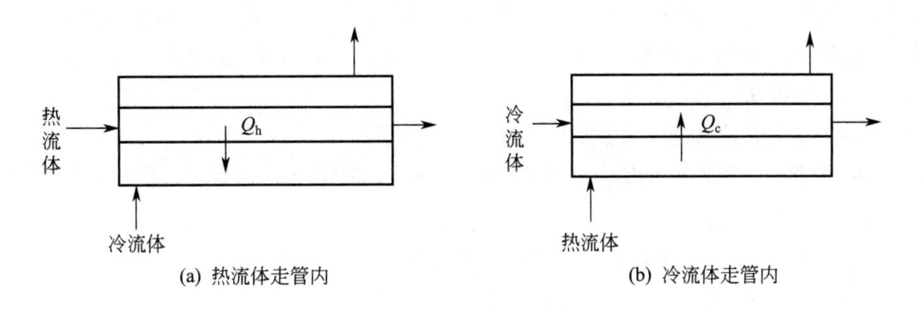

图 2-11 热负荷的确定

式中 q_{mh}，q_{mc}——热、冷流体的质量流量，kg/h；

c_{ph}，c_{pc}——热、冷流体的定压比热容，kJ/(kg·K)，根据换热前后流体的平均温度查取或计算；

T_1，T_2——热流体的进、出口温度，K；

t_1，t_2——冷流体的进、出口温度，K。

② 潜热计算。流体温度不变而相态发生变化时吸收或放出的热量，叫潜热。若流体在换热过程中仅仅发生相变化（饱和蒸气变为饱和液体或反之），而没有温度变化，其传热量可按下式计算：

$$Q_h = q_{mh} r_h \tag{2-29}$$

$$Q_c = q_{mc} r_c \tag{2-29a}$$

式中 r_h，r_c——热、冷流体的比汽化潜热，kJ/kg（从手册中查取）。

显然，若流体在换热过程中既有温度变化又有相态变化，则可把上述两种方法联合起来求其传热量。例如饱和蒸气冷凝冷却后，冷凝液出口温度低于饱和温度（或称冷凝温度）时，其传热量可按下式计算：

$$Q_h = q_{mh}[r_h + c_{ph}(T_s - T_2)] \tag{2-30}$$

式中 T_s——冷凝液的饱和温度，K。

③ 焓差法。在一定的状态下，物质的焓是一定的，对于定压过程，物质由一状态变为另一状态所吸收或放出的热量等于焓变。若能够得知流体进、出状态时的焓，则不需考虑流体在换热过程中有否发生相变，其传热量均可按下式计算：

$$Q_h = q_{mh}(I_{h1} - I_{h2}) \tag{2-31}$$

$$Q_c = q_{mc}(I_{c2} - I_{c1}) \tag{2-31a}$$

式中 I_{h1}，I_{h2}——热流体进、出状态时的比焓，kJ/kg；

I_{c1}，I_{c2}——冷流体进、出状态时的比焓，kJ/kg。

比焓可以从手册中查取或根据热力学公式计算，参阅有关书籍。

必须指出，当流体为混合物时，其比热容、比汽化潜热和比焓是不能查到的，工程上常采用加权平均法近似计算，即

$$B_m = \sum(B_i x_i) \tag{2-32}$$

式中 B_m——混合物的 c_{pm} 或 r_m 或 I_m；

B_i——混合物中 i 组分的 c_p 或 r 或 I；

x_i——混合物中 i 组分的分数，c_p 或 r 或 I 如果是以 kg 计，用质量分数；如果是以 kmol 计，则用摩尔分数。

【例 2-5】 在套管换热器内用 0.16MPa 的饱和蒸汽加热空气，饱和蒸汽的消耗量为

10kg/h，冷凝后进一步冷却到100℃，空气流量为420kg/h，进、出口温度分别为30℃和80℃。蒸汽走壳程，空气走管程。试求：(1) 热损失；(2) 换热器的热负荷。

解　(1) 求热损失

根据式(2-27)，求热损失须先求出两流体的传热量。

① 蒸汽的传热量。对于蒸汽，既有相变，又有温度变化，可用式(2-30) 计算，也可用式(2-31) 计算。

从附录查得 p=0.16MPa 的饱和蒸汽的有关参数如下：

T_s=113℃，r_h=2224.2kJ/kg，I_{h1}=2698.1kJ/kg。

又已知：T_2=100℃，则水的平均温度 T_m=(113+100)/2=106.5℃

从附录查得此温度下水的比热容 c_{ph}=4.23kJ/(kg·K)。

由式(2-30) 有

$$\begin{aligned}Q_h &= q_{mh}[r_h + c_{ph}(T_s - T_2)]\\ &= (10/3600)\times[2224.2 + 4.23\times(113-100)]\\ &= 6.33\text{kW}\end{aligned}$$

从附录中查得100℃时水的焓 I_{h2}=418.68kJ/kg。

由式(2-31) 有

$$\begin{aligned}Q_h &= q_{mh}(I_{h1} - I_{h2})\\ &= (10/3600)\times(2698.1-418.68)\\ &= 6.33(\text{kW})\end{aligned}$$

当用两种方法计算传热量时，有时由于物性数据来源不同，计算结果会略有不同，是正常的。

② 空气的传热量

空气的进出口平均温度为 t_m=(30+80)/2=55℃

从附录中查得此温度下空气的比热容 c_{pc}=1.005kJ/(kg·K)。由式(2-28a) 有

$$\begin{aligned}Q_c &= W_c c_{pc}(t_2 - t_1)\\ &= (420/3600)\times 1.005\times(80-30)\\ &= 5.86(\text{kW})\end{aligned}$$

热损失

$$\begin{aligned}Q_l &= Q_h - Q_c\\ &= 6.33-5.86\\ &= 0.47(\text{kW})\end{aligned}$$

(2) 求热负荷

因为空气走管程，所以换热器的热负荷应为空气的传热量，即

$$Q = Q_c = 5.86\text{kW}$$

2.3.3　传热推动力的计算

在大多数情况下，换热器各截面的传热温度差是各不相同的，式(2-25) 换热器的传热推动力应取平均值，称为平均传热温度差（或称平均传热推动力）。研究表明，平均传热温度差的大小，不仅与流体的温度有关，还与两者在换热器中的相互流动方向有关。

在换热器中，若两流体的流动方向相同，称为并流；若两流体的流动方向相反，称为逆流；若两流体的流动方向垂直交叉，称为错流；若既有相同流向又有相反流向甚至还有交叉流向，则称为折流。通常套管换热器中可实现完全的并流或逆流，如图2-12所示。列管换热器因结构不同可能呈现各种流动型式。

2.3.3.1　恒温传热时的平均传热温度差

当两流体在换热过程中均只发生相变时，热流体温度 T 和冷流体温度 t 都始终保持不变，称为恒温传热。此时，各传热截面的传热温度差完全相同，并且流体的流动方向对传热温度差也没有影响。换热器的传热推动力可取任一传热截面上的温度差，即 $\Delta t_m = T - t$。蒸发操作中，使用饱和蒸汽作为加热剂，溶液在沸点下汽化时，其传热过程可近似认为是恒温传热。还有些过程虽然没有发生相变，但由于传热过程中温度变化不大，也可以近似视为恒温传热，应具体过程具体分析。

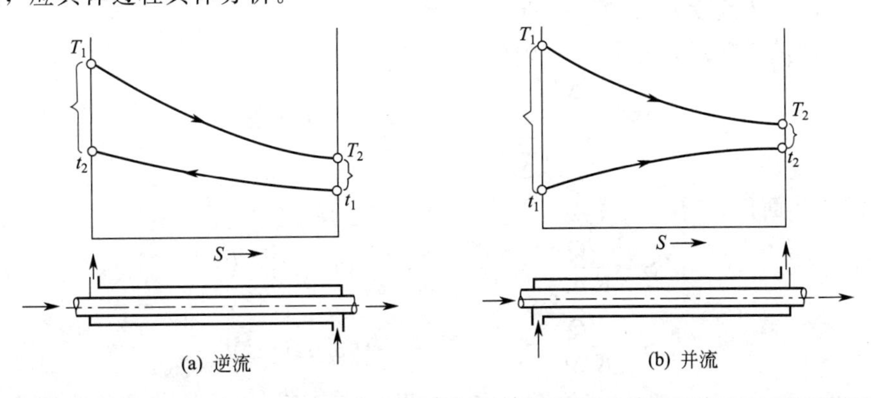

图 2-12　变温传热时的温度差变化

2.3.3.2　变温传热时的平均传热温度差

在换热器中，流体温度沿换热器管长发生了变化，称为变温传热，如图 2-12 所示。变温传热时，不同传热截面的传热温度差各不相同。由于两流体的流向不同，对平均温度差的影响也不相同，故需分别讨论。

（1）并、逆流时的平均传热温度差　如图 2-12 所示的套管换热器中，由热量衡算和传热基本方程联立可推导得到并、逆流时的平均传热温度差计算式如下：

$$\Delta t_m = \frac{\Delta t_1 - \Delta t_2}{\ln \dfrac{\Delta t_1}{\Delta t_2}} \tag{2-33}$$

式中　Δt_m——对数平均温度差，K；

Δt_1、Δt_2——分别为换热器两端热、冷流体温度差，K。

当 $\frac{1}{2} \leqslant \frac{\Delta t_1}{\Delta t_2} \leqslant 2$ 时，可近似用算术平均值 $(\Delta t_1 + \Delta t_2)/2$ 代替对数平均值，其误差不超过 4%。

【例 2-6】 在套管换热器内，将热流体由 90℃冷却至 70℃，与此同时，冷流体温度由 20℃上升到 60℃。试计算：①两流体作逆流和并流时的平均温度差；②若操作条件下，换热器的热负荷为 585kW，其传热系数 K 为 $300\text{W}/(\text{m}^2 \cdot \text{K})$，两流体作逆流和并流时的所需的换热器的传热面积。

解　① 平均传热推动力

逆流时　热流体温度 T　90℃→70℃

冷流体温度 t　60℃←20℃

两端温度差 Δt　30℃　50℃

所以
$$\Delta t_m=\frac{\Delta t_1-\Delta t_2}{\ln\frac{\Delta t_1}{\Delta t_2}}=\frac{50-30}{\ln\frac{50}{30}}=39.2(℃)$$

由于 50/30＜2，也可近似取算术平均值法，即：

$$\Delta t_m=\frac{50+30}{2}=40(℃)$$

并流时　热流体温度 T　90℃→70℃

冷流体温度 t　20℃→60℃

两端温度差 Δt　70℃　10℃

所以
$$\Delta t_m=\frac{\Delta t_1-\Delta t_2}{\ln\frac{\Delta t_1}{\Delta t_2}}=\frac{70-10}{\ln\frac{70}{10}}=30.8(℃)$$

② 所需传热面积

逆流时
$$S=\frac{Q}{K\Delta t_m}=\frac{585\times10^3}{300\times39.2}=49.74(m^2)$$

并流时
$$S=\frac{Q}{K\Delta t_m}=\frac{585\times10^3}{300\times30.8}=63.31(m^2)$$

从此例可以看出，在进出口流体温度完全相同的情况下，并流形成的传热推动力小于逆流时的推动力，在同样换热任务下，逆流需要的换热面积比并流的小。

（2）错、折流时的平均传热温度差　在大多数换热器中，为了强化传热或加工方便等原因，两流体的流动可能是比较复杂的折流或错流，如图 2-13 所示。生产中还有更复杂的流动情况。

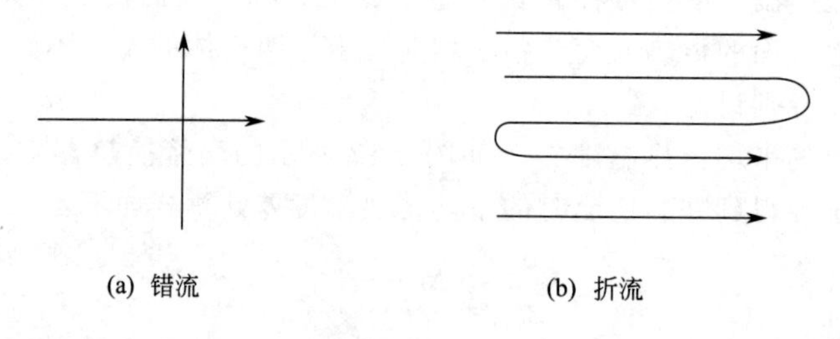

图 2-13　错流和折流示意图

由于错流和折流的复杂性，平均传热温度差的计算不能像并、逆流那样，直接推导出其计算式。工程上采取方法是，先按逆流计算对数平均温度差 $\Delta t'_m$，再乘以校正系数 $\varphi_{\Delta t}$，即

$$\Delta t_m=\varphi_{\Delta t}\Delta t'_m \tag{2-34}$$

式中，$\varphi_{\Delta t}$ 为温度差校正系数，其大小与流体的温度变化及相对流动方向有关，生产中为了节能和提高效率，要求其值不得小于 0.8。通过 R 和 P 两参数查表或查图确定，即

$$\varphi_{\Delta t}=f(R、P)$$

$$P=\frac{t_2-t_1}{T_1-t_1}=\frac{冷流体的温升}{两流体的最初温度差}$$

$$R=\frac{T_1-T_2}{t_2-t_1}=\frac{热流体的温降}{冷流体的温升}$$

给定换热器的程数，可以查取图 2-14 获得 $\varphi_{\Delta t}$，图中(a)、(b)、(c)、(d) 分别为单壳

程、二壳程、三壳程、四壳程，每个壳程内的管程可以是 2、4、6、8 程，对于其他流向的 $\varphi_{\Delta t}$ 值可从有关手册中查得。这种先按一种相对简单的情形处理问题，再校正或过渡到处理相对复杂问题的办法在工程上是常用的，值得借鉴。

【例 2-7】 现有单壳程、二管程列管换热器，若用其将热油从 100℃冷却至 50℃。假设冷却水走管程，进口温度为 20℃，出口温度为 40℃。试求换热器的平均传热推动力。

解　流体在换热器中的相对流向为折流，故先按按逆流计算，即

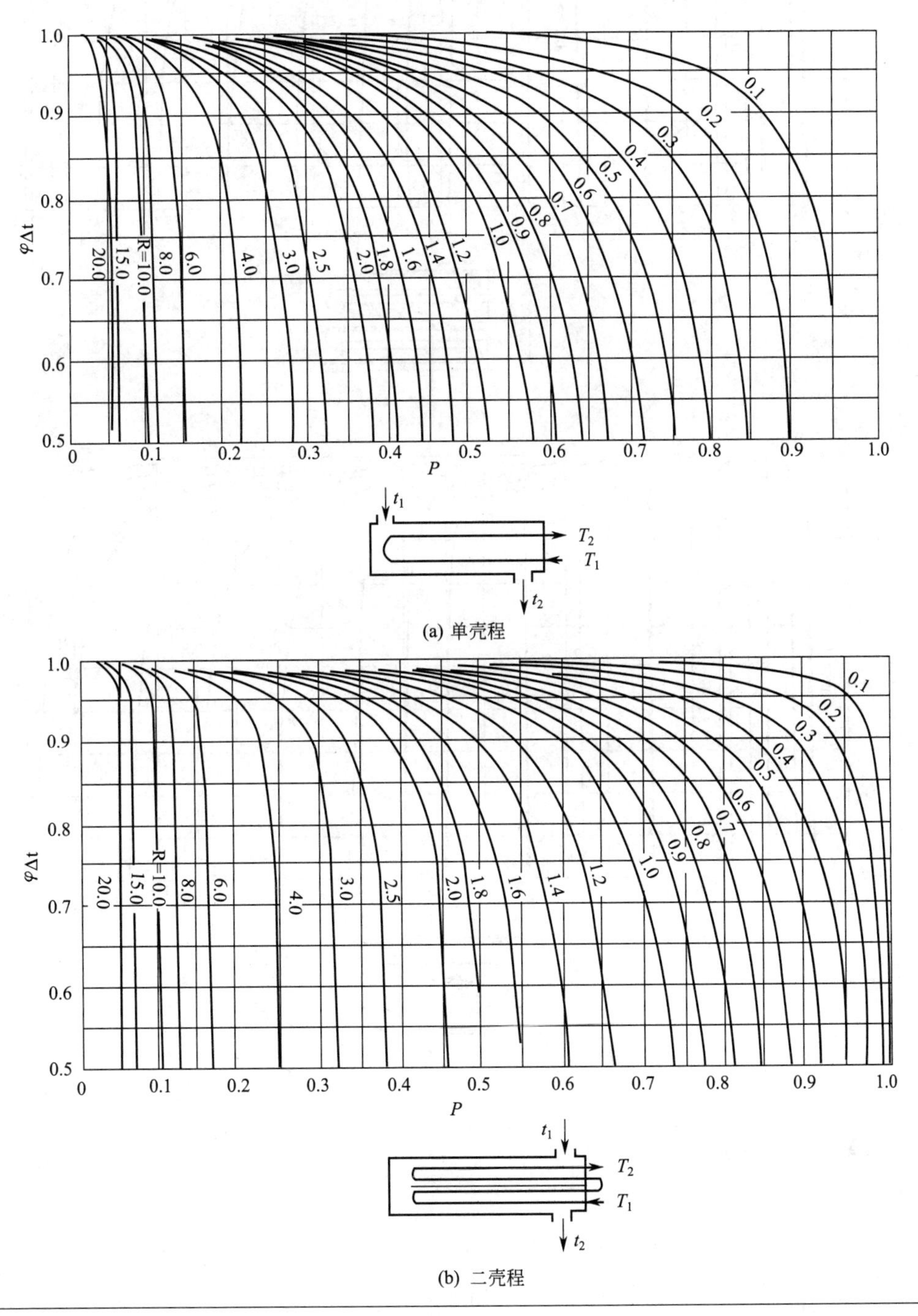

图 2-14

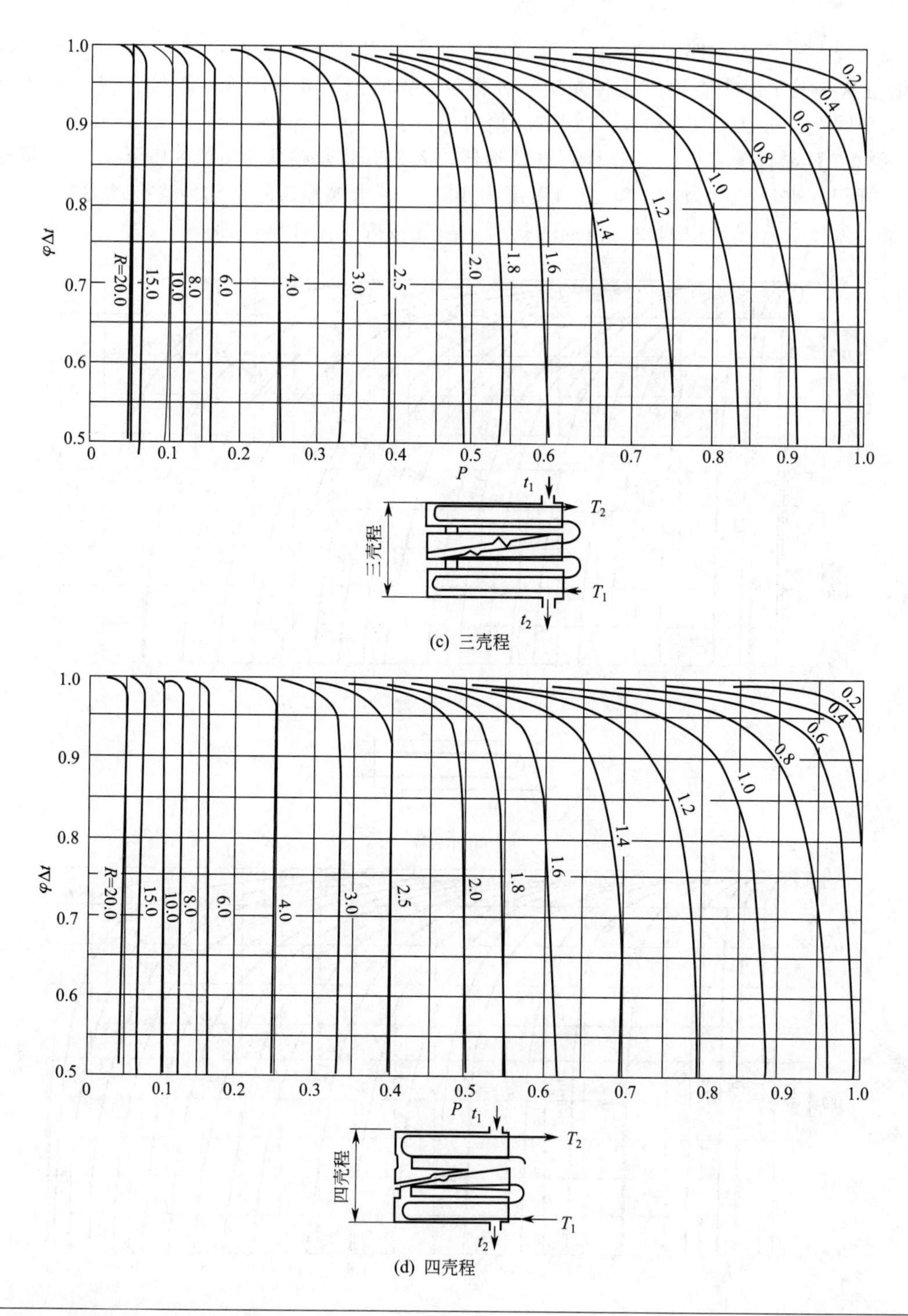

(c) 三壳程

(d) 四壳程

图 2-14　温度差校正系数$\varphi_{\Delta t}$值

逆流的平均传热温差

$$\Delta t'_m=\frac{\Delta t_1-\Delta t_2}{\ln\dfrac{\Delta t_1}{\Delta t_2}}=\frac{(100-40)-(50-20)}{\ln\dfrac{100-40}{50-20}}=43.3(℃)$$

再按错流计算，因为

$$P=\frac{t_2-t_1}{T_1-t_1}=\frac{40-20}{100-20}=0.25 \quad R=\frac{T_1-T_2}{t_2-t_1}=\frac{100-50}{40-20}=2.5$$

由图 2-14(a) 查得：$\varphi_{\Delta t}=0.89$

所以
$$\Delta t_m=\varphi_{\Delta t}\Delta t'_m=0.89\times 43.3=38.5(℃)$$

（3）不同流向传热温度差的比较　在热、冷流体的进、出口温度完全相同的情况下，不同流向的平均传热温度差可能是不一样的。

① 一侧恒温一侧变温的传热。平均温度差的大小与流向无关，即 $\Delta t_{m逆}=\Delta t_{m错,折}=\Delta t_{m并}$。

② 两侧均变温的传热。平均温度差的大小与流向有关，逆流时最大，并流时最小，$\Delta t_{m逆}>\Delta t_{m错,折}>\Delta t_{m并}$。

从提高传热推动力的角度看，应尽量采用逆流，因为在换热器的热负荷和传热系数一定时，若载热体的流量一定，可减小传热面积，从而节省设备投资费用（见例 2-6）；若传热面积一定，则可减小加热剂（或冷却剂）用量，从而降低操作费用（见例 2-8）。但由于一些特别的原因，其他流向仍在工业生产中使用，例如当工艺要求被加热流体的终温不高于某一定值，或被冷却流体的终温不低于某一定值时，常采用并流，因为并流能限制出口温度；加热黏度较大的冷流体也常采用并流，因并流时进口端温差较大，冷流体进入换热器后温度可迅速提高，黏度降低，有利于提高传热效果；以上两点均可以从图 2-12 分析得到。错流或折流虽然平均温差比逆流低，但可以有效地降低传热热阻，而降低热阻往往比提高传热推动力更为有利，此外，错流折流还便于加工和检修，所以工程上错流或折流仍然是多见的。

【例 2-8】 在一传热面积 S 为 $50m^2$ 的列管换热器中，用冷却水将热油从 110℃冷却至 80℃，热油放出的热量为 400kW，冷却水的进、出口温度分别为 30℃和 50℃。忽略热损失。(1) 计算并流操作时冷却水用量和平均传热温度差；(2) 如果采用逆流，仍然维持油的流量和进、出口温度不变，冷却水进口温度不变，试求冷却水的用量和出口温度。(假设两种情况下换热器的传热系数 K 不变)

解　(1) 并流时　从附录中查得 (30+50)/2=40℃下，水的比热容为 4.174kJ/(kg·K)，则冷却水用量为

$$q_{mc}=\frac{Q}{c_p(t_2-t_1)}=\frac{400\times 3600}{4.174\times(50-30)}=1.725\times 10^4(kg/h)$$

平均传热温度差为

$$\Delta t_m=\frac{\Delta t_1-\Delta t_2}{\ln\frac{\Delta t_1}{\Delta t_2}}=\frac{(110-30)-(80-50)}{\ln\frac{110-30}{80-50}}=51(℃)$$

(2) 采用逆流　根据题意，换热器的传热面积 S、传热系数 K 及热负荷 Q 均与并流时相同，由式(2-25) 得则其平均传热温度差也和并流时相同，故有

$$\Delta t_m=51℃$$

假设此时 $\Delta t_1/\Delta t_2\leqslant 2$，则可用算术平均值，即

$$\Delta t_m=\frac{(110-t_2)+(80-30)}{2}=51(℃)$$

解得：
$$t_2=58℃$$

此时，$\Delta t_1=110-58=52(℃)$，$\Delta t_2=80-30=50(℃)$，$\Delta t_1/\Delta t_2=52/50<2$，假设正

确。因此，冷却水的出口温度 $t_2=58℃$。

从附录查得 $(30+58)/2=44℃$ 时，水的比热容为 4.174kJ/(kg·K)，则逆流时冷却水用量为

$$q_{mc}=\frac{Q}{C_p(t_2-t_1)}=\frac{400\times3600}{4.174\times(58-30)}=1.232\times10^4(\mathrm{kg/h})$$

可见，对于两侧流体温度均发生变化的变温传热，采用逆流换热有可能比采用并流换热节约载热体的用量。必须指出，节约载热体的用量是以牺牲传热推动力为代价的，应综合分析作出选择。

2.3.4 传热系数的获取方法

在换热器的工艺计算中，传热系数 K 的来源主要有从经验值选取、实验测定和公式计算等三个方面。

2.3.4.1 取经验值

表 2-4 列出了列管换热器对于不同流体在不同情况下的传热系数的大致范围，可供参考选择。选取工艺条件相仿、设备类似而又比较成熟的经验数据，在换热器设计计算中是常见的。

表 2-4　列管换热器中 K 值的大致范围

热流体	冷流体	传热系数 K /[W/(m²·K)]	热流体	冷流体	传热系数 K /[W/(m²·K)]
水	水	850～1700	低沸点烃类蒸气冷凝(常压)	水	455～1140
轻油	水	340～910	高沸点烃类蒸气冷凝(减压)	水	60～170
重油	水	60～280	水蒸气冷凝	水沸腾	2000～4250
气体	水	17～280	水蒸气冷凝	轻油沸腾	455～1020
水蒸气冷凝	水	1420～4250	水蒸气冷凝	重油沸腾	140～425
水蒸气冷凝	气体	30～300			

2.3.4.2 实验测定

对于已有的换热器，可以根据式(2-25) 设计实验方法，测定传热系数。比如，通过测定换热器的尺寸以计算传热面积 S、测定流体的流量及其进出口温度以计算传热速率 Q 和传热温度差 Δt，再由式(2-25) 计算 K 值。实验得到的 K 值可靠性较高，但受到实验每件限制。

实测 K 值的意义，不仅可以为换热计算提供数值，而且可以分析了解换热器的性能，寻求提高换热器传热能力的途径。当换热条件与被测条件（包括换热器的类型、尺寸、流体性质、流动状况等）相似时，所测 K 值可以参考使用。

2.3.4.3 公式计算

前已述及，在间壁式换热器中，热量由热流体传给冷流体的过程由热流体对壁面的给热、壁内的导热和壁面对冷流体的给热三步完成。在稳定传热时，三个分过程的传热速率相等，设热流体走管内，冷流体走管外，则热流体对壁面的对流传热速率为

$$Q=\frac{\Delta t_1}{R_1}=\frac{(T-T_\mathrm{w})_\mathrm{m}}{\dfrac{1}{\alpha_\mathrm{i}S_\mathrm{i}}}$$

壁面内的导热速率为

$$Q=\frac{\Delta t_2}{R_2}=\frac{(T_w-t_w)_m}{\frac{b}{\lambda S_m}}$$

壁面对冷流体的对流传热速率为

$$Q=\frac{\Delta t_3}{R_3}=\frac{(t_w-t)_m}{\frac{1}{\alpha_o S_o}}$$

根据和比定律，可以推出换热总热阻等于三个串联过程的热阻之和，总推动力等于三个分过程推动力之和，即总传热速率为

$$Q=\frac{\Delta t_m}{\frac{1}{KS}}=\frac{(T-T_w)_m+(T_w-t_w)_m+(t_w-t)_m}{\frac{1}{\alpha_i S_i}+\frac{b}{\lambda S_m}+\frac{1}{\alpha_o S_o}}$$

或

$$\frac{1}{KS}=\frac{1}{\alpha_i S_i}+\frac{b}{\lambda S_m}+\frac{1}{\alpha_o S_o} \tag{2-35}$$

式(2-35) 称为计算 K 值的基本公式，也称为热阻叠加原理。

式中 K——传热系数，$W/(m^2 \cdot K)$；

S——传热面积，m^2；

α_i、α_o——管内、外侧的对流传热系数，$W/(m^2 \cdot K)$；

λ——管壁的热导率，$W/(m \cdot K)$；

b——管壁厚，m；

S_i、S_m、S_o——管内侧、平均、外侧面积，m^2；

其他符号意义同前。

计算时，传热面积 S 可选传热面（管壁面）的内表面积 S_i、外表面积 S_o 或平均表面积 S_m，此时，传热系数 K 必须与所选传热面积相对应。并可由(2-35) 导出。

S 取 S_o 时，

$$K_o=\frac{1}{\frac{S_o}{\alpha_i S_i}+\frac{bS_o}{\lambda S_m}+\frac{1}{\alpha_o}} \tag{2-35a}$$

S 取 S_i 时，

$$K_i=\frac{1}{\frac{1}{\alpha_i}+\frac{bS_i}{\lambda S_m}+\frac{S_i}{\alpha_o S_o}} \tag{2-35b}$$

S 取 S_m 时，

$$K_m=\frac{1}{\frac{S_m}{\alpha_i S_i}+\frac{b}{\lambda}+\frac{S_m}{\alpha_o S_o}} \tag{2-35c}$$

式中 K_o，K_i，K_m——基于 S_o、S_i、S_m 的传热系数，$W/(m^2 \cdot K)$。

换热器在使用过程中，因为传热壁面结垢而产生的热阻称为污垢热阻。通常污垢热阻比传热壁面的热阻大得多，因而在传热计算中必须考虑。影响污垢热阻的因素很多，主要有流体的性质、传热壁面的材料、操作条件、清洗周期等。由于污垢的厚度及热导率难以准确估

计，因此通常选用经验值，表 2-5 列出了一些常见换热情况下的污垢热阻的经验值，供使用时查取。

表 2-5　常见流体的污垢热阻 R_s

流　　体	R_s/[(m^2·K)/kW]	流　　体	R_s/[(m^2·K)/kW]
水(＞50℃)		水蒸气	
蒸馏水	0.09	优质不含油	0.052
海水	0.09	劣质不含油	0.09
清净的河水	0.21	液体	
未处理的凉水塔用水	0.58	盐水	0.172
已处理的凉水塔用水	0.26	有机物	0.172
已处理的锅炉用水	0.26	熔盐	0.086
硬水、井水	0.58	植物油	0.52
气体		燃料油	0.172～0.52
空气	0.26～0.53	重油	0.86
溶剂蒸气	0.172	焦油	1.72

设管内、外壁面的污垢热阻分别为 R_{si}、R_{so}，并以基于管外表面积的传热系数 K_o 为例，根据串联热阻叠加原理，式(2-35) 变化为

$$\frac{1}{K_o}=\frac{S_o}{\alpha_i S_i}+R_{si}+\frac{bS_o}{\lambda S_m}+R_{so}+\frac{1}{\alpha_o} \tag{2-36}$$

式(2-36) 表明，换热器的总热阻等于间壁两侧流体的对流热阻、污垢热阻及壁面导热热阻之和。读者可以试着写出基于其他面积作为传热面积的 K_i、K_m 的计算式。

若传热壁面为平壁或薄管壁时，S_i、S_o、S_m 相等或近似相等，则式(2-36) 可简化为

$$\frac{1}{K}=\frac{1}{\alpha_i}+R_{si}+\frac{b}{\lambda}+R_{so}+\frac{1}{\alpha_o} \tag{2-36a}$$

2.3.5　强化传热与削弱传热

化工生产中强化传热与削弱传热都是十分重要而普遍的，掌握强化与削弱传热的原理与方法，无论对于化工生产本身还是对于节能都是十分重要的。

2.3.5.1　强化传热

强化传热就是设法提高换热器的传热速率。从传热基本方程 $Q=KS\Delta t_m$ 可以看出，增大传热面积 S、提高传热推动力 Δt_m 以及提高传热系数 K 都可以达到强化传热的目的，但是，实际效果却因具体情况而异。下面分别予以讨论。

(1) 增大传热面积　增大传热面积，可以提高换热器的传热速率，但是增大传热面积不能靠简单地增大设备尺寸来实现，而是提高单位容积换热器的传热面积。实践证明，从改进设备的结构入手，改换热管为换热片，光滑管为粗糙管等，均可增加单位体积的传热面积。如螺旋板式、板式、翅片式换热器等，其单位体积的传热面积均大大超过了列管换热器。图 2-15 是几种带翅片或异形表面的高效传热管，它们不仅使传热表面有所增加，而且强化了流体的湍动程度，提高了对流传热系数，使传热速率显著提高，代表了换热器的发展方向。但是，由于受到机械强度的限制，单位体积传热面积的增加量是有限的。

(2) 提高传热推动力　平均传热温度差的大小取决于两流体的温度大小及流体的相对流向。一般来说，物料的温度由工艺条件所决定，不能随意变动，而加热剂或冷却剂的温度，可以通过选择不同介质和流量加以改变。例如用饱和水蒸气作为加热剂时，增加蒸气压强可以提高其温度；在水冷器中增大冷却水流量或以冷冻盐水代替普通冷却水，可以降低冷却剂

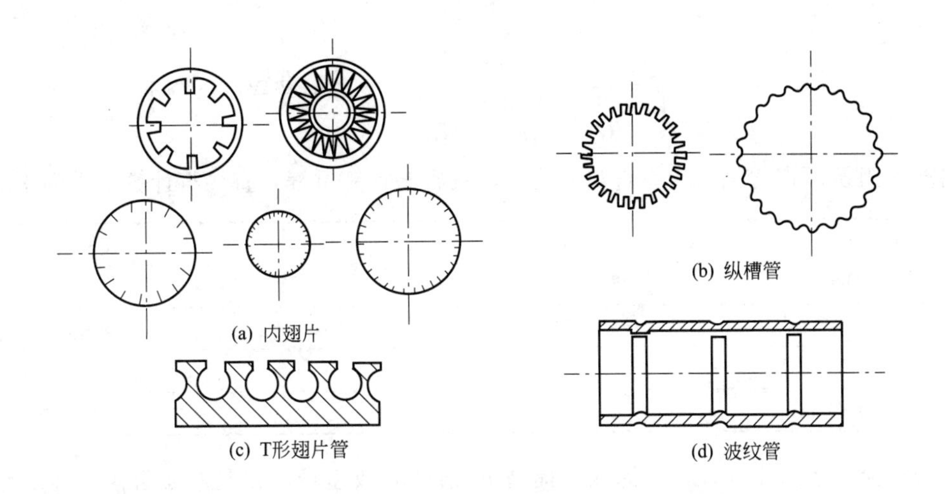

图 2-15　高效传热管的形式

的温度等。但需要注意的是，改变加热剂或冷却剂的温度，必须考虑到技术上的可行性和经济上的合理性。另外，采用逆流操作或增加壳程数，均可得到较大的平均传热温度差。

(3) 增大传热系数　增大传热系数，实际上就是降低换热器的总热阻。由式（2-36a）可知，减小任何一项分热阻均可以降低总热阻，但只有减少热阻最大的那一项热阻才最有效。一般来说，在金属换热器中，壁面较薄且热导率高，不会成为主要热阻；污垢热阻是一个可变因素，在换热器刚投入使用时，污垢热阻很小，可不予考虑，但随着使用时间的加长，污垢逐渐增加，便可成为阻碍传热的主要因素；对流传热热阻经常是传热过程的控制因素，应该重点考虑。提高 K 值的具体途径和措施如下。

① 减小对流传热热阻。当壁面热阻（b/λ）和污垢热阻（R_{si}、R_{so}）相对较小并可以忽略时，式(2-36a) 可简化为

$$\frac{1}{K}=\frac{1}{\alpha_i}+\frac{1}{\alpha_o} \tag{2-37}$$

若 $\alpha_i \gg \alpha_o$，则 $1/K \approx 1/\alpha_o$，此时，欲提高 K 值，关键在于提高管外侧的对流传热系数；若 $\alpha_o \gg \alpha_i$，则 $1/K \approx 1/\alpha_i$，此时，欲提高 K 值，关键在于提高管内侧的对流传热系数。总之，当两 α 相差很大时，欲提高 K 值，应该采取措施提高 α 小的那一侧的对流传热系数。

若 α_i 与 α_o 较为接近，改变两侧的对流传热系数，对提高 K 值均是有效的。

提高对流传热系数的具体措施前面已经介绍，在此不再重复。

② 减小污垢热阻。污垢热阻通常都是很大的，生产中应设法阻止污垢的形成，并定期清除已经形成的污垢。

减小污垢热阻的具体措施有：提高流体的流速和扰动，以减弱垢层的沉积；控制冷却水出口温度，加强水质处理，尽量采用软化水；加入阻垢剂，防止和减缓垢层形成；定期采用机械或化学的方法清除污垢。

【例 2-9】 列管换热器的换热管为 $\phi 25\text{mm}\times 2\text{mm}$ 无缝钢管 [$\lambda=46.5\text{W/(m·K)}$]，水从列管内经过，$\alpha_i=400\text{W/(m}^2\text{·K)}$，饱和水蒸气在管外冷凝，$\alpha_o=10000\text{W/(m}^2\text{·K)}$，由于换热器刚投入使用，污垢热阻可以忽略。试计算：(1) 传热系数 K 及各分热阻所占总热阻的比例；(2) 将 α_i 提高一倍（其他条件不变）后的 K 值；(3) 将 α_o 提高一倍（其他条件不变）后的 K 值。

解　(1) 由于壁面较薄，可忽略管壁内外表面积的差异。根据题意：$R_{si}=R_{so}=0$，由

式(2-36a) 得

$$K=\frac{1}{\frac{1}{\alpha_i}+\frac{b}{\lambda}+\frac{1}{\alpha_o}}=\frac{1}{\frac{1}{400}+\frac{0.002}{46.5}+\frac{1}{10000}}=378.4[\mathrm{W/(m^2 \cdot K)}]$$

各分热阻及所占比例的计算直观而简单，故省略计算过程，直接将计算结果列于下表。

热阻名称	热阻值$\times 10^3$/[$(\mathrm{m^2 \cdot K})/\mathrm{W}$]	比例/%
总热阻 $1/K$	2.64	100
管内对流热阻 $1/\alpha_i$	2.5	94.7
管外对流热阻 $1/\alpha_o$	0.1	3.8
壁面导热热阻 b/λ	0.04	1.5

管内对流热阻占主导地位，因此，提高 K 值的有效途径应该是减小管内对流热阻，即设法提高 α_i 值。

(2) 将 α_i 提高一倍（其他条件不变），即 $\alpha_i'=800\mathrm{W/(m^2 \cdot K)}$

$$K'=\frac{1}{\frac{1}{800}+\frac{0.002}{46.5}+\frac{1}{10000}}=717.9[\mathrm{W/(m^2 \cdot K)}]$$

增幅为：
$$\frac{717.9-378.4}{378.4}\times 100\%=89.7\%$$

(3) 将 α_o 提高一倍（其他条件不变），即 $\alpha_o'=20000\mathrm{W/(m^2 \cdot K)}$

$$K''=\frac{1}{\frac{1}{400}+\frac{0.002}{46.5}+\frac{1}{20000}}=385.7[\mathrm{W/(m^2 \cdot K)}]$$

增幅为：
$$\frac{385.7-378.4}{378.4}\times 100\%=1.9\%$$

显然，提高较小对流传热系数才是更有效的强化传热的手段。

【例 2-10】 在例 2-9 中，当换热器使用一段时间后，形成了垢层，试计算此时的传热系数 K 值。

解　根据表 2-5 所列数据，取水的污垢热阻 $R_{si}=0.58(\mathrm{m^2 \cdot K})/\mathrm{kW}$，水蒸气的 $R_{so}=0.09(\mathrm{m^2 \cdot K})/\mathrm{kW}$。则由式(2-36a) 有

$$K'''=\frac{1}{\frac{1}{\alpha_i}+R_{si}+\frac{b}{\lambda}+R_{so}+\frac{1}{\alpha_o}}$$
$$=\frac{1}{\frac{1}{400}+0.00058+\frac{0.002}{46.5}+0.00009+\frac{1}{10000}}$$
$$=301.8[\mathrm{W/(m^2 \cdot K)}]$$

由于垢层的产生，使传热系数下降了

$$\frac{K-K'''}{K}\times 100\%=\frac{378.4-301.8}{378.4}\times 100\%=20.2\%$$

本例说明，垢层的存在，大大降低了传热速率。因此在实际生产中，应该尽量减缓垢层的形成并及时清除污垢。

2.3.5.2 削弱传热

在化工生产中，只要设备（或管道）与环境（周围空气）存在温度差，就会有热损失（或冷损失）出现，温度差越大，热损失也就越大。为了提高热能的利用率，节约能源，必须设法减小热损失，这种设法降低换热设备与环境之间传热速率的做法称为削弱传热。根据国家规定：凡是表面温度在50℃以上的设备或管道以及制冷系统的设备和管道，都必须进行保温或保冷，方法是在设备或管道的表面敷以热导率较小的材料（称为隔热材料）。

通常使用的保温结构由保温层和保护层构成。保温层是由石棉、蛭石、膨胀珍珠岩、超细玻璃棉、海泡石等热导率小的材料构成，它们被覆盖在设备或管道的表面，构成保温层的主体。在它们的外面，覆以铁丝网加油毛毡或玻璃布或石棉水泥混浆，形成保护层。保护层的作用是防止外部的水蒸气及雨水进入保温层材料内，造成隔热材料变形、开裂、腐烂等，从而影响保温效果。对保温结构的基本要求如下。

① 保温隔热可靠，即保温后的热损失不得超过表2-6和表2-7所规定的允许值，这是选择隔热材料和确定保温层厚度的基本依据。

表2-6 常年运行设备（或管道）的允许热损

设备或管道的表面温度/℃	50	100	150	200	250	300
允许热损/(W/m²)	58	93	116	140	163	186

表2-7 季节运行设备（或管道）的允许热损

设备或管道的表面温度/℃	50	100	150	200	250	300
允许热损/(W/m²)	116	163	203	244	279	308

② 有足够的机械强度，能承受自重及外力的冲击。在风吹、雨淋以及温度变化的条件下，仍能保证结构不被损坏。

③ 有良好的保护层，能避免外部水蒸气、雨水等进入保温层内，以确保保温层不会出现变软、腐烂等情况。

④ 结构简单，材料消耗量小，价格低，易于施工等。

近年来，我国开发出一种名为海泡石的复合硅酸盐保温涂料，它具有热导率小、质量轻、用量少、施工方便（喷涂、涂抹、粘贴均可）等优点，特别适合于异型设备和管道以及阀门等的保温绝热，并解决了热设备不停产即可施工的问题，被行家们认为是目前比较理想的高效节能隔热材料。

【例2-11】 规格为$\phi 325mm \times 8mm$的蒸汽管道，其内壁温度为100℃，未保温时，外壁温度仅比内壁温度低1℃，当管壁上敷以厚50mm、热导率为0.06W/(m·K)的保温层后，其保温层外壁温度为30℃，试比较保温前后每米管道的热量损失。

解 (1) 保温前的热损

由题设可知：$r_1=325/2=162.5(mm)$ $r_2=(325-2\times 8)/2=154.5(mm)$

从附录中查得钢的热导率$\lambda=46.5W/(m\cdot K)$，由式(2-7)得

$$\frac{Q}{L}=\frac{2\pi\lambda(t_1-t_2)}{\ln\frac{r_2}{r_1}}=\frac{2\pi\times 46.5\times 1}{\ln\frac{162.5}{154.5}}=5784.4(W/m)$$

(2) 保温后的热损

$$r_3=162.5+50=212.5(mm)$$

由式(2-11) 得

$$\frac{Q}{L}=\frac{2\pi(t_1-t_{n+1})}{\sum_{i=1}^{n}\frac{\ln(r_{i+1}/r_i)}{\lambda_i}}=\frac{2\pi\times(100-30)}{\frac{1}{46.5}\ln\frac{162.5}{154.5}+\frac{1}{0.06}\ln\frac{212.5}{162.5}}=98.3(\mathrm{W/m})$$

(3) 比较

包保温层后，热损失的减少率为

$$\frac{5787.4-98.3}{5787.4}\times100\%=98.3\%$$

可见，保温对减少热量损失是十分有效的。

2.3.6 工业加热与冷却方法

根据工业换热的目的不同，传热主要有两种，即将工艺流体加热（汽化），或将工艺流体冷却（冷凝），但实现上述目的的加热和冷却方法以及加热剂与冷却剂种类较多，了解加热与冷却方法的特点，有利于做出合理选择。

2.3.6.1 加热剂与加热方法

(1) 水蒸气　水蒸气是最常用的加热剂。通常使用饱和水蒸气；在蒸汽过热程度不大（过热 20～30℃）的条件下，允许使用过热蒸汽。

水蒸气加热的主要优点是：汽化潜热大，蒸汽消耗量相对较小；在给定压力下，冷凝温度恒定，可以通过改变压力来调节其温度；蒸汽冷凝时的给热系数很大 [$\alpha=5000\sim15000\mathrm{W/(m^2\cdot K)}$]，能够在较低的温度差下操作；价廉、无毒、无失火危险等。

水蒸气加热的主要缺点是：饱和温度与压力一一对应，且对应的压力较高，甚至中等饱和温度（200℃）就对应着相当大的压力（1.56×10^6Pa），对设备的机械强度要求高，投资费用大。

用水蒸气加热的方法有两种：直接蒸汽加热和间接蒸汽加热。

直接蒸汽加热是将水蒸气直接通过鼓泡器引入被加热介质中，并与介质混合，鼓泡器通常布置在设备底部，鼓泡器一般为开有许多小孔的盘管，蒸汽鼓泡时，通过并搅拌液层，与介质直接换热。适用于允许被加热介质和蒸汽的冷凝液混合的场合。

间接蒸汽加热是通过换热器的间壁传递热量。为了提高传热速率，必须及时排除不凝性气体和冷凝水。不凝性气体通常由设在高点的放气阀完成，冷凝水则通过疏水阀排出。图 2-16 为一闭式浮球冷凝水疏水器，由外壳、导向筒、浮球（带导向杆)、针形阀等构成。蒸汽和冷凝水的混合物进入外壳内，当外壳内液位上升到一定高度时，浮球上浮，针形阀开启，排出冷凝水，液面下降，浮球下落，针形阀关闭，直至下次冷凝水再积累到一定高度，阀门再次开启。在冷凝水排除器内，始终维持一定的液位，以阻止蒸汽从冷凝水排除器内漏出。

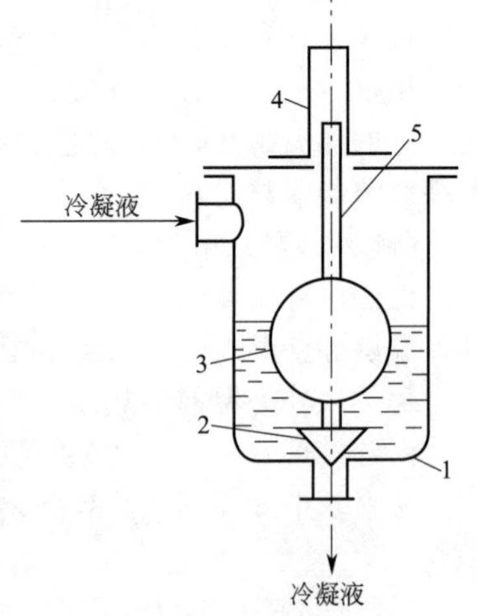

图 2-16　闭式冷凝水排除器

1—外壳；2—阀门；3—浮球；4—导向筒；5—导向杆

(2) 热水　热水加热一般用于 100℃以下场合。热水通常可使用锅炉热水和从换热器或蒸发器得到的冷凝水。当要求加热到更高温度时，可使用加压热水，但加压热水对设备的强度要求和操作费用都会相应增加，成本提高。

热水加热的优点是可利用二次热源，节约能量。但同蒸汽冷凝相比，给热系数较低，温度控制相对较难，加热的均匀性不好。

(3) 高温有机物　高温有机物作加热剂主要用于需要加热到较高温度的场合，此时用水蒸气加热不能达到目的。

常用的有机物加热剂有甘油、萘、乙二醇、联苯与二苯醚的混合物、二甲苯基甲烷、矿物油和有机硅液体等。

最常用的是由26.5%联苯和73.5%的二苯醚组成的混合物，称为二苯混合物。二苯混合物作为加热剂的主要优点是①不用高压就能够得到高温，当$p=0.1$MPa时，t_b（沸点）=258℃，r（比汽化潜热）=285kJ/kg；$p=0.8$MPa时，$t_b=380$℃，$r=220$kJ/kg；②热稳定性好，无爆炸危险，无腐蚀。二苯混合物可以是液态或气态，液态二苯混合物用于加热250℃范围内的场合，气态二苯混合物的加热温度可达到380℃。

甘油作为加热剂，用于加热220～250℃范围内的场合。甘油无毒、无爆炸危险、易得、价格较低（仅为二苯混合物的1/4），且加热均匀。

其他有机物作为加热剂的特点及适用场合参看有关专著。

(4) 无机熔盐　当需要加热到550℃时，可用无机熔盐作为加热剂。应用最广的是含40%$NaNO_2$、7%$NaNO_3$和53%KNO_3的熔化物，其熔点是142℃。熔盐加热装置应具有高度的气密性，并用惰性气体保护；由于硝酸盐和亚硝酸盐混合物具有强氧化性，因此，应避免和有机物质接触。

此外，工业生产中，还可以利用液体金属、烟道气和电等来加热。其中，液态金属可加热到300～800℃，烟道气可加热到1100℃，电加热最高可加热到3000℃。

2.3.6.2 冷却剂和冷却方法

工业生产中，要得到10～30℃的冷却温度，使用最普遍的冷却剂是水和空气。

水的主要来源是江河和地下。江河水的温度与当地气候以及季节有关，通常为10～30℃；地下水的温度则较低，为4～15℃。

为了节约用水和保护环境，生产上大多使用循环水，在换热器内用过的冷却水，送至凉水塔内，与空气逆流接触，部分汽化而冷却，再重新作为冷却剂使用。冷却水可用于间壁式换热器和混合式换热器中。有些企业的水循环使用率已经超过90%。

在环境保护日益迫切的当前社会，工业冷却水不应该被污染，而一旦被污染，必须进行必要的处理，达标排放。

在水资源紧缺的今天，空气作为冷却剂是很好的方向，其优点是不会在传热面产生污垢，资源丰富，但由于给热系数小，比热容较低，因此，其耗用量较大（达到同样的冷却效果，空气的质量流量大约是水的5倍）。适用于有通风机的冷却塔和有增大的传热面的换热器（如翅片式换热器）的强制冷却。

若要冷却到0℃左右，工业上通常采用冷冻盐水，由于盐的存在，使水的凝固温度下降（下降多少取决于盐的种类和含量），盐水的低温由制冷系统提供。

当冷却温度更低时，则需使用沸点更低的冷却剂，如氨和氟利昂等，此时，需借助制冷技术完成冷却任务。

2.4 换热器

换热器是化工、石油、动力等许多工业部门的通用设备。由于生产物料的性质、传热的要求各不相同，因此换热器种类很多，了解换热器的性能与特点，有利于更好地选择和使用换热器。

2.4.1　换热器的分类

换热器的类型，除前面介绍的按换热方法不同分为间壁式换热器、直接接触式换热器、蓄热式换热器三种外，还可按其他方式进行分类。

（1）按用途分类

① 加热器。用于把流体加热到所需的温度，被加热流体在加热过程中不发生相变。

② 预热器。用于流体的预热，以提高整套工艺装置的效率，实质是特殊目的的加热器。

③ 过热器。用于加热饱和蒸气，使其达到过热状态（温度高于饱和温度）。

④ 蒸发器。用于加热液体，使之蒸发汽化。

⑤ 再沸器。用于加热已冷凝的液体，使之部分汽化，是蒸馏过程的专用设备。

⑥ 冷却器。用于冷却流体，使其温度降到所需的温度。

⑦ 冷凝器。用于冷凝饱和蒸气，使之放出潜热而凝结液化。

⑧ 冷凝冷却器。用于将蒸气冷凝并冷却到指定的温度。

（2）按换热面形状和结构分类

① 管式换热器。换热面为管子壁面，按传热管的结构不同，可分为列管式换热器、套管式换热器、蛇管式换热器和翅片管式换热器等几种。管式换热器应用最广。

② 板式换热器。换热面为板状，按传热板的结构型式，可分为平板式换热器、螺旋板式换热器、板翅式换热器和热板式换热器等几种。

③ 特殊形式换热器。这类换热器是指根据工艺特殊要求而设计的具有特殊结构的换热器。如回转式换热器、热管换热器、同流式换热器等。

（3）按制造材料分类

① 金属材料换热器。常用金属材料有碳钢、合金钢、铜及铜合金、铝及铝合金、钛及钛合金等。由于金属材料的热导率较大，故该类换热器的传热速率大，效率高，在生产中广泛使用。

② 非金属材料换热器。常用非金属材料有石墨、玻璃、塑料以及陶瓷等。该类换热器主要用于具有腐蚀性的物料的换热。由于非金属材料的热导率较小，所以其传热速率较低。

2.4.2　换热器结构与性能特点

2.4.2.1　管式换热器

（1）列管换热器　列管式换热器又称管壳式换热器，是一种通用的标准换热设备。它具有结构简单、单位体积换热面积大、坚固耐用、用材广泛、清洗方便、适用性强等优点，在生产中得到广泛应用，在换热设备中占主导地位。列管式换热器根据结构特点分为以下几种。

① 固定管板式换热器。如图 2-17 所示，此种换热器的结构特点是两块管板分别焊壳体的两端，管束两端固定在两管板上。其优点是结构简单、紧凑，管内便于清洗。其缺点是壳程不能进行机械清洗，且当壳体与换热管的温差较大（大于 50℃）时，产生的温差应力（又叫热应力）具有破坏性，需在壳体上设置膨胀节，受膨胀节强度限制壳程压力不能太高。固定管板式换热器适用于壳方流体清洁且不结垢，两流体温差不大或温差较大但壳程压力不高的场合。

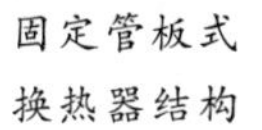
固定管板式
换热器结构

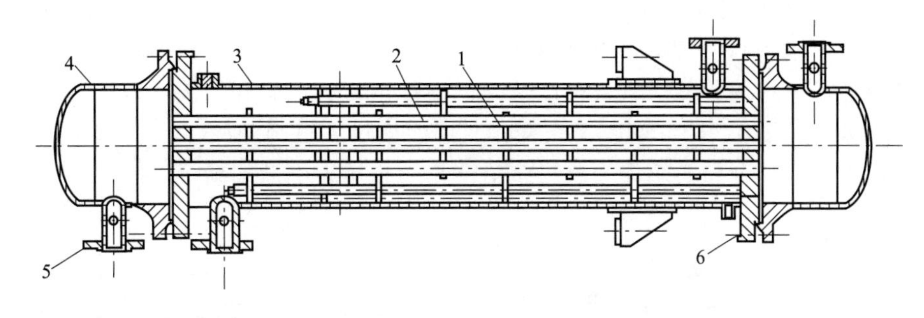

图 2-17　固定管板式换热器

1—折流挡板；2—管束；3—壳体；4—封头；5—接管；6—管板

② 浮头式换热器。如图 2-18 所示。其结构特点是两端管板之一不与壳体固定连接，可以在壳体内沿轴向自由伸缩，该端称为浮头。此种换热器的优点是当换热管与壳体有温差存在，壳体或换热管膨胀时，互不约束，不会产生温差应力；管束可以从管内抽出，便于管内和管间的清洗。其缺点是结构复杂，用材量大，造价高。浮头式换热器适用于壳体与管束温差较大或壳程流体容易结垢的场合。

浮头式换热器
结构及工作过程

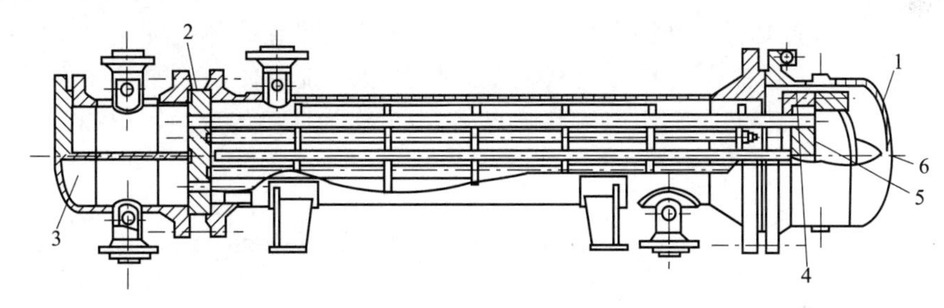

图 2-18　浮头式换热器

1—壳盖；2—固定管板；3—隔板；4—浮头勾圈法兰；5—浮动管板；6—浮头盖

③ U 形管式换热器。如图 2-19 所示。其结构特点是只有一个管板，管子成 U 形，管子两端固定在同一管板上。管束可以自由伸缩，当壳体与管子有温差时，不会产生温差应力。U 形管式换热器的优点是结构简单，只有一个管板，密封面少，运行可靠，造价低；管间清洗较方便。其缺点是管内清洗较困难；可排管子数目较少；管束最内层管间距大，壳程易短路。U 形管式换热器适用于管、壳程温差较大或壳程介质易结垢而管程介质不易结垢的场合。

U 形管式换热器
结构及工作过程

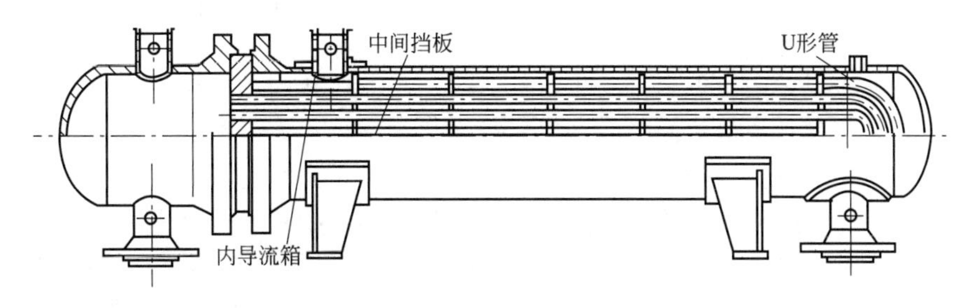

图 2-19　U 形管式换热器

④ 填料函式换热器。如图 2-20 所示。其结构特点是管板只有一端与壳体固定，另一端采用填料函密封。管束可以自由伸缩，不会产生温差应力。该换热器的优点是结构较浮头式换热器简单，造价低；管束可以从壳体内抽出，管、壳程均能进行清洗。其缺点是填料函耐压不高，一般小于 4.0MPa；壳程介质可能通过填料函外漏。填料函式换热器适用于管、壳程温差较大或介质易结垢需要经常清洗且壳程压力不高的场合。

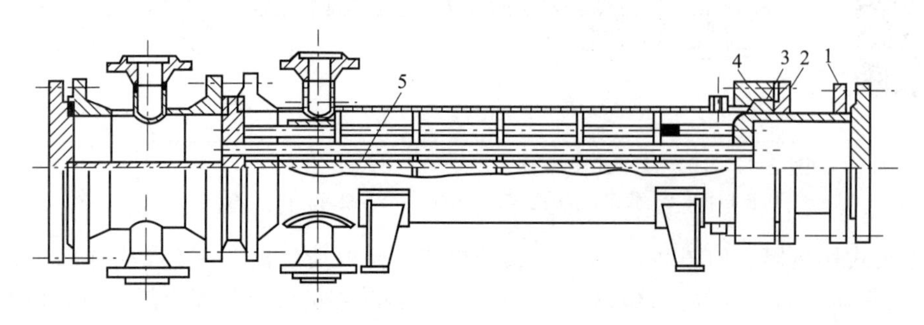

图 2-20　填料函式换热器

1—活动管板；2—填料压盖；3—填料；4—填料函；5—纵向隔板

⑤ 釜式换热器。如图 2-21 所示，其结构特点是在壳体上部设置蒸发空间。管束可以为固定管板式、浮头式或 U 形管式。釜式换热器清洗方便，并能承受高温、高压。它适用于液-汽（气）式换热（其中液体沸腾汽化），可作为简单的废热锅炉和再沸器。

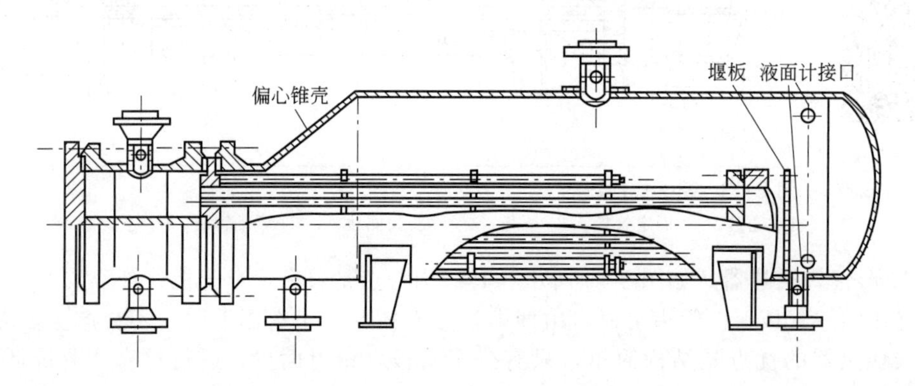

图 2-21　釜式换热器

（2）套管换热器　如图 2-22 所示，套管换热器由两根同心圆管构成，根据面积大小，可将若干套管连接在一起，其每一段套管称为一程。

套管换热器的优点是结构简单、能耐高压、传热面积可根据需要增减，并可实现严格逆流。其缺点是单位传热面积的金属耗量大、管子接头多、检修清洗不方便。此类换热器适用于高温、高压及流量较小的场合。

（3）蛇管换热器　是由管子弯曲而成的换热器的总称，分为沉浸式和喷淋式两类。

① 沉浸式蛇管换热器　制成适应容器的形状，沉浸在容器内的液体中。管内流体与容器内液体隔着管壁进行换热。常用的蛇管形状如图 2-23 所示。此类换热器的优点是结构简单、造价低廉、便于防腐、能承受高压。其缺点是管外对流传热系数小，常需加搅拌装置，以提高传热系数。

套管式换热器工作过程

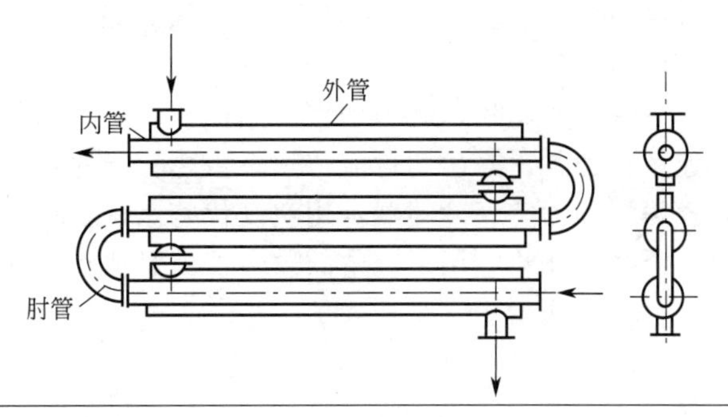

图2-22 套管换热器

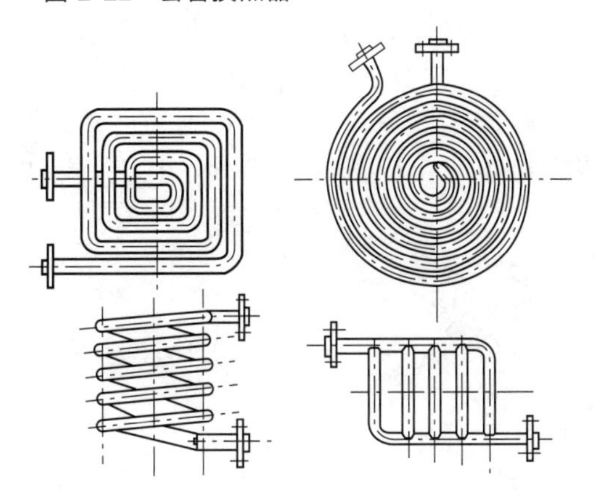
图2-23 沉浸式蛇管换热器的蛇管形状

② 喷淋式蛇管换热器。如图2-24所示，各排蛇管均垂直地固定在支架上，蛇管的排数根据所需传热面积的多少而定。常用于用冷却水冷却管内热流体。热流体自下部总管流入各排蛇管，从上部流出再汇入总管。冷却水由蛇管上方的喷淋装置均匀地喷洒在各排蛇管上，并沿着管外表面淋下。该装置通常置于室外通风处，冷却水在空气中汽化时，可以带走部分热量，以提高冷却效果。与沉浸式蛇管换热器相比，喷淋式蛇管换热器具有检修清洗方便、传热效果好等优点。其缺点是体积庞大，占地面积多；冷却水耗用量较大，喷淋不均匀等。

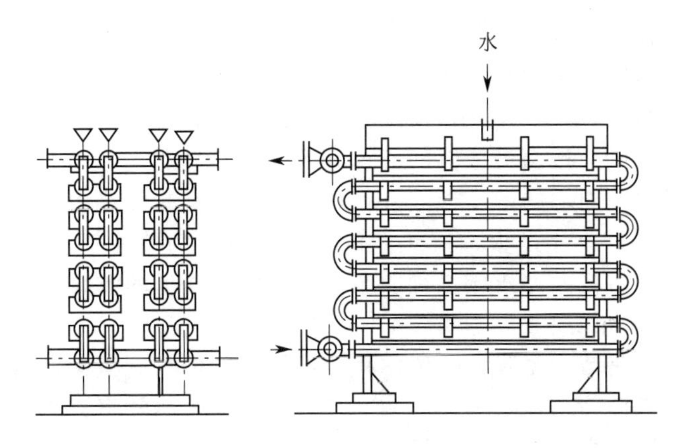

图2-24 喷淋式蛇管换热器

（4）翅片管换热器 翅片管换热器又称管翅式换热器，其结构特点是在换热管的外表面或内表面或同时装有许多翅片，常用翅片有纵向和横向两类，如图 2-25 所示。

在加热或冷却气体时，因气体的对流传热系数较小，传热热阻常常集中在气体一侧。此时，在气体一侧设置翅片，既可增大传热面积，又可增加气体的湍动程度，有利于提高气体侧的传热速率。通常，当两侧对流传热系数之比超过 3∶1 时，宜采用翅片换热器。工业上常用翅片换热器作为空气冷却器，用空气代替水，不仅可在缺水地区使用，即使在水源充足的地方也较经济。冰箱空调系统中的散热器就是典型的翅片式空冷器。

2.4.2.2　板式换热器

（1）夹套换热器　如图 2-26 所示，它由一个装在容器外部的夹套构成，容器内的物料和夹套内的加热剂或冷却剂隔着器壁进行换热，换热器的传热面是器壁。其优点是结构简单、容易制造、可与反应器或容器构成一个整体。其缺点是传热面积小、器内流体处于自然对流状态、传热效率低、夹套内部清洗困难。夹套内的加热剂和冷却剂一般只能使用不易结垢的水蒸气、冷却水和氨等。夹套内通蒸气时，应从上部进入，冷凝水从底部排出；夹套内通液体载热体时，应从底部进入，从上部流出。生产中多数釜式反应器都是带夹套的。

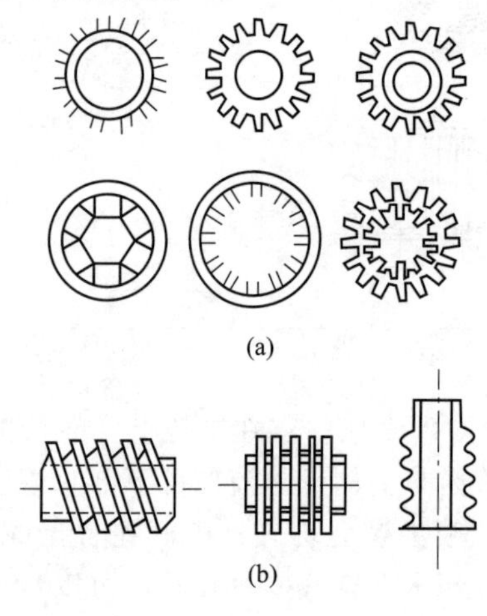

图 2-25　常见翅片形式

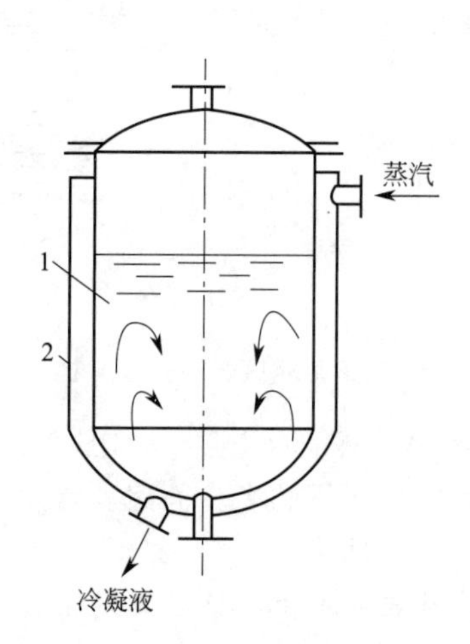

图 2-26　夹套换热器

（2）平板式换热器　简称板式换热器，其结构如图 2-27 所示。它是由若干块长方形薄金属板叠加排列，夹紧组装于支架上构成。两相邻板的边缘衬有垫片，压紧后板间形成流体通道。每块板的四个角上各开一个孔，借助于垫片的配合，使两个对角方向的孔与板面一侧的流道相通，另两个孔则与板面另一侧的流道相通，使两流体分别在同一块板的两侧流过，通过板面进行换热。除了两端的两个板面外，每一块板面都是传热面，可根据所需传热面积的变化，增减板的数量。板片是板式换热器的核心部件。为使流体均匀流动，增大传热面积，促使流体湍动，常将板面冲压成各种凹凸的波纹状，常见的波纹形状有水平波纹、人字形波纹和圆弧形波纹等，如图 2-28 所示。

板式换热器的优点是结构紧凑，单位体积设备提供的传热面积大；组装灵活，可随时增减板数；板面波纹使流体湍动程度增强，从而具有较高的传热效率；装拆方便，有利于清洗和维修。其缺点是处理量小；受垫片材料性能的限制，操作压力和温度不能过高。此类换热器适用于需要经常清洗、工作环境要求十分紧凑，操作压力在 2.5MPa 以下，温度在 −35～200℃的场合。

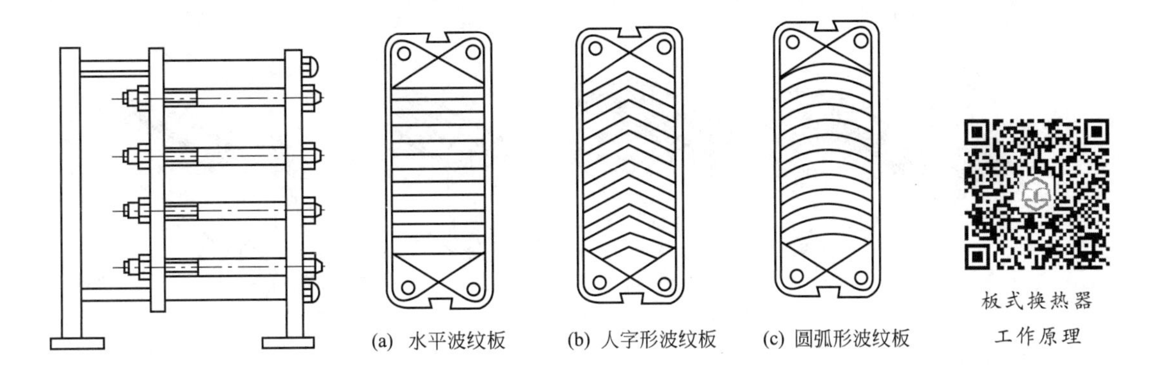

图 2-27　平板式换热器　　图 2-28　板式换热器的板片

（3）螺旋板式换热器　螺旋板式换热器的结构如图 2-29 所示。它是由焊在中心隔板上的两块金属薄板卷制而成，两薄板之间形成螺旋形通道，两板之间焊有一定数量的定距撑以维持通道间距，两端用盖板焊死。两流体分别在两通道内流动，隔着薄板进行换热。其中一种流体由外层的一个通道流入，顺着螺旋通道流向中心，最后由中心的接管流出；另一种流体则由中心的另一个通道流入，沿螺旋通道反方向向外流动，最后由外层接管流出。两流体在换热器内作逆流流动。

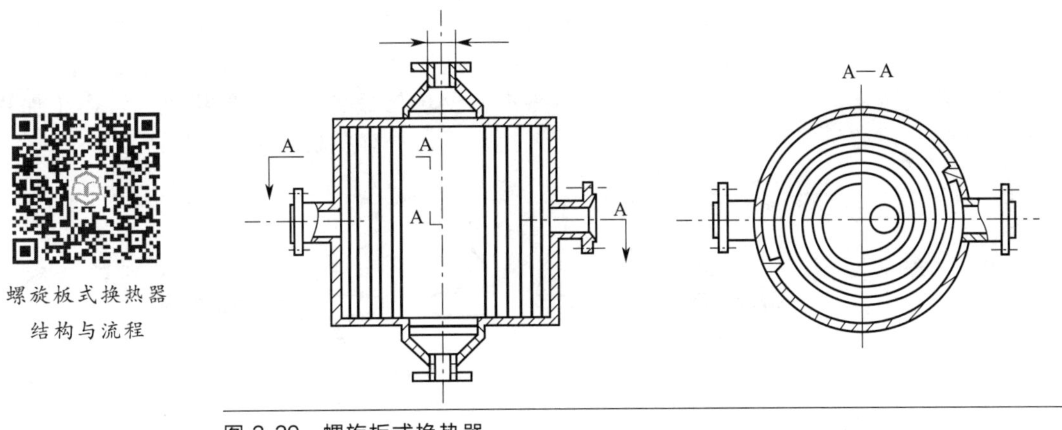

图 2-29　螺旋板式换热器

螺旋板式换热器的优点是结构紧凑；单位体积设备提供的传热面积大，约为列管换热器的 3 倍；流体在换热器内作严格的逆流流动，可在较小的温差下操作，能充分利用低温能源；由于流向不断改变，且允许选用较高流速，故传热系数大，约为列管换热器的 1～2 倍；又由于流速较高，同时有惯性离心力的作用，污垢不易沉积。其缺点是制造和检修都比较困难；流动阻力大，在同样物料和流速下，其流动阻力约为直管的 3～4 倍；操作压强和温度不能太高，通常，压强在 2MPa 以下，温度小于 400℃。

（4）板翅式换热器　板翅式换热器为单元体叠加结构，其基本单元体由翅片、隔板及封条组成，如图 2-30(a) 所示。翅片上下放置隔板，两侧边缘由封条密封，并用钎焊焊牢，即构成一个翅片单元体。将一定数量的单元体组合起来，并进行适当排列，然后焊在带有进出口的集流箱上，便可构成具有逆流、错流或错逆流等多种形式的换热器，如图 2-30(b)、图

2-30(c)、图 2-30(d) 所示。

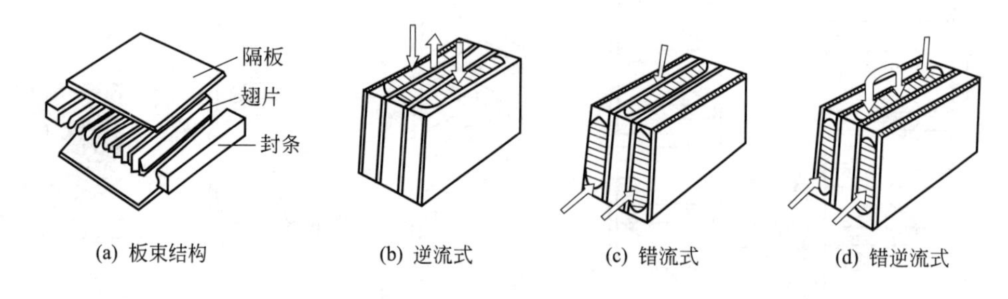

(a) 板束结构　(b) 逆流式　(c) 错流式　(d) 错逆流式

图 2-30　板翅式换热器

板翅式换热器的优点是结构紧凑，单位体积设备具有的传热面积大；一般用铝合金制造，轻巧牢固；翅片促进流体湍动，其传热系数很高；铝合金材料在低温和超低温下仍具有较好的导热性和抗拉强度，故可在－273～200℃范围内使用；同时因翅片对隔板有支撑作用，其允许操作压力也较高，可达 5MPa。其缺点是易堵塞，流动阻力大；清洗检修困难。故要求介质洁净，同时对铝不腐蚀。

板翅式换热器因其轻巧、传热效率高等许多优点，其应用领域已从航空、航天、电子等少数部门逐渐发展到石油化工、天然气液化、气体分离等更多的工业部门。

(5) 热板式换热器　是一种新型高效换热器，其基本单元为热板，热板结构如图 2-31 所示。它是将两层或多层金属平板点焊或滚焊成各种图形，并将边缘焊接密封成一体。平板之间在高压下充气形成空间，得到最佳流动状态的流道形式。各层金属板的厚度可以相等，也可以不相等，板数可以为双层，也可以为多层，这样就构成了多种热板传热表面形式。热板式换热器具有流动阻力小，传热效率高，根据需要可做成各种形状等优点，可用于加热、保温、干燥、冷凝等多种场合。作为一种新型换热器，具有广阔的应用前景。

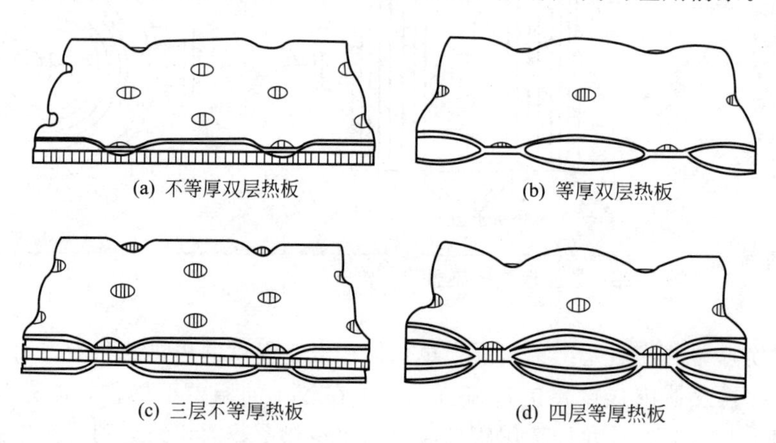
(a) 不等厚双层热板　(b) 等厚双层热板
(c) 三层不等厚热板　(d) 四层等厚热板

图 2-31　热板式换热器的热板传热表面形式

2.4.2.3　热管换热器

是用一种称为热管的新型换热元件组合而成的换热装置。热管的种类很多，但其基本结构和工作原理基本相同。以吸液芯热管为例，如图 2-32 所示，在一根密闭的金属管内充以适量的工作液，紧靠管子内壁处装有金属丝网或纤维等多孔物质，称为吸液芯。全管沿轴向分成三段：蒸发段（又称热端）、绝热段（又称蒸气输送段）和冷凝段（又称冷端）。当热流体从管外流过时，热量通过管壁传给工作液，使其汽化，蒸气沿管子的轴向流动，在冷端向冷流体放出潜热而凝结，冷凝液在吸液芯内流回热端，再从热流体处吸收热量而汽化。如此反复循环，热量便不断地从热流体传给冷流体。

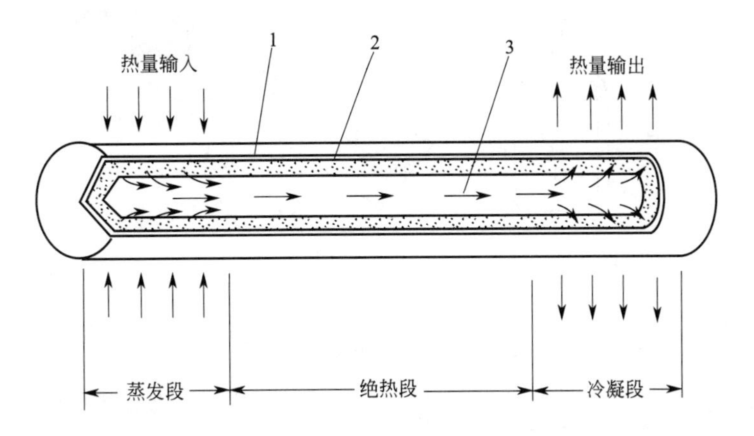

图 2-32 热管结构示意图

1—壳体；2—吸液芯；3—工作介质蒸气

热管按冷凝液循环方式分为吸液芯热管、重力热管和离心热管三种。吸液芯热管的冷凝液依靠毛细管力回到热端；重力热管的冷凝液是靠重力流回热端；离心热管的冷凝液则依靠离心力流回热端。

热管按工作液的工作温度范围分为四种：深冷热管，在 200K 以下工作，工作液有氮、氢、氖、氧、甲烷、乙烷等；低温热管，在 200～550K 范围内工作，工作液有氟利昂、氨、丙酮、乙醇、水等；中温热管，在 550～750K 范围内工作，工作液有导热姆 A、银、铯、水、钾钠混合液等；高温热管，在 750K 以上范围内工作，工作液有钾、钠、锂、银等。

目前使用的热管换热器多为箱式结构，如图 2-33 所示。把一组热管组合成一个箱形，中间用隔板分为热、冷两个流体通道，一般，热管外壁上装有翅片，以强化传热效果。

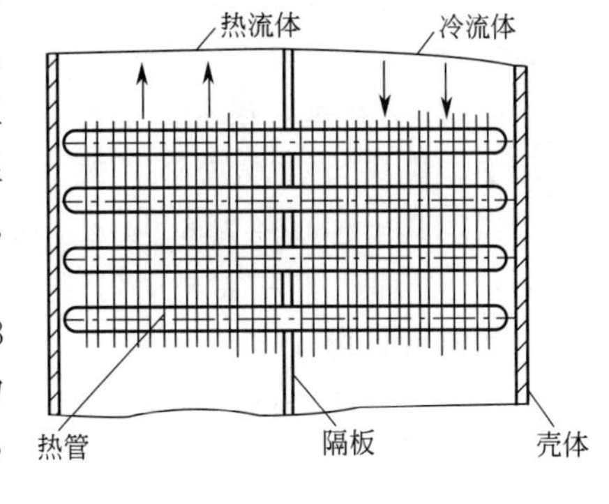

图 2-33 热管换热器

热管换热器的传热特点是热量传递按汽化、蒸气流动和冷凝三步进行，由于汽化和冷凝的对流强度都很大，蒸气的流动阻力又较小，因此热管的传热热阻很小，即使在两端温度差很小的情况下，也能传递很大的热流量。因此，它特别适用于低温差传热的场合。热管换热器具有传热能力大、结构简单、工作可靠等优点，展现出很广阔的应用前景。图 2-34 为热管换热器的两个应用实例。

2.4.3 列管换热器的选型原则

2.4.3.1 列管换热器的系列标准

在我国，列管换热器已经系列化和标准化，介绍如下。

(1) 基本参数 列管换热器的基本参数主要有：①公称换热面积 S_N；②公称直径 DN；

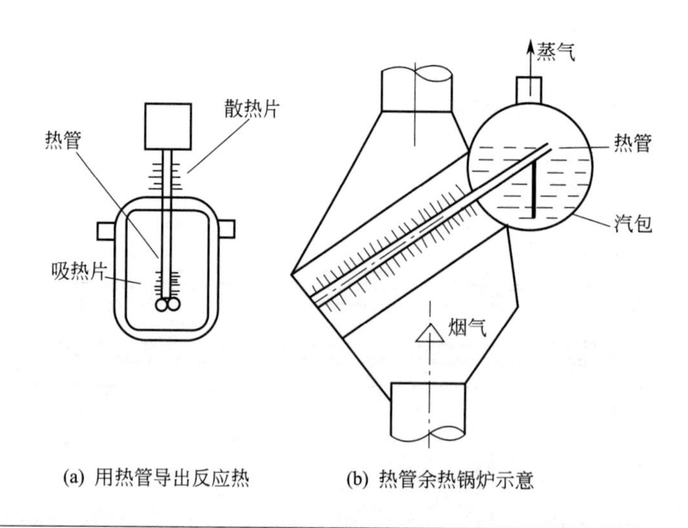

图 2-34　热管换热器应用实例

③公称压力 PN；④换热管规格；⑤换热管长度 L；⑥管子数量 n；⑦管程数 N_p 等。

（2）型号表示方法　列管换热器的型号由五部分组成，即

$$\underset{1}{\underline{X}}\quad \underset{2}{\underline{XXXX}}\quad \underset{3}{\underline{X}}\quad \underset{4}{\underline{-XX}}\quad \underset{5}{\underline{-XXX}}$$

1——换热器代号，如 G 表示固定管板式，F 表示浮头式等；

2——公称直径 DN；

3——管程数 N_p，常见有Ⅰ、Ⅱ、Ⅳ和Ⅵ程；

4——公称压力 PN；

5——公称换热面积 S_N，m^2。

例如，规格为 G600Ⅱ-1.6-55 的列管换热器表示的涵义是：该换热器为固定管板式双管程换热器，其公称直径为 600mm、公称压力为 1.6MPa、公称换热面积为 $55m^2$。

通常，工业生产中需要用列管换热器换热时，只需大系列标准中选型即可，只在一些特殊情况下才自行设计。

2.4.3.2　选用或设计时应考虑的问题

（1）流径的选择　综合各种因素，确定冷热流体经过管程还是壳程。下面以固定管板式换热器为例，介绍一些选择路径的原则。

① 不洁净或易结垢的流体走管程，因为管程清洗较方便。

② 腐蚀性流体走管程，以免管子和壳体同时被腐蚀，而管子便于维修和更换。

③ 压力高的流体走管程，以免壳体受压，可节省壳体金属消耗量。

④ 被冷却的流体走壳程，便于散热，增强冷却效果。

⑤ 饱和蒸汽走壳程，便于及时排除冷凝水，且蒸气较洁净，一般不需清洗。

⑥ 有毒流体走管程，以减少泄漏量。

⑦ 黏度大的液体或流量小的流体走壳程，因流体在有折流挡板的壳程中流动，流速与流向不断改变，在低 Re（$Re>100$）的情况下即可达到湍流，以提高传热效果。

⑧ 若两流体温差较大，对流传热系数较大的流体走壳程，因壁温接近于 α 较大的流体，以减小管子与壳体的温差，从而减小温差应力。

在选择流径时，上述原则往往不能同时兼顾，应视具体情况抓住主要矛盾。一般首先考虑操作压强、防腐及清洗等方面的要求。

（2）流速的选择　流体在换热器内的流速对传热系数、流动阻力以及换热器的结构等方面均有一定影响。增大流速，将增大对流传热系数，减小污垢形成的机会，使总传热系数增加；但同时使流动阻力增大，动力消耗增加；随着流速的增大，管子数目将减小，对一定传热面积，要么增加管长，要么增加程数，但管子太长不利于清洗，单程变多程不仅使结构变得复杂，而且使平均温度差下降。因此，流速的选择，既要考虑传热速率，又要考虑经济性，还要考虑结构、操作、清洗等其他方面的要求，通常根据经验选取适宜流速。由于湍流比层流传热效果好，所以尽可能不选择层流换热。表2-8～表2-10列举了换热器内常用流速范围，供设计时参考。

表2-8　列管换热器中常用的流速范围

流体的种类		一般流体	易结垢液体	气体
流速/(m/s)	管程	0.5～3	＞1	5～30
	壳程	0.2～1.5	＞0.5	3～15

表2-9　列管换热器中不同黏度液体的常用流速

液体黏度/mPa·s	＜1	1～35	35～100	100～500	500～1500	＞1500
最大流速/(m/s)	2.4	1.8	1.5	1.1	0.75	0.6

表2-10　换热器中易燃、易爆液体的安全允许流速

液体名称	乙醚、二硫化碳、苯	甲醇、乙醇、汽油	丙酮
安全允许流速/(m/s)	＜1	＜2～3	＜10

（3）冷却剂（或加热剂）终温的选择　通常待加热或冷却的流体的进出换热器的温度由工艺条件决定，加热剂或冷却剂一旦选定，其进口温度也是确定的，而出口温度则由设计者确定。例如，用冷却水冷却某种热流体，冷却水的进口温度可根据当地的气候条件作出估计，而其出口温度则要通过经济核算来确定。冷却水的出口温度取高些，可使用水量减小，动力消耗降低，但传热面积增加；反之，出口温度取低些，可使传热面积减小，但会使用水量增加。一般来说，冷却水的进出口温度差可取5～10℃。缺水地区可选用较大温差，水源丰富地区可取较小温差。若使用软水冷却，则可以取更高的温度差。若用加热剂加热冷流体，可按同样的原则确定加热剂的出口温度。

（4）管子的规格与管间距的选择　管子的规格包括管径和管长。列管换热器标准系列中只采用ϕ25mm×2.5mm（或25mm×2mm）、ϕ19mm×2mm两种规格的管子。对于洁净的流体，可选择小管径，对于不洁净或易结垢的流体，可选择大管径。管长的选择是以清洗方便及合理用材为原则。长管不便于清洗，且易弯曲。市售标准钢管长度为6m，标准系列中换热器管长为1.5m、2m、3m和6m，其中以3m和6m更为常用。此外管长和壳径的比例一般应在4～6之间。

管间距是指相邻两根管子的中心距，用a表示。管间距小，有利于提高传热系数，且设备紧凑。但受制造上的限制，一般要求相邻两管外壁的距离不小于6mm。对于不同的管子和管板的连接方法，管间距不同，比如，采用焊接法，取$a=1.25d_0$；采用胀接法，取$a=(1.3\sim1.5)d_0$。

(5) 管程数与壳程数的确定　当换热器的换热面积较大而管子又不能很长时，就得排列较多的管子，为了提高流体在管内的流速，需要将管束分程。但是程数过多，会使管程流动阻力加大，动力消耗增加，同时多程会使平均温度差下降，设计时应权衡考虑。列管换热器标准系列中管程数有1、2、4、6四种。采用多程时，通常应使各程的管子数相等。

管程数 N_p 可按下式计算，即

$$N_p=\frac{u}{u'} \tag{2-38}$$

式中　u——管程内流体的适宜流速，m/s；

u'——单管程时流体的实际流速，m/s。

当流向校正系数 $\varphi_{\Delta t}<0.8$ 时，应采用多壳程。但如前面所述，壳体内设置纵向隔板在制造、安装和检修上均有困难，故通常是将几个换热器串联，以代替多壳程。例如，当需要采用二壳程时，可将总管数等分为两部分，分别装在两个外壳中，然后将这两个换热器串联使用。

(6) 折流挡板的选用　在垂直管束的方向上设置若干块挡板，并用一定数量的拉杆和定距杆固定。安装折流挡板的目的在于增加速度和改变流向，使其湍动程度加剧，提高壳程流体的对流传热系数。如图2-35所示，常用折流挡板形式有弓形（或称圆缺形）、盘环形等，其中以弓形挡板应用最多。挡板的形状和间距对流体的流动和传热有着重要影响。弓形挡板的弓形缺口过大或过小都不利于传热，往往还会增加流动阻力。通常切去的弓形高度为壳体内径的10%～40%，常用的为20%和25%两种。挡板应按等间距布置，其最小间距应不小于壳体内径的1/5，且不小于50mm；最大间距应不大于壳体内径。间距过小，会使流动阻力增大；间距过大，会使传热系数下降。在标准系列中，固定管板式的间距有150mm、300mm、600mm三种；浮头式换热器有150mm、200mm、300mm、480mm、600mm五种。必须注意，当壳程流体发生相变时，不宜设置折流挡板。

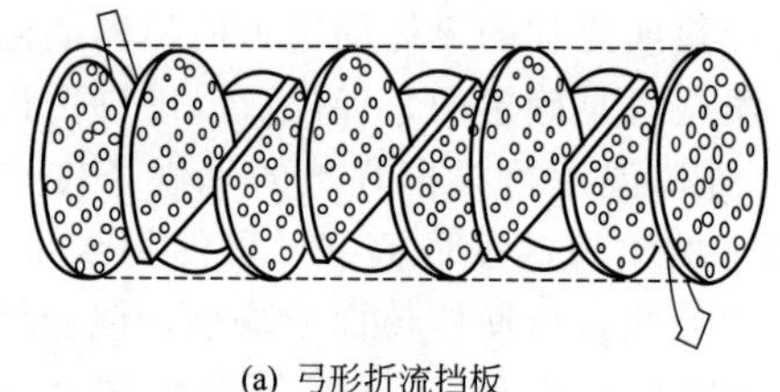

(a) 弓形折流挡板

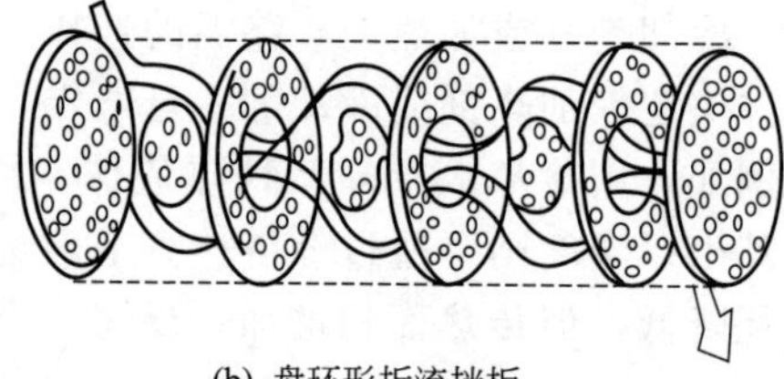

(b) 盘环形折流挡板

图2-35　常用折流挡板形式

(7) 外壳直径的确定　对于非标准系列的换热器的设计，需要设计者确定壳体的直径。读者可参阅有关专业书籍。

(8) 流体通过换热器的流动阻力（压降）的计算　流体通过换热器时，因克服摩擦力而产生流体阻力，为了维持换热器的良好性能，流体阻力（通常用压降表示）应满足规定的要求。管程和壳程的压降应分别计算、分别与规定值比较。

① 管程流动阻力的计算　流体通过管程阻力包括各程的直管阻力、回弯阻力以及换热器进、出口阻力等。通常，进、出口阻力较小，可以忽略不计。管程阻力可按下式进行计算。

$$\sum\Delta p_i=(\Delta p_1+\Delta p_2)F_tN_sN_p \tag{2-39}$$

式中　Δp_1——因直管阻力引起的压降，Pa；

Δp_2——因回弯阻力引起的压降，Pa；

F_t——结垢校正系数，对 $\phi 25mm \times 2.5mm$ 管子，$F_t=1.4$；对 $\phi 19mm \times 2mm$ 对管子，$F_t=1.5$；

N_s——串联的壳程数；

N_p——管程数。

式(2-39) 中的 Δp_1 可按直管阻力计算式进行计算；Δp_2 由下面经验式估算，即

$$\Delta p_2=3\left(\frac{\rho u_i^2}{2}\right) \tag{2-40}$$

② 壳程阻力的计算。壳程流体的流动状况较管程更为复杂，计算壳程阻力的公式很多，不同公式计算的结果差别较大。下面介绍较为通用的埃索公式，即：

$$\sum \Delta p_0= (\Delta p_1'+\Delta p_2') F_s N_s \tag{2-41}$$

其中

$$\Delta p_1'=F f_0 n_c (N_B+1)\frac{\rho u_0^2}{2} \tag{2-42}$$

$$\Delta p_2'=N_B\left(3.5-\frac{2h}{D}\right)\frac{\rho u_0^2}{2} \tag{2-43}$$

式中 $\Delta p_1'$——流体横过管束的压降，Pa；

$\Delta p_2'$——流体流过折流挡板缺口的压降，Pa；

F_s——壳程结垢校正系数，对液体 $F_s=1.15$；对气体或蒸气 $F_s=1$；

F——管子排列方式对压降的校正系数，对正三角形排列 $F=0.5$；正方形斜转 45° 排列 $F=0.4$；正方形直列 $F=0.3$；

f_0——流体的摩擦系数，当 $Re_0>500$ 时，$f_0=5.0Re_0^{-0.228}$，其中 $Re_0=d_0u_0\rho/\mu$；

N_B——折流挡板数；

h——折流挡板间距，m；

n_c——通过管束中心线上的管子数；

u_0——按壳程最大流通面积 A_0 计算的流速，m/s，$A_0=h(D-n_cd_0)$。

2.4.3.3 选型（设计）的一般步骤

① 确定基本数据。需要确定或查取的基本数据包括两流体的流量、进出口温度、定性温度下的有关物性、操作压强等。

② 确定流体在换热器内的流动途径。

③ 确定并计算热负荷。

④ 先按单壳程偶数管程计算平均温度差，根据温度差校正系数不小于 0.8 的原则，确定壳程数或调整冷却剂（或加热剂）的出口温度。

⑤ 根据两流体的温度差和设计要求，确定换热器的形式。

⑥ 选取总传热系数，根据传热基本方程初算传热面积，以此选定换热器的型号或确定换热器的基本尺寸，并确定其实际换热面积 S_p，计算在 S_p 下所需的传热系数 K_p。

⑦ 计算压降。根据初定设备的情况，检查计算结果是否合理或满足工艺要求。若压降不符合要求，则需要重新调整管程数和折流板间距，或选择其他型号的换热器，直至压降满足要求。

⑧ 核算总传热系数。计算管、壳程的对流传热系数，确定污垢热阻，再计算总传热系数 K，由传热基本方程求出所需传热面积 S，再与换热器的实际换热面积 S_p 比较，若 S_p/S

在 1.1～1.25 之间（也可用 K/K_{p}），则认为合理，否则需另选 K，重复上述计算步骤，直至符合要求。

2.4.4　换热器的操作与保养

正确操作和维护换热器是保证换热器长久正常运转，提高其生产效率的关键。

2.4.4.1　换热器的基本操作

（1）换热器的正确使用

① 投产前应检查压力表、温度计、液位计以及有关阀门是否齐全好用。

② 输进蒸气前先打开冷凝水排放阀门，排除积水和污垢；打开放空阀，排除空气和其他不凝性气体。

③ 换热器投产时，要先通入冷流体，缓慢或数次通入热流体，做到先预热后加热，切忌骤冷骤热，以免换热器受到损坏，影响其使用寿命。

④ 进入换热器的冷热流体如果含有大颗粒固体杂质和纤维质，一定要提前过滤和清除（特别是对板式换热器），防止堵塞通道。

⑤ 经常检查两种流体的进出口温度和压力，发现温度、压力超出正常范围或有超出正常范围的趋势时，要立即查出原因，采取措施，使之恢复正常。

⑥ 定期分析流体的成分，以确定有无内漏，以便及时采取措施：对列管换热器，进行堵管或换管；对板式换热器，修补或更换板片。

⑦ 定期检查换热器有无渗漏、外壳有无变形以及有无振动，若有应及时处理。

⑧ 定期排放不凝性气体和冷凝液，定期进行清洗。

（2）具体操作要点　由于载热体不同，换热目的不同，换热器的操作要点也有所不同，下面分别予以介绍。

① 蒸汽加热。蒸汽加热必须不断排除冷凝水和不凝性气体，否则冷凝水积于换热器中，部分或全部占据传热面，变成了实质的热水加热，传热速率下降；不凝性气体的存在使蒸汽冷凝的给热系数大大降低。

② 热水加热。也须定期排放不凝性气体，才能保证正常操作。相对而言，热水加热，一般温度不高，加热速率慢，操作稳定。

③ 烟道气加热。烟道气的温度较高，且温度不易调节，一般用于生产蒸汽或汽化液体，在操作过程中，必须时时注意被加热物料的液位、流量和蒸汽产量，还必须做到定期排污。

④ 导热油加热。导热油黏度较大、热稳定性差、易燃、温度调节困难，但加热温度高（可达 400℃）。操作时必须严格控制进出口温度，定期检查进出管口及介质流道是否结垢，做到定期排污，定期放空，过滤或更换导热油。

⑤ 水和空气冷却。操作时注意根据季节变化调节水和空气的用量，用水冷却时，还要注意定期清洗，操作时要考虑到自然条件的变化对操作的影响。

⑥ 冷冻盐水冷却。其特点是温度低、腐蚀性较大，在操作时应严格控制进出口温度，防止结晶堵塞介质通道，要定期放空和排污。

⑦ 冷凝。冷凝操作需要注意的是，定期排放蒸汽侧的不凝性气体，特别是减压条件下不凝性气体的排放。

2.4.4.2　换热器的维护和保养

不同类型换热器的维护保养是不同的，下面以列管式和板式为例说明。

（1）列管换热器的维护和保养

① 保持设备外部整洁、保温层和油漆完好。

② 保持压力表、温度计、安全阀和液位计等仪表和附件的齐全、灵敏和准确。

③ 发现阀门和法兰连接处渗漏时，应及时处理。

④ 开停换热器时，阀门启闭不可太快，否则容易造成管子和壳体受到冲击以及局部骤然胀缩，产生热应力，使局部焊缝开裂或管子连接口松弛。

⑤ 尽可能减少换热器的开停次数，停止使用时，应将换热器内的液体清洗放净，防止冻裂和腐蚀。

⑥ 定期测量换热器的壳体厚度，一般两年一次。

⑦ 出现故障及时处理。列管换热器的常见故障及其处理方法见表2-11，这些故障50%以上是由于管子引起的，主要措施是更换管子、堵塞管子和对管子进行补胀（或补焊）。

当管子出现渗漏时，就必须更换管子。对胀接管，须先钻孔，除掉胀管头，拔出坏管，然后换上新管进行胀接，最好对周围不需更换的管子也能稍稍胀一下。注意换下坏管时，不能碰伤管板的管孔，同时在胀接新管时，要清除管孔的残留异物，否则可能产生渗漏；对焊接管，须用专用工具将焊缝进行清除，拔出坏管，换上新管进行焊接。

表2-11 列管换热器的常见故障与处理方法

故障	产生原因	处理方法
传热效率下降	列管结垢	清洗管子
	壳体内不凝气或冷凝液增多	排放不凝气和冷凝液
	列管、管路或阀门堵塞	检查清理
振动	壳程介质流动过快	调节流量
	管路振动所致	加固管路
	管束与折流板的结构不合理	改进设计
	机座刚度不够	加固机座
管板与壳体连接处开裂	焊接质量不好	清除补焊
	外壳歪斜，连接管线拉力或推力过大	重新调整找正
	腐蚀严重，外壳壁厚减薄	鉴定后修补
管束、胀口渗漏	管子被折流板磨破	堵管或换管
	壳体和管束温差过大	补胀或焊接
	管口腐蚀或胀（焊）接质量差	换管或补胀（焊）

更换管子的工作是比较麻烦的，因此当只有个别管子损坏时，可用管堵将管子两端堵死，管堵材料的硬度不能高于管子的硬度，堵死的管子的数量不能超过换热器该管程总管数的10%。

管子胀口或焊口处发生渗漏时，有时不需换管，只需进行补胀或补焊，补胀时，应考虑到胀管应力对周围管子的影响，所以对周围管子也要轻轻胀一下；补焊时，一般需先清除焊缝再重新焊接，需要应急时，也可直接对渗漏处进行补焊，但只适用于低压设备。

（2）板式换热器的维护和保养

① 保持设备整洁、油漆完好，紧固螺栓的螺纹部分应吐防锈油并加外罩，防止生锈和黏结灰尘。

② 保持压力表、温度计灵敏、准确，阀门和法兰无渗漏。

③ 定期清理和切换过滤器，预防换热器堵塞。

④ 组装板式换热器时，螺栓的拧紧要对称进行，松紧适宜。

板式换热器的主要故障和处理方法见表 2-12。

表 2-12　板式换热器常见故障和处理方法

故　障	产　生　原　因	处　理　方　法
密封处渗漏	胶垫未放正或扭曲	重新组装
	螺栓紧固力不均匀或紧固不够	调整螺栓紧固度
	胶垫老化或有损伤	更换新垫
内部介质渗漏	板片有裂缝	检查更新
	进出口胶垫不严密	检查修理
	侧面压板腐蚀	补焊、加工
传热效率下降	板片结垢严重	解体清理
	过滤器或管路堵塞	清理

（3）换热器的清洗　随着换热器运行时间的延长，传热面上产生的污垢会越积越多，从而使传热系数大大降低而影响传热效率，必须定期对换热器进行清洗，而且，由于垢层越厚清洗越困难，所以清洗间隔时间不宜过长。

清洗方法分为化学清洗、机械清洗和高压水清洗三种方法，使用哪种方法主要看换热器类型和污垢的类型。化学清洗主要用于结构较复杂的场合，如列管换热器管间、U 形管内的清洗。由于清洗剂一般呈酸性，对设备多少会有一些腐蚀。机械清洗常用于坚硬的垢层、结焦或其他沉积物，但只能清洗清洗工具能够到达之处，如列管换热器的管内（卸下封头），喷淋式蛇管换热器的外壁、板式换热器（拆开后），常用的清洗工具有刮刀、竹板、钢丝刷、尼龙刷等。高压水进行清洗用于垢层不牢的情况。

① 化学清洗（酸洗法）。酸洗法常用盐酸配制酸洗溶液，由于酸能腐蚀钢铁基体，因此在酸洗溶液中需加入一定数量的缓蚀剂，以抑制对基体的腐蚀（酸洗溶液的配制方法参阅有关资料）。

清洗方法分重力法和强制循环法，前者借助于重力，将酸洗溶液缓慢注入设备，直至灌满，具有简单、耗能少，但效果差、时间长的特点。后者依靠酸泵使酸洗溶液通过换热器并不断循环，具有清洗效果好、时间短的特点，但需要酸泵，清洗较复杂。

进行酸洗时，要控制好酸洗溶液的成分和酸洗的时间，原则上既要保证清洗效果又尽量减少对设备的腐蚀；不允许有渗漏点，否则应采取措施消除；在配制酸洗溶液和酸洗过程中，要注意安全，须穿戴口罩、防护服、橡胶手套，并防止酸液溅入眼中。

② 机械清洗。对列管换热器管内的清洗，通常用钢丝刷，具体做法是用一根圆棒或圆管，一端焊上与列管内径相同的圆形钢丝刷，清洗时，一边旋转一边推进。通常用圆管比用圆棒要好，因为圆管向前推进时，清洗下来的污垢可以从圆管中退出。注意，对不锈钢管不能用钢丝刷而要用尼龙刷，对板式换热器也只能用竹板或尼龙刷，切忌用刮刀和钢丝刷。

③ 高压水清洗。采用高压泵喷出高压水进行清洗，既能清洗机械清洗不能到达的地方，又避免了化学清洗带来的腐蚀，因此也不失为一种好的清洗方法。这种方法适用于清洗列管换热器的管间，也可用于清洗板式换热器。冲洗板式换热器中的板片时，注意将板片垫平，以防变形。

思考题

1. 联系实际说明传热在化工生产中的应用。

2. 传热与换热有什么异同？

3. 由不同材质组成的两层等厚平壁，联合导热，温度变化如思考题3附图所示。试判断它们的热导率的大小，并说明理由。

4. 分析保温瓶的保温原理，从传热的角度看，保温瓶需要除垢吗？

5. 强化对流传热有哪些途径？

6. 工业生产中，为什么在加热炉周围要设置屏障？

7. 传热时如何选择流向才是合理的？

8. 冬季有风的日子里，为什么人们觉得更冷？

9. 如何提高工业换热器的传热速率？

10. 为什么生产中用的隔热材料必须采用防潮措施？

11. 水蒸气加热的特点与需要注意的问题是什么？

12. 换热管漏了，如何解决？

13. 换热器投产时，为什么热流体必须少量多次进入换热器？

14. 换热器在冬季与夏季操作有什么不同？

t_1 t_2 t_3

思考题3附图

习　题

1. 有一钢质平底反应器，其壁厚为10mm，底面积为2m²，内外表面温度分别为110℃和100℃，求每秒从反应器底部散失于外界的热量为多少？

2. 某平壁工业炉的耐火砖厚度为0.213m，炉墙热导率$\lambda=1.038$W/(m·K)。其外用热导率为0.07W/(m·K)的绝热材料保温。炉内壁温度为980℃，绝热层外壁温度为38℃，如允许最大热损失量为950W/m。求：

(1) 绝热层的厚度；

(2) 耐火砖与绝热层的分界处温度。

3. 200kPa的饱和蒸汽从ϕ108mm×4mm的管道中经过，已知其外壁温度为110℃，内壁温度以蒸汽温度计。试求每米管长的导热量。

4. 用外径75mm、内径55mm的金属管输送某一流体，此时金属管内壁温度为120℃，外壁温度为115℃，每米管长的散热速率为4545W/m，求该管材的热导率。

5. 求下列情况下载热体的传热量：

(1) 2500kg/h的硝基苯从80℃冷却到20℃；

(2) 100kg/h，400kPa的饱和蒸汽冷凝后又冷却至60℃。

6. 在换热器中，欲将2000kg/h的乙烯气体从100℃冷却至50℃，冷却水进口温度为30℃，进出口温度差控制在8℃以内，试求该过程冷却水的消耗量。

7. 在一精馏塔的塔顶冷凝器中，用30℃的冷却水将100kg/h的乙醇-水蒸气（饱和状态）冷凝成饱和液体，其中，乙醇含量为92%（质量分数），水为8%，冷却水的出口温度为40℃，试求该过程的冷却水消耗量。

8. 用一列管换热器来加热某溶液，加热剂为热水。拟定水走管程，溶液走壳程。已知溶液的平均比热容为3.05kJ/(kg·K)，进出口温度分别为35℃和60℃，其流量为600kg/h；水的进出口温度分别为 90℃和 70℃。若热损为热流体放出热量的 5%，试求热水的消耗量和该换热器的热负荷。

9. 在一釜式列管换热器中，用 280kPa 的饱和水蒸气加热并汽化某液体（水蒸气仅放出冷凝潜热）。液体的比热容为 4.0kJ/(kg·K)，进口温度为 50℃，其沸点为 88℃，汽化潜热为 2200kJ/kg，液体的流量为 1000kg/h。忽略热损，求加热蒸汽消耗量。

10. 在一列管换热器中，两流体呈并流流动，热流体进出口温度为 130℃和 65℃，冷流体进出口温度为 32℃和 48℃，求换热器的平均温度差。若将两流体改为逆流，维持两流体的流量和进口温度不变，求此时换热器的平均温度差及两流体的出口温度。

11. 用一单壳程四管程的列管换热器来加热某溶液，使其从 30℃加热至 50℃，加热剂则从 120℃下降至 45℃，试求换热器的平均温度差。

12. 接触法硫酸生产中用氧化后的高温 SO_3 混合气（走管程）预热原料气（SO_2 及空气混合物），已知：列管换热器的传热面积为 $90m^2$，原料气进口温度为 300℃，出口温度为 430℃，SO_3 混合气进口温度为 560℃，两种流体的流量均为 10000kg/h，热损失为原料气所得热量的 6%，设两种气体的比热容均可取为 1.05kJ/(kg·K)，且两流体可近似作为逆流处理，求：

（1）SO_3 混合气的出口温度；

（2）传热系数。

13. 水在一圆形直管内呈强制湍流时，若流量及物性均不变。现将管内径减半，则管内对流传热系数为原来的多少倍？

14. 在某列管换热器中，管子为 ϕ25mm×2.5mm 的钢管，管内外流体的对流传热系数分别为 200W/(m^2·K) 和 2500W/(m^2·K)，不计污垢热阻，试求：

（1）此时的传热系数；

（2）将 α_i 提高一倍时（其他条件不变）的传热系数；

（3）将 α_o 提高一倍时（其他条件不变）的传热系数。

15. 在上题中，换热器使用一段时间后，产生了污垢，两侧污垢热阻均为 $1.72\times10^{-3}m^2$·K/W，若仍维持对流传热系数为 200W/(m^2·K) 和 2500W/(m^2·K) 不变，试求传热系数下降的百分数。

16. 100℃的饱和水蒸气在列管换热器的管外冷凝，总传热系数为 2039W/(m^2·K)，传热面积为 $12.75m^2$，15℃的冷却水以 2.25×10^3kg/h 的流量在管内流过，设平均温差可以用算术平均值计算，试求水蒸气的冷凝量？

17. 为了测定套管式甲苯冷却器的传热系数，测得实验数据如下：冷却器传热面积为 $2.8m^2$，甲苯的流量为 2000kg/h，由 80℃冷却到 40℃。冷却水从 20℃升高到 30℃，两流体呈逆流流动，试求所测得的传热系数为多少？水的流量为多少？

18. 某列管换热器，用 100℃水蒸气将物料由 20℃加热至 80℃，传热系数为 K [单位为 W/(m^2·K)]。经半年运转后，由于污垢的影响，在相同操作条件下，物料出口温度仅为 70℃，现欲使物料出口温度仍维持 80℃，问加热蒸汽温度应提高至多少度？

19. 在并流换热器中，用水冷却油。换热管长 1.5m。水的进出口温度为 15℃和 40℃；油的进出口温度为 120℃和 90℃。如油和水的流量及进口温度不变，需要将油的出口温度降至 70℃，则换热器的换热管应增长为多少米才可达到要求？(不计热损失及温度变化对物性的影响)

20. 在一传热面积为 $3m^2$、由 ϕ25mm×2.5mm 的管子组成的单程列管换热器中，用初温为 10℃的水将机油由 200℃冷却至 100℃，水走管程，油走壳程。已知水和机油的流量分别为 1000kg/h 和 1200kg/h，机油的比热容为 2.0kJ/(kg·K)，水侧和油侧的对流传热系数分别为 2000W/(m^2·K) 和 250W/(m^2·K)，两流体呈逆流流动，忽略管壁和污垢热阻。

（1）通过计算说明该换热器是否合用？

（2）夏天当水的初温达到 30℃，而油和水的流量及油的冷却程度不变时，该换热器是否合用（假设传热系数不变）？

本章主要符号说明

英文字母

a——管间距，m；

A——流通面积，m^2；

b——管壁厚，m；

c_p——定压比热容，kJ/(kg·K)；

d——管径，m；

f——流体的摩擦系数；

h——折流挡板间距，m；

K——传热系数，W/(m^2·K)；

l——特征尺寸，m；

n——管子数量；

N_p——管程数；

p——压强，Pa；

q——热通量，W/m^2；

Q——传热速率，W；

q_m——质量流量，kg/h。

r——半径，m；

r——比汽化潜热，kJ/kg；

R——热阻，m^2·K/W；

S——传热面积，m^2；

t——冷流体温度，K；

T——热流体温度，K；

u——流速，m/s；

希文字母

α——对流传热系数，W/(m^2·K)；

Δ——差值；

λ——热导率，W/(m·K)；

μ——黏度，Pa·s；

φ——校正系数；

下标

c——冷流体的；

e——当量的；

h——热流体的；

i——管内的；

o——管外的；

s——污垢的；

w——壁面的。

第3章

混合物分离

知识目标

1. 了解相的概念并能够区分均相混合物与非均相混合物；

2. 知道常见混合物分离方法及其工业应用特点；

3. 能表述沉降、过滤、吸收、蒸馏、干燥等操作的分离原理，并能比较分析他们的分离依据、应用场合的异同点；

4. 能够运用物料衡算原理分析流量及组成变化对各单元操作的影响；

5. 理解相平衡原理、传质理论等，并能够运用这些原理分析条件变化对操作的影响。

能力目标

1. 能够根据操作规程正确操作典型分离设备并处理常见操作问题；

2. 能够根据生产任务的要求选择适合的分离方法；

3. 部分专业学习者可根据学习需要，学会物料衡算、能量衡算和设备计算。

素质目标

1. 基于混合物的概念，建立“分-合”适当的团队建设理念；

2. 基于“相平衡”理论，提高事物间相互关联、相互影响的认识，养成适应环境、共同发展的发展理念；

3. 从混合物分离方法进展看人的持续进步，养成终身学习、不断成长、精益求精的学习和工作习惯；

4. 正确认识化工与人类生活的关系，坚定化工让生活更美好的理念。

在石油、化工、轻工等生产过程中，许多原料、中间产物、粗产品等都是由若干组分组成的混合物，生产上为了满足储存、运输、加工和使用的要求，需要将这些混合物分离成较纯净的或者几乎纯态的物质。混合物的分离是化工生产中不可缺少的重要过程，例如在大型石油工业和以化学反应为中心的石油化工生产过程中，分离装置的费用占其总投资的50%～90%。由此可见，掌握混合物分离过程，能够正确选择分离方法和过程对于从事化工生产与开发的技术人员具有重要的作用。

3.1 概述

3.1.1 混合物的分类

化工生产中遇到的混合物种类繁多，一般分为均相混合物和非均相混合物。相是物系中物理性质及化学性质完全均一的部分。例如，在冰-水混合物中，水是一相，冰（碎冰的集合）又是一相。

只有一相的混合物称为均相混合物。比如气态均相混合物，如空气、天然气等；固态均相混合物，如各种固溶体、合金等；液态均相混合物，如各种液体溶液。液体溶液又分为两类，一类是各组分在常温下是液体，这类混合物中各组分均有挥发性；另一类是溶剂为挥发性液体，溶质在常温下是固体，无挥发性。

存在两个或两个以上相的混合物称为非均相混合物。这类混合物中，不同相间存在明显相界面。化工生产中常见的非均相混合物有：气-固混合物系（含尘气体），液-固混合物系（悬浮液），液-液混合物系（由互不相溶的液体组成的乳浊液），气-液混合物（雾）及固体混合物（各种矿物）等。

3.1.2 混合物分离的目的

进行混合物分离的目的各有不同，但一般可以分为下面四种情况。

① 分离。为了将混合物中各组分完全分开，得到各个纯组分或若干种产品。例如将空气分离得氧、氮和各种稀有气体；将原油分离成汽油、煤油、柴油、润滑油等若干种产品。

② 提取和回收。为了从混合物中提取出某种或某几种有用的组分。例如从矿石中提取某种有用的金属，从工厂排放的废料中回收有价值的物质或除去污染环境的有害物质。

③ 纯化。为了除去混合物中所含的少量杂质。纯化的对象可以是单质，也可以是混合物，例如合成氨生产中除去 CO_2 和 CO 等有害气体以制取纯净的 N_2，H_2 混合气体。

④ 浓缩。将含有用组分很少的稀溶液浓缩，提高产品中有效成分的含量。

由于混合物的多样性和分离目的不同，为了有效地进行混合物的分离，必须根据具体情况，采用不同的方法。

3.1.3 混合物分离方法

分离混合物主要依据各组分物理化学性质的差异，比如依据挥发性差异进行分离操作的蒸馏、汽提、蒸发、干燥、升华与凝华等操作；依据溶解性差异进行分离操作的吸收、萃取、浸取、结晶等操作；依据密度、粒度差异进行分离操作的沉降、分级、过滤等操作。

非均相混合物的分离通常采用力学即质点运动与流体力学的原理进行，一般称它们为混合物的机械分离过程。分离方法有很多种，常见操作有沉降分离、过滤分离、静电分离等。

均相混合物的分离是依靠物质的分子移动（包括分子的分子传递与涡流传递）来实现的，一般称为传质分离过程。某些非均相混合物也是依靠这种物质的传递来实现分离的，例如湿固体物料中的水分（或其他溶剂）依靠使水分（溶剂）汽化传递到气相来实现物料的干燥，矿物用溶剂浸取使其中有用的组分溶入溶剂以从矿石中分离出来也属于传质分离过程。

传质分离过程的分离机理可分为平衡分离过程和速率分离过程两类。根据混合物中诸组分在两相间的平衡分配不同来实现混合物分离的方法称为平衡分离过程，如蒸馏、吸收、萃取、吸附和干燥等；根据混合物中诸组分在某种力场作用下扩散速率不同的性质来实现分离的方法称为速率分离过程，例如反渗透、渗透汽化、气体膜分离、电渗析和电泳等。

3.1.4　混合物分离技术的发展方向

随着基础工业和高科技的发展，分离技术面临着新的机遇和挑战，设备小型化、能量高效化和有利于可持续发展的化工分离新技术成为分离技术发展的重要趋势之一。从节约能源、保护环境的角度出发，也不断涌现出了大量的新型分离技术和分离设备，大大提高了分离效率。

20 世纪 50～60 年代诞生了膜分离技术，70 年代诞生了超临界萃取技术，这些新技术以其低能耗、清洁、分离效果好而引起了人们的广泛关注，随着研究的不断深入，这些新型分离技术的应用范围也不断扩大。步入 21 世纪，传统的分离方法如精馏、吸收、结晶、溶剂萃取、过滤、干燥等，将向进一步完善方向发展，开发高效节能设备，提高自动化程度，拓宽适用范围等方向发展。新型分离技术也将随着技术进步，不断降低材料设备成本，完成大规模工业化应用。而多种分离技术的耦合已经引起广泛的重视，近年来，催化剂精馏、膜精馏、吸附精馏、反应萃取、配位吸附、膜萃取、化学吸收和电泳萃取等新型耦合分离技术得到了长足的发展，并成功地应用于生产。它们综合了多种分离技术的优点，具有独到之处，可以解决许多传统的分离技术难以完成的任务，因而在生物工程、制药和新材料等高新技术领域有着广阔的应用前景。

此外，分离技术具有多学科交叉的特点，信息技术和传统化工方法的结合对分离技术的发展具有深远的影响；实验研究和计算机模拟相结合仍是分离技术研究开发和设计放大的主要途径，必将推动化工分离技术的迅猛发展。

3.2　沉降

3.2.1　概述

非均相混合物在某种力场（重力场、离心力场或电场）的作用下，其中的分散相（颗粒）与连续相间发生相对运动，颗粒定向地流到器壁、器底或其他沉积表面，从而实现颗粒与流体的分离，这种方法称为沉降分离。

沉降分离有重力沉降、离心沉降和电沉降。前两种沉降是利用颗粒与流体的密度不同，在重力或离心力的作用下颗粒与流体产生相对运动；电沉降则是使颗粒带电并利用电场的作用使颗粒与流体产生相对运动。

沉降操作一般用于分离气-固或者液-固非均相混合物系。在化工生产过程中，这两类非均相混合物是经常出现的，有的是为了进行某种单元操作的需要，有的则是不可避免地形成的。例如固体湿物料用热空气气流干燥时，将细物料分散到热气流中；从液体溶液中用沉淀或浓缩结晶的方法将某种物质从溶液中分离出来，以上这些例子都是为了实现一定操作目的而人为形成非均相混合物。而燃烧炉（锅炉或其他加热炉）排出的烟道气，气固反应过程（如气固流化床催化反应器）排出的气体中含有的固体颗粒以及固体粉碎、运输或处理固体物料所得到的含尘气体则是生产过程中不可避免地形成的，为了从这些非均相混合物中得到要求的产品，回收有用的物质或者除去有害的物质（粉尘和雾滴），需要对它们进行分离。

本章重点讨论重力沉降和离心沉降过程。

3.2.2 重力沉降

微粒在流体中受重力作用慢慢降落而从流体中分离出来的过程称为重力沉降。重力沉降适用于分离较大的颗粒。

3.2.2.1 基本概念

（1）重力沉降速度 颗粒在重力沉降过程中不受周围颗粒和器壁的影响，称为自由沉降。固体颗粒在重力沉降过程中，因颗粒之间的相互影响而使颗粒不能正常沉降的过程称为干扰沉降。很显然，自由沉降是一种理想的沉降状态，而实际生产中的沉降几乎全都是干扰沉降。但由于自由沉降过程的影响因素少，研究起来相对简单。所以，对重力沉降的研究通常从自由沉降入手。

重力沉降速度是指颗粒相对于连续相流体的沉降运动速度。其影响因素很多，有颗粒的形状、大小、密度及流体的密度、黏度等。为了讨论方便，通常以形状、大小不随流动情况而变化的球形颗粒进行研究。

下面以光滑球形颗粒在静止流体中沉降为例说明单个颗粒的自由沉降速度，如图3-1所示。颗粒在此过程中受到的作用力有向下的重力、向上的浮力和与颗粒运动方向相反的阻力（即向上）。

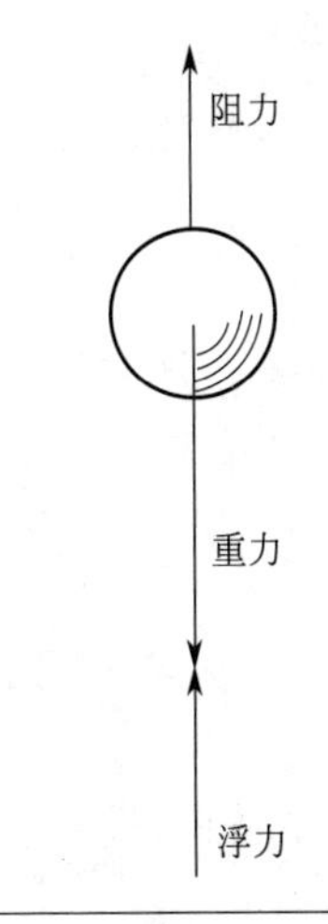

图3-1 颗粒在静止介质中降落时所受的作用力

过程刚开始时，颗粒与流体间无相对运动，速度等于零，阻力为零，此时颗粒受到的向下的力最大，颗粒的加速度最大。随着颗粒的下降，颗粒与流体间的相对速度 u 增加，阻力增大，颗粒所受净力减小，加速度减小，所以沉降颗粒作减速运动。当沉降速度增大到颗粒所受阻力等于重力减去浮力时，即颗粒所受到的净力为零，此时颗粒变为等速运动。颗粒达到等速运动时的速度称为颗粒的沉降速度。

通常以 u_t 表示颗粒的沉降速度，又称为"终端速度"。可通过式(3-1)进行计算：

$$u_t=\sqrt{\frac{4gd(\rho_s-\rho)}{3\zeta\rho}} \tag{3-1}$$

式中 u_t——颗粒的沉降速度，m/s；

d——颗粒的直径，m；

ρ_s——颗粒的密度，kg/m^3；

ρ——流体的密度，kg/m^3；

ζ——阻力系数，是颗粒对流体作相对运动时的雷诺数 Re_t 的函数，由式(3-2)求得。

$$\zeta=f(Re_t)=f\left(\frac{du_t\rho}{\mu}\right) \tag{3-2}$$

式中 μ——流体的黏度，Pa·s。

ζ 与 Re_t 的关系可由实验测定，如图3-2所示。图中将球形颗粒的曲线分为三个区域，即

滞流区（$10^{-4}<Re_t\leqslant 2$） $$\zeta=\frac{24}{Re_t} \tag{3-3}$$

过渡区（$2<Re_t<10^3$） $$\zeta=\frac{18.5}{Re_t^{0.6}} \tag{3-4}$$

湍流区（$10^3 \leqslant Re_t < 2\times10^5$）　$\zeta=0.44$　(3-5)

代入式(3-1) 得各区的沉降速度 u_t 的计算式如下：

滞流区

$$u_t=\frac{d^2(\rho_s-\rho)g}{18\mu} \tag{3-6}$$

式(3-6) 称为斯托克斯公式。

过渡区

$$u_t=0.27\sqrt{\frac{d(\rho_s-\rho)g}{\rho}Re_t^{0.6}} \tag{3-7}$$

式(3-7) 称为艾伦公式。

湍流区

$$u_t=1.74\sqrt{\frac{d(\rho_s-\rho)g}{\rho}} \tag{3-8}$$

式(3-8) 称为牛顿公式。

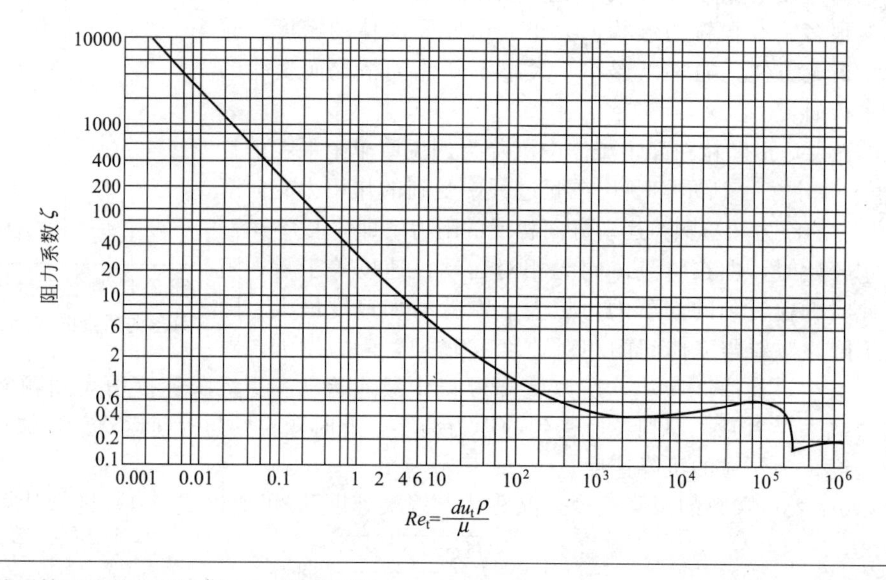

图 3-2　球形粒子的阻力系数 ζ 与 Re_t 的关系图

在计算沉降速度 u_t 时，可使用试差法，即先假设颗粒沉降所属某个区域，选择相对应的计算公式计算 u_t，然后算出 Re_t，如果在所假设范围内，则计算结果有效，否则另选区域重新计算 u_t，直至计算 Re_t 与假设相符为止。由于沉降操作所处理的颗粒一般粒径较小，沉降过程大多属于层流区，因此进行试差时，通常先假设在层流区。

（2）影响重力沉降速度的因素　影响重力沉降速度的因素主要有流体的性质、运动状况和沉降器结构等，分述如下。

① 颗粒特性。同一性质的固体颗粒，非球形颗粒的沉降阻力比球形颗粒的大得多，因此其沉降速度较球形颗粒的要小一些。颗粒直径越大，密度越大，沉降速度越大，越容易进行分离。

② 干扰沉降。当颗粒的体积分数>0.2% 时，干扰沉降不容忽视。

③ 器壁效应。当容器较小时，容器的壁面和底面均能增加颗粒沉降时的曳力，使颗粒的实际沉降速度较自由沉降速度低。

④ 流体的性质。流体的密度越小、黏度越大，沉降速度越小。因此分离高温含尘气体时，通常先散热降温以减小流体的黏度，达到更好的分离效果。

⑤ 流体的流动状态。流体应尽可能处于稳定的低速流动状态，减少干扰，提高分离效率。

通常，当颗粒在液体中沉降时，升高温度，液体黏度下降，可提高沉降速度。对气体，升高温度，气体黏度增大，对沉降操作不利。

3.2.2.2　典型重力沉降设备

（1）降尘室　降尘室是利用重力沉降从气流中除去固体颗粒的设备。其类型主要有降尘气道与多层隔板式降尘室两种，常用于含尘气体的预分离。

降尘气道的结构如图 3-3 所示，其外形呈扁平状，含尘气体进入降尘气道后，因流道截面突然扩大而流速减小，于是重相颗粒在重力作用下进行沉降。只要气体在气道内有足够的停留时间，使重相颗粒在离开降尘室之前沉到器底的集尘头内，即可达到分离要求。为提高对气体非均相物系的分离能力，在气道中装有若干块折流挡板，迫使流体在气道中的行程加长，从而延长气体在设备中的停留时间，以便使重相颗粒从气流中分离出来。此外，设置挡板还有利于颗粒与器壁间形成干扰，使部分重相颗粒与挡板发生碰撞后落入器底或集尘斗内。

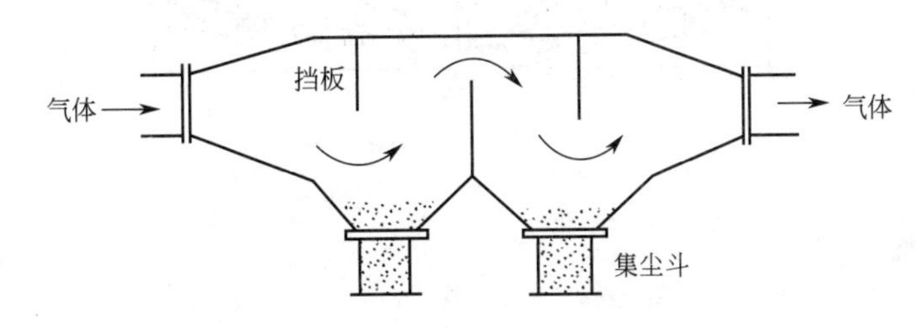

图 3-3　降尘气道

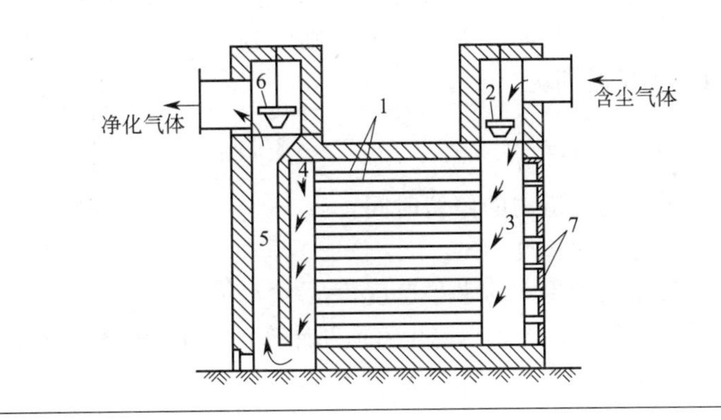

图 3-4　多层隔板式降尘室

1—隔板；2，6—调节阀；3—气体分配道；4—气体集聚道；5—气道；7—出灰口

气体在降尘室的沉降运动

在多层隔板式降尘室中，含尘气体经气体分配道进入隔板缝隙（隔板间距通常为 40～100mm），进、出口气量可通过流量调节阀调节；流动中颗粒沉降至隔板的表面，洁净气体自隔板出口经气体集聚道汇集后再由出口气道排出。如图 3-4 所示。采用多层隔板式降尘室后，无论是对颗粒的分离能力还是对气体的处理能力，均较单层时大了很多。故为提高对气体非均相物系的分离能力，宜采用多层隔板式结构。但采用多层后，因隔板的间距小，出灰困难，同时易发生已沉降灰分的反卷。

降尘室具有结构简单、操作成本低廉、对气流的阻力小、动力消耗少等优点；缺点是体积及占地面积较为庞大、分离效率低。适于分离重相颗粒直径在 75μm 以上的气体非均相混合物。

（2）沉降器　沉降器是利用重力沉降从悬浮液中分离出固体颗粒的设备。若用于低浓度悬浮液分离时称为澄清器；用于中等浓度悬浮液的浓缩时称为浓缩器、增稠器或稠厚器。

图 3-5 所示为连续式沉降槽。它是一个大直径的浅槽，料浆由位于中央的伸入液面下的圆筒进料口送至液面以下 0.3～1m 处，分散到槽的横截面上。要求料浆尽可能分布均匀，引起的扰动小。料浆中的颗粒向下沉降，清液向上流动，经槽顶四周的溢流堰流出。沉到槽底的颗粒沉渣由缓缓转动的耙拨向中心的卸料锥而后排出。在连续沉降槽中自上而下分成几个区，上部为清液区，下部为增稠区。在增稠区内颗粒的浓度自上而下逐步增高。连续沉降槽属于稳态操作，槽中各部位的操作状态，即颗粒的浓度、沉降速度等不随时间而变。

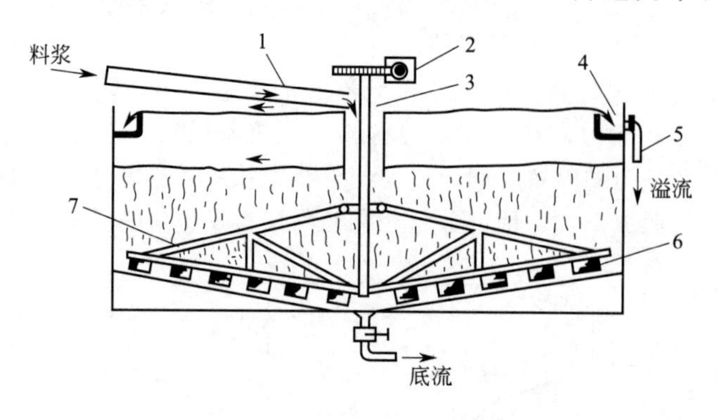

图 3-5　连续式沉降槽

1—进料槽道；2—转动机构；3—料井；4—溢流槽；5—溢流管；6—叶片；7—转耙

（3）沉降计算　为方便计算，将降尘室的气道看作为一个具有宽截面的长方体通道，颗粒在沉降室内运动情况如图 3-6 所示，则气体在沉降室内的停留时间为

$$\tau=\frac{l}{u} \tag{3-9}$$

式中　τ——气体在气道内的停留时间，s；

l——降尘室的长度，m；

u——气体在降尘室的水平速度，m/s。

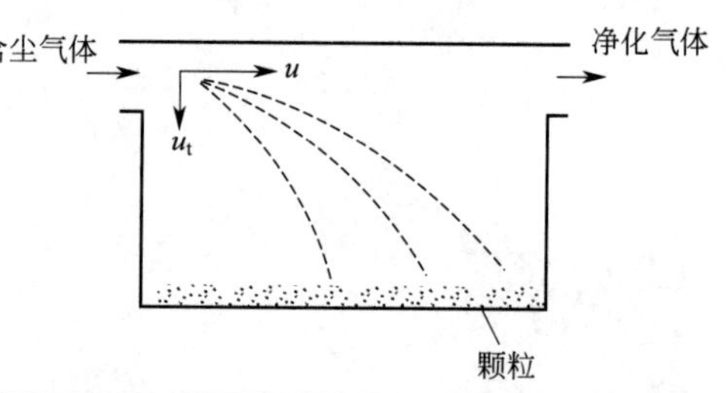

图 3-6　颗粒在降尘室内的运动情况

颗粒所需的沉降时间为（以降尘室顶部计算）

$$\tau'=\frac{h}{u_t} \tag{3-10}$$

式中　h——降尘室的高度，m；

u_t——颗粒的沉降速度，m/s。

要使最小颗粒能够从气流中完全分离出来，则气流在降尘室内的停留时间至少必须等于颗粒从降尘室的最高点降至室底所需要的时间，这是降尘室设计和操作必须遵循的基本原则。即

$$\tau\geqslant\tau'$$

$$\frac{l}{u}\geqslant\frac{h}{u_t} \tag{3-11}$$

即停留时间应不小于沉降时间。

气流在降尘室的水平速度为

$$u=\frac{q_V}{hb} \tag{3-12}$$

式中 q_V——降尘室的生产能力，m^3/s；

b——降尘室的宽度，m。

将式(3-11) 代入式(3-12)，并整理得

$$q_V \leqslant blu_t \tag{3-13}$$

可见，降尘室的生产能力只与沉降面积 bl 和颗粒的沉降速度 u_t 有关，而与降尘室的高度 h 无关。因此，降尘室常做成扁平形状。

若降尘室为多层隔板式，隔板层数为 n，其生产能力为

$$q_V = (1+n)blu_t \tag{3-14}$$

【例 3-1】 用一个截面为矩形的沟槽，从炼油厂的废水中分离所含的油滴。拟回收直径为 200μm 以上的油滴。槽的宽度为 4.5m，深度为 0.8m。在出口端，除油后的水可不断从下部排出，而汇聚成层的油则从顶部移去。油的密度为 $870kg/m^3$，水温为 20℃，此时水的 $\rho=998.2kg/m^3$，$\mu=1.0042\times10^{-3}Pa\cdot s$。若每分钟处理废水 $26m^3$，求所需槽的长度 l（沉降在斯托克斯区）。

解 由斯托克斯区沉降速度计算式得

$$u_t=\frac{d^2(\rho_s-\rho)g}{18\mu}=\frac{(200\times10^{-6})^2(870-998.2)\times9.81}{18\times1.0042\times10^{-3}}=-2.78\times10^{-3}(m/s)$$

负号说明油滴上浮。

再根据沉降器的生产能力与沉降面积的关系：$V\leqslant Au_t$ 得

$$A\geqslant\frac{V}{u_t}=\frac{\frac{26}{60}}{2.78\times10^{-3}}=156(m^2)$$

则

$$l=\frac{A}{B}=\frac{156}{4.5}=34.67(m)$$

因此，沉降槽的长度不小于 34.67m。

3.2.3 离心沉降

3.2.3.1 离心沉降与重力沉降的比较

当重相颗粒的直径小于 75μm 时，在重力作用下的沉降非常缓慢。为加速分离，对此情况可采用离心沉降。离心沉降是利用连续相与分散相在离心力场中所受离心力的差异使重相颗粒迅速沉降实现分离的操作。颗粒的离心力是通过旋转而产生的。转速越大，离心力也越大，而颗粒所受的重力却是不变的，不能提高。因此利用离心力作用的分离设备，不仅可以分离较小的颗粒，提高分离效率，增大设备生产能力，同时还可以缩小设备尺寸，减小设备体积。

3.2.3.2 典型离心沉降设备

离心沉降分离设备有两种形式：旋流器和离心沉降机。旋流器的特点是设备静止，流体在设备中作旋转运动产生离心作用，它可用于气体和液体非均相混合物的分离。用于气体非均相混合物分离的称为旋风分离器，生产上应用非常普遍；用于液体非均相混合物分离的称为旋液分离器。离心沉降机的特点是盛液体混合物的设备本身高速旋转并带动液体一起旋转，从而产生离心作用。

(1) 离心沉降机　离心沉降机用于液体非均相混合物（乳浊液或悬浮液）的分离，与旋流器比较，它的特点是转速可以根据需要任意增加，也就是说它的分离因数可以在很大的幅

度内变化，对于难分离的混合物可以采用转速高，离心分离因数大的设备。所以，这类设备适用于分离难度大的体系。

根据离心分离因数 K_c 的大小，离心机可分为常速离心机（K_c＜3000）、高速离心机（3000＜K_c＜50000）和超速离心机（K_c＞50000）。

转鼓式离心沉降机的主体是上面带翻边的圆筒，由中心轴带动高速旋转，悬浮液从底部加入随筒体旋转，由于惯性离心力的作用，筒内液体形成以上部翻边边缘为界的环柱体，其液面几乎垂直（严格说是以旋转中心为轴线的抛物面），这样悬浮液从底部进入，形成从下往上的液流，颗粒随液体向上流动，同时受离心力的作用向筒壁沉降，如颗粒随液体到达顶端以前沉到筒壁，即可从液体中除去，否则仍随液体流出。

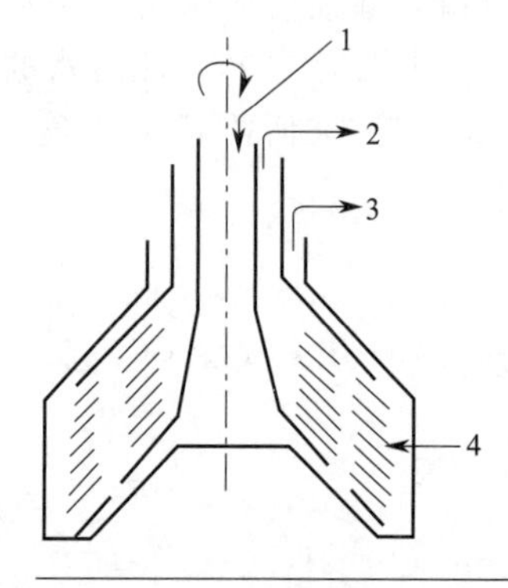

图 3-7　碟片式离心机

1—加料；2—轻液出口；3—重液出口；4—固体物积存区

碟片离心机可用于分离乳浊液和从液体中分离少量极细的固体颗粒。图 3-7 为碟片式离心机的示意图。它的转鼓内装有 50～100 片平行的倒锥形蝶片，间距一般为 0.5～12.5mm，碟片的半腰处开有孔，诸碟片上的孔串联成垂直的通道，碟片直径一般为 0.2～0.6m，它们由一垂直轴带动高速旋转，转速在 4000～7000r/min，分离因数可达 4000～10000。要分离的液体混合物由空心转轴顶部进入，通过碟片半腰的开孔通道进入诸碟片之间，并随碟片转动，在离心力的作用下，密度大的液体趋向外周，沉于碟片的下侧，流向外缘，最后由上方的重液出口流出；轻液则趋向中心，沉于碟片上侧，流向中心，而自上方的轻液出口流出。碟片的作用在于将液体分隔成很多薄层，缩短液滴（或颗粒）的水平沉降距离，提高分离效率，它可将粒径小到 0.5μm 的颗粒分离出来。

此种设备广泛用于润滑油脱水、牛乳脱脂、饮料澄清、催化剂分离等。

（2）旋风分离器　工业上应用旋风分离器已有近百年的历史，由于它结构简单，造价低廉，操作方便，分离效率高，目前仍是化工、采矿、冶金动力、轻工等工业部门常用的分离和除尘设备。旋风分离器一般用来除去气体中粒径 5μm 以上的颗粒。旋风分离器的两个主要性能指标是分离颗粒的效率与气体通过旋风分离器的压降，为了寻求压降小，效率高的旋风分离器，人们进行了大量研究，设计了多种形式的旋风分离器。

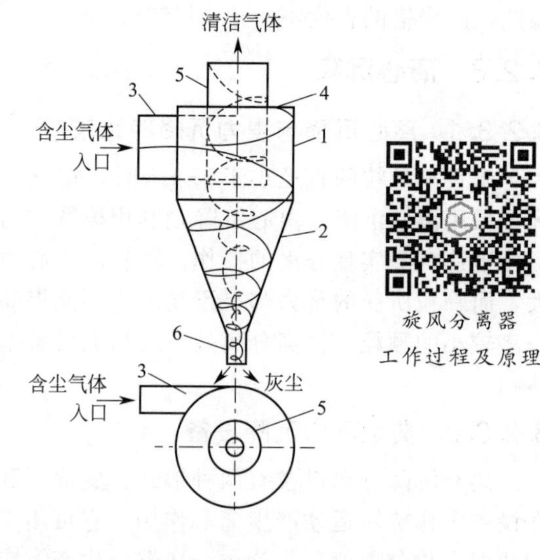

图 3-8　旋风分离器

1—外壳；2—锥形底；3—气体入口管；4—上盖；5—气体出口管；6—除尘管

旋风分离器
工作过程及原理

旋风分离器的基本结构与操作原理可以用标准式旋风分离器来说明，如图 3-8 所示。它是最简单的一种旋风分离器，主体为圆筒，下部为圆锥形，顶部中心为气体出口，进气管位于圆筒的上部，与圆筒切向连接。含粉尘的气体从进气管沿切向进入，受圆筒壁的约束旋转，做向下的螺旋运动，气体中的粉尘随气体旋转向下，同时在惯性离心力的作用下向筒壁移动。气体旋转向下达到圆锥筒底部附近时转向中心而旋转上升，最后由中心的排气管排出，这样在器内形成了旋转向下的外旋流和旋转向上的内旋流，外旋流是旋风分离器的主要除尘区，气体中的颗粒只要在气体旋转向上而排出前能够沉到器壁，即可沿器壁流到锥底的排灰口而与气体分离。

实际上气体在旋风分离器中的流动是十分复杂的，内外旋流并没有分明的界线，在外旋流旋转向下的过程中不断地有部分气体转入内旋流。此外，进入旋风分离器的气流中有小部分沿筒体内壁旋转向上，达到上顶盖后转而沿中心气体出口管旋转向后转而沿中心气体出口管旋转向下，到达出口管下端后随上升的内旋流流出。中心上升的内旋流称为“气芯”，向上的轴向速度很大。中心部分为低压区，是旋流设备的一个特点，如中心低压区变为负压，则可以从出灰口漏入空气而将分离下来的粉尘重新扬起。

旋风分离器的结构简单，没有运动部件，操作不受温度和压力的限制，分离效率可以高达70%～90%，可以分离出小到5μm的粒子，对5μm以下的细微颗粒分离效率较低，可用后接袋滤器或湿法除尘器的方法来捕集。其缺点是气体在器内的流动阻力较大，对器壁的磨损较严重，分离效率对气体流量的变化较为敏感等。

3.3 过滤

3.3.1 基本概念

过滤是在推动力的作用下，使悬浮液通过具有微细孔道的过滤介质（如织物），其中固体颗粒被截留在介质上，从而将悬浮液中的固体颗粒分离出来的单元操作，如图3-9所示。待分离的悬浮液称为滤浆，通过过滤介质的澄清液体称为滤液，被过滤介质截留的固体颗粒称为滤饼或滤渣。

过滤原理

悬浮液
滤渣
过滤介质
滤液

图3-9 过滤操作原理图

在工业上过滤应用得非常广泛，可用于分离液体非均相混合物和分离气体非均相混合物；分离较粗或较细的颗粒，甚至可以分离细菌、病毒和高分子；可用来从流体中除去颗粒及分离不同大小的颗粒，甚至可以分离不同分子量的高分子物质；可用于制取纯净的流体和用于获得颗粒产品。

3.3.1.1 过滤介质

凡能使滤浆中流体通过，其所含颗粒被截留，以达固-液分离目的的多孔物统称为过滤介质。工业用的过滤介质应具有下列条件：①多孔性。孔道适当的小，对流体的阻力小，又能截住要分离的颗粒；②物理化学性质稳定，耐热、耐化学腐蚀；③足够的机械强度，使用寿命长；④价格便宜。

工业上常用的过滤介质主要有以下几类。

① 织物介质。又称滤布，包括由棉、毛、丝、麻等天然纤维，玻璃丝和各种合成纤维制成的织物。此外还有用金属丝织成的网。根据编织方法和孔网的疏密程度的不同，这类介质所能截留的颗粒的粒径范围较宽，从一微米到几十微米。其规格习惯称为“目”或“号”，指每平方英寸介质所具有的孔数，“目”或“号”数越大，表明孔径越小，对悬浮液的拦截能力越强。通常是本着滤布的孔径略大于拟除去最小颗粒直径的原则来确定滤布规格。织物介质薄，阻力小，清洗与更新方便，价格比较便宜，是工业上应用最广泛的过滤介质。

② 多孔固体介质。如烧结金属网（或玻璃）、塑料细粉粘成的多孔塑料、棉花饼等。这类介质较厚，孔道细，阻力较大，能截留 1～3μm 的微小颗粒。

③ 堆积介质。由各种固体颗粒（砂、木炭、石棉粉等）或非编织的纤维（玻璃棉等）堆积而成，层较厚。

④ 多孔膜。由无机材料、高分子材料制成，膜很薄（两百微米到几十微米），孔很小，可以分离小到 0.005μm 的颗粒。应用多孔膜的过滤有超滤、微滤等。

根据混合物中颗粒含量、性质、粒度分布和分离要求的不同可以选用不同的过滤介质。不同类型的过滤介质所用的过滤设备型式不同。

3.3.1.2 过滤的分类

工业上可用过滤分离的非均相混合物各种各样，分离要求也各不相同，为了适应不同分离对象的不同分离要求，过滤方法和设备也多种多样，为了更好地掌握过滤技术，有必要对它们进行适当的分类。

（1）根据过程的机理分为滤饼过滤与深床过滤　滤饼过滤在化工生产中的应用最多，是应用织物、多孔固体或多孔膜等过滤介质的过滤过程。这些过滤介质的孔一般小于颗粒，过滤时流体可以通过介质的小孔，颗粒的尺寸大，不能进入小孔而被过滤介质截留。因此颗粒的截留主要依靠筛分作用。

实际上滤饼过滤所用过滤介质的孔径不一定都小于颗粒的直径，在过滤刚开始时，部分颗粒可以进入介质的小孔，有的颗粒透过介质，有的颗粒在孔中或孔口上发生架桥现象，使介质的实际孔径减小，颗粒不能通过而被截留，如图 3-10 所示。此外随着过滤的进行，被截留的颗粒在介质表面形成滤饼，滤饼的空隙小，颗粒在滤饼表面被截留，滤饼起真正过滤介质的作用。

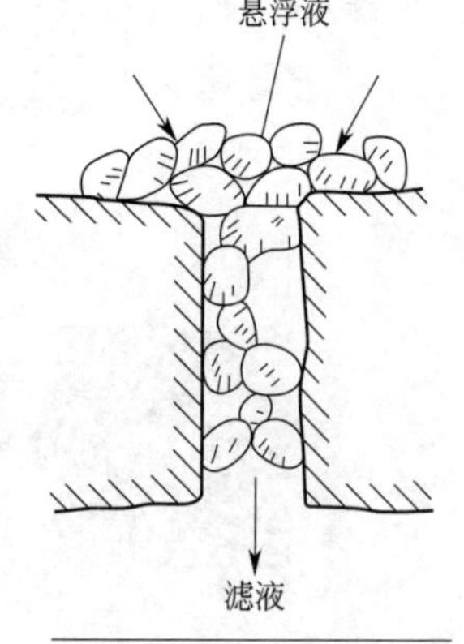

图 3-10 架桥现象

深床过滤应用沙子等堆积介质作为过滤介质，介质层一般较厚，在介质层内部构成长而曲折的通道，通道的尺寸大于颗粒粒径，过滤时颗粒随流体进入介质的孔道，依靠直接拦截、惯性碰撞、扩散沉积、重力沉降以及静电效应等原因使颗粒沉积在介质的孔道中而与流体分开。深床过滤一般只用在流体中颗粒含量很少的场合，例如水的净化、烟气除尘等环保行业。

（2）按促使流体流动的推动力，分为重力过滤、压差过滤和离心过滤

① 重力过滤。悬浮液的过滤主要依靠液体的位差使液体穿过过滤介质流动，例如实验室中的滤纸过滤、不加压的砂滤净水装置。由于位差所能建立的推动力不大，这种过滤速率慢，用得不多。提高重力过滤速率主要靠增加过滤上游液柱的高度来实现。

② 压差过滤。压差过滤是在滤饼上游和滤液出口间造成压力差，并以此压力差为推动

力的过滤。这种过滤用得最普遍，液体和气体非均相混合物都可以用。

③ 离心过滤。离心过滤是利用使滤浆旋转所产生的惯性离心力使滤液流过滤饼与过滤介质，从而与颗粒分离的过滤。离心过滤能建立很大的推动力，得到很高的过滤速率。同时，所得的滤饼中含液量很少，所以它的应用也很广泛。

（3）按操作方式分为间歇过滤和连续过滤　与所有化工过程一样，间歇过滤时固定位置上的操作情况随时间而变化，连续过滤时在固定位置上操作情况不随时间而变，过滤过程的各环节在不同位置上同时进行。

3.3.1.3　助滤剂

滤渣可以分为不可压缩的和可以压缩的两种。不可压缩滤渣由不变形的颗粒组成，颗粒的大小和形状、滤渣中孔道的大小，在滤渣上压力增大时，都保持不变。可压缩滤渣由无定形的颗粒组成，颗粒的大小和形状、滤渣中孔道的大小，常压力的增加而变化。对于可压缩滤渣，其形状易被压力所改变，容易堵塞滤孔。为了防止这种情况发生，可以在滤布面上预涂一层颗粒均匀、性质坚硬、不被压力所改变的物料，如硅藻土、活性炭等。这种预涂物料称为助滤剂。助滤剂表面有吸附胶体的能力，颗粒细小坚硬，不可压缩，能起防止滤孔堵塞的作用。过滤完毕后，助滤剂和滤渣一同除去。也可以将一定比例的助滤剂均匀地混合在悬浮液中，然后一起加入过滤机中进行过滤操作。

3.3.1.4　过滤速率

过滤速率是单位时间内通过单位过滤面积上的滤液体积。设滤液体积为 dV，过滤时间为 $d\tau$，过滤面积为 A，则

$$U=\frac{dV}{A\,d\tau} \tag{3-15}$$

式中　U——过滤速率，$m^3/(m^2\cdot s)$。

实验证明，过滤速率的大小与推动力成正比，与阻力成反比。推动力一定时，过滤速率将随操作的进行，逐渐减小。

影响过滤速率的因素，除过滤推动力和阻力外，悬浮液的性质和操作温度对过滤速率也有影响。升高温度，可降低液体的黏度，提高过滤速率。在真空过滤时，升高温度会使真空度下降，降低了过滤速率。

3.3.2　典型过滤设备

3.3.2.1　板框压滤机

板框压滤机是历史最久，目前仍是最普遍使用的一种过滤机，它是由许多块顺序排列的滤板与滤框交替排列组合而成的，如图 3-11 所示。滤板与滤框靠支耳架在一对横梁上，并用一端的压紧装置将它们压紧。

滤板和滤框多做成正方形，其构造如图 3-12 所示。滤框的作用是：滤框的两侧覆以滤布，围成容纳滤浆及滤饼的空间；滤板的作用有二：一是支撑滤布；二是提供滤液流出的通道，为此板面制出凸凹纹路，凸出部分起支撑滤布的作用，凹处形成的沟为滤液流道。

滤板与滤框的角上均开有小孔，滤布的角上也开有与滤板滤框相对应的孔，组合后即构成供滤浆和洗涤水流通的孔道。滤板又分为洗涤板和非洗涤板两种，其结构与作用有所不同，为了组装时易于识别，在滤板和滤框外侧铸有小钮或其他标志，图 3-12 滤板中的非洗涤板为一钮板，洗涤板为三钮板，而滤框则是二钮，滤板与滤框装合时，按钮数以 1-2-3-2-1-2……的顺序排列。

板框压滤机结构

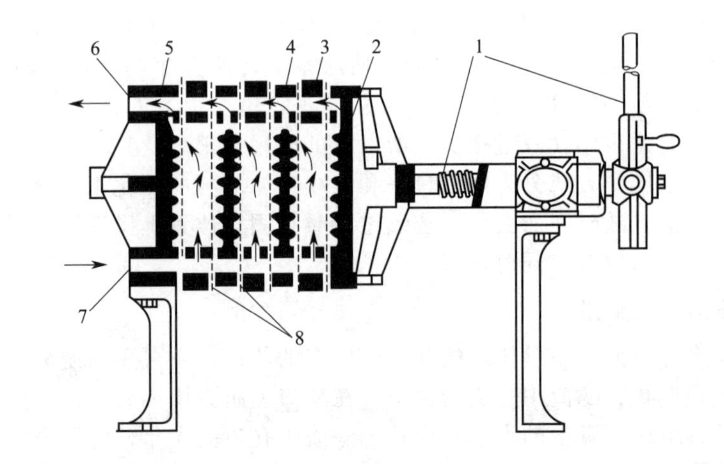

图 3-11　板框压滤机

1—压紧装置；2—可动头；3—滤框；4—滤板；5—固定头；6—滤液出口；7—滤浆出口；8—滤布

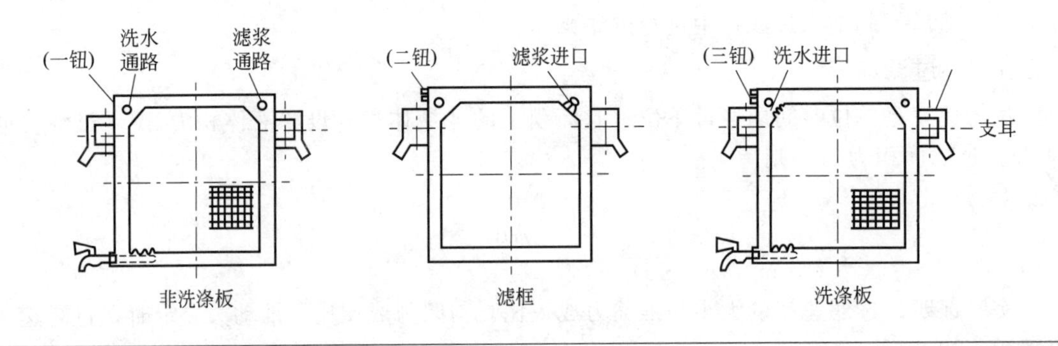

图 3-12　滤板和滤框

板框压滤机的过滤和洗涤

板框压滤机为间歇操作，每个操作循环由装合、过滤、洗涤、卸饼、清理 5 个阶段组成。板框装合完毕，开始过滤，悬浮液在指定压强下经滤浆通路由滤框角上的孔道并行进入各个滤框，见图 3-13(a)，滤液分别穿过滤框两侧的滤布，沿滤板板面的沟道至滤液出口排出。颗粒被滤布截留而沉积在滤布上，待滤饼充满全框后，停止过滤。当工艺要求对滤饼进行洗涤时，先将洗涤板上的滤液出口关闭，洗涤水经洗水通路从洗涤板角上的孔道并行进入各个洗涤板的两侧，见图 3-13(b)。洗涤水在压差的推动下先穿过一层滤布及整个框厚的滤饼，然后再穿过一层滤布，最后沿滤板（一钮板）板面沟道至滤液出口排出。这种洗涤方法称为横穿洗涤法，它的特点是洗涤水穿过的途径正好是过滤终了时滤液穿过途径的二倍。

洗涤结束后，旋开压紧装置，将板框拉开卸出滤饼，然后清洗滤布，整理板框，重新装合，进行下一个循环。

板框压滤机的滤板和滤框可用铸铁、碳钢、不锈钢、铝、塑料、木材等制造。我国制定的板框压滤机系列规格：框的厚度为 25～50mm，框每边长 320～1000mm，框数可从几个到 60 个，随生产能力而定。板框压滤机的操作压强一般为 0.3～0.5MPa，最高可达 1.5MPa。

板框压滤机的优点是结构简单，制造容易，设备紧凑，过滤面积大而占地小，操作压强高，滤饼含水少，对各种物料的适应能力强。它的缺点是间歇手工操作，劳动强度大，生产

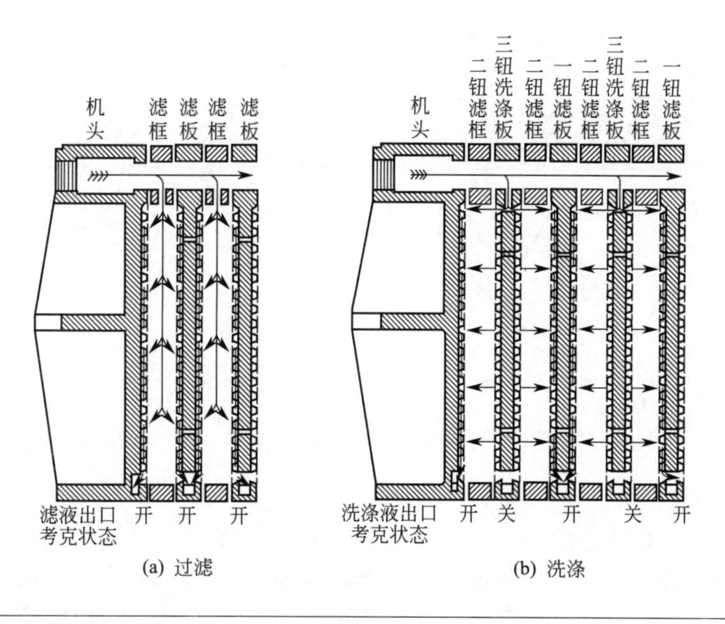

图 3-13 板框压滤机内液体流动路径

效率低。

近年来大型板框压滤机的自动化和机械化的发展很快，我国也开始使用自动操作的板框压滤机。

3.3.2.2 转筒真空过滤机

转筒真空过滤机是工业上应用最广的一种连续操作的过滤设备。图 3-14 是整个装置的示意图。转筒真空过滤机依靠真空系统造成的转筒内外的压差进行过滤。它的主体是能转动的水平圆筒，见图 3-15。筒的表面有一层金属网，网上覆盖滤布，筒的下部浸入滤浆中。转筒沿圆周分隔成互不相通的若干扇形格，每格都有单独的孔道与分配头的转动盘上相应的孔相连。圆筒转动时，借分配头的作用使扇形格的孔道依次与真空管道和压缩空气管道相通，因而在转筒回转一周的过程中，每个扇形格表面即可依次进行过滤、洗涤、吸干、吹松、卸饼等项操作。

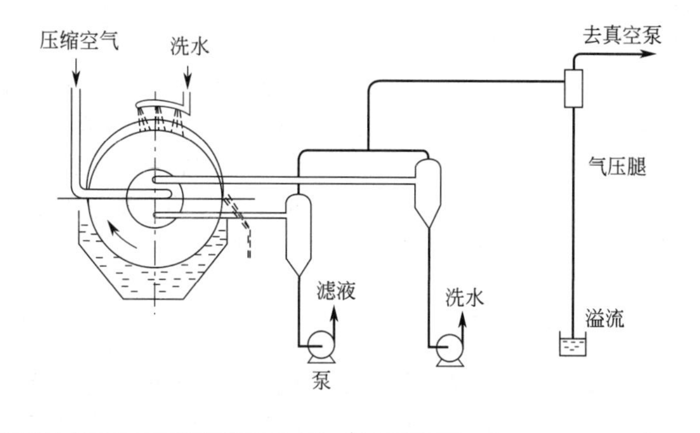

转筒真空过滤机工作过程

图 3-14 转筒真空过滤机装置示意图

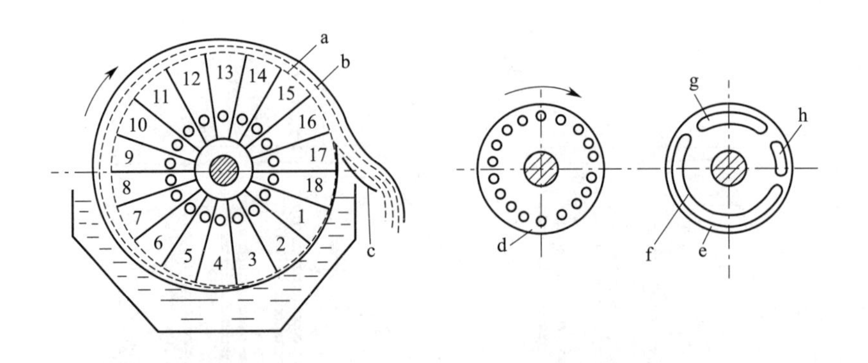

图 3-15　转筒及分配头的结构

a—转筒；b—滤饼；c—割刀；d—转动盘；e—固定盘；f—吸走滤液的真空凹槽；g—吸走洗水的真空凹槽；h—通入压缩空气的凹槽

分配头由紧密相对贴合的转动盘与固定盘构成，如图 3-15。转动盘与转筒做成一体随着转筒一起旋转。固定盘固定在机架上，它与转动盘贴合的一面有三个凹槽，分别与吸滤液、吸洗涤水和通压缩空气的管道相通。当扇形格 1 开始进入滤浆内时，转动盘上与扇形格 1 相通的小孔便与固定盘上的凹槽 f 相对，因而扇形格 1 与吸滤液的真空管道相通，扇形格 1 的过滤表面进行过滤，吸走滤液。图中扇形格 1～7 所处的位置均在进行过滤，称为过滤区。扇形格刚转出滤浆液面时（相当于扇形格 8，9 所处的位置）仍与凹槽 f 相通，此时真空系统继续抽吸留在滤饼中的滤液，这个区域称为吸干区，扇形格转到 1，2 的位置时，洗涤水喷洒在滤饼上，扇形格与固定盘上的与吸洗涤水管道连通的凹槽 g 相通，洗涤水被吸走，扇形格 12，13 所处的位置称为洗涤区。扇形格 11 对应于转动盘上的小孔位于凹槽 f 与 g 之间，不与任何管道相连通，该位置称为不工作区，由于不工作区的存在，当扇形格由一个区转入另一个区时各操作区不致互相串通。扇形格 14 的位置为吸干区，15 为不工作区。扇形格 16，17 与固定盘上通压缩空气管道的凹槽 h 相通，压缩空气从扇形格 16，17 内穿过滤布向外吹，将转筒表面上沉积的滤饼吹松，随后由固定的刮刀将滤饼卸下，扇形格 16，17 的位置称为吹松区与卸料区。扇形格 18 为不工作区。如此连续运转，在整个转筒表面上构成了连续的过滤操作，过滤、洗涤、吸干、吹松、卸料等操作同时在转筒的不同位置进行，转筒过滤机的各个部位始终处于一定的工作状态。

转筒真空过滤机的过滤面积（指转筒表面）一般为 5～40m^2，转筒浸没部分占总面积的 30％～40％，转速通常为 0.1～3r/min，滤饼厚度一般保持 40mm 以下，对于难过滤的胶质颗粒滤饼，厚度可小到 10mm 以下，所得滤饼含液量较大，常达 30％，很少低于 10％。

转筒真空过滤机连续自动操作，省人力，适用于处理易含过滤颗粒的浓悬浮液，用于过滤细和黏的物料时采用预涂助滤剂的方法也比较方便，只要调整刮刀的切削深度就能使助滤剂层在长时间内发挥作用。转筒真空过滤机系统设备比较复杂，投资大，依靠真空过滤推动力受限制，此外它不适于过滤高温悬浮液。

3.3.2.3　离心过滤机

离心过滤机是利用离心力分离液态非均相系统的设备。在离心力场中，悬浮液中的固体和液相部分由于本身质量不同而产生的离心力各不相同，因而得以分离。下面以三足式离心机为例，介绍一下离心机的结构和操作。

三足式离心机是过滤离心机中应用最广泛、适应性最好的一种设备，可用于分离固体从

10μm 的小颗粒至数毫米的大颗粒，甚至纤维状或成件的物料。三足式离心机可分为上部卸料和下部卸料两大类，其中人工上部卸料三足式离心机结构简单、维修方便、价格低廉。

三足式上部卸料离心机的结构如图 3-16 所示。包括转鼓 10、主轴 17、轴承座 16、三角皮带轮 2、电动机 1、外壳 15 和底盘 6 的整个系统用三根摆杆 9 悬吊在三个支柱 7 的球面座上，摆杆上装有缓冲弹簧 8，摆杆两端分别以球面与支柱和底盘相连接。轴短而粗，鼓底向上凸出，使转鼓重心靠近上轴承，这不仅使整机高度降低以利操作，而且使转轴回转系统的临界转速远高于离心机的工作转速，减小振动，并由于支撑摆杆的挠性较大，使整个悬吊系统的固有频率远低于转鼓的转动频率，增大了减振效果。

操作时，在转鼓中加入待过滤的悬浮液，在离心力的作用下，滤液透过滤布和转鼓上的小孔进入外壳，然后再引至出口，固体则被截留在滤布上成为滤饼。待过滤了一定量的悬浮液，滤饼已积到一定厚度后，就停止加料。如需要洗涤滤饼或干燥滤饼，则应使转鼓再继续转动，待洗涤或干燥完毕再停车。

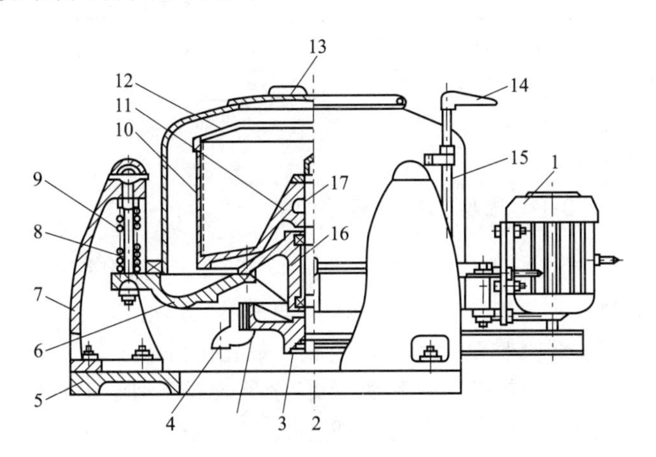

三足式离心机

图 3-16　三足式上部卸料离心机

1—电动机；2—三角皮带轮；3—制动轮；4—滤液出口；5—机座；6—底盘；7—支座；8—缓冲弹簧；9—摆杆；10—转鼓；11—转鼓底；12—拦液板；13—机盖；14—制动手柄；15—外壳；16—轴承座；17—主轴

这种离心机具有结构简单，操作平稳，占地面积小等优点。适用于过滤周期较长，处理量不大，滤渣要求含液量较低的生产过程，过滤时间可根据滤渣湿含量的要求灵活控制，所以广泛用于小批量，多品种物料的分离。但由于这种离心机需从上部人工卸除滤饼，劳动强度大。该离心机的转动机构和轴承等都在机身下部，操作检修均不方便，且易因液体漏入轴承而使其受到腐蚀。

3.4　吸收

3.4.1　吸收及其在化工生产中的应用

使混合气体与适当的液体接触，气体中的一个或几个组分便溶解于该液体内而形成溶液，不能溶解的组分则保留在气相之中，于是原混合气体的组分得以分离。这种利用各组分溶解度不同而分离气体混合物的操作称为吸收。被液体吸收的组分称为溶质或吸收质（A），难溶性组分称为惰性组分（B），而用于吸收的液体则称为溶剂或吸收剂（S）。在吸收过程中，吸收质由气相扩散传递进入液相，这种借扩散进行物质传递的过程称为传质过程。除吸收外，蒸馏、萃取、吸附、干燥等过程，也都属于传质过程。传质过程是化学工程的重要研究领域之一。吸收的逆过程，即从溶液中把吸收质脱除的过程称为解吸（或脱吸）。图 3-17 为用洗油净化焦炉煤气的吸收与解吸流程图。

吸收与解吸流程图

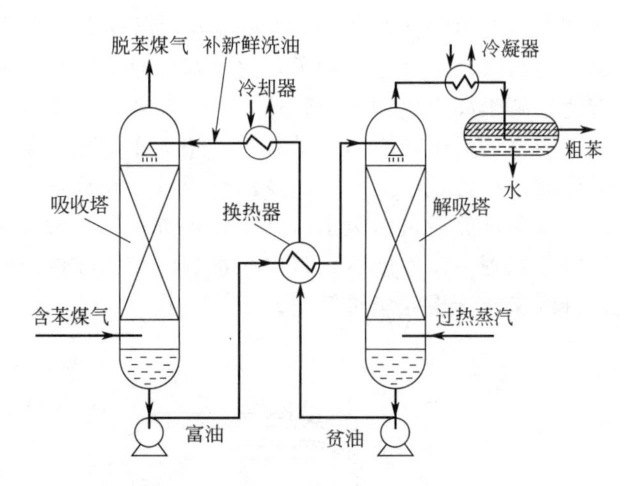

图 3-17　吸收与解吸流程

在吸收过程中，如果溶质与溶剂之间不发生显著的化学反应，则称为物理吸收，例如，用水吸收二氧化硫或氨，用洗油吸收焦炉气中的芳烃等。如果溶质与溶剂发生显著的化学反应，则称为化学吸收，例如，用硫酸吸收氨，用碱液吸收二氧化碳等。

若混合气体中只有一个组分进入液相，则称为单组分吸收，例如，用铜氨液吸收合成氨原料气中的一氧化碳。如果混合气体中有两个或更多个组分进入液相，则称为多组分吸收，例如，用洗油处理焦炉气时，苯、甲苯、二甲苯等几种组分都在洗油中有显著的溶解度。

气体溶解于液体之中，常伴随着热效应，当发生化学反应时，还会有反应热，从而使液相温度逐渐升高，这样的吸收过程称为非等温吸收。但若热效应很小，或被吸收的组分在气相中浓度很低而吸收剂的用量相对很大时，温度升高并不显著，可认为是等温吸收。如果吸收设备散热良好，能及时引出热量而维持液相温度大体不变，自然也应按等温吸收处理。

本章只着重讨论单组分、等温的物理吸收过程。非等温、多组分、化学吸收不作介绍，可参考有关书籍。

吸收是化学工业中广泛应用的单元操作之一，主要用来达到下述几种目的。

① 吸收气体中的物质制取液体产品。例如，用硫酸溶液吸收三氧化硫制取浓硫酸，用水吸收甲醛氧化反应气中的甲醛制取福尔马林（甲醛溶液）等。

② 除去气体混合物中的无用组分或有害成分。例如，合成氨原料气中的脱硫（脱除原料气中含有的硫化氢及其他硫化物）、铜洗一氧化碳（用醋酸亚铜氨溶液吸收一氧化碳）、水洗二氧化碳（用水吸收二氧化碳）等。

③ 从气体混合物中回收有用组分，减少物料损失。例如，用硫酸吸收焦炉气中的氨，用洗油吸收焦炉气中的芳烃，用液态烃吸收裂解气中的乙烯和丙烯等。

④ 净化气体，保护环境。人们常用吸收的方法除去电厂锅炉尾气中的二氧化硫、生产硝酸尾气中的二氧化氮等，不仅治理了“三废”，而且可以对回收的物质加以综合利用。

吸收剂性能的优劣，往往成为决定吸收操作效果是否良好的关键。在选择吸收剂时，应注意考虑以下几个方面的问题。

① 溶解度。吸收剂对于溶质组分应具有较大的溶解度，这样可以提高吸收速率并减小吸收剂的耗用量。当吸收剂与溶质组分间有化学反应发生时，溶解度可以大大提高，但要循环使用吸收剂，则化学反应必须是可逆的，对于物理吸收也应选择其溶解度随着操作条件改变而有显著差异的吸收剂，以便回收。

② 选择性。吸收剂要在对溶质组分有良好吸收能力的同时，对混合气体中的其他组分却基本上不吸或吸收甚微，否则不能实现有效的分离。

③ 挥发度。操作温度下吸收剂的蒸气压要低，因为离开吸收设备的气体往往为吸收剂蒸气所饱和，吸收剂的挥发度愈高，其损失量便愈大。

④ 黏性。操作温度下吸收剂的黏度要低，这样可以改善吸收塔内的流动状况从而提高吸收速率，且有助于降低泵的功耗，还能减小传热阻力。

⑤ 其他。所选用的吸收剂还应尽可能无毒性，无腐蚀性，不易燃，不发泡，冰点低，价廉易得，并具有化学稳定性。

3.4.2 气体在液体中的溶解相平衡

3.4.2.1 溶解平衡与溶解度

（1）物理吸收过程的气液相平衡 在一定的温度和压力下，当混合气体可吸收组分与液相（吸收剂）接触时，则部分吸收质向吸收剂进行质量传递（吸收过程），同时也发生液相中吸收质组分向气相逸出的质量传递过程（解吸过程）。刚开始接触时，吸收过程是主要的，随着溶液中吸收质浓度的不断增大，吸收速率会不断减慢，而解吸速率会不断增加，最终吸收过程的传质速率等于解吸过程的传质速率，气液两相就达到了动态平衡，简称相平衡。这时气相中的吸收质分压称为平衡分压，所溶解的吸收质在液相中的含量称为溶解度，常定义为每100kg溶剂中溶解气体的千克数。溶解度与气体和溶剂的性质有关，并随温度和溶质气体的分压变化而不同。溶质组分在两相中的组成服从相平衡关系。

在恒定温度下，将溶质在气液相平衡状态下的组成关系用曲线形式表示，称为溶解度曲线。图3-18～图3-20分别列出了不同温度下氨、二氧化硫和氧气在水中的溶解度曲线。

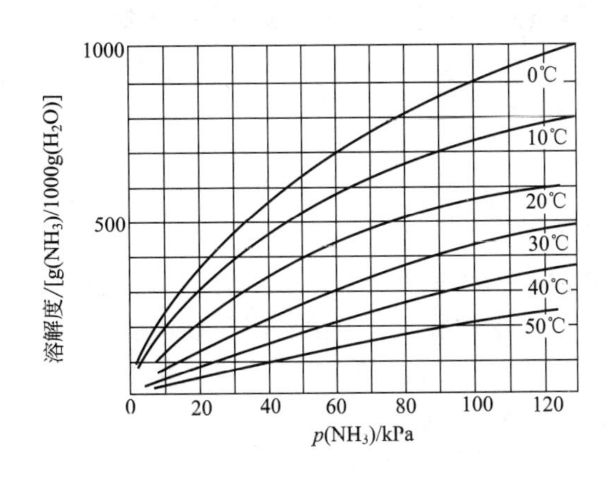

图3-18 NH_3 在水中的溶解度曲线

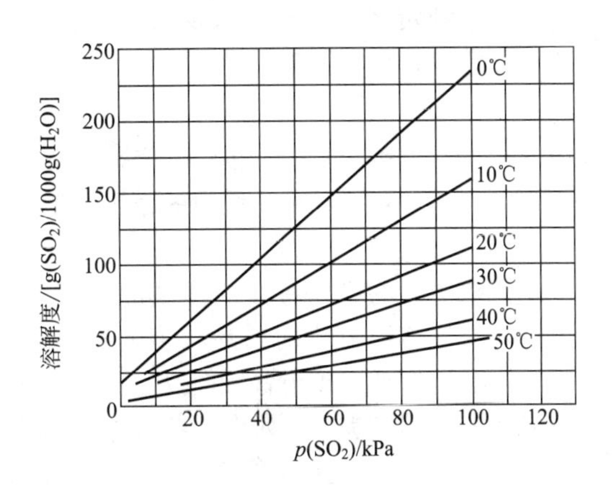

图3-19 SO_2 在水中的溶解度曲线

对图 3-18～图 3-20 分析可知：①溶质在水中的溶解度均随分压增加而增大，随温度升高而减小，这是气体在液体中溶解度变化的一般趋势；②加压和降温对吸收操作有利，升温和减压则有利于解吸过程；③一定温度下，对应于同样浓度的溶液，易溶气体（如氨气）的分压小，难溶气体（如氧气）的分压大，即欲获得同一浓度的溶液，对易溶气体所需分压低，对难溶气体所需分压高。

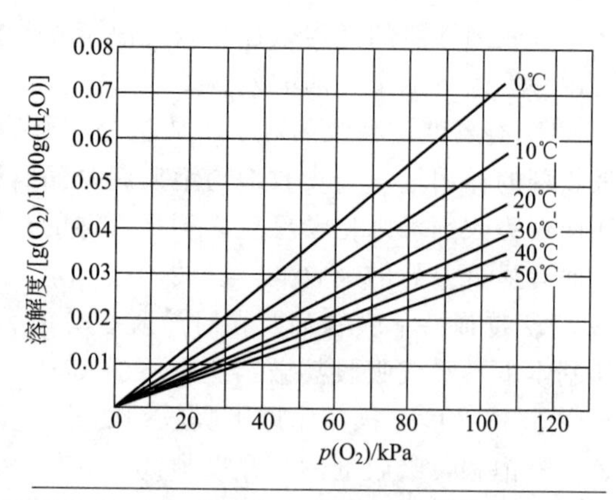

图 3-20 O_2 在水中的溶解度曲线

（2）化学吸收过程的气液相平衡　在吸收过程中，若溶于液体中的吸收质与吸收剂发生了化学反应，则被吸收组分在气液两相的平衡关系同时满足相平衡关系和化学平衡关系。设溶质 A 与溶液中的 B 组分可发生化学反应，产生 C 和 D，因同时满足相平衡和化学平衡，所以可用下式表示：

$$a\mathrm{A(g)} \xrightleftharpoons{\text{相平衡}} a\mathrm{A(l)}$$

$$a\mathrm{A(l)}+b\mathrm{B} \xrightleftharpoons{\text{化学平衡}} c\mathrm{C}+d\mathrm{D}$$

则
$$K=\frac{[\mathrm{C}]^c[\mathrm{D}]^d}{[\mathrm{A}]^a[\mathrm{B}]^b}$$

故
$$[\mathrm{A}]=\left\{\frac{[\mathrm{C}]^c[\mathrm{D}]^d}{K[\mathrm{B}]^b}\right\}^{\frac{1}{a}}$$

式中　K——化学平衡常数；

$[\mathrm{A}],[\mathrm{B}],[\mathrm{C}],[\mathrm{D}]$——各组分的平衡浓度；

a,b,c,d——各组分的化学计量系数。

在化学吸收中，组分 A 在液相中的总浓度等于与 B 组分反应消耗量与保持相平衡溶解的量之和。且组分 A 与 B 组分反应消耗的量远大于保持相平衡而溶解的量。

3.4.2.2 亨利定律

（1）亨利定律　亨利定律表明，稀溶液上方溶质的平衡分压与其在液相中的摩尔分数成正比。数学表达式为

$$p_{\mathrm{A}}^{*}=Ex_{\mathrm{A}} \tag{3-16}$$

式中　p_{A}^{*}——溶质 A 在气相中的平衡分压，kPa；

x_{A}——溶质 A 在液相中的摩尔分数，量纲一的量；

E——亨利系数，kPa。

E 值取决于物系的特性及体系的温度。溶质或溶剂不同，体系不同，E 也就不同。E 的大小表示气体被吸收的难易程度，E 值大，气体难于被吸收；反之，则易被吸收。对于一定的体系，E 随温度升高而加大。一些气体在不同溶剂中的亨利系数 E 可从化工手册及有关书刊中查到。表 3-1 列出一些气体在水中的 E 值。

（2）亨利定律的其他形式　由于气、液相中溶质 A 的组成有各种不同表示形式，因此亨利定律还可以表示成式(3-17)、式(3-18) 和式(3-19) 等三种常见形式。

$$p_{\mathrm{A}}^{*}=\frac{c_{\mathrm{A}}}{H} \tag{3-17}$$

式中　p_A^*——溶质A在气相中的平衡分压，kPa；

c_A——溶质A在溶液中的浓度，$kmol/m^3$；

H——溶解度系数，$kmol/(m^3 \cdot kPa)$。

与E相反，H愈大，溶解度愈大，吸收质愈容易被溶剂吸收。溶解度系数H随温度升高而减小。

H与E之间的换算关系为：$E=\frac{1}{H}\frac{\rho_0}{M_0}$

式中　M_0——溶剂的摩尔质量，kg/kmol；

ρ_0——溶剂的密度，kg/m^3。

$$y_A^*=mx_A \tag{3-18}$$

式中　y_A^*——溶质A在气相中的平衡摩尔分数；

m——相平衡常数，量纲一的量；

x_A——溶质A在液相中的摩尔分数，量纲一的量。

表3-1　一些气体水溶液在不同温度下的亨利系数

气体	温度/℃															
	0	5	10	15	20	25	30	35	40	45	50	60	70	80	90	100
	$E\times10^{-6}$/kPa															
H_2	5.87	6.16	6.44	6.70	6.92	7.16	7.39	7.52	7.61	7.70	7.75	7.75	7.71	7.65	7.61	7.55
N_2	5.35	6.05	6.77	7.48	8.15	8.76	9.36	9.98	10.5	11.0	11.4	12.2	12.7	12.8	12.8	12.8
空气	4.38	4.94	5.56	6.15	6.73	7.30	7.81	8.34	8.82	9.23	9.59	10.2	10.6	10.8	10.9	10.8
CO	3.57	4.01	4.48	4.95	5.43	5.88	6.28	6.68	7.05	7.39	7.71	8.32	8.57	8.57	8.57	8.57
O_2	2.58	2.95	3.31	3.69	4.06	4.44	4.81	5.14	5.42	5.70	5.96	6.37	6.72	6.96	7.08	7.10
CH_4	2.27	2.62	3.01	3.41	3.81	4.18	4.55	4.92	5.27	5.58	5.85	6.34	6.75	6.91	7.01	7.10
NO	1.71	1.96	2.21	2.45	2.67	2.91	3.14	3.35	3.57	3.77	3.95	4.24	4.44	4.54	4.58	4.60
C_2H_6	1.28	1.57	1.92	2.90	2.66	3.06	3.47	3.88	4.29	4.69	5.07	5.72	6.31	6.70	6.96	7.01
	$E\times10^{-5}$/kPa															
C_2H_4	5.59	6.62	7.78	9.07	10.3	11.6	12.9	—	—	—	—	—	—	—	—	—
N_2O	—	1.19	1.43	1.68	2.01	2.28	2.62	3.06	—	—	—	—	—	—	—	—
CO_2	0.738	0.888	1.05	1.24	1.44	1.66	1.88	2.12	2.36	2.60	2.87	3.46	—	—	—	—
C_2H_2	0.73	0.85	0.97	1.09	1.23	1.35	1.48	—	—	—	—	—	—	—	—	—
Cl_2	0.272	0.334	0.399	0.461	0.537	0.604	0.669	0.74	0.80	0.86	0.90	0.97	0.99	0.97	0.96	—
H_2S	0.272	0.319	0.372	0.418	0.489	0.552	0.617	0.686	0.755	0.825	0.689	1.04	1.21	1.37	1.46	1.50
	$E\times10^{-4}$/kPa															
SO_2	0.167	0.203	0.245	0.294	0.355	0.413	0.485	0.567	0.661	0.763	0.871	1.11	1.39	1.71	2.01	—

m和E之间的换算关系为　$m=\frac{E}{p}$

式中　p——系统的总压，kPa。

$$Y_A^*=\frac{mX_A}{1+(1-m)X_A} \tag{3-19}$$

式中　Y_A^*——摩尔比，即A对B的物质的量之比，$Y=\frac{\text{气相中溶质A的物质的量}}{\text{气相中惰性气体B的物质的量}}=\frac{y}{1-y}$；

X_A——摩尔比，即A对S的物质的量之比，$X=\frac{\text{液相中溶质A的物质的量}}{\text{液相中溶剂S的物质的量}}=\frac{x}{1-x}$；

m——相平衡常数，量纲一的量。

对于稀溶液，X_A 值很小，可得气液平衡关系表达式为

$$Y_A^* = mX_A \tag{3-19a}$$

相平衡常数 m 也是由实验测得，由 m 值可以判断其气体组分的溶解度大小。m 值愈大，表明该吸收质的溶解度愈小。p 值随总压的升高，温度的降低而减小。因此，较高的压力和较低的温度对吸收是有利的；反之，则对解吸有利。

在吸收过程中常假定惰性气体不进入液相，溶剂也没有显著的汽化现象。因而在吸收塔的任一截面上惰性气体与溶剂的摩尔流量均不发生变化，故在计算中，常以惰性气体和溶剂的量为基准，故式(3-19) 和式(3-19a) 在吸收的计算中应用最多。

以上各式中的亨利系数 E，溶解度系数 H 和相平衡常数 m 均由实验测得。一般物理化学手册或化工手册中只列出亨利系数 E，其他的常数可由查得的 E 按有关公式换算得到。对于不遵循亨利定律的气体，为满足工程上的需要，通常通过实验测定不同条件下的吸收系数，求得气液平衡数据，将其列表、绘图以备实际应用。

【例 3-2】 从手册中查得 101.3kPa、25℃，若 1000 kg 水中含 10 kg 氨，则此时溶液上方的氨气平衡分压为 0.987kPa。已知在此浓度范围内溶液服从亨利定律。试求溶解度系数 H、亨利系数 E 和相平衡常数 m。

解　由题设条件得

$$x_A = \frac{n_A}{n_A + n_B} = \frac{10/17}{10/17 + 1000/18} = 0.0105$$

$$y_A^* = \frac{p_A^*}{p} = \frac{0.987}{101.3} = 0.0097$$

由亨利定律得：

$$m = \frac{y_A^*}{x_A} = \frac{0.0097}{0.0105} = 0.9279$$

$$E = mp = 0.9279 \times 101.3 = 94(\text{kPa})$$

因为

$$c_A = \frac{n_A}{V} = \frac{n_A}{(m_A + m_S)/\rho_S} = \frac{10/17}{(10+1000)/1000} = 0.5823(\text{kmol/m}^3)$$

所以

$$H = \frac{c_A}{p_A^*} = \frac{0.5823}{0.987} = 0.5900[\text{kmol/(m}^3 \cdot \text{kPa)}]$$

3.4.2.3　相平衡在吸收中的应用

(1) 用相平衡关系判断过程的方向　当气、液两相接触时，可用气液相平衡关系确定一相与另一相组成相平衡的组成，将其与此相的实际组成比较，便可判断过程的方向，即是吸收还是解吸。

【例 3-3】 在 101.3kPa、20℃时，稀氨水的气液相平衡关系为 $y_A^* = 0.94x_A$。若有含氨 0.094（摩尔分数，下同）的混合气和组成为 $x_A = 0.05$ 的氨水接触，试确定过程的方向。

解　与 $x_A = 0.05$ 的稀氨水相平衡的气相组成为：

$$y_A^* = 0.94x_A = 0.94 \times 0.05 = 0.047$$

由于题设的稀氨水气相的实际组成 0.094 大于 0.047。因此，气液两相接触时，氨将从气相转入液相，即吸收。

(2) 计算过程的推动力　平衡是过程的极限，不平衡的气、液两相互相接触时才会发生

气体的吸收或解吸。实际浓度偏离平衡浓度愈远，过程的推动力愈大，过程的速率也愈快。在吸收过程中，把实际状态与平衡状态的偏离程度称为吸收的推动力，常用组成之差表示。如图 3-21 所示，吸收塔 M 截面的气相摩尔分数为 y，液相摩尔分数为 x，实际组成在 y-x 图中用 M 点表示，与 y 平衡的液相摩尔分数为 x^*，与 x 平衡的气相摩尔分数为 y^*，则 $y-y^*$ 为气相摩尔分数差表示的推动力，x^*-x 为液相摩尔分数差表示的吸收推动力。

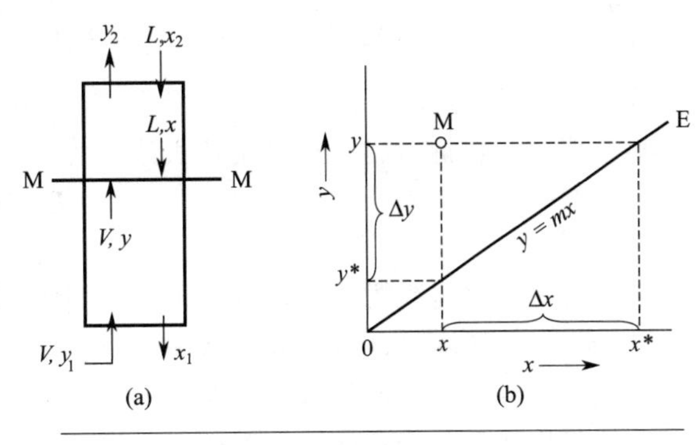

图 3-21　吸收推动力示意图

（3）指明传质过程的极限　平衡状态是溶解过程进行的极限，此时溶液的组成是吸收所能达到的最大组成。对于以净化气体为目的的逆流吸收过程，随着塔高增大，吸收剂用量增加，出口气体中溶质 A 的组成 y_2 将随之降低。但即使塔无限高，吸收剂用量很大，出口气体的组成 y_2 也不会低于吸收剂入口组成 x_2 成平衡的气相组成 y_2^*。

同理，塔底出口的吸收液中溶质 A 的组成 x_1 也有一个最大值：$x_{1\max}=y_1/m$

3.4.3　吸收速率

3.4.3.1　传质基本方式

用液体吸收剂吸收气体中某一组分，是该组分从气相转移到液相的传质过程。它包括三个步骤：①该组分从气相主体传递到气、液两相的界面；②在相界面上溶解而进入液相；③再从液相一侧界面向液相主体传递，即液相内的物质传递。

相内（气相或液相）传质的基本方式有两种，即分子扩散和湍流扩散。当相内部某一组分存在组成差时，因微观的分子热运动使组分从组成高处传递至组成低处的现象称为分子扩散。当流体流动或搅拌时，由于流体质点的相对位移，使组分从组成高处传递至组成低处的现象称为涡流扩散。在流体中的物质传递通常是两种扩散共同作用的结果。

（1）分子扩散与费克定律　如图 3-22 所示的容器中，左侧盛有气体 A，右侧装有气体 B，两侧压力相同。当抽掉其中间的隔板后，气体 A 将借分子运动通过气体 B 扩散到浓度低的右边，同理气体 B 也向浓度低的左边扩散，过程一直进行到整个容器里 A、B 两组分浓度完全均匀为止。这是一个非稳态分子扩散过程。工业生产中，一般为稳态过程。下面讨论稳态条件下双组分物系的分子扩散。扩散过程进行的快慢可用扩散速率来量度。单位面积上单位时间内扩散传递的物质的量，称为扩散速率，以符号 J 表示，单位为 kmol/(m^2·s)。当物质 A 在介质 B 中发生分子扩散时，有

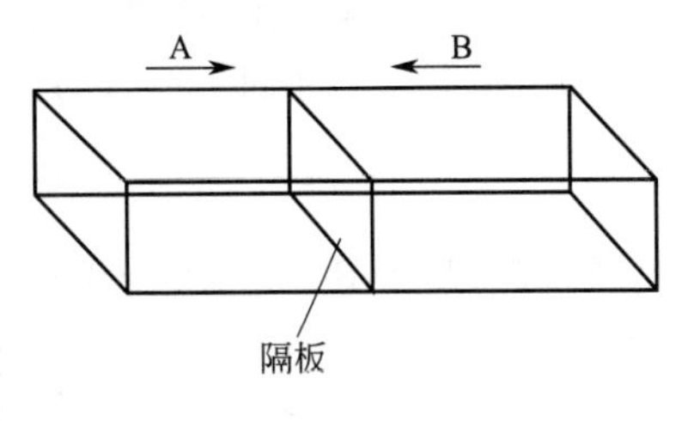

图 3-22　两种气体相互扩散

$$J_A=-D_{AB}\frac{dc_A}{dZ} \tag{3-20}$$

式中　J_A——组分 A 的扩散速率，kmol/(m^2·s)；

$\frac{dc_A}{dZ}$——组分 A 沿扩散方向 Z 上的浓度梯度，$kmol/m^4$。

式(3-20) 称为费克定律。

对于理想气体混合物，费克定律表达式为

$$J_A=-\frac{D_{AB}}{RT}\frac{dp_A}{dZ} \tag{3-21}$$

式中　D_{AB}——比例系数，物质 A 在介质 B 中的分子扩散系数，m^2/s，实测或查取；

p_A——气体混合物中组分 A 的分压力，kPa。

下面讨论等摩尔逆向扩散和单向扩散两种分子扩散的规律。

等摩尔逆向扩散是指两组分扩散的速率相等方向相反的扩散。如图 3-23 所示，有温度和总压均相同的两个大容器，分别充有浓度不同的 A、B 混合气体，中间用直径均匀的细管连通，两容器内装有搅拌器，用以保持气体浓度均匀。其中 $p_{A1}>p_{A2}$，$p_{B1}<p_{B2}$，显然在连通管内将发生分子扩散现象，组分 A 向右扩散，而组分 B 向左扩散。可以认为在 1、2 两截面上，A、B 的分压各自保持不变，故连通管内发生的分子扩散过程是稳定的。

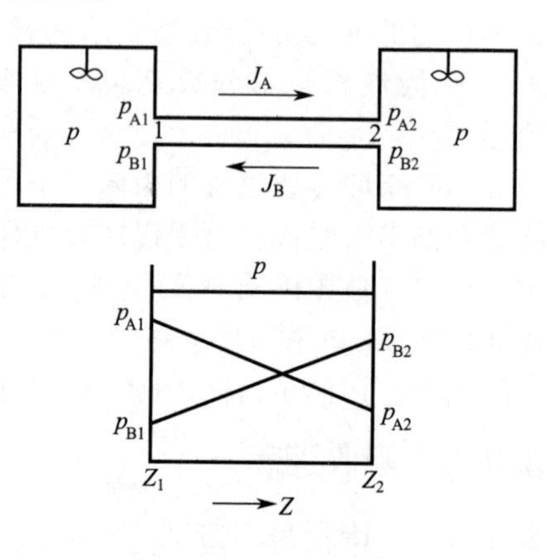

图 3-23　等摩尔逆向扩散

因为两容器中气体总压相同，所以 A、B 两组分相互扩散的物质的量 n_A 与 n_B 必相等，则称为等摩尔逆向扩散。此时，两组分的扩散速率相等，但方向相反。在单纯的等分子反向扩散中，物质 A 的传递速率应等于 A 的扩散速率，即

$$N_A=J_A=-\frac{D_{AB}}{RT}\frac{dp_A}{dZ} \tag{3-22}$$

可以证明

$$D_{AB}=D_{BA}=D \tag{3-23}$$

即于双组分混合物在等摩尔逆向扩散时，组分 A 与组分 B 的分子扩散系数相等，都以 D 表示。则等摩尔逆向扩散时的传质速率方程式为

$$J_A=\frac{D}{RTZ}(p_{A1}-p_{A2})=\frac{D}{Z}(c_{A1}-c_{A2}) \tag{3-24}$$

【例 3-4】在图 3-22 所示的两个容器中，分别装有浓度不同的 NH_3 和 N_2 两种气体的混合物。连通管长 0.61m，内径 24.4m，系统的温度为 25℃，压强为 101.3kPa。左侧容器内 NH_3 的分压为 20kPa，右侧容器内 NH_3 的分压为 6.67kPa。已知在 25℃、101.3kPa 条件下 NH_3-N_2 的扩散系数为 $2.30\times10^{-5}m^2/s$。试求：①单位时间内自容器 1 向容器 2 传递的 NH_3 量，kmol/s；②连通管内距截面 1 处 0.305m 处 NH_3 的分压，kPa。

解　① 根据题意，应按等摩尔逆向扩散计算传质速率，所以

$$N_A=\frac{D}{RTZ}(p_{A1}-p_{A2})=\frac{2.30\times10^{-5}}{8.314\times298\times0.61}\times(20-6.67)=2.03\times10^{-7}kmol/(m^2\cdot s)$$

且由已知条件知

$$A=\frac{\pi}{4}d^2=\frac{\pi}{4}\times0.0244^2=4.86\times10^{-4}(m^2)$$

所以，单位时间内自容器 1 向容器 2 传递的 NH_3 量为

$$N_A A = 2.03\times10^{-7}\times4.68\times10^{-4} = 9.50\times10^{-11}(\mathrm{kmol/s})$$

② 因传递过程处于稳定状态，故连通管各截面上单位时间内传递的 NH_3 量是相等的。设距截面 1 处 0.305m 处 NH_3 的分压为 p'_{A2}，则有

$$N_A = \frac{D}{RTZ'}(p_{A1} - p'_{A2})$$

所以，连通管内距截面 1 处 0.305m 处 NH_3 的分压为

$$p'_{A2} = p_{A1} - \frac{N_A RTZ'}{D} = 20 - \frac{2.03\times10^{-7}\times8.314\times298\times0.305}{2.30\times10^{-5}} = 13.3(\mathrm{kPa})$$

单向扩散，又称组分 A 通过静止组分 B 的扩散。如图 3-24 所示，有 A、B 双组分气体混合物与液体溶剂接触，组分 A 溶解于液相，组分 B 不溶于液相。在气液界面附近的气相中，有组分 A 向液相溶解，其浓度降低，分压力减小。因此，在气相主体与气相界面之间产生分压力梯度，则组分 A 从气相主体向界面扩散。同时，界面附近的气相总压力比气相主体的总压力稍低，将有 A、B 混合气体从主体向界面移动，称为整体移动。图 3-24 中，N_{AM} 和 N_{BM} 为整体移动中组分 A 和组分 B 的传递速率，单位为 $\mathrm{kmol/(m^2 \cdot s)}$。

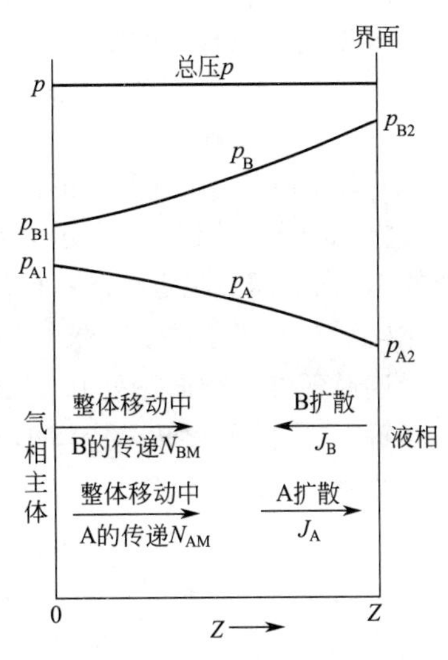

图 3-24　单向扩散

组分 B，在界面附近不被液相吸收，还随整体移动从气相主体向界面附近传递。因此，界面处组分 B 的浓度增大。在总压力恒定的条件下，因界面处组分 A 的分压减小，则组分 B 的分压必增大，则在界面与主体之间产生组分 B 的分压梯度，会有组分 B 从界面向主体扩散。而从主体向界面的整体移动所携带的 B 组分，其传递速率以 N_{BM} 表示。J_B 与 N_{BM} 两者数值相等，方向相反，表观上没有组分 B 的传递，即

$$J_B = -N_{BM} \tag{3-25}$$

对组分 A 来说，其扩散方向与气体整体移动方向相同，所以与等摩尔逆向扩散时比较，组分 A 的传递速率较大。其传质速率方程式为

$$N_A = -\frac{D}{RT}\left(1+\frac{p_A}{p_B}\right)\frac{\mathrm{d}p_A}{\mathrm{d}Z} \tag{3-26}$$

若总压力 $p = p_A + p_B$，则

$$N_A = -\frac{D}{RT}\frac{p}{p_A - p_B}\frac{\mathrm{d}p_A}{\mathrm{d}Z} \tag{3-27}$$

对于稳态吸收过程，N_A 为定值。操作条件一定时，D、p、T 均为常数，所以可得

$$N_A = \frac{Dp}{RTZ}\ln\frac{p-p_{A2}}{p-p_{A1}} \tag{3-28}$$

因 $p = p_{A1} + p_{B1} = p_{A2} + p_{B2}$，故有

$$N_A = \frac{Dp}{RTZ}\frac{p_{A1}-p_{A2}}{p_{B2}-p_{B1}}\ln\frac{p_{B2}}{p_{B1}} \tag{3-29}$$

若令 $p_{Bm}=\dfrac{p_{B2}-p_{B1}}{\ln\dfrac{p_{B2}}{p_{B1}}}$，则

$$N_A=\frac{D}{RTZ}\frac{p}{p_{Bm}}(p_{A1}-p_{A2}) \tag{3-30}$$

此式称为单向扩散时的传质速率方程式。

式中　p_{Bm}——组分B压力的对数平均值。

与等摩尔逆向扩散相比，在单向扩散中，组分A的传递速率 N_A 较等摩尔逆向扩散时的扩散速率 J_A 大。这是因为在单方向扩散时除了有分子扩散，还有混合物的整体移动。

根据气体混合物的浓度 c 与压力 p 的关系 $c=p/RT$，可求得

$$N_A=\frac{D}{Z}\frac{c}{c_{Bm}}(c_{A1}-c_{A2}) \tag{3-31}$$

式(3-31) 也适用于液相。

【例 3-5】 在图 3-23 所示的两个容器中，若设法改变条件，使连通管中发生 NH_3 通过停滞的 N_2 向截面 2 稳定扩散，且保持截面 1、2 上 NH_3 的分压、系统的温度及压力仍与例 3-4 中相同。在上述条件下，求：(1) 单位时间内自容器 1 向容器 2 传递的 NH_3 量，kmol/s；(2) 连通管内距截面 1 处 0.305m 处 NH_3 的分压，kPa。

解 (1) 由题意知，应按单向扩散计算传质速率。

$$p_{B2}=p-p_{A2}=101.3-6.67=94.6(\text{kPa})$$

$$p_{B1}=p-p_{A1}=101.3-20=81.3(\text{kPa})$$

$$p_{Bm}=\frac{p_{B2}-p_{B1}}{\ln\dfrac{p_{B2}}{p_{B1}}}=\frac{94.6-81.3}{\ln\dfrac{94.6}{81.3}}=87.8(\text{kPa})$$

由例 3-4 可知

$$\frac{D}{RTZ}(p_{A1}-p_{A2})=2.03\times10^{-7}\text{kmol/(m}^2\cdot\text{s)}$$

所以

$$N_A=\frac{D}{RTZ}\frac{p}{p_{Bm}}(p_{A1}-p_{A2})=2.03\times10^{-7}\times\frac{101.3}{87.8}=2.34\times10^{-7}[\text{kmol/(m}^2\cdot\text{s)}]$$

故
$$N_AA=2.03\times10^{-7}\times4.68\times10^{-7}=10.95\times10^{-11}(\text{kmol/s})$$

(2) 设 p'_{A2}、p'_{B2} 分别为连通管内距 1 截面 0.305m 处 2 截面的 NH_3 的分压、N_2 的分压，p'_{Bm} 为截面 1、2′处 N_2 分压的对数平均值，则

$$N_A=\frac{D}{RTZ'}\frac{p}{p'_{Bm}}(p_{A1}-p'_{A2})$$

故
$$\frac{p_{A1}-p'_{A2}}{p'_{Bm}}=\frac{N_ARTZ'}{Dp}$$

将式子左边化简，可得

$$\ln\frac{p'_{B2}}{p_{B1}}=\frac{p_{A1}-p'_{A2}}{p'_{Bm}}=\frac{2.34\times10^{-7}\times8.314\times298\times0.305}{2.30\times10^{-5}\times101.3}=7.59\times10^{-2}$$

且
$$p_{B1}=p-p_{A1}=101.3-20=81.3(\text{kPa})$$

所以
$$p'_{B2}=87.8\text{kPa}$$

$$p'_{A2}=p-p'_{B2}=101.3-87.8=13.5(\mathrm{kPa})$$

即连通管内距截面 1 处 0.305m 处 NH_3 的分压为 13.5kPa。

分子扩散系数简称扩散系数，是物质的物性常数之一，它是表示物质在均匀介质中的扩散能力。由前面内容可知，扩散系数 D 的物理意义是：在沿扩散方向单位距离内，扩散组分浓度降低一个单位时，单位时间内通过单位面积的物质量，其单位为 m^2/s 或 cm^2/s。影响扩散系数的因素有以下几个方面。

① 扩散组分本身的性质。如氧在空气中的 D 为 $0.206cm^2/s$，乙醇在空气中的 D 为 $0.119cm^2/s$。

② 扩散组分所在介质的性质。如氨在空气中的 D 为 $0.236cm^2/s$，在水中的 D 为 $0.176\times10^{-4}cm^2/s$。

③ 温度。温度升高，扩散系数增大。

④ 压力。压力对物质在液体中的扩散系数的影响小，在气体中的影响大。

⑤ 组成。在液体中浓度对扩散系数的影响大，在气体中影响小。

扩散系数一般由实验确定。常见物质的扩散系数可从有关手册中查得，表 3-2 和表 3-3 为几种常见物质在空气中和溶剂中的扩散系数。在无实验数据的条件下，可借助某些经验或半经验的公式进行估算。

表 3-2　298K，101.3kPa 下蒸气与气体在空气中的扩散系数

物　质	$D/(cm^2/s)$	物　质	$D/(cm^2/s)$
氨	0.236	乙醇	0.119
二氧化硫	0.164	丙醇	0.100
氢	0.410	丁醇	0.090
氧	0.206	戊醇	0.070
水	0.256	己醇	0.059
二硫化碳	0.107	甲酸	0.159
乙醚	0.098	乙酸	0.133
甲醇	0.159	丙酸	0.099

表 3-3　293K 时溶质在溶剂中的扩散系数

溶　质	溶　剂	$D\times10^5/(cm^2/s)$	溶　质	溶　剂	$D\times10^5/(cm^2/s)$
O_2	水	1.80	乙酸	水	0.88
CO_2	水	1.50	甲醇	水	1.28
NH_3	水	1.76	乙醇	水	1.00
Cl_2	水	1.22	乳糖	水	0.43
Br_2	水	1.2	葡萄糖	水	0.60
H_2	水	5.13	氯化钠	水	1.35
N_2	水	1.64	三氯甲烷	乙醇	1.23
HCl	水	2.64	酚	苯	1.54
H_2S	水	1.41	三氯甲烷	苯	2.11
H_2SO_4	水	1.73	乙酸	苯	1.92
HNO_3	水	2.60	丙酮	水	1.16

物质在液相中的扩散与在气相中的扩散同样具有重要的意义。一般情况下，液相中的扩散速率远远小于气相中的扩散速率，即液体中发生扩散时分子定向运动的平均速率更慢。就数量级而言，物质在气相中的扩散系数较在液相中的扩散系数约大 10^5 倍。但由于液体的密度一般比气体大得多，因而就物质浓度及浓度梯度而言，液相中的可远远高于气相中的。所

以在一定条件下，气液两相仍可达到相同的扩散通量。

(2) 单相内的对流传质 前面介绍的分子扩散现象，存在于静止流体或层流流体中。在化学工程领域里的传质操作多发生流体湍流的情况，此时的对流传质就是湍流主体与相界面之间的涡流扩散和分子扩散两种传质作用的总和。由于对流传质与对流传热过程类似，所以可采用与处理对流传热问题类似的方法来处理对流传质问题。下面以湿壁塔的吸收过程说明单相内的对流传质现象。

如图 3-25 所示，在一吸收塔内，吸收剂自上而下，沿管内壁成液膜状流动，混合气体自下而上流过液体表面，两流体作逆流流动，互相接触而传质，这种设备称为湿壁塔。把塔的一小段表示在图 3-25(a) 上，分析任意截面上气相浓度的变化，在图 3-25(b) 上横轴表示离开相界面的扩散距离 Z，纵轴表示此截面上的分压 p_A。

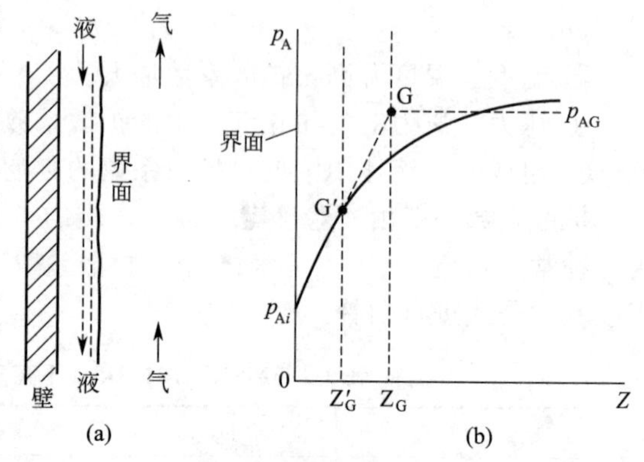

图 3-25 传质的有效层流膜层

气体呈湍流流动，但靠近两相界面处仍有一层层流膜，厚度以 Z'_G 表示，湍流程度愈强烈，则 Z'_G 愈小，层流膜以内为分子扩散，层流膜以外为涡流扩散。

溶质 A 自气相主体向界面转移时，由于气体作湍流流动，旋涡的混合作用使气相主体内溶质的分压趋于一致，分压线几乎为水平线，靠近层流膜层时才略向下弯曲。在层流膜层内，没有涡流溶质，只能靠分子扩散而转移，需要较大的分压差才能克服扩散阻力，所以分压迅速下降。这种分压变化曲线与对流传热中的温度变化曲线相似，仿照对流传热的处理方法，将层流膜以外的涡流扩散折合为通过一定厚度的静止气体的分子扩散。气相主体的平均分压用 p_{AG} 表示。若将层流膜内的分压梯度线段 $\overline{p_{Ai}G'}$ 延长与分压线 p_{AG} 相交于 G 点，G 与相界面的垂直距离为 Z_G。这样，可以认为由气相主体到界面的对流扩散速率等于通过虚拟膜的分子扩散速率。厚度为 Z_G 的膜层称为有效层流膜或虚拟膜。

上述处理对流传质速率的方式，实质上是把单相内的传质阻力看作为全部都集中在一层虚拟的流体膜层内，这种处理方式是膜模型的基础。

根据上述的膜模型，将液体的对流传质折合成虚拟膜的分子扩散，则由前面公式(3-30)，可得图 3-25 中的气相对流传质速率方程式

$$N_A=\frac{Dp}{RTZ_G p_{Bm}}(p_{AG}-p_{Ai}) \tag{3-32}$$

式(3-32) 中的虚拟膜厚度 Z_G 实际上不能直接计算，也难于测量。但在一定的流动状态下，Z_G 是定值；对于一定的物系，D 为定值；操作条件一定时，p、T、p_{Bm} 亦为定值。

若令
$$k_G=\frac{Dp}{RTZ_G p_{Bm}}$$

则得
$$N_A=k_G(p_{AG}-p_{Ai})$$

若省去公式中 p_{AG} 的下标 G 及 p_{Ai} 的下标 A，上式可写为

$$N_A=k_G(p_A-p_i) \tag{3-33}$$

式中 N_A——气相对流传质速率，$\text{kmol}/(\text{m}^2\cdot\text{s})$；

k_G——气膜传质系数，或称气相传质分数，$\text{kmol}/(\text{m}^2\cdot\text{s}\cdot\text{kPa})$；

$p_A - p_i$——溶质 A 在气相主体与界面间的分压差，kPa。

式(3-33) 称为气相传质速率方程式。同理，得液相传质速率方程式

$$N_A = k_L(c_i - c_A) \tag{3-34}$$

式中　N_A——液相对流传质速率，kmol/(m^2·s)；

k_L——液膜传质系数，或称液相传质分系数，kmol/[m^2·s·(kmol/m^3)] 或 m/s；

$c_i - c_A$——溶质 A 在界面与液相主体间的浓度差，kmol/m^3。

3.4.3.2　吸收机理

气体吸收是一种复杂的相际传质过程，在此传递的全过程中，气相中的溶质首先从气相主体传递到两相界面，通过界面再溶到液相中，最后从两相界面的液体中传递到液相主体中。两相界面处的气、液两相是平衡问题，而气、液两相内则是单相中的扩散问题。图 3-26 所示为气、液两相之间物质传递过程及其浓度分布示意图。

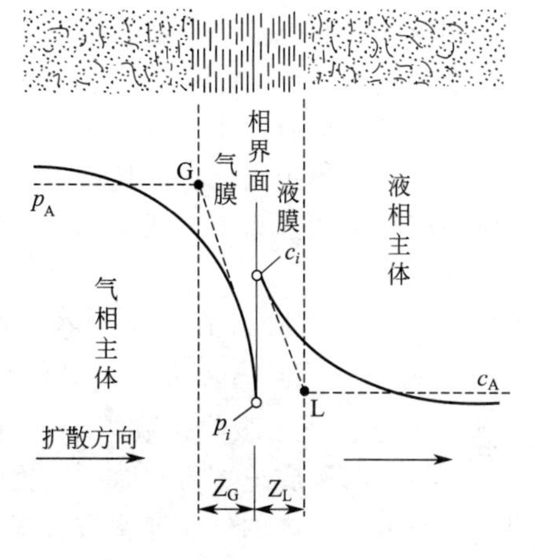

图 3-26　双膜理论示意图

与热量由热流体传到冷流体的过程相似，为求得吸收速率就必须搞清楚溶质在气相和液相中的传递以及界面的情况。但在吸收设备中，气、液两相通常呈湍流，溶质从高浓度处传向低浓度处，不仅有分子扩散，而且还有涡流扩散（合称为对流扩散）。对流扩散不仅与物性参数有关，而且还和操作参数（如流速、系统压力和温度）以及设备特性有关。而且气液传质过程中两相界面的情况也不是固定的。对于如此复杂的情况，相际物质传递过程的传质速率方程，仍需根据简化的物理模型来建立。最为实用的模型是 1923 年惠特曼（Whitman）提出来的双膜理论。双膜理论的基本论点如下。

① 相互接触的气、液两流体间存在有稳定的相界面，界面两侧分别有一层虚拟膜。溶质组分以稳态的分子扩散通过这两层膜；

② 在相界面处，气、液两相一经接触就达到平衡，即 $p_i = c_i/H$，界面上无传质阻力；

③ 在液层以外，气、液流体都充分湍动，组成均一，溶质在每一相内的传质阻力都集中于虚拟膜内。

双膜理论把复杂的相际传质过程归结为经由两个流体虚拟膜层的分子扩散过程，而相界面处及两相主体中均有传质阻力存在。这样整个传质过程的阻力便全部集中在两个虚拟膜层里。在两相主体浓度一定的情况下，两膜的阻力便决定了传质速率的大小。因此，双膜理论也可称为双阻力理论。

双膜理论用于描述具有固定相界面的系统及速率不太高的两流体间的传质过程，与实际情况是大体符合的。按照这一理论的基本概念所确定的传质速率关系，至今仍是传质设备设计计算的主要依据，这一理论对于生产实践发挥了重要的指导作用。但是对于不具有固定相界面的多数传质设备，虚拟膜的设想不能反映传质过程的实际机制。在此情况下，它的几项基本假设都很难成立，根据这一理论作出的某些推断自然与实验结果不甚相符。

3.4.3.3　吸收速率方程式

要计算执行指定的吸收任务所需设备的尺寸，或核算混合气体通过指定设备所能达到的吸收程度，都需知道吸收速率。所谓吸收速率即指单位相际传质面积上单位时间内吸收的质

量。表明吸收速率与吸收推动力之间关系的数学式即为吸收速率方程式。

对于吸收过程的速率关系，也可赋予“速率＝推动力/阻力”的形式，其中的推动力可用组成差表示，吸收阻力的倒数称为吸收系数。因此吸收速率关系又可写成“吸收速率＝吸收系数×推动力”的形式。

对于稳定操作，吸收设备内任一截面处，相界面两侧的气、液膜层中的传质速率应是相同的，并且等于吸收速率。即其中任何一侧有效膜中的传质速率都能代表该部位上的吸收速率。单独根据气膜或液膜的推动力及阻力写出的速率关系式称为气膜或液膜吸收速率方程式，相应的吸收系数称为膜系数或分系数，用 k 表示。吸收中的膜系数 k 与传热中的对流传热系数 α 相似。

（1）气膜吸收速率方程式　依据前面介绍可知，由气相主体到相界面的对流传质速率方程式，即气相虚拟膜层内的传质速率方程式为式(3-33)。若气相的组成以摩尔分数表示时，相应的气膜吸收速率方程式变为

$$N_A=k_y(y_A-y_i) \tag{3-35}$$

式中　y_A——溶质 A 在气相主体中的摩尔分数；

y_i——溶质 A 在相界面处的摩尔分数；

k_y——气膜吸收系数，kmol/(m^2・s)。

（2）液膜吸收速率方程式　前面已介绍了由相界面到液相主体的对流传质速率方程式，即液相虚拟膜层内的传质速率方程式(3-34)。当液相的组成以摩尔分数表示时，相应的液膜吸收速率方程式变为

$$N_A=k_x(x_i-x_A) \tag{3-36}$$

式中　x_A——溶质 A 在液相主体中的摩尔分数；

x_i——溶质 A 在相界面处的摩尔分数；

k_x——液膜吸收系数，kmol/(m^2・s)。

（3）界面浓度　吸收速率方程式中的推动力，就是某一相主体浓度与界面浓度之差。要使用膜吸收速率方程，就必须解决如何确定界面浓度的问题。根据双膜理论，界面处的气、液浓度符合平衡关系；同时，在稳定状况下，气液两膜中的传质速率应当相等。因此在两相主体浓度及两膜吸收系数已知的情况下，便可依据界面处的平衡关系来确定界面处的气液浓度，进而确定传质过程的速率。由于

$$N_A=k_G(p_A-p_i)$$

$$N_A=k_L(c_i-c_A)$$

所以

$$\frac{p_A-p_i}{c_i-c_A}=\frac{k_L}{k_G}$$

或

$$\frac{p_A-p_i}{c_A-c_i}=-\frac{k_L}{k_G}$$

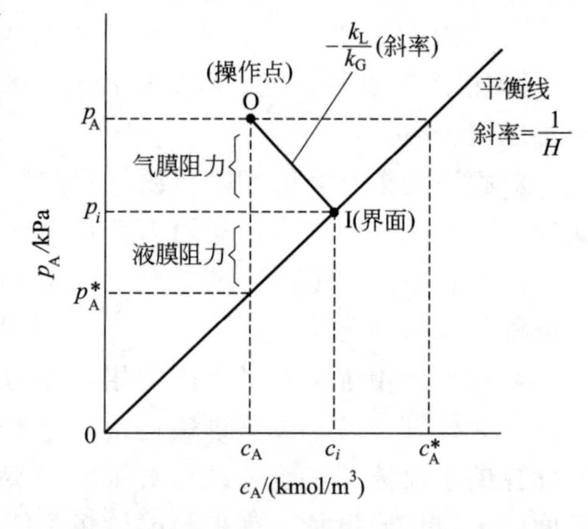

图 3-27　主体浓度与界面浓度

如图 3-27 所示，O 点坐标为（c_A,p_A），I 点坐标为（c_i,p_i），故 OI 连线的斜率为$-k_L/k_G$。这表明当气膜、液膜的传质系数为已知时，从 O 点出发，以$-k_L/k_G$为斜率作一直线，此直线与平衡线交点 I 的坐标（c_i,p_i）即为所求的气、液两相界面的浓度。

（4）总吸收速率方程式　对于气体吸收过程，要想计算吸收速率，虽然理论上可用单相内的吸收速率方程式，但为了避开难以测定的界面浓度，可以效仿间壁传热中类似问题的处理方法。研究间壁传热的速率时，可以避开壁面温度而以冷热两流体主体温度之差来表示传热的总推动力，相应的系数称为总传热系数。对于吸收过程，同样可以采用两相主体浓度的某种差值来表示总推动力而写出总吸收速率方程式。

① 以（$p_A-p_A^*$）表示总推动力的总吸收速率方程式

$$N_A=K_G(p_A-p_A^*)=\frac{p_A-p_A^*}{\dfrac{1}{K_G}} \tag{3-37}$$

式中　K_G——以气相推动力（$p_A-p_A^*$）为基准的总吸收系数（简称气相总吸收系数或称气相总传质系数），kmol/(m^2·s·kPa)。

总吸收系数与气膜、液膜传质系数的关系为

$$\frac{1}{K_G}=\frac{1}{Hk_L}+\frac{1}{k_G} \tag{3-38}$$

$1/K_G$ 称为吸收总阻力，式(3-38) 表明，此阻力是由气膜阻力 $1/k_G$ 与液膜阻力 $1/Hk_L$ 两部分组成的，与热阻叠加原理相似。对于易溶气体，H 值很大，在 k_G 与 k_L 数量级相同或接近的情况下，$1/Hk_L$ 远小于 $1/k_G$。此时的传质阻力绝大部分存在于气膜中，液膜阻力可以忽略，因而式(3-38) 可简化为

$$\frac{1}{K_G}\approx\frac{1}{k_G} \quad 或 \quad K_G\approx k_G$$

因此，气膜阻力控制着整个吸收过程的速率，吸收总推动力的绝大部分用于克服气膜阻力，从图 3-28(a) 可以看出此时 $p_A-p_A^*\approx p_A-p_i$，这种情况称为气膜控制。氯化氢溶解于水或稀盐酸中、氨溶解于水或稀氨水中等过程通常都被视为气膜控制的吸收过程。对于气膜控制的吸收过程，若要提高吸收速率，在选择设备型式及确定操作条件时应特别注意减小气膜阻力。

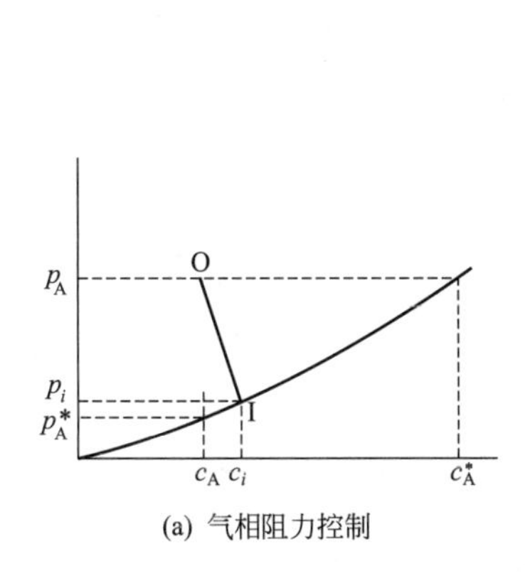

(a) 气相阻力控制

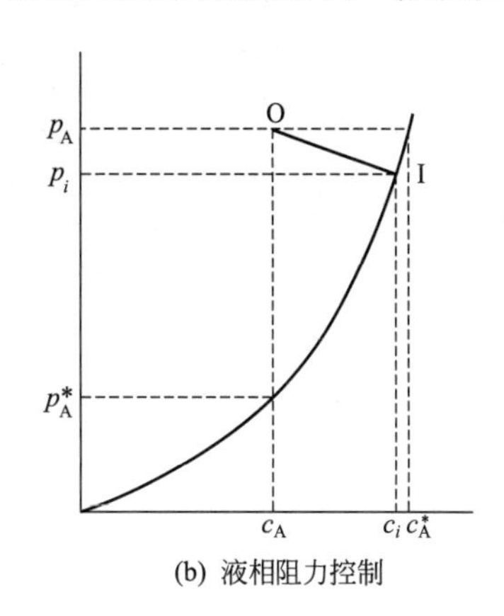

(b) 液相阻力控制

图 3-28　吸收传质阻力在两相中的分配

② 以（$c_A^*-c_A$）表示总推动力的总吸收速率方程式

$$N_A=K_L(c_A^*-c_A)=\frac{c_A^*-c_A}{\dfrac{1}{K_L}} \tag{3-39}$$

式中　K_L——以液相推动力（$c_A^*-c_A$）为基准的总吸收系数（简称液相总吸收系数或称液相总传质系数），$kmol/[m^2 \cdot s \cdot (kmol/m^3)]$ 或 m/s。

总吸收系数与气膜、液膜传质系数三者之间的关系为

$$\frac{1}{K_L}=\frac{H}{k_G}+\frac{1}{k_L} \tag{3-40}$$

$1/K_L$ 称为吸收总阻力，式(3-40) 表明，此阻力是由气膜阻力 H/k_G 与液膜阻力 $1/k_L$ 两部分组成的。对于难溶气体，H 值很小，在 k_G 与 k_L 数量级相同或接近的情况下，H/k_G 远远小于 $1/k_L$。此时的传质阻力绝大部分存在于液膜中，气膜阻力可以忽略，因而式(3-40) 可简化为

$$\frac{1}{K_L}\approx\frac{1}{k_L} \quad 或 \quad K_L\approx k_L$$

因此，液膜阻力控制着整个吸收过程的速率，吸收总推动力的绝大部分用于克服液膜阻力，从图 3-28(b) 可以看出此时 $c_A^*-c_A\approx c_i-c_A$，这种情况称为液膜控制。用水吸收氧、氢或二氧化碳等气体的过程，都是液膜控制的吸收过程。对于液膜控制的吸收过程，若要提高吸收速率，在选择设备型式及确定操作条件时应特别注意减小液膜阻力。

一般情况下，对于具有中等溶解度的气体吸收过程，气膜阻力与液膜阻力均不可忽略，称为双阻力控制。要提高过程速率，必须兼顾气、液两膜阻力的降低，才能得到较满意的效果。

③ 以摩尔比差表示总推动力的总吸收速率方程式。在吸收计算中，当溶质浓度较低时，通常以摩尔比表示组成较为方便，故通常用到以（$Y_A-Y_A^*$）或（$X_A^*-X_A$）表示总推动力的吸收速率方程式。

$$N_A=K_Y(Y_A-Y_A^*) \tag{3-41}$$

$$\frac{1}{K_Y}=\frac{1}{k_y}+\frac{m}{k_x} \tag{3-42}$$

$$N_A=K_X(X_A^*-X_A) \tag{3-43}$$

$$\frac{1}{K_X}=\frac{1}{k_x}+\frac{1}{mk_y} \tag{3-44}$$

式中　K_Y——气相总吸收系数，$kmol/(m^2 \cdot s)$；

K_X——液相总吸收系数，$kmol/(m^2 \cdot s)$。

式(3-41) 称为以（$Y_A-Y_A^*$）表示总推动力的总吸收速率方程式。式中总系数 $1/K_Y$ 为吸收总阻力。当吸收质在气相中的浓度很小时，Y 和 Y^* 都很小，于是式(3-42) 可写为 $K_Y\approx k_y$。

式(3-43) 称为以（$X_A^*-X_A$）表示总推动力的总吸收速率方程式。式中总系数 $1/K_X$ 为吸收总阻力。当吸收质在气相中的浓度很小时，式(3-44) 可写为 $K_X\approx k_x$。

由于推动力所涉及的范围不同及浓度的表示方法不同，吸收速率方程式呈现了多种不同的形态。任何吸收系数的单位都是 $kmol/(m^2 \cdot s \cdot$ 单位推动力)。当推动力以量纲一的量的摩尔分数或摩尔比表示时，吸收系数的单位简化为 $kmol/(m^2 \cdot s)$，与吸收速率的单位相同。必须注意各速率方程式中吸收系数与吸收推动力的正确搭配及其单位的一致性。吸收系数的倒数即表示推动力，阻力的表达式也须与推动力的表达形式相对应。

前面介绍的所有吸收速率方程式，都是以气、液浓度保持不变为前提的，因此只适合于描述稳定操作的吸收塔内任一截面上的速率关系，而不能直接用来描述全塔的吸收速率。在

塔内不同横截面上的气、液浓度各不相同，吸收速率也不相同。

【例 3-6】 已知某低浓度气体溶质被吸收剂吸收时，平衡关系符合亨利定律。气膜吸收系数 $k_G=2.74\times10^{-7}$kmol/(m^2·s·Pa)，液膜吸收系数 $k_L=6.94\times10^{-5}$m/s，溶解度系数 $H=1.5$kmol/(m^3·kPa)。试求气相总吸收系数 K_G，kmol/(m^2·s·Pa)，并分析该吸收过程的控制因素。

解 因系统符合亨利定律，所以

$$\frac{1}{K_G}=\frac{1}{Hk_L}+\frac{1}{k_G}$$

代入已知数据得

$$\frac{1}{K_G}=\frac{1}{1.5\times6.94\times10^{-5}}+\frac{1}{2.74\times10^{-7}}$$

$$=9.6\times10^3+3.65\times10^6$$

$$=3.66\times10^6[(\mathrm{m^2\cdot s\cdot Pa})/\mathrm{kmol}]$$

于是

$$K_G=2.73\times10^{-7}\mathrm{kmol/(m^2\cdot s\cdot Pa)}$$

由计算过程，知

气膜阻力 $1/k_G=3.65\times10^6$ (m^2·s·Pa)/kmol；

液膜阻力 $1/Hk_L=9.6\times10^3$ (m^2·s·Pa)/kmol。

即液膜阻力远小于气膜阻力，所以该吸收过程为气膜控制。

3.4.3.4 影响吸收速率的因素

从吸收速率方程式可知，影响吸收速率的因素主要是气液接触面积（吸收面积）、吸收推动力和吸收传质系数。

（1）总吸收系数　在数值上，总吸收系数等于单位推动力下，单位时间内通过单位接触面积所传递的吸收质的数量。和传热系数一样，总吸收系数的倒数是吸收阻力。因此，提高吸收的传质系数可以增大吸收速率。吸收总阻力等于气膜阻力和液膜阻力之和。对于溶解度大的气体（如 HCl、NH_3 等），吸收速率主要受气膜阻力控制，称为气膜控制；对于溶解度小的气体（如用水吸收氧、二氧化碳等），吸收速率主要受液膜阻力控制，称为液膜控制。膜内阻力与膜的厚度成正比，因此加大气液两液体的相对运动速度，使流体内产生强烈的搅动，能减小膜的厚度，从而降低吸收阻力，增大总吸收系数。但只有设法减小控制阻力时才最有效。

（2）吸收推动力　推动力越大，吸收速率越快。显然，提高溶质在气相中的含量或降低溶质在液相中的含量均有利于吸收推动力的提高。但是，由于待分离混合物的组成是由工艺本身决定的，通常不能改变，因此，只能设法降低液相中溶质的含量。主要措施有：①增加吸收剂用量；②降低温度；③提高压力。后两种措施是通过改变相平衡来达到目的的。

此外，在气液两相在进出口处的组成都相同的情况下，采用逆流操作与并流操作能获得更大的推动力。这个结论和传热过程也相似。

（3）气液接触面积　增大气液接触面积可以加快吸收的速率。增大气液接触面积的主要方法如下。

① 增大气体或液体的分散度。例如让气体通过筛板塔的筛板，使其分散成气泡通过液层，或将吸收剂喷洒成小的液滴等。

② 在吸收塔内放置填料，并选用比表面积（单位体积填料的表面积）大的填料，以增大气液接触面积。

以上的讨论是单就影响吸收速率诸因素中的某一方面来考虑的，由于各影响因素之间还有互相制约、互相影响的复杂关系，因此对具体问题还要作综合分析，全面考虑，抓住主要矛盾，采取适当措施。例如，降低温度可以增大推动力，但温度低又影响分子扩散速率，增大吸收阻力，降低吸收传质系数；又如在喷淋吸收设备里，将吸收剂喷洒成小的液滴，可以增大气液接触面积，但液滴小，气液相对运动速度小，气膜和液膜厚度增大，也会增大吸收阻力。

必须指出，在采取强化吸收措施时，既要考虑技术上的可能性，又要考虑经济上的合理性。例如，原则上讲，增大操作压强、降低温度，可以增大吸收推动力，但在具体选择操作温度和压强时，还要考虑吸收操作的前工序和后工序的温度、压强条件，合理安排，以减少动力和热能的消耗。

3.4.4 吸收的物料衡算

3.4.4.1 全塔物料衡算

图 3-29 为一连续逆流吸收塔示意图。以下标“1”表示塔底截面，下标“2”表示塔顶截面。

溶质在气液相中浓度沿塔高不断地变化，气相中吸收质的含量由入塔的 Y_1 减少到出塔的 Y_2，液相中吸收质的含量由入塔的 X_2 增加到出塔的 X_1，而惰性气体的流量 V 和吸收剂的流量 H 在吸收过程中没有变化。因此在进行物料衡算时，以不变的惰性气体流量和吸收剂流量作为计算基准并用摩尔比表示气相和液相的组成最为方便。吸收剂入塔时溶质含量为零或很低，离塔时因溶质的加入而浓度增高。因而吸收塔顶常被称为稀端，塔底常被称为浓端。当操作稳定时，因吸收质在气相中减少的量应等于在液相中增加的量，故可列出下列物料衡算式

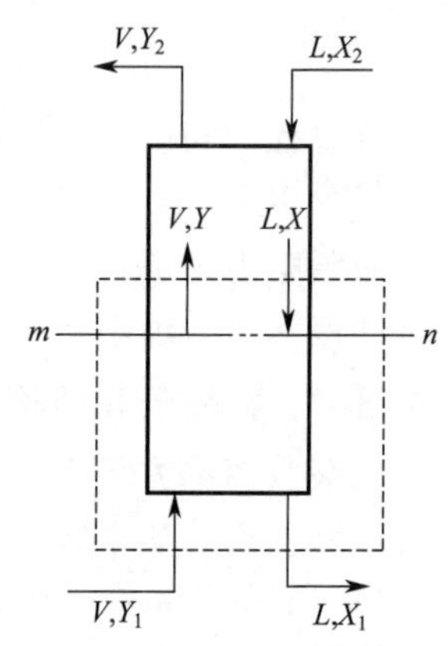

图 3-29 逆流吸收塔操作示意图

$$V(Y_1-Y_2)=L(X_1-X_2) \tag{3-45}$$

式(3-45) 反映了逆流吸收塔中，气、液两相流量与塔底和塔顶两端的气液组成的关系。在图 3-29 所示的塔内任取 $m-n$ 截面与塔底（图示的虚线范围）作溶质的物料衡算，得

$$V(Y_1-Y)=L(X_1-X) \tag{3-46}$$

或

$$Y=\frac{L}{V}X+\left(Y_1-\frac{L}{V}X_1\right) \tag{3-47}$$

式(3-45)～式(3-47) 中 V——通过吸收塔的惰性气体流量，kmol/s；

L——通过吸收塔的溶剂流量，kmol/s；

Y,Y_1,Y_2——分别为 m—n 截面、塔底及塔顶气相中溶质的摩尔分数，kmol(溶质)/kmol(惰性气体)；

X,X_1,X_2——分别为 m—n 截面、塔底及塔顶液相中溶质的摩尔分数，kmol(溶质)/kmol(溶剂)。

3.4.4.2 操作线方程

式(3-47) 称为吸收塔的操作线方程式。在稳定的操作条件下，L、V、X_1 和 Y_1 均为定值。故操作线方程是一直线方程，其斜率为 L/V，在 Y-X 图上的截距为 $\left(Y_1-\frac{L}{V}X_1\right)$，吸收操作线方程描述了塔的任意截面上气液两相浓度之间的关系。在图 3-30 所示的 Y-X 坐标图上，操作线通过点 A(X_2,Y_2) 和点 B(X_1,Y_1)。点 A 和点 B 分别代表塔顶和塔底的状态。AB 就是操作线。操作线上的任意一点代表塔内相应截面上气液组成的大小。

以上关于操作关系的讨论，都是针对逆流情况而言的。在气液并流情况下，吸收塔的操作线方程式及操作线，可用同样办法求得。且应指出，无论逆流或并流操作的吸收塔，其操作线方程式及操作线都是由物料衡算得来的，与系统的平衡关系、操作条件以及设备结构型式均无关。因此式(3-47)的适用条件为稳定状态下的连续逆流吸收操作。

当进行吸收操作时，在塔内任一横截面上，溶质在气相中的实际分压总是高于与其接触的液相平衡分压，所以吸收操作线总是位于平衡线的上方。反之，如果操作线位于平衡线下方，则应进行解吸过程。

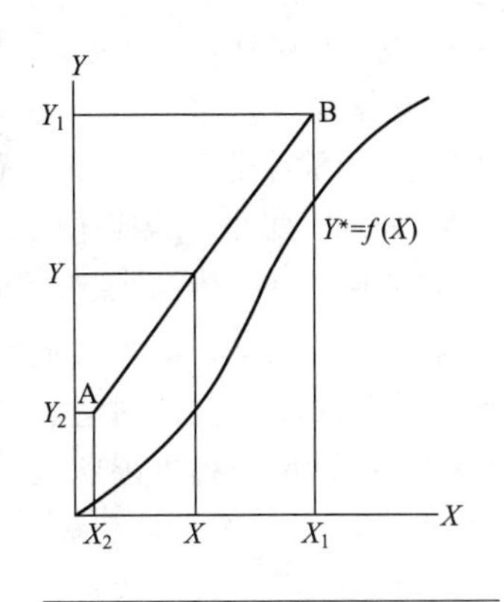

图 3-30　吸收过程的操作线

【例 3-7】 用清水吸收某混合气体，已知进入吸收塔的气体摩尔比为 0.0639kmol 溶质/kmol 惰性气体，出塔时气体的摩尔比为 0.0013kmol 溶质/kmol 惰性气体，出塔时液相摩尔为 0.024 kmol 溶质/kmol 水。试计算该塔的吸收率 $E_A\left(=\dfrac{Y_1-Y_2}{Y_1}\right)$ 和液气比。

解　由题设条件得

$$E_A=\frac{Y_1-Y_2}{Y_1}=\frac{0.0639-0.0013}{0.0639}=97.97\%$$

由物料衡算方程

$$V(Y_1-Y_2)=L(X_1-X_2)$$

得液气比为

$$\frac{L}{V}=\frac{Y_1-Y_2}{X_1-X_2}=\frac{0.0639-0.0013}{0.024-0}=2.60$$

3.4.5　吸收剂用量的确定

在吸收塔物料衡算方程式中有六个物理量，其中需要处理的气体量 V，气体入口和出口吸收质的摩尔分数 Y_1 和 Y_2 及入塔吸收剂中吸收质的摩尔分数 X_2，一般都是由生产任务和工艺要求确定的，而吸收剂的用量 L 和出塔液体中吸收质的摩尔分数 X_1 则要经过选择来决定。也就是说，在如图 3-31 中，操作线的一个端点 A 已确定，而另一个端点 B 则可在 $Y=Y_1$

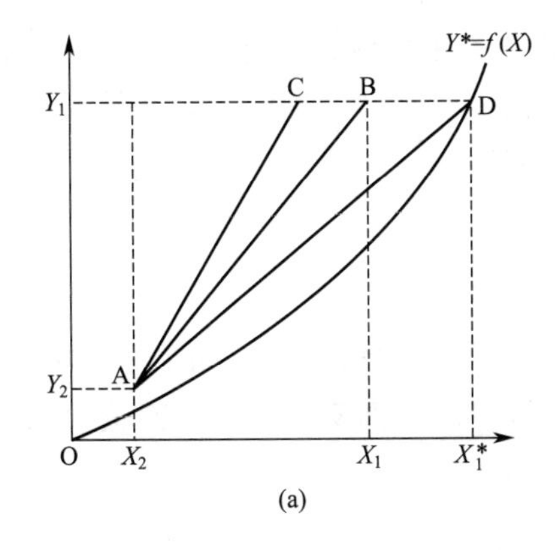

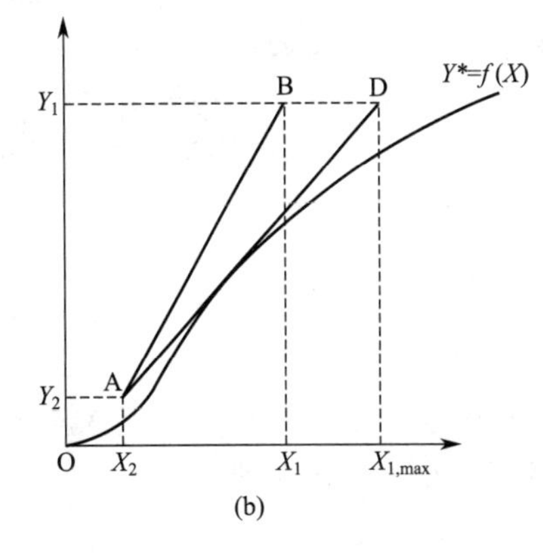

图 3-31　吸收塔的最小液气比

的水平线上移动，点B的横坐标将取决于操作线的斜率 L/V。

操作线的斜率 L/V，称为液气比，是溶剂与惰性气体摩尔流量的比值，反映单位气体处理量的溶剂耗用量。在 V 确定的情况下，吸收剂用量 L 变化，操作线的斜率变化。当 L 减少，L/V 变小，点B便沿水平线 $Y=Y_1$ 向右移动，结果使出塔吸收液的摩尔分数增大，而吸收推动力相应减小。若吸收剂用量减少到恰使点B移至水平线 $Y=Y_1$ 与平衡线的交点D时，$X_1=X_1^*$，即塔底流出的吸收液与刚进塔的混合气达平衡。这是理论上吸收液所能达到的最高浓度，但此时过程的推动力已变为零，因此，完成吸收任务需要无限大的相际传质面积。这只是一种极限状况，实际上是办不到的。此时所需要的吸收剂用量称为最小吸收剂用量，以 $L_{\min}$ 表示，其液气比称为最小液气比，即 $(L/V)_{\min}$。

反之，若增大吸收剂用量，则点B将沿水平线向左移动，使操作线远离平衡线，过程推动力增大。但超过一定的限度后，这方面的效果便不明显，而溶剂的消耗、输送及回收等项操作费用急剧增大。

由以上分析可见，吸收剂用量的大小，从设备费与操作费两方面影响到生产过程的经济效果，应权衡利弊，选择合适的液气比，使两种费用之和最小。根据生产实践经验，一般情况下取吸收剂用量为最小用量的1.1～2.0倍是比较适宜的，即

$$\frac{L}{V}=(1.1\sim2.0)\left(\frac{L}{V}\right)_{\min} \quad 或 \tag{3-48}$$

$$L=(1.1\sim2.0)L_{\min} \tag{3-49}$$

在比例系数1.1～2.0的范围内，究竟应取何值取决于吸收剂的产地和供应、操作费用及能源价格等。此外，为了保证填料表面能被液体充分润湿，还应考虑吸收剂的喷淋密度（即单位塔截面积上单位时间内流下的液体量）不应小于某一允许值。一般情况下，液体的喷淋密度至少为 $5\text{m}^3/(\text{m}^2\cdot\text{h})$。

对于相平衡关系符合亨利定律的体系，$Y_A^*=mX_A$，其最小液气比为

$$\left(\frac{L}{V}\right)_{\min}=\frac{Y_1-Y_2}{X_{1,\max}-X_2}=\frac{Y_1-Y_2}{Y_1/m-X_2} \tag{3-50}$$

当吸收剂为纯溶剂时，即 $X_2=0$ 时，最小液气比的计算可简化为

$$\left(\frac{L}{V}\right)_{\min}=\frac{Y_1-Y_2}{Y_1/m-0}=\frac{Y_1-Y_2}{Y_1}m \tag{3-50a}$$

吸收过程常用溶质的吸收率（或回收率）作为控制指标。其定义为

$$E_A=\frac{被吸收剂吸收的溶质的量(\text{kmol})}{混合气中溶质的量(\text{kmol})}=\frac{VY_1-VY_2}{VY_1}=\frac{Y_1-Y_2}{Y_1} \tag{3-51}$$

将上式代入式(3-50a)中，得

$$\left(\frac{L}{V}\right)_{\min}=E_A m \tag{3-52}$$

若相平衡线是曲线，则 $(L/V)_{\min}$ 值的计算可借助图解法求。如果平衡曲线如图3-31(a)所示的一般情况，则需找到水平线 $Y=Y_1$ 与平衡线的交点D，从而读出 X_1^* 的数值，然后用下式计算最小液气比，即

$$\left(\frac{L}{V}\right)_{\min}=\frac{Y_1-Y_2}{X_1^*-X_2} \tag{3-53}$$

若相平衡曲线呈图3-31(b)中所示的形状，则应过点A及作平衡曲线的切线，找到水

平线 $Y=Y_1$ 与此切线的交点D，读得D点的横坐标 $X_{1,\max}$ 的数值，然后按下式计算最小液气比，即

$$\left(\frac{L}{V}\right)_{\min}=\frac{Y_1-Y_2}{X_{1,\max}-X_2} \tag{3-54}$$

【例3-8】 用清水吸收丙酮，吸收塔的操作压强为101.32kPa，温度为293K。进吸收塔的气体中丙酮含量为0.026（摩尔分数），要求吸收率为80%。在操作条件下，丙酮在两相间的平衡关系为 $Y=1.18X$（摩尔比）。求最小液气比 $(L/V)_{\min}$。如果要求吸收率为90%，则最小液气比又为多少？

解 （1）求吸收率为80%时的最小液气比

进塔气中丙酮的摩尔比为

$$Y_1=\frac{y_1}{1-y_1}=\frac{0.026}{1-0.026}=0.0267$$

出塔时的丙酮组成为

$$Y_2=Y_1(1-E_A)=Y_1(1-0.80)=0.00534$$

进塔溶剂中丙酮组成为 $X_2=0$，且平衡关系符合亨利定律，所以

$$(L/V)_{\min}=\frac{Y_1-Y_2}{Y_1/m-X_2}=\frac{0.0267-0.00534}{0.0267/1.18-0}=0.944$$

（2）求吸收率为90%时的最小液气比

平衡关系符合亨利定律，且进塔溶剂中丙酮组成为 $X_2=0$，所以可由式(3-52）直接计算最小液气比，得

$$(L/V)_{\min}=E_A m=0.90\times1.18=1.062$$

由上面计算可知，在其他条件相同时，吸收率不同，最小液气比就不同。吸收率高，最小液气比大。

3.4.6 塔径的确定

塔径的大小主要根据生产能力和塔内所能采用的气流速度来决定。前者是指塔设备单位时间处理气体混合物的量；后者是指塔内气体的空塔速度（简称气速），即单位空塔横截面积上单位时间内通过的气体体积流量。吸收塔的直径可根据圆形管道内的流量方程式计算，即

$$q_V=\frac{\pi}{4}D_T^2u$$

或

$$D_T=\sqrt{\frac{4q_V}{\pi u}} \tag{3-55}$$

式中 q_V——在操作条件下混合气体的流量，m^3/s；

D_T——塔径，m；

u——混合气体的空塔速度，$m^3/(m^2\cdot s)$ 或 m/s。

塔设备的生产能力为既定的生产任务所决定，空塔速度应根据吸收塔所处理的物料的物理性质，塔内的塔板结构（对板式塔）或填料的构形和尺寸（对填料塔）以及操作方式等方面进行选择，力求操作方便和经济合理。空塔速度常选用液泛速率的60%～80%。在吸收

过程中，由于吸收质不断进入液相，故混合气体的流量由塔底至塔顶逐渐减小。在计算塔径时，一般取全塔中最大的体积流量。

按式(3-55) 求出的塔径，还应根据我国压力容器公称直径标准（JB—1153—71）进行圆整，方能作为实际塔径应用。

此外，填料塔内传质效率的高低与液体的分布及填料的润湿程度有关，为使填料塔能获得良好的润湿，应保证塔内液体的喷淋密度不低于某一个限值。因此，算出塔径后，还应验算塔内的喷淋密度是否大于最小喷淋密度。若喷淋密度过小，可采用液体再循环以加大液体流量，或在许可的范围内减小塔径，或适当的增加填料层高度给以补偿。填料塔的最小喷淋密度与比表面积有关，其关系可用下式表示。

$$L_{\min}=(L_{w})_{\min}a_{t} \tag{3-56}$$

式中　$L_{\min}$——最小喷淋密度，$m^3/(m^2 \cdot s)$。一般最小喷淋密度可取 $5\sim12m^3/(m^2 \cdot h)$；

$(L_w)_{\min}$——最小湿润速率，单位为 $m^3/(m \cdot h)$；对直径小于 75mm 的环形填料及其他填料，其值可取 $0.08m^3/(m \cdot h)$；对直径大于 75mm 的环形填料，其值可取 $0.12m^3/(m \cdot h)$；

a_t——填料的比表面积，单位为 m^2/m^3，可由手册查出。

湿润速率是指在塔的横截面上，单位长度的填料周边上液体的体积流量。

此外，为保证填料润湿均匀，还应注意塔径与填料的直径之比（D_T/d）值应大于 10。比值过小，液体沿填料下流时会发生严重的壁流现象（液体向塔壁流动的现象）。对拉西环要求 $D_T/d>20$；对鲍尔环要求 $D_T/d>10$；鞍形填料要求 $D_T/d>15$。

3.4.7　填料层高度的计算

填料层高度等于所需的填料层体积除以塔截面积。塔截面积已由塔径确定，填料层体积则取决于完成规定任务所需的总传质面积和每立方米填料层所能提供的气、液有效接触面积。因此，吸收塔所需的填料层的高度的计算，实质是计算过程的接触面积。上述总传质面积应等于塔的吸收负荷（单位时间内的传质量，kmol/s）与塔内传质速率［单位时间内单位气、液接触面积上的传质量，$kmol/(m^2 \cdot s)$］的比值。计算塔的吸收负荷要依据物料衡算关系，计算传质速率要依据吸收速率方程式，而吸收速率方程式中的推动力总是实际浓度与某种平衡浓度的差额，因此又要知道相平衡关系。所以，填料层高度的计算将要涉及物料衡算、传质速率与相平衡这三种关系式的应用。

3.4.7.1　填料层高度计算的基本方程式

根据以上分析，填料层高度和气液接触面积之间存在如下关系，即

$$A=aA_{T}H \tag{3-57}$$

式中　A——气液接触面积，m^2；

A_T——填料塔的横截面积，m^2；

a——单位体积填料内的气、液两相的有效接触面积，m^2/m^3；

H——填料层高度，m。

在一般操作条件下，气、液两相的接触发生在填料的湿润表面上。若填料完全被液体所湿润，则 a 可近似等于填料的比表面积。

前面介绍的所有吸收速率方程式，都只适用于吸收塔的任一横截面，而不能直接用于全塔。就整个填料层而言，气、液浓度沿塔高不断变化，塔内各横截面上的吸收速率并不相同。为解决填料层高度的计算问题，先在填料吸收塔中任意截取一段高度为 dh 的微元填料

层来研究，如图3-32所示。列出物料衡算微分式和吸收速率微分方程，然后联立此二式，并在全塔范围内积分，导出填料层高度的计算式。

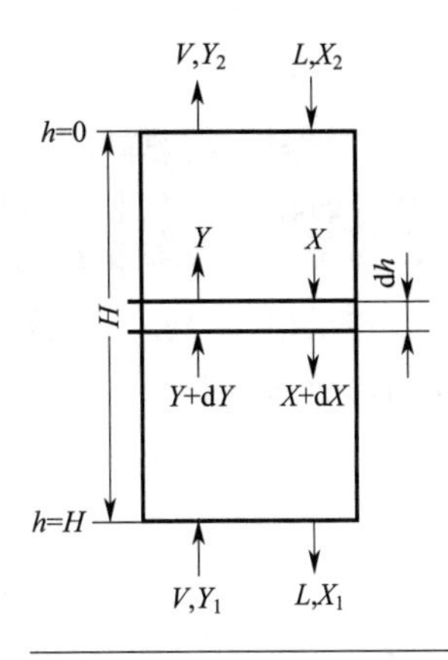

图3-32 填料层微分段的物料衡算

对 dh 微元填料层对溶质A作物料衡算可知单位时间内由气相转入液相的A物质量为

$$\mathrm{d}G_\mathrm{A}=V\mathrm{d}Y=L\mathrm{d}X$$

dh 微元填料层的传质速率方程式为

$$\mathrm{d}G_\mathrm{A}=K_Y(Y-Y^*)\mathrm{d}A=K_Y(Y-Y^*)aA_\mathrm{T}\mathrm{d}h$$

$$\mathrm{d}G_\mathrm{A}=K_X(X^*-X)\mathrm{d}A=K_X(X^*-X)aA_\mathrm{T}\mathrm{d}h$$

联立三式,可得

$$V\mathrm{d}Y=\mathrm{d}G_\mathrm{A}=K_Y(Y-Y^*)aA_\mathrm{T}\mathrm{d}h$$

$$L\mathrm{d}X=\mathrm{d}G_\mathrm{A}=K_X(X^*-X)aA_\mathrm{T}\mathrm{d}h$$

在同一吸收塔和一定的操作条件下，可假设 K_Y 和 K_X 为常数，对上两式沿整个塔高进行积分，分别可得

$$\int_{Y_2}^{Y_1}\frac{\mathrm{d}Y}{Y-Y^*}=\int_0^H\frac{K_YaA_\mathrm{T}\mathrm{d}h}{V}=\frac{K_YaA_\mathrm{T}}{V}H$$

或

$$H=\frac{V}{K_YaA_\mathrm{T}}\int_{Y_2}^{Y_1}\frac{\mathrm{d}Y}{Y-Y^*} \tag{3-58}$$

和

$$\int_{X_2}^{X_1}\frac{\mathrm{d}X}{X^*-X}=\int_0^H\frac{K_XaA_\mathrm{T}\mathrm{d}h}{L}=\frac{K_XaA_\mathrm{T}}{L}H$$

或

$$H=\frac{L}{K_XaA_\mathrm{T}}\int_{X_2}^{X_1}\frac{\mathrm{d}X}{X^*-X} \tag{3-59}$$

式(3-58)和式(3-59)即为计算填料层高度的计算式。若将气膜传质速率方程式或液膜传质速率方程式和物料衡算式联解，可得

$$H=\frac{V}{k_YaA_\mathrm{T}}\int_{Y_2}^{Y_1}\frac{\mathrm{d}Y}{Y-Y_i} \tag{3-60}$$

$$H=\frac{L}{k_XaA_\mathrm{T}}\int_{X_2}^{X_1}\frac{\mathrm{d}Y}{X_i-X} \tag{3-61}$$

a 是单位体积填料内气、液两相的有效接触面积，a 不仅与填料的形状、尺寸及充填状态，而且受流体物性及流动状况的影响。a 的数值很难测定，为此常将它与传质系数积视为一体，称为体积传质系数。例如 K_Ya 和 K_Xa 分别称为气相总体积吸收系数及液相总体积吸收系数，其单位均为kmol/(m^3·s)。其物理意义是在单位推动力下，单位时间、单位体积层内吸收的溶质量。

3.4.7.2 传质单元数和传质单元高度

式(3-58)中，若令

$$\frac{V}{K_YaA_\mathrm{T}}=H_\mathrm{OG} \tag{3-62}$$

$$\int_{Y_2}^{Y_1}\frac{\mathrm{d}Y}{Y-Y^*}=N_{OG} \qquad (3\text{-}63)$$

则填料层的总高度

$$H=H_{OG}\times N_{OG} \qquad (3\text{-}64)$$

式中 H_{OG}——气相总传质单元高度，m；

N_{OG}——气相总传质单元数，量纲一的量。

传质单元是指一定高度填料层，在该层内，一相组成的变化恰好等于该层中传质的平均推动力。在图 3-33 中，对于任一总传质单元 j

$$\int_{Y_{j-1}}^{Y_j}\frac{\mathrm{d}Y}{Y-Y^*}=1$$

即

$$\frac{Y_j-Y_{j-1}}{(Y-Y^*)_{m,j\to j-1}}=1$$

式中 $(Y-Y^*)_{m,j\to j-1}$——基于气相的一个总传质单元的传质平均推动力；

Y_j-Y_{j-1}——气相组成变化。

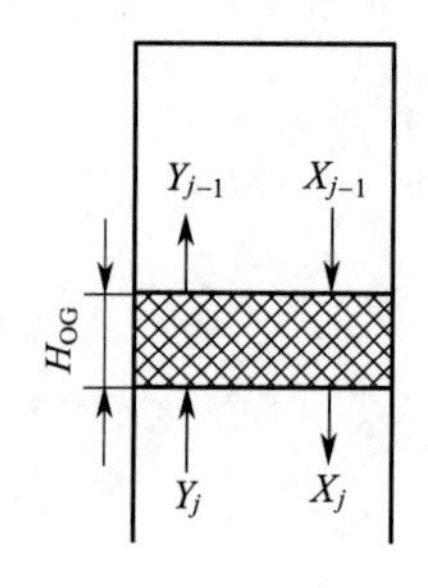

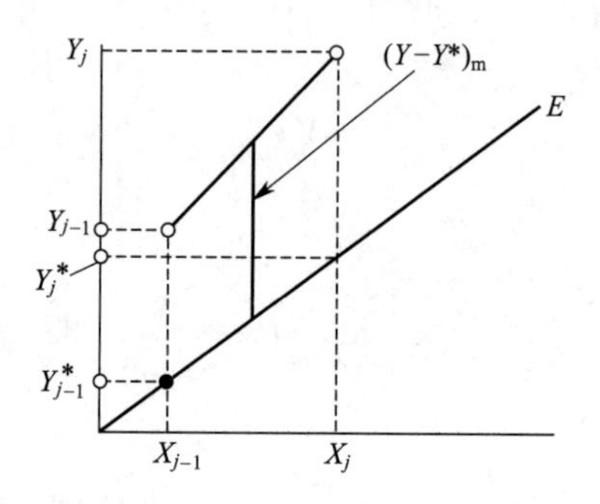

图 3-33 气相总传质单元与总传质单元高度概念图示

由传质单元数定义可见，它只决定于分离前后气、液相的组成和相平衡关系，与设备型式无关，其值大小表示了分离任务的难易。而传质单元高度是完成一个传质单元分离任务所需的填料层高度，主要决定于塔设备型式(如填料类型和尺寸)、物系特性及操作条件等。其值的大小反映了填料层传质动力学性能的优劣。对于低浓度气体吸收，各传质单元对应的传质单元高度可视为相等。

同理，式(3-59) 可变为

$$H=H_{OL}\times N_{OL} \qquad (3\text{-}65)$$

$$H_{OL}=\frac{L}{K_X a A_T} \qquad (3\text{-}66)$$

$$N_{OL}=\int_{X_2}^{X_1}\frac{\mathrm{d}X}{X^*-X} \qquad (3\text{-}67)$$

式中 H_{OL}——液相总传质单元高度，m；

N_{OL}——液相总传质单元数，量纲一的量。

3.4.7.3 传质单元数的求法

计算填料层高度的工作主要是计算传质单元数，根据其计算方法不同，可有如下几种方法。

(1) 平均推动力法　若相平衡关系为直线 ($Y^*=mX+b$)，可通过塔顶和塔底两个截面上的推动力求出整个塔内吸收推动力的平均值，从而求出传质单元数。

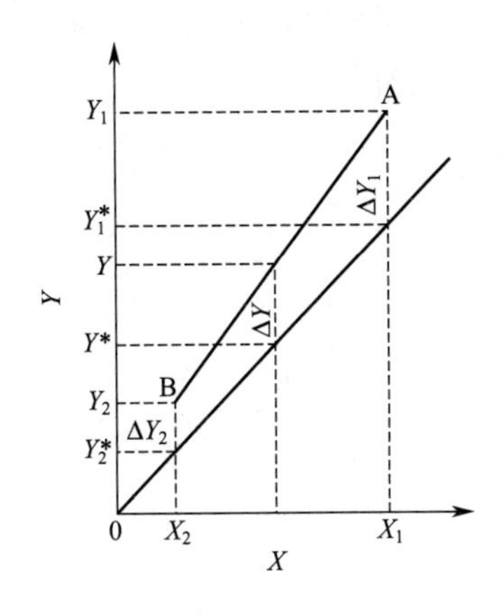

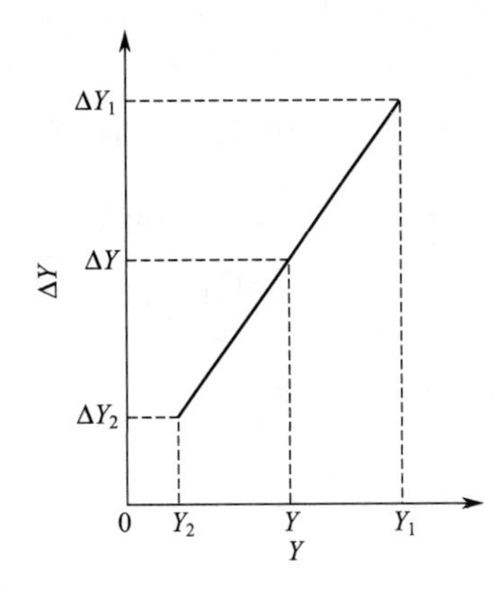

图 3-34 在 Y-X 图上表示的推动力

如图 3-34 所示，由于气液平衡关系为一直线，操作线也为直线，所以塔内任一截面上的推动力 $\Delta Y=Y-Y^*$ 与气相摩尔分数 Y 也成直线关系时，由该直线的斜率可得

$$\frac{d(\Delta Y)}{dY}=\frac{\Delta Y_1-\Delta Y_2}{Y_1-Y_2}$$

移项，得

$$dY=\frac{Y_1-Y_2}{\Delta Y_1-\Delta Y_2}d(\Delta Y)$$

将上式代入式(3-63) 中，得

$$\int_{Y_2}^{Y_1}\frac{dY}{Y-Y^*}=\int_{Y_2}^{Y_1}\frac{dY}{\Delta Y}=\frac{Y_1-Y_2}{\Delta Y_1-\Delta Y_2}\int_{\Delta Y_1}^{\Delta Y_2}\frac{d(\Delta Y)}{\Delta Y}=\frac{Y_1-Y_2}{\Delta Y_1-\Delta Y_2}\ln\frac{\Delta Y_1}{\Delta Y_2}$$

即

$$N_{OG}=\frac{Y_1-Y_2}{\dfrac{\Delta Y_1-\Delta Y_2}{\ln\dfrac{\Delta Y_1}{\Delta Y_2}}}=\frac{Y_1-Y_2}{\Delta Y_m} \tag{3-68}$$

类似地，可以推导出液相总传质单元数的计算公式

$$N_{OL}=\frac{X_1-X_2}{\dfrac{\Delta X_1-\Delta X_2}{\ln\dfrac{\Delta X_1}{\Delta X_2}}}=\frac{X_1-X_2}{\Delta X_m} \tag{3-69}$$

式中，对数平均值

$$\Delta Y_m=\frac{Y_1-Y_1^*-(Y_2-Y_2^*)}{\ln\dfrac{Y_1-Y_1^*}{Y_2-Y_2^*}} \tag{3-70}$$

$$\Delta X_m=\frac{X_1^*-X_1-(X_2^*-X_2)}{\ln\dfrac{X_1^*-X_1}{X_2^*-X_2}} \tag{3-71}$$

称为平均推动力，当$\dfrac{\Delta Y_1}{\Delta Y_2}<2$或$\dfrac{\Delta X_1}{\Delta X_2}<2$时，平均推动力也可用算术平均值代替。

(2) 吸收因数法　若相平衡关系为 $Y^* = mX$，即气液平衡线是一条通过原点的直线，此时可用吸收因素法求总传质单元数，其计算公式的推导如下。

在吸收塔任意截面与塔顶之间作物料衡算，得

$$X = \frac{V}{L}(Y - Y_2) + X_2$$

将上式代入式(3-63)，整理并积分可得

$$N_{OG} = \int_{Y_2}^{Y_1} \frac{dY}{Y - Y^*} = \frac{1}{1 - \frac{mV}{L}} \ln\left[\left(1 - \frac{mV}{L}\right)\frac{Y_1 - mX_2}{Y_2 - mX_2} + \frac{mV}{L}\right] \tag{3-72}$$

令 $\frac{mV}{L} = \frac{1}{A}$，则得

$$N_{OG} = \frac{1}{1 - \frac{1}{A}} \ln\left[\left(1 - \frac{1}{A}\right)\frac{Y_1 - mX_2}{Y_2 - mX_2} + \frac{1}{A}\right] \tag{3-72a}$$

上式中，$A = mL/V$ 为吸收因子，其几何意义为操作线斜率 L/V 与平衡线斜率 m 之比。A 愈大，愈易吸收。吸收因素的倒数，$1/A = mV/L$ 称为解吸因子。$1/A$ 愈大，愈易解吸。由式(3-72a) 可以看出，N_{OG} 的数值取决于 $1/A$ 与 $(Y_1 - mX_2)/(Y_2 - mX_2)$ 两个因素。为了计算方便，在半对数坐标上以 $1/A$ 为已定参数，根据式(3-72a) 描绘出 N_{OG} 对 $\frac{Y_1 - mX_2}{Y_2 - mX_2}$ 的关系曲线图，如图 3-35 所示，利用该图可由已知的 L，V，Y_1，Y_2，L_2，X_2

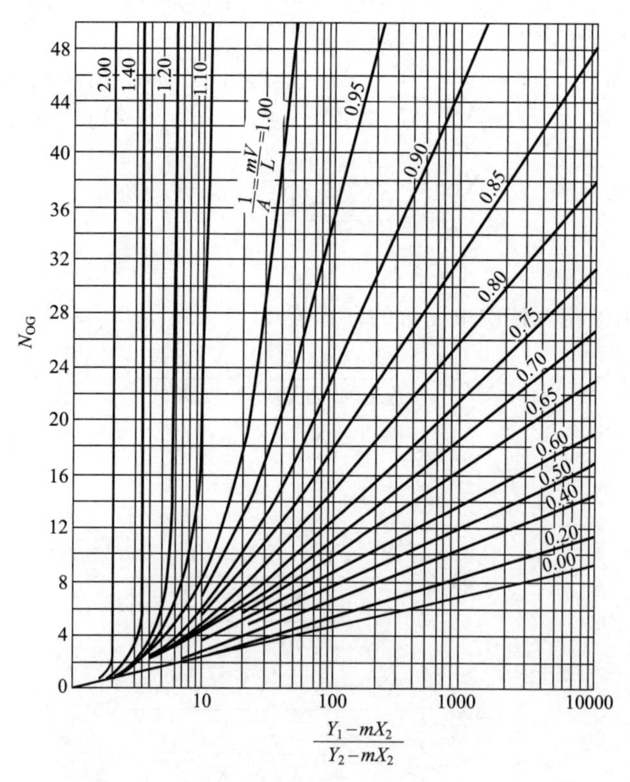

图 3-35　吸收塔的气相总传质单元数（mV / L 为参变数）

及 m 查得 N_{OG}，或由已知的 L，V，Y_1，X_2，N_{OG} 及 m 求 Y_2。

由图 3-35 可以得出以下结论。

① 在图 3-35 中，横坐标为$\dfrac{Y_1-mX_2}{Y_2-mX_2}$，它表示吸收的要求或吸收的程度。其值愈大，吸收愈完全；纵坐标 N_{OG} 愈大，即要求吸收塔愈高。若进塔的吸收剂中不含溶质即 $X_2=0$，横坐标就简化为 Y_1/Y_2。

② 对于同样的分离要求，mV/L 愈小，即 A 愈大，N_{OG} 愈小，所需的填料层高度愈小，所以 A 愈大，愈有利于吸收；$1/A$ 愈大，则 N_{OG} 愈大，所需的填料层高度愈大，愈有利于解吸。

③ 吸收因子 A 和解吸因子 $1/A$ 是吸收塔或解吸塔的重要操作参数。但 $A=mL/V$ 中平衡常数为物系及操作温度所确定，要增大 A，就等于增大 L/V，故应在设计中及操作中要选择合适的 A。

类似地，可以推导出液相总传质单元数的计算式

$$N_{OL}=\frac{1}{1-\dfrac{L}{mV}}\ln\left[\left(1-\frac{L}{mV}\right)\frac{Y_1-mX_2}{Y_1-mX_1}+\frac{L}{mV}\right] \tag{3-73}$$

$$N_{OL}=\frac{1}{1-A}\ln\left[(1-A)\frac{Y_1-mX_2}{Y_1-mX_1}+A\right] \tag{3-73a}$$

比较式(3-72) 和式(3-73) 可知，二者具有相同的函数关系，因而图 3-35 也可用来表示以 L/mV 为已定参数的 N_{OL} 与$\dfrac{Y_1-mX_2}{Y_1-mX_1}$关系。只要将 N_{OG} 换成 N_{OL}，$\dfrac{Y_1-mX_2}{Y_2-mX_2}$换成相应的$\dfrac{Y_1-mX_2}{Y_1-mX_1}$，就可进行计算了。也可利用图 3-34 查得 N_{OG}，再将 $N_{OG}\times\dfrac{1}{A}$即可得到 N_{OL}。

吸收因数法与对数平均推动力法都是基于平衡线为直线的情况，而且吸收因素法还要求平衡线符合亨利定律。因此，凡是可以应用吸收因数法的体系，必定可以应用对数平均推动力法。通常当平衡线为直线时，用对数平均推动力较方便。只有对于吸收的操作型问题，用吸收因数法较为方便。

(3) 图解或数值积分法　当平衡线不是直线时，传质单元数难以用积分公式直接求解，只能借助于积分的意义通过图解或数值积分的方法求值。以 $\int_{Y_2}^{Y_1}\dfrac{dY}{Y-Y^*}$ 的积分为例，计算步骤如下。

① 根据物系的溶解度数据和操作条件，在 Y-X 图上作出相平衡曲线和操作线，如图 3-36(a) 所示。

② 在塔底气相摩尔分数 Y_1 和塔顶气相摩尔分数 Y_2 之间选取若干个 Y 值，并由平衡曲线查出相应的 Y^* 值，同时计算出$\dfrac{1}{Y-Y^*}$的值。

③ 以 Y 为横坐标，$\dfrac{1}{Y-Y^*}$为纵坐标，标绘出列各组 Y 与$\dfrac{1}{Y-Y^*}$值，如图 3-36(b) 所示。

④ 图中由 Y_1 和 Y_2 所作垂线与曲线所包围的面积，即图中的阴影部分，即为所求的积分值 N_{OG}。

若用数值积分法，可采用梯形法、辛卜森（Sampson）法或其他方法进行数值计算，公

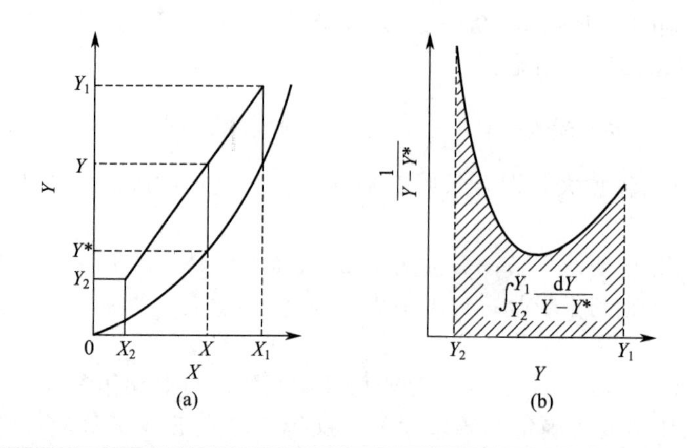

图 3-36　图解积分图例

式可从数学手册中查取。

【例 3-9】 设计一用水吸收丙酮的填料吸收塔，塔截面积为 $1m^2$，进塔混合气的流量为 70kmol/h，其中丙酮的组成 Y_1 为 0.02。用不含丙酮的清水吸收，要求吸收率为 90%，吸收塔的操作压强为 101.3kPa，温度为 293K。在此条件下，丙酮在两相间的平衡关系为 $Y=1.18X$。取液气比为最小液气比的 1.4 倍，气相总体积吸收系数 K_Ya 为 2.2×10^{-2} kmol/($m^3\cdot s$)，用平均推动力法和吸收因素法两种方法求所需填料层的高度。

解　由题得

$$Y_2=Y_1(1-E_A)=0.02\times0.1=0.002$$

$$(L/V)_{min}=\frac{Y_1-Y_2}{(Y_1/m)-0}=E_Am=0.9\times1.18=1.062$$

$$L/V=1.4(L/V)_{min}=1.4\times1.062=1.487$$

出塔液中丙酮含量为

$$X_1=\frac{V(Y_1-Y_2)}{L}=\frac{Y_1-Y_2}{L/V}=\frac{0.02-0.002}{1.487}=0.0121$$

$$H_{OG}=\frac{V}{K_YaA_T}=\frac{70\times0.98/3600}{2.2\times10^{-2}\times1}=0.866(m)$$

(1) 平均推动力法

因为平衡线为直线，用对数平均推动力法求传质单元数

$$\Delta Y_m=\frac{Y_1-Y_1^*-(Y_2-Y_2^*)}{\ln\frac{Y_1-Y_1^*}{Y_2-Y_2^*}}$$

$$=\frac{0.02-1.18\times0.0102-0.002}{\ln\frac{0.02-1.18\times0.0121}{0.002}}$$

$$=\frac{3.722\times10^{-3}}{1.05}$$

$$=0.00354$$

$$N_{OG}=\frac{Y_1-Y_2}{\Delta Y_m}=\frac{0.02-0.002}{0.00354}=5.09$$

所以填料层高度为

$$H=H_{OG}\times N_{OG}=0.866\times5.09=4.41\ (\mathrm{m})$$

（2）吸收因数法

由题设条件可得

$$\frac{mV}{L}=\frac{1.18}{1.487}=0.794$$

$$\frac{Y_1-mX_2}{Y_2-mX_2}=\frac{Y_1}{Y_2}=\frac{0.02}{0.002}=10$$

所以有

$$N_{OL}=\frac{1}{1-A}\ln\left[(1-A)\frac{Y_1-mX_2}{Y_1-mX_1}+A\right]$$

$$=\frac{1}{1-0.794}\ln[(1-0.794)\times10+0.794]=5.09$$

所以填料层高度为

$$H=H_{OG}\times N_{OG}=0.866\times5.09=4.41\ (\mathrm{m})$$

由上面计算可知，两种方法得到的结果是一致的。

3.4.8 填料塔

3.4.8.1 填料塔的结构

填料塔的构造如图 3-37 所示，塔身是一直立式圆筒，可由金属、陶瓷、玻璃及塑料制成，必要时可在金属筒体内衬以防腐材料。为保证液体在整个截面上的分布均匀，塔身应具有良好垂直度。在塔身底部装有支承板，支承板一般为栅板或多孔筛板，以便使气体和液体均匀而又通畅地通过。填料乱堆或规则地放置在支承板上，气、液两相间的物质传递的主要场所就是在湿润的填料表面上。液体从塔顶经分布器淋到填料上，从上向下连续流过填料的空隙，气体从塔底送入，自下向上连续通过填料的空隙。在填料层中，气、液两相相互接触进行传质，两相组成沿塔高连续变化。为避免液体的塔壁效应，当填料层较高时，常将其分成几段，段与段之间再加上液体再分布器，使流到塔壁的液体再重新均匀分布。离开填料层的气体可能挟带少量雾状液滴，因此有时需要在塔顶安装除沫器。

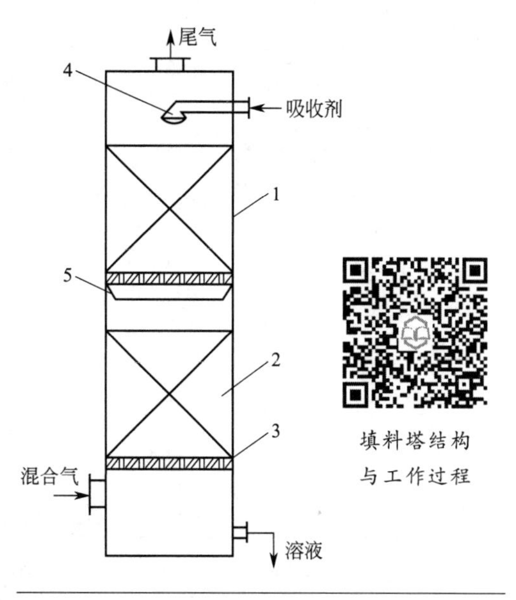

图 3-37　填料塔的构造

1—塔体；2—填料；3—支承板；4—液体分布器；5—液体再分布器

3.4.8.2 填料特性

填料塔操作性能的好坏与是否正确选用填料有很大关系。通常填料的主要作用是提供液膜进行逆流交换的有效面积，塔内填料的有效表面积以单位体积来考虑，尺寸应小些，表面积应大些，因而了解各种填料及其特性是十分必要的。

填料的特性参数主要为公称直径、比表面

积、空隙率和填料因子，表 3-4 列出了几种主要填料的特性数据。对填料的基本要求如下。

① 比表面积大。比表面积 a_t 是指单位体积的填料层所具有的填料表面积，单位为 m^2/m^3。在填料塔中，当填料被液体湿润后，液体沿填料表面流动，同时与气体接触，气、液两相的接触面就是被液体湿润的填料表面。因此，比表面积大对传质有利。

② 空隙率大。空隙率是指单位体积填料层所具有的空隙率，单位为 m^3/m^3。在填料塔中，气、液两相均在填料空隙中流动，空隙率大则阻力降小，通量大。

③ 堆积密度小。堆积密度是指单位体积填料的质量，单位为 kg/m^3。在机械强度允许的条件下，填料壁要尽量薄，以减小堆积密度，这样，既增大了空隙率，又降低了成本。

④ 机械强度大，稳定性好。填料要有足够的机械强度与良好的化学稳定性，以防止破碎或被腐蚀。

⑤ 价格便宜，来源广泛等。

填料的种类繁多，已形成多品种、多规格的系列产品。按填料的基材可分为实体填料和网状填料两类。实体填料由陶瓷、金属或塑料制成；网状填料由金属丝做成。填料也可按堆放方式不同分为乱堆（散装）填料和整砌填料。整砌填料能克服乱堆填料中气、液分布不均，传质效率低等缺点，并人为规定气、液通路及接触方式。下面介绍几种工业上常用的填料（几种填料示意图见图 3-38），其中①～⑤为乱堆填料。

表 3-4　几种常用填料的特性数据

填料名称	规格(直径×高×厚)/mm	材质及堆积方式	比表面积/(m^2/m^3)	空隙率/(m^3/m^3)	每 m^3 填料个数	堆积密度/(kg/m^3)	干填料因子/m^{-1}	填料因子/m^{-1}
拉西环	10×10×1.5	瓷质乱堆	440	0.7	720×10^3	700	1280	1500
	25×25×2.5	瓷质乱堆	190	0.78	49×10^3	505	400	450
	50×50×4.5	瓷质乱堆	93	0.81	6×10^3	457	177	205
	80×80×9.5	瓷质乱堆	76	0.68	1.91×10^3	714	243	280
	25×25×0.8	钢质乱堆	220	0.92	55×10^3	640	290	260
	50×50×1	钢质乱堆	110	0.95	7×10^3	430	130	175
	76×76×1.5	钢质乱堆	68	0.95	1.87×10^3	400	80	105
	50×50×4.5	瓷质整砌	124	0.72	8.83×10^3	673	339	
鲍尔环	25×25	瓷质乱堆	220	0.76	48×10^3	565		300
	50×50×4.5	瓷质乱堆	110	0.81	6×10^3	457		130
	25×25×0.6	钢质乱堆	209	0.94	61.1×10^3	480		160
	50×50×0.9	钢质乱堆	103	0.95	6.2×10^3	355		66
	25	塑料乱堆	209	0.90	51.1×10^3	72.6		107
阶梯环	25×12.5×1.4	塑料乱堆	223	0.90	81.5×10^3	27.8		172
	38.5×19×1.0	塑料乱堆	132.5	0.91	27.2×10^3	57.5		115
弧鞍形	25	瓷质	252	0.69	78.1×10^3	725		360
	25	钢质	280	0.83	88.5×10^3	1400		148
	50	钢质	106	0.72	8.87×10^3	645		
矩鞍形	40×20×3.0	瓷质	258	0.775	84.6×10^3	548		320
	75×45×5.0	瓷质	120	0.79	9.4×10^3	532		130

① 拉西环。拉西环是工业上最早使用的一种人造填料，见图 3-38(a)，属乱堆填料。通常用陶瓷或金属片做成，其高度与直径相等。传质性能虽不够理想，正逐渐被新型材料所代替，但由于结构简单，制造容易，价格较低，仍被一些工厂所采用。

② 鲍尔环。鲍尔环是在普通的拉西环的壁上开一两层窗口而成，见图 3-38(b)，上下两

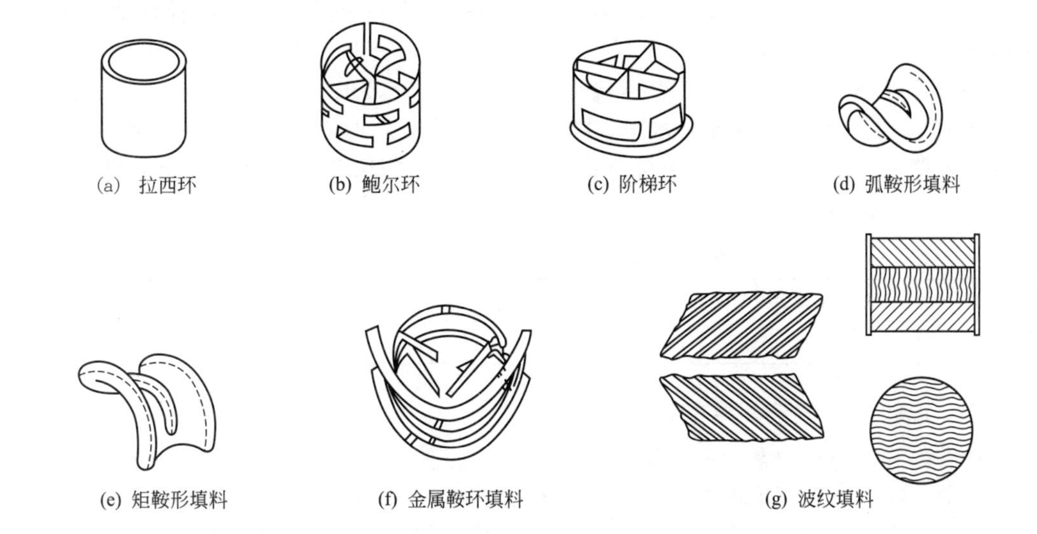

图 3-38 几种填料示意图

层窗孔错开排列。开孔切开的窗叶片一边与环壁母体相连，另一边弯向环内，在环中心几乎对接，上下两层叶片的弯曲方向相反。由于开孔，沟通了环内外表面和空间，使得液体和气体均匀分布，因此，阻力、通量和传质效率均比拉西环显著改善。

③ 阶梯环。阶梯环的形状见图 3-38(c)。这是 70 年代初期由美国传质公司开发的一种新型填料。它也属于开孔型填料，与鲍尔环不同，阶梯环的环高与直径之比为 1/3～1/2，且其一端做成喇叭口，喇叭口高度约为环高的 1/5。这种填料由于环的高度小，且有喇叭口，有利于填料层内气体、液体的分布，比表面积和空隙率都比较大，填料之间呈点接触，使液体不断得到更新。与鲍尔环相比，其通过能力可提高 10%～20%，传质效率通常可提高 10%～20%，压降可降低 30%。

④ 鞍形填料。鞍形填料可分为弧鞍型和矩鞍型两类，分别如图 3-38(d) 和图 3-38(e) 所示。鞍形填料是一种表面全部呈展开状，没有内表面的填料。填料面积的利用率极好，气流通过填料层压降也小。弧鞍形填料的主要缺点是容易套叠，而矩鞍形填料两面不对称，不会叠合，强度也较弧鞍形填料高。鞍形填料的加工比鲍尔环容易，因此鞍形填料是一种优良的填料。

⑤ 金属鞍环填料。如图 3-38(f) 所示的金属鞍环填料综合了陶瓷鞍形与环形填料的优点，它的空隙率大，液体分布好，全部表面都被充分地利用，是目前乱堆填料中性能最好的填料。

⑥ 波纹填料。如图 3-38(g) 所示，波纹填料是由许多层波纹薄片组成，各片的高度相同，长短不等，搭配组合成圆盘状，填料波纹与水平方向成 45°，相邻两片反向重叠，使其波纹互相垂直。相邻两个圆盘的波纹薄片方向互成 90°。

波纹填料分板波纹填料与丝网波纹填料。板波纹填料用薄钢板、陶瓷、塑料及玻璃钢等材料制成。目前较好的有 Mellapak 填料，它是在金属板波纹片上冲孔、开槽纹，以改善填料表面的湿润性。这种填料空隙率大，阻力小，通量大，放大效果好。当塔径大于 1.5m 时，可以将填料分块，从人孔中送入安装。

丝网波纹填料是由金属丝网波纹片排列组成波纹填料，可制成不同形状，如网环和鞍形网。因丝网细密，因此波纹网填料的空隙率、比表面积和表面利用率都很高，是一种高效填料，其等板高度可低至 0.1m。但因造价高，目前只在精密精馏和真空装置中使用。

⑦ 格栅型填料。格栅型填料中以格利希格栅填料为典型代表。其特性如表 3-5 所示。它由垂直的、水平的和倾斜的三种金属嵌板组成。在垂直嵌板上设有左右交替排列的水平突格栅，格栅是由数个格栅元件点焊连接而成。在塔内安装时，相邻两层又依次按顺时针方向旋转 45°，上下叠合。这样，水平板随机搭接，形成 Z 形通路。液体以液膜和液滴方式与上升气体湍动接触。该填料层空隙率高，通量大，抗污染与防堵塞性能好，适用于大型塔中。

表 3-5　格利希格栅规整填料的特性数据

规格/mm	比表面积/(m^2/m^3)	堆积密度/(kg/m^3)	空隙率/(m^3/m^3)	干填料因子/m^{-1}
67×60×2	44.7	318	0.959	50.68

3.4.8.3　填料塔内气液两相的流动特性

填料塔内气液两相通常为逆流流动，气体从塔底进入，液体从塔顶进入。液体从上向下流动过程中，在填料表面上形成膜状流动。液膜与填料表面的摩擦，及液膜与上升气体的摩擦，使液膜产生流动阻力，部分液体停留在填料表面及其空隙中。单位体积填料层中滞留的液体体积，称为持液量。液体流量一定时，气体流速（或流量）越大，持液量也越大，则气体通过填料层的压降也越大，动力消耗也相应增大。

（1）气体通过填料层的压降　将气体的空塔速度 u 与每米填料的压降 Δp 之间的实测数据标绘于双对数坐标上，并以液体的喷淋密度 L 作参变量，可得如图 3-39 所示的曲线。各种填料的曲线大致相似。

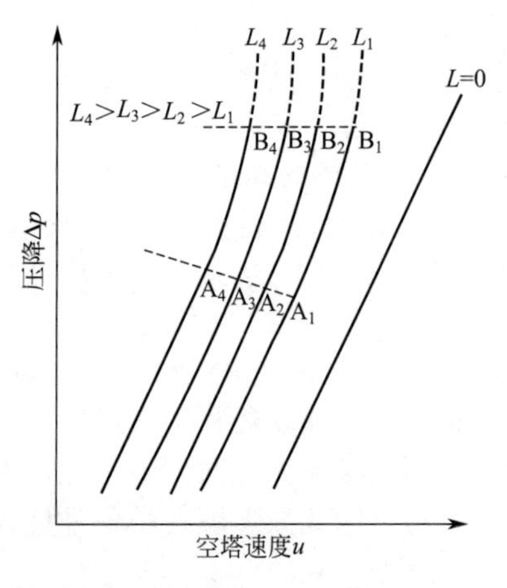

图 3-39　压降与空塔速度的示意图

$L=0$ 的曲线表示干填料层的情况。压降主要用来克服流经填料层时的形体阻力。此时压降与气速的 1.8～2 次方成比例，表明气流在实际操作中是湍流。这是因为气体在填料间穿行，通道扩大与缩小，且转向频繁，所以在相当低的气速下即可达到湍流。

当填料上有液体喷淋时，填料层内的一部分空隙为液体所占据，气流的通道截面减小了。在相同的空塔速度之下，随着液体喷淋密度的增加，填料的持液量增加，气流的通道随之减小，通过填料层的压降就增加。如图中 L_1、L_2 等曲线所示。

在一定的喷淋密度之下，例如 $L=L_1$ 时，当气速低于 A_1 点所对应的气速，液体沿填料表面的流动很少受逆向气流的牵制，持液量基本不变，压降对空塔速度的关系与干填料层的曲线几乎平行。当气速达到 A_1 点所对应的气速，液体的流动受逆向气流的阻拦开始明显起来，持液量随气速的增加而增加，气流通道截面减少，压降随空塔速度有较大增加，压降-空塔速度曲线的斜率加大。点 A_1 以及其他喷淋密度下相应的点 A_2、A_3……称为载点，表示填料塔操作中的一个转折点。当气速增加到 B_1 点时，通过填料层的压降迅速上升，并有强烈波动，点 B_1 以及其他喷淋密度下的相应点 B_2、B_3……称为液泛点，此时气流速度称为液泛速率，用 u_f 表示。液泛时气体流经填料层的压降已增大到使液体受到阻塞而积聚在填料上，这时往往可以看到在填料层的顶部以及某些局部截面积较小的地方出现液体，而使气体分散在液体里鼓泡而出。有时因填料支承板上通道面积比填料层的自由截面积还小，这时鼓泡层就首先发生在塔的支承板上。液泛现象一经发生，若气速再增加，鼓泡层就迅速膨胀，进而发展到全塔，使液体不易顺畅流下。填料塔一般不能在液泛下操作。

(2) 压降与液泛速率的确定　影响液泛速率的因素较多，包括气液流量、密度、黏度及填料特性等。计算的方法有多种，采用图3-40所示的通用关联图来确定液泛速率是目前广泛采用的方法。关联图的横坐标为$\frac{L'}{V'}\left(\frac{\rho_G}{\rho_L}\right)^{1/2}$，纵坐标为$\frac{u^2\phi\varphi}{g}\left(\frac{\rho_G}{\rho_L}\right)\mu_L^{0.2}$。图上显示出压降与泛点、填料因子、液气比等参数的关系。适用于乱堆的拉西环、鲍尔环和鞍形填料。

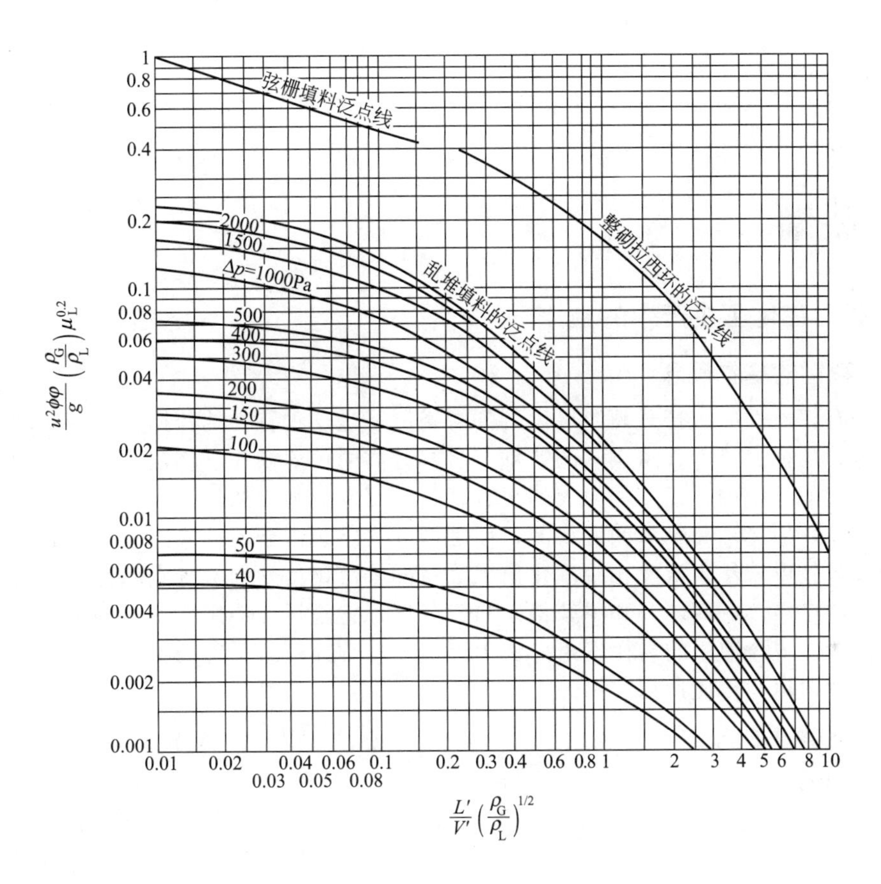

图3-40　填料塔通用关联图

通过图3-40，可以很方便地求取泛点气速和压降。

3.4.9 吸收塔的操作

由于吸收任务、物系性质、分离指标及操作条件等均不一样，因此不同的吸收过程其操作方法是不一样的，但从总体上说，都包括开车准备（试漏及置换等）、冷态开车、正常运行和正常停车等。

(1) 系统气密试漏　对系统进行吹扫，吹灰结束，阀门、孔板、法兰等复位后，可以用空气充压，试压、试漏。若系统其他部分处在活化状态时，应分别在进、出口加插盲板切断联系，再试漏。试漏过程中不得超压。

(2) 系统氮气置换　引外界合格氮气进行系统置换，直至系统中取样分析$N_2 \geqslant 99.5\%$为置换合格，取样分析点必须是管线最终端排放点。置换方法为充压、卸压，直至置换合格。

（3）系统开车　吸收开车应先进液再进气，以确保吸收塔中填料全部被润湿。在进气及进液过程中，应严格按照操作规程操作泵、压缩机、阀门及仪表等。并最终控制到规定的指标。

（4）正常维护　吸收正常进行时，必须：①检查运行情况、打液量、出口压力、油质、油位、运转声音、电机接地、冷却水量是否正常，用手背摸查泵和电机轴承温度；②检查各设备内液位、组成等是否正常；③检查整个系统有无溶液跑、冒、滴、漏现象等，若发现问题应及时处理。

（5）系统停车　与开车相反，应先停气再停液，若操作温度较高，必须温度降低到指定指标后才能停液。若是短期停车，溶液不必排出，注意关出口切断阀，保压待用；若是长期停车，应将溶液排入储器中充氮气保护，卸压，用氮气置换合格，再充氮气加压水循环清洗，清洗干净后排尽交付检修。

3.5　蒸馏

3.5.1　蒸馏在化工生产中的应用

3.5.1.1　蒸馏的基本概念

液体是有挥发性的，打开酒瓶可以闻到酒香，就是这种特性的作用。蒸馏是利用液体混合物中各组分的挥发能力（沸点）的差别，将其分离的单元操作。将液体混合物加热部分汽化时，所产生的气相中，挥发能力大的组分含量比挥发能力小的组分多，据此可将液体混合物分离。例如，加热苯和甲苯的混合液，使之部分汽化，由于苯的沸点较低，其挥发能力较甲苯强，故苯较甲苯易于从液相中汽化出来，将部分汽化得到的蒸气全部冷凝，可得到苯含量高于原料的产品，从而使苯和甲苯得以初步分离。它是目前使用最广泛的液体混合物分离方法。习惯上，混合液中的易挥发组分称为轻组分，难挥发组分称为重组分。显然，蒸馏是气液两相间的传热与传质过程。

3.5.1.2　蒸馏过程的分类

按照不同的分类依据，蒸馏可以分为多种类型。

① 按蒸馏原理可分为平衡蒸馏（闪蒸）、简单蒸馏、精馏和特殊蒸馏。平衡蒸馏和简单蒸馏通过一次部分汽化和冷凝分离混合物，因此分离不彻底，常用于混合物中各组分的挥发度相差较大，或对分离要求不高的场合；精馏通过多次部分汽化和冷凝分离混合物，能获得纯度很高的产品，因此是应用最广泛的工业蒸馏方式；若混合物中各组分的挥发能力相差很小（相对挥发度接近于1）或形成恒沸物，则必须采用特殊蒸馏。

② 按操作压力可分为加压、常压和减压蒸馏。常压下为气态或常压下泡点为室温的混合物，常采用加压蒸馏；常压下泡点为室温至150℃左右的混合液，一般采用常压蒸馏；对于常压下泡点较高（一般高于150℃）或热敏性混合物，宜采用真空蒸馏，以降低操作温度。比如石油的常减压蒸馏。

③ 按被分离混合物中组分的数目分为双组分精馏和多组分精馏。被精馏的混合物中组分数目是两个的称为“双组分精馏”，多于两个称为“多组分精馏”。工业生产中绝大多数为多组分精馏，但双组分精馏的基本原理、计算方法同样适用于多组分精馏，因此，常以双组分精馏原理为基础进行讨论。

④ 按操作方式分为间歇精馏和连续精馏。间歇精馏主要应用于小规模、多品种或某些有特殊要求的场合，工业上以连续蒸馏为主。连续精馏的主要特点是操作稳定，生产能

力大。

3.5.1.3 蒸馏在化工生产中的应用与发展

对于均相液体混合物，最常用的分离方法是蒸馏。例如，从发酵的酒液中提炼饮料酒，石油的炼制中分离汽油、煤油、柴油以及空气的液化分离制取氧气、氮气等，都是蒸馏完成的。其应用的广泛性，导致几乎所有的化工厂都能用到蒸馏。由蒸馏原理可知，对于大多数混合液，各组分的沸点相差越大，则用蒸馏方法越容易分离。反之，两组分的挥发能力越接近，则越难用蒸馏分离。必须注意，对于恒沸液，组分沸点的差别并不能说明溶液中组分挥发能力是不一样的，这类溶液不能用普通蒸馏方法分离。

随着科技的发展，作为传统分离方法之一的精馏也向着开发高效节能设备，提高自动化程度，拓宽适用范围等方向发展。如研究改善大直径填料精馏塔的气液均布问题，诸如催化精馏、膜精馏、吸附精馏、反应精馏的进一步开发，各种新型耦合精馏技术得到了长足的发展，并成功地应用于生产中。

3.5.2 双组分体系的气液相平衡

3.5.2.1 相组成表示方法

在物系中，物理和化学性质完全均一的部分称为“相”。相与相之间有明显的相界面，而蒸馏操作主要涉及气相和液相。在蒸馏过程中，两相的组成都会发生变化，通常，相组成有两种表示法，即质量分数与摩尔分数。

在蒸馏操作中，气体混合物通常可视为理想气体，其压力分数＝体积分数＝摩尔分数。由于气液两相含有的组分是一样的，所以通常用不同的符号表示两相的组成。用 x_W、x 表示液相的质量分数和摩尔分数；用 y_W、y 表示气相的质量分数和摩尔分数。

3.5.2.2 气液相平衡关系

（1）气液相平衡状态　密闭容器中装有苯、甲苯混合液，设易挥发组分苯为 A，难挥发组分甲苯为 B，保持一定温度，由于苯、甲苯都在不断挥发，液面上方的蒸气中也存在苯、甲苯两种组分；同时，气相中的两种组分分子也不断地挥发凝结，回到液相中。当汽化速率和凝结速率相等时，气相和液相中的苯和甲苯分子都不再增加和减少，气、液两相达到了动态平衡，这种状态称为气-液相平衡状态，也叫饱和状态。这时，液面上方的蒸气称为饱和蒸气，蒸气的压力称为饱和蒸气压，溶液称为饱和液体，相应的温度称为饱和温度。平衡状态下的气-液相之间的组成关系，称为气-液相平衡关系，对于双组分体系，在组成、压力、温度中，只要确定两个，其他参数也随之确定，或者说相平衡关系是唯一的。相平衡关系可以用图、表或公式来表示。

（2）双组分理想溶液的气-液相平衡关系　理想溶液是指溶液中不同组分分子之间的作用力完全相等，而且在形成溶液时既无体积变化，也无热效应产生的溶液，它是一种假设的溶液。实验表明，理想溶液的气-液平衡关系遵循拉乌尔定律，即在一定温度条件下，溶液上方蒸气中某一组分的分压，等于该组分在该温度下的饱和蒸气压和该组分在溶液中的摩尔分数的乘积，即

$$p_A = p^0 x_A \tag{3-74}$$

式中　p_A——组分 A 在气相中的平衡分压，kPa；

p^0——组分 A 在同温下的饱和蒸气压，kPa；

x_A——组分 A 在平衡液相中的摩尔分数。

（3）泡点与组成（t-x-y）图　反映一定压力下泡点与组成之间关系的曲线，称为泡点-组成图。蒸馏操作通常在一定外压下进行，因此，泡点-组成（t-x-y）图是分析蒸馏过程

中组成与温度关系的基础。总压 $p=101.3\text{kPa}$ 时，理想溶液的泡点-组成图如图 3-41 所示。

图中以 t 为纵坐标，以液相组成 x 及气相组成 y 为横坐标。图中有两条线，上方曲线为 t-y 线，表示平衡时气相组成与温度的关系，此曲线称为气相线或饱和蒸气线或露点线。下方曲线为 t-x 线，表示平衡时液相组成与温度的关系，此曲线称为液相线或饱和液体线或泡点线。两条曲线将 t-x-y 图分成三个区域。液相线以下的称为液相区；气相线以上的称为过热蒸气区；液相线和气相线之间的称为气液共存区，在该区内，气相两相互成平衡，其平衡组成由等温线与气相线和液相线的交点来决定，两相之间量的关系则遵守杠杆规则。

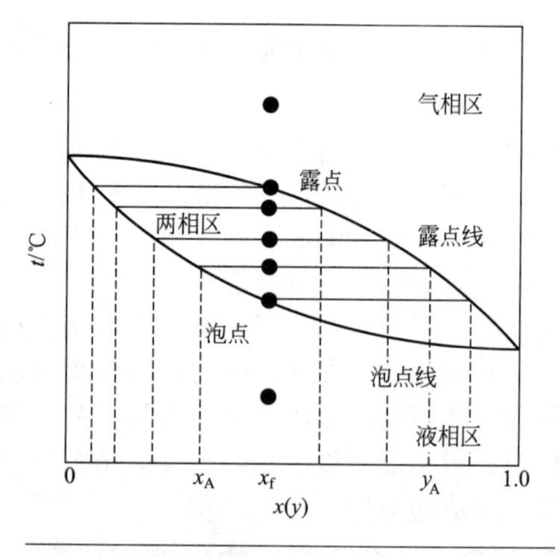

图 3-41　理想溶液的 t-x-y 图

气相线位于液相线之上，说明相互平衡的气液两相中，轻组分在气相的含量高于其在液相中的含量。这正是蒸馏分离的理论依据。在两相平衡时，气液两相具有同样的温度，故气液相的状态点（图中 x_A 和 y_A）在同一水平线（等温线）上。一定组成的溶液的泡点介于两纯组分的沸点之间。

图中，加热组成为 x_f 的混合物，当到达泡点线时，液体中出现第一个很小的气泡，即刚开始沸腾，则此温度叫该溶液在指定压力下的泡点温度，简称泡点。处于泡点温度下的液体称为饱和液体。因此饱和液体线又称泡点线。

同样将过热蒸气冷却，即气体混合物在压力不变的条件下，降温冷却，当冷却到某一温度时，产生第一个微小的液滴，此温度叫做该混合物在指定压力下的露点温度，简称露点。处于露点温度的气体，称为饱和气体。因此饱和蒸气线又称露点线。从精馏塔顶蒸出来的气体温度，就是处于露点温度下。

需要注意的是，对于纯物质来说，在一定压力下，泡点、露点、沸点均为一个数值。如纯水 760mmHg，泡点、露点、沸点均为 100℃。通常 t-x-y 关系的数据是由实验测得。以苯-甲苯溶液为例，利用实验测得的数据即可绘出苯-甲苯溶液的 t-x-y 图。

【例 3-10】苯-甲苯的饱和蒸气压和温度关系数据如表 3-6 所示。试根据表中数据作 $p=101.3\text{kPa}$ 苯-甲苯混合物的 t-x-y 图。

表 3-6　苯-甲苯在某些温度下的蒸气压

温度/℃	80.1	85	90	95	100	105	110.6
p_A^0/kPa	101.3	116.9	135.5	155.7	179.2	204.2	240.0
p_B^0/kPa	40	46	54.0	63.3	74.3	86.0	101.3

解　因溶液服从拉乌尔定律，有

$$p_A=p_A^0\times x_A;\quad p_B=p_B^0\times x_B;\quad p=p_B^0+(p_A^0-p_B^0)x_A$$

解得

$$x_A=\frac{p-p_A^0}{p_A^0-p_B^0} \tag{3-75}$$

由分压定律得

$$p_A=py_A,$$

所以
$$y_A=\frac{p_A^0x_A}{p} \tag{3-76}$$

由此可以算出任一温度下的气、液相组成，以 $t=105$℃为例，计算如下：

$$x_A=\frac{101.3-86.0}{204.2-86.0}=0.130;\quad y_A=\frac{204.2\times0.130}{101.3}=0.262$$

以此类推，其他温度下的计算结果列于表 3-7 中，根据以上结果，可标绘如图 3-42 所示的图。

表 3-7　苯-甲苯在总压 101.3kPa 下的 t-x-y 关系

温度/℃	80.1	85	90	95	100	105	110.6
x	1.000	0.780	0.581	0.411	0.258	0.130	0
y	1.000	0.900	0.777	0.632	0.456	0.262	0

在上述的 t-x-y 图上，找出气液两相在不同的温度时，相应的平衡组成 x，y 坐标绘在 x，y 坐标图上，并连成光滑的曲线，就得到了 y-x 图。表示了在一定的总压下，气相的组成 y 和与之平衡的液相组成 x 之间的关系。图中对角线为辅助线，供作图时参考用。对于大多数溶液，两相达平衡时，y 总是大于 x，故平衡线位于对角线上方，平衡线离对角线越远，表示该溶液越易分离。

应当指出，总压对平衡曲线（y-x）的影响不大，若总压变化范围为 20%～30%，y-x 平衡线的变动不超过 2%。因此在总压变化不大时外压影响可以忽略。故蒸馏操作便用 y-x 图更为方便。

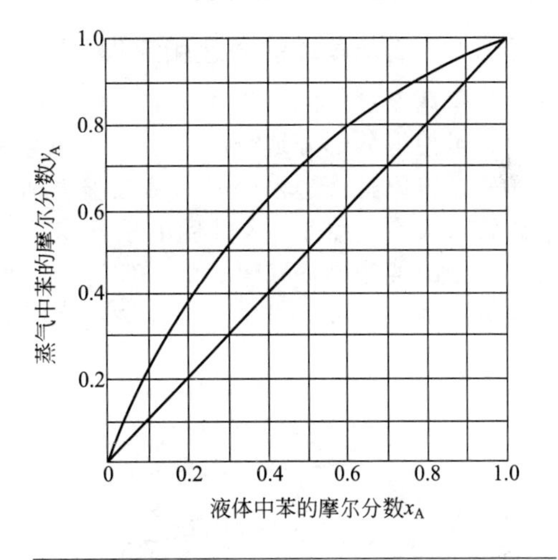

图 3-42　苯-甲苯混合液的 y-x 图

3.5.2.3　相对挥发度

溶液的气、液相平衡关系除了用相图表示外，还可以用相对挥发度来表示。

（1）挥发度　挥发度是表示某种液体容易挥发的程度。对于纯组分通常用它的饱和蒸气压来表示。而溶液中各组分的蒸气压因组分间的相互影响要比纯态时为低。故溶液中各组分的挥发度则用它在一定温度下蒸气中的分压和与之平衡的液相中该组分的摩尔分数之比来表示，即

组分 A 的挥发度
$$v_A=\frac{p_A}{x_A} \tag{3-77}$$

组分 B 的挥发度
$$v_B=\frac{p_B}{x_B} \tag{3-77a}$$

式中　v_A，v_B——组分 A、B 的挥发度，kPa。

组分挥发度是温度的函数，由实验测定。对于理想溶液，由拉乌尔定律可得

$$v_A=\frac{p_A}{x_A}=\frac{p_A^0x_A}{x_A}=p_A^0\text{，同理：}v_B=\frac{p_B}{x_B}=p_B^0$$

即对于理想溶液，组成的挥发度在数值上等于其同温下纯组分的饱和蒸气压。

（2）相对挥发度　溶液中两组分的挥发度之比称为相对挥发度。用 α 表示，通常为易挥

发组分的挥发度与难挥发组分的挥发度之比。

$$\alpha=\frac{v_A}{v_B}=\frac{p_A x_B}{p_B x_A} \tag{3-78}$$

当气相服从道尔顿分压定律时，$\alpha=\frac{y_A}{y_B}\times\frac{x_B}{x_A}$ (3-79)

对于二组分的理想溶液， $\alpha=\frac{p_A^0}{p_B^0}$ (3-80)

变换式(3-79) 并略去下标可得

$$y=\frac{\alpha x}{1+(\alpha-1)x} \tag{3-81}$$

式(3-81) 称为用相对挥发度表示的气液相平衡方程。

3.5.3 精馏原理及流程

3.5.3.1 简单蒸馏的原理和流程

简单蒸馏是使混合物在蒸馏釜中逐次地部分汽化，并不断地将生成的蒸气移去冷凝器中冷凝，可使组分部分地分离，这种方法称为简单蒸馏，又称微分蒸馏。其装置如图 3-43(a)。操作时，将原料液送入密闭的蒸馏釜中加热，使溶液沸腾，将所产生的蒸气通过颈管及蒸气引导管引入冷凝器 2，冷凝后的馏出液送入储槽 3 内。这种蒸馏方法由于不断地将蒸气移去，釜中的液相易挥发组分的浓度逐渐降低，馏出液的浓度也逐渐降低，故需分罐储存不同组成范围的馏出液。当釜中液体浓度下降到规定要求时，便停止蒸馏，将残液排出。

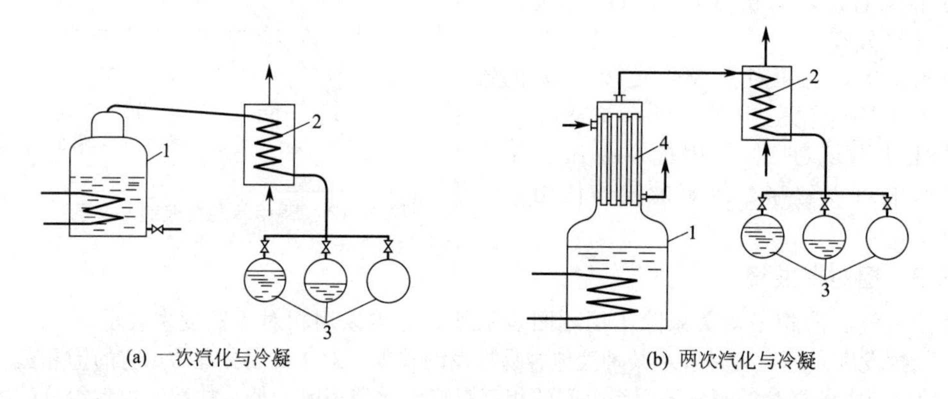

图 3-43　简单蒸馏装置示意图

1—蒸馏釜；2—冷凝器；3—储槽；4—分凝器

为了使简单蒸馏达到更好的分离效果，可在蒸馏釜顶部加一个分凝器，如图 3-43(b) 所示。进行简单蒸馏操作时，蒸馏釜中的混合液经过部分汽化所产生的蒸气再送到分凝器中进行部分冷凝，由于增加了一次部分冷凝使从分凝器中出来的蒸气中易挥发组分的含量得到进一步提高，所得的馏出液中易挥发组分的含量高。简单蒸馏主要用于分离混合物中各组分沸点相差较大、分离要求不高的互溶混合液的粗略分离。

3.5.3.2 精馏原理及精馏流程

精馏是在精馏塔内将原料多次部分汽化并多次部分冷凝分离混合物的操作。根据操作方式不同，工业精馏流程可以分为两类，即间歇精馏流程和连续精馏流程。

(1) 连续精馏流程　如图 3-44 所示，为连续精馏操作流程。液体混合物通过高位槽 3

进入预热器 4 加热到一定温度后进入精馏塔。在精馏塔内，蒸气沿塔上升，上升汽相中易挥发组分增加，难挥发组分减少。从塔顶引出的蒸气进入冷凝器冷凝，冷凝液一部分作为塔顶产物（又称馏出液），经塔顶冷凝器 5 和冷却器 6，通过观察罩 9 进入馏出液储槽 7，一部分回流至塔内作为液相回流，称为回流液。在精馏塔内，下降液体中难挥发组分增加，易挥发组分减少。塔釜排出来的液体称为塔底产品或釜残液，进入残液储槽 8。液体混合物在塔底蒸馏釜加热至沸腾，产生的蒸气进入精馏塔，蒸气由下而上在各层塔板（或填料）上与回流液接触，实现热和质的传递。精馏操作一般在塔内完成。

（2）间歇精馏流程　如图 3-45 所示，液体混合物在蒸馏釜 1 加热至沸腾，产生的蒸气进入精馏塔 2，蒸气由下而上在各层塔板（填料）上与回流液接触。易挥发组分逐板提浓后由塔顶进入冷凝器 3 冷凝，其中一部分作为回流液进入塔内；另一部分经冷却器 4 进一步冷却后流入馏出液储槽 6。蒸馏后的残液返回至蒸馏釜，蒸馏到一定程度后排出残液。

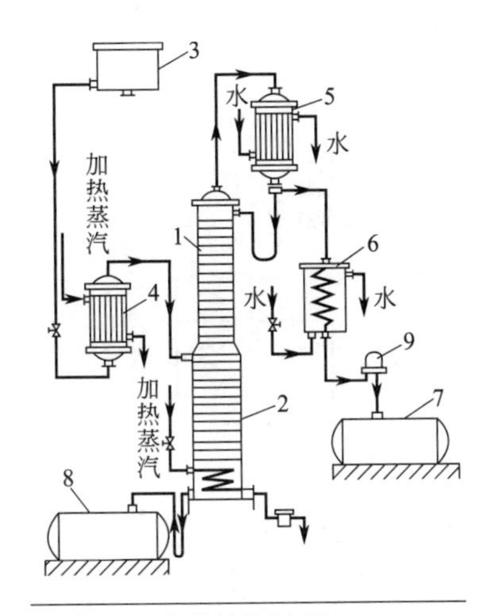

图 3-44　连续精馏流程

1—精馏段；2—提馏段；3—高位槽；4—预热器；5—冷凝器；6—冷却器；7—馏出液储槽；8—残液储槽；9—观察罩

精馏过程

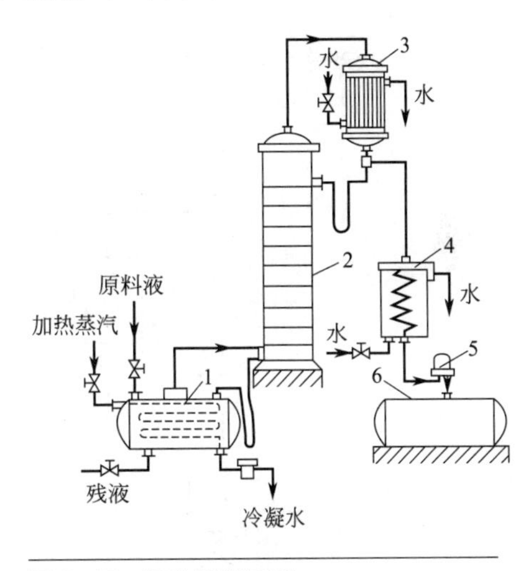

图 3-45　间歇精馏流程

1—蒸馏釜；2—精馏塔；3—冷凝器；4—冷却器；5—观察罩；6—馏出液储槽

间歇精馏有两种典型的操作方式。一种是保持回流比恒定的操作方式。采用这种操作方式时，在精馏过程中，塔顶馏出液组成和釜液组成均随时间而下降。另一种是保持馏出液组成恒定。采用这种操作方式时，在精馏过程中，釜液组成随时间而下降，所以为了保持馏出液组成恒定，必须不断增大回流比，精馏终了时，回流比增大到最大。

（3）精馏原理　如图 3-46 所示，将组成为 x_F 的两组分混合物加热到 t_1 使其部分汽化后，气相和液相分开，所得到的气相组成为 y_1，液相组成为 x_1，由图 3-47 可以看出：$y_1>x_F>x_1$。可见，将液体混合物进行一次部分汽化的过程，只能起到部分分离的作用。显然，要使混合物得到完全的分离，必须进行多次部分汽化和部分冷凝的过程。如图 3-47 所示，将组成为 x_1 的液相继续进行部分汽化，则可得到组成为 x_2 的液相，显然 $x_1>x_2$。如此将液体混合物进行多次汽化，在液相中可获得高纯度的难挥发组分。同时将组成为 y_1 的气相混合物进行部分冷凝，则可得到组成为 y_2 的气相，显然 $y_2>y_1$，显然气相混合物经多次部分冷凝，在气相中可获得高纯度易挥发组分。由此可见，同时多次进行部分汽化和部分冷凝，就可将混合物分离为纯的或比较纯的组分。图 3-48 所示为一个多级分离过程，若将第一级溶液部分汽化所得到的气相产品在冷凝器中加以冷凝，然后再将冷凝液在第二级中部分汽化。同理从各分离器所得到的液相产品可分别进行多次部分汽化和分离。

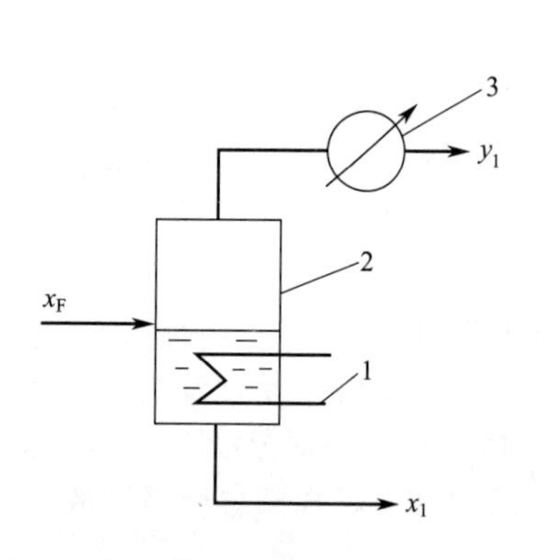

图 3-46　一次部分汽化示意图
1—加热器；2—分离器；3—冷凝器

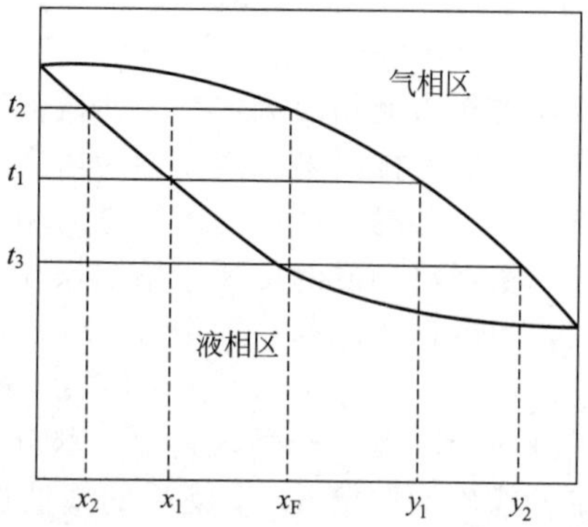

气相区
液相区
t_2
t_1
t_3
x_2　x_1　x_F　y_1　y_2

图 3-47　精馏原理

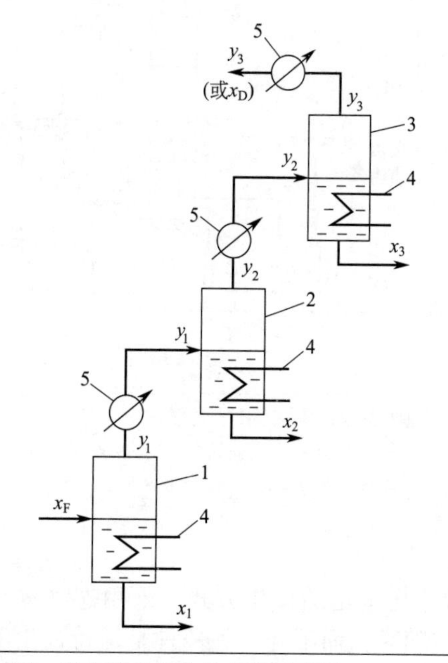

图 3-48　多次部分汽化的分离示意图
1～3—分离器；4—加热器；5—冷凝器

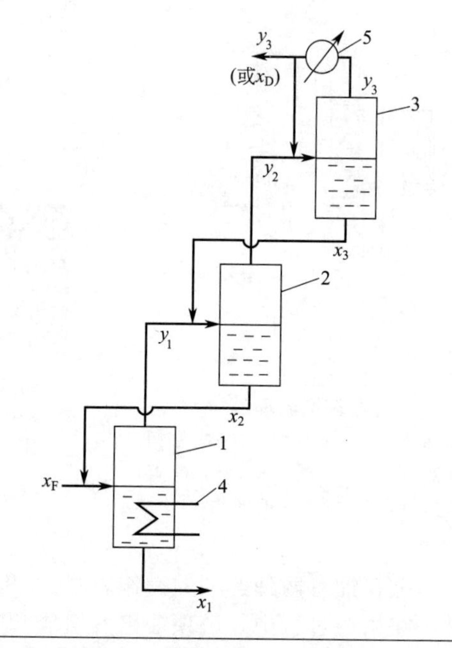

图 3-49　无中间产品的部分汽化示意图
1～3—分离器；4—加热器；5—冷凝器

应当指出，这种操作存在着如下问题：收率低、中间馏分未加利用、热能利用率不高、消耗了大量的加热蒸气和冷却水、操作不稳定。

针对上述流程，将图 3-48 进行改进得出了图 3-49 所示的流程。将每一级的中间产品返回到下一级中去，图示将 y_1 与 x_3 相混合，这样就消除了中间产品。气相与液相混合，它们同时进行着热量和质量的传递，使液相中易挥发组分部分汽化为蒸气，气相中难挥发组分部分冷凝为液相，结果 $y_2>y_1$，$x_2>x_3$。且省去了中间加热器和冷凝器，补充了各釜的易挥发组分，使塔板上的液相组成保持稳定，提高了产品收率。对于最上一级而言，将 y_3 冷凝后不是全部作为产品，而将其中的一部分返回作为液相回流。对增浓难挥发组分来说，道理是完全相同的。如图 3-49 所示，在进行质量传递和热量传递的同时，液相中难挥发组分的浓度增加，气相中易挥发组分的浓度增加。只要选定适当的釜数，即可从最后一釜的液相得到较纯的难挥发组分。从图 3-50 所示的精馏塔的模型中可以看出，最下面一个釜的蒸气只能由该釜液体汽化得到，汽化所需的热量由加热器供给。即精馏是将由挥发度不同的组分所组成的混合液，在精馏塔中同时进行多次地部分汽化和部分冷凝操作，使其分离成几乎纯态组分的过程。同时进行部分汽化和部分冷凝操作是混合物得以分离的必要条件。

在工业生产中，精馏是在精馏塔内进行的。如图 3-50 所示，塔顶回流自上而下通过全塔（每一块板或每层填料），塔底蒸气回流自下而上通过全塔（每一块板或每层填料），当两股回流相遇时，同时发生部分汽化和部分冷凝，易挥发组分向气相中转移，难挥发组分向液相中转移，因此，在气体自下而上的过程中，轻组分得到了提浓，至塔顶时最大，同时，在液体自上而下的过程中重组分得到了提浓，至塔底时最大。根据相平衡可知，自上而下温度不断增加，塔顶温度最低，塔釜温度最高。当某一块上的组成与原料液的组成相同或相近时，原料液由此引入，称为加料板，加料板以上的塔段称为精馏段，以下的部分称为提馏段（含加料板）。

显然，精馏塔能够正常操作的必要条件是塔顶回流液体和塔釜回流蒸气。因此，塔顶冷凝器和塔釜再沸器是精馏操作中不可缺少的辅助设备。

精馏与蒸馏比较，两者共同之处都是通过将混合物部分汽化和冷凝，利用组分挥发能力不同分离混合物的，但前者是多次而后者只一次，而回流则是区别二者的最根本性标志。

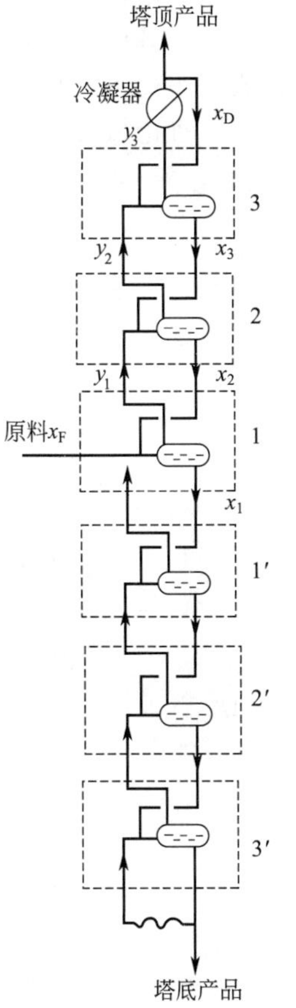

图 3-50 精馏塔模型

3.5.4 连续精馏的计算

3.5.4.1 计算依据

精馏计算过程较为复杂，为了简化计算，提出以下基本假设。

（1）恒摩尔流假设 包括恒摩尔汽化和恒摩尔溢流两个假定。

恒摩尔汽化指在精馏段内，从每一块塔板上升的蒸气的摩尔流量皆相等，提馏段也是如此，但两段的蒸气流量不一定相等，即

$$V_1=V_2=\cdots\cdots=V_n=V \tag{3-82}$$

$$V_1'=V_2'=\cdots\cdots=V_n'=V' \tag{3-82a}$$

式中 V——精馏段的上升蒸气量，kmol/h；

V'——提精馏段的上升蒸气量，kmol/h。

恒摩尔溢流指在精馏段内，从每一块塔板上下降的液体的摩尔流量皆相等，提馏段也是如此，但两段的液体流量不一定相等，即

$$L_1=L_2=\cdots\cdots=L_n=L \tag{3-83}$$

$$L_1'=L_2'=\cdots\cdots=L_n'=L' \tag{3-83a}$$

式中 L——精馏段的回流液体量，kmol/h；

L'——提馏段的回流液体量，kmol/h。

显然，此假定成立的前提是各组分的比摩尔汽化潜热相等；气液相接触时，因温度不同而交换的显热忽略不计；设备的保温良好，热损失可以忽略。经研究表明，对于大多数物系，特别是接近理想的物系，各组分的比摩尔汽化潜热可近似视作相等。其他条件也可以通

过采取措施达到。

（2）理论板　在精馏塔内，塔板是气液两相接触的场所，如果离开某块板时，气液两相互成相平衡，则称此板为理论板。实际上，理论板是不存在的，但再沸器和分凝器可视为理论板。理论板假定为确定实际板数提供了简便的途径，这一方法值得读者在工作中借鉴。

3.5.4.2　物料衡算与操作线

（1）全塔的物料衡算　对整个精馏塔应用质量守恒定律，分别对轻组分和总物料进行物料衡算（见图3-51），得

$$F=D+W \tag{3-84}$$

$$Fx_F=Dx_D+Wx_W \tag{3-85}$$

式中　F——进塔的原料液流量 kmol/h；

x_F——料液是易挥发组分的摩尔分数；

D——塔顶产物（馏出液）的流量 kmol/h；

x_D——馏出液中易挥发组分的摩尔分数；

W——塔底产物（残液）的流量 kmol/h；

x_W——残液中易挥发组分的摩尔分数。

联解可得

$$\frac{D}{F}=\frac{x_F-x_W}{x_D-x_W} \tag{3-86}$$

$$\frac{W}{F}=\frac{x_D-x_F}{x_D-x_W} \tag{3-87}$$

$\frac{D}{F}$称为馏出液的采出率；$\frac{W}{F}$称为釜液的采出率。当规定塔顶、塔底组成x_D、x_W时，采出率，即产品的产率不能任意选择。当规定塔顶产品的产率和组成x_D时，则塔底产品的产率及釜液组成不能再自由规定（当然也可规定塔底产品的产率和组成）。

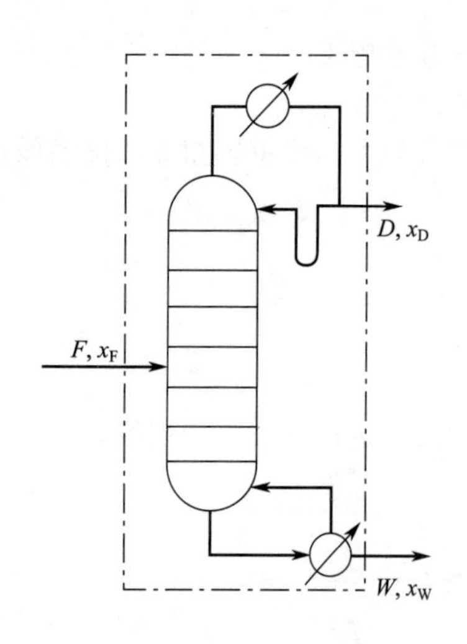

图3-51　全塔物料衡算图

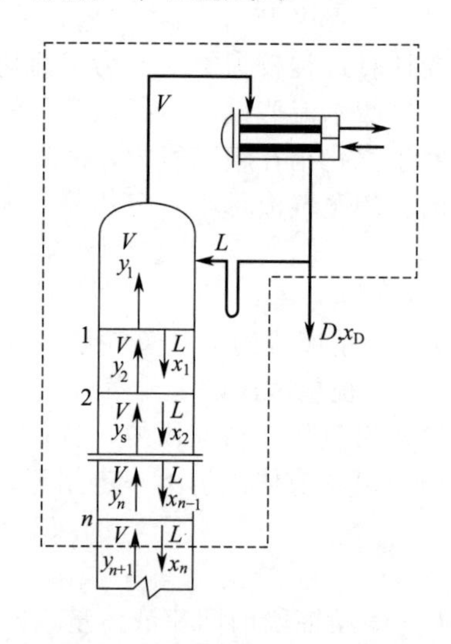

图3-52　精馏段操作线方程推导示意图

在精馏生产中，既可以用塔顶、塔底产品的组成作为控制指标，也可以用回收率来作为

控制指标，回收率的定义如下。

馏出液中易挥发组分的回收率

$$E_A=\frac{D \cdot x_D}{F \cdot x_F}\times 100\% \tag{3-88}$$

釜液中难挥发组分的回收率

$$E_B=\frac{W \cdot (1-x_W)}{F \cdot (1-x_F)}\times 100\% \tag{3-89}$$

（2）精馏段操作线方程　如图 3-52 所示，对精馏段任一塔截面到塔顶做物料衡算，得

$$V=L+D$$

$$Vy_{n+1}=Lx_n+Dx_D$$

$$y_{n+1}=\frac{L}{L+D}x_n+\frac{D}{L+D}x_D \tag{3-90}$$

通常，定义 $R=\frac{L}{D}$ 为回流比，则式(3-90) 变为

$$y_{n+1}=\frac{R}{R+1}x_n+\frac{1}{R+1}x_D \tag{3-91}$$

式中各符号意义同前。

式(3-90) 和式(3-91) 反映了在精馏操作中，精馏段内，同一截面上相遇的气液两相的组成关系（对于板式塔，反映的是下一块塔板的上升蒸气组成与上一块塔板下降液体的组成之间的关系）通常称为操作关系。当操作稳定时，两式为直线方程，在 y-x 图上是直线（见图 3-54），因此两式被称为精馏段的操作线方程。显然，精馏段操作线过点 $(x_D,\ x_D)$。

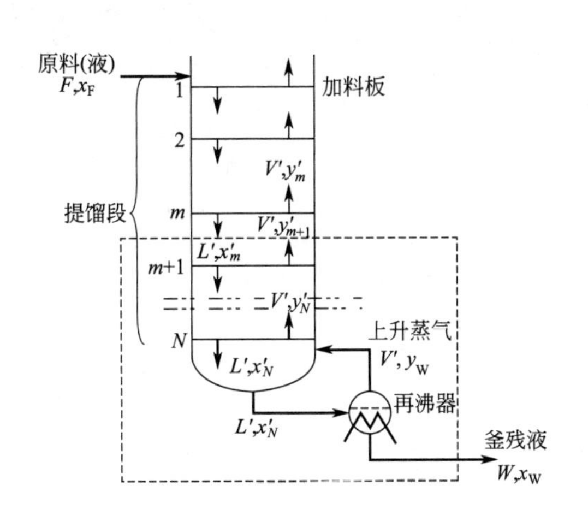

图 3-53　提馏段操作线方程推导示意图

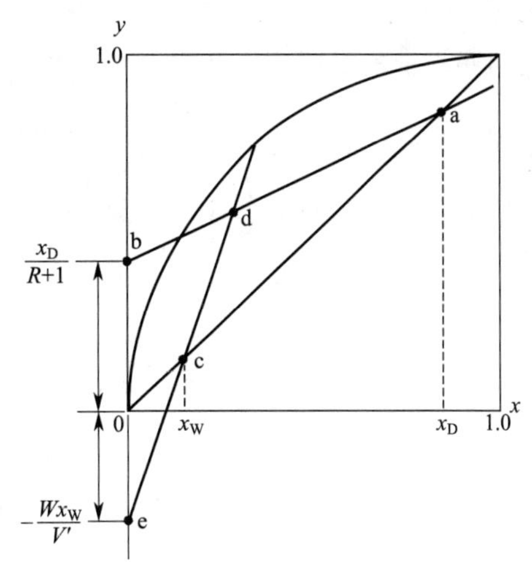

图 3-54　操作线

（3）提馏段操作线方程　如图 3-53 所示，对提馏段任一塔截面到塔底做物料衡算，得

$$L'=V'+W'$$

$$L'x_m=V'y_{m+1}+W'x_W$$

$$y_{m+1}=\frac{L'}{L'-W}x_{m}'-\frac{W}{L'-W}x_{W} \tag{3-92}$$

同样，式(3-92) 称为提馏段操作线方程，它反映了在精馏操作中，提馏段内，同一截面上相遇的气液两相的组成关系（对于板式塔，反映的是下一块塔板的上升蒸气组成与上一块塔板下降液体的组成之间的关系）即操作关系。当操作稳定时，式(3-92) 为直线方程，在 y-x 图上是也直线（见图 3-54）。显然，提馏段操作线过点（x_W，x_W）。

应予指出，提馏段的回流液流量 L' 不如精馏段的回流液流量 L 那样易于求得，因为 L' 除了与 L 有关外，还受进料量及进料热状况的影响。

【例 3-11】一连续精馏塔分离二元理想混合溶液，在精馏塔的精馏段内，离开某层塔板上的气液相组成分别为 0.83 和 0.70，相邻上层塔板上的液相组成为 0.77，而相邻下层塔板上的气相组成为 0.78（以上均为轻组分 A 的摩尔分数，下同）。塔顶为泡点回流，进料为饱和液体（此时，$L'=L+F$），其组成为 0.46，若已知塔顶和塔底的产量之比为 2/3。试求精馏段和提馏段的操作线方程？

解　精馏段操作线方程 $y=\frac{R}{R+1}x+\frac{x_D}{R+1}$

代入已知，得

$$0.83=\frac{R}{R+1}\times 0.77+\frac{x_D}{R+1}$$

$$0.78=\frac{R}{R+1}\times 0.70+\frac{x_D}{R+1}$$

解得　$R=2.5$，$x_D=0.98$

因此，精馏段操作线方程为 $y=\frac{R}{R+1}x+\frac{x_D}{R+1}=\frac{2.5}{3.5}\times x+\frac{0.98}{3.5}$

即　$y=0.714x+0.280$

已知：$x_F=0.46$，$\frac{D}{W}=\frac{2}{3}$，则 $D=\frac{2}{3}W$

物料衡算得　$F=D+W$　　$F=D+W=\frac{5}{3}W$

及　$Fx_F=Dx_D+Wx_W$　　$\frac{5}{3}W\times 0.46=\frac{2}{3}W\times 0.98+Wx_W$

因此　$x_W=0.113$

又　$L'=L+F=R\times D+D+W=\frac{10}{3}W$

所以，提馏段操作线方程为

$$y=\frac{L'}{L'-W}x-\frac{W\cdot x_W}{L'-W}=\frac{\frac{10}{3}\times W}{\frac{10}{3}\times W-W}x-\frac{W}{\frac{10}{3}\times W-W}\times 0.113$$

即　$y=1.428x-0.048$

精馏段操作线方程为 $y=0.714x+0.280$，

提馏段操作线方程为 $y=1.428x-0.048$。

（4）进料操作线方程　在工业精馏中，进料方式有五种不同的状况，即温度低于泡点的冷液体、温度等于泡点的饱和液体、温度介于泡点和露点之间的气液混合物、温度等于露点的饱和蒸气和温度高于露点的过热蒸气。下面对塔板进行物料和能量衡算。

设第 m 块板为加料板，对图 3-55 所示的虚线范围物料衡算与热量衡算，得

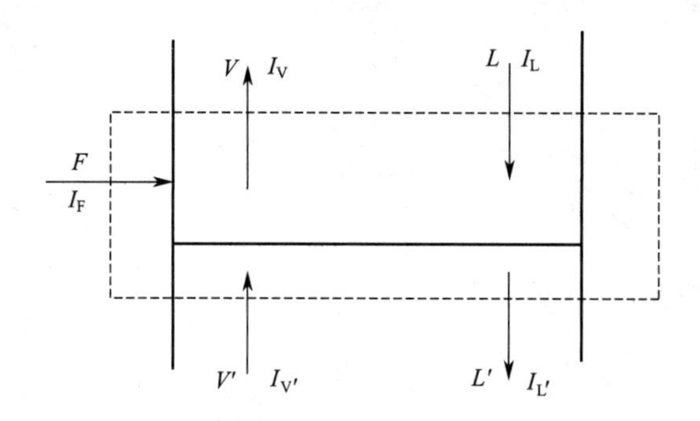

图 3-55　进料板上的物料衡算与热量衡算

总物料衡算

$$F+L+V'=L'+V$$

热量衡算：

$$FI_F=LI_L+V'I_{V'}=L'I_{L'}+VI_V$$

考虑到组成接近，温度接近，故可设

$$I_V \approx I_{V'} \quad I_L \approx I_{L'}$$

于是

$$FI_F+LI_L+V'I_V=L'I_L+VI_V$$

$$\frac{L'-L}{F}=\frac{I_V-I_F}{I_V-I_L}$$

定义　$q=\dfrac{I_V-I_F}{I_V-I_L}=\dfrac{\text{饱和蒸气的焓}-\text{料液的焓}}{\text{饱和蒸气的焓}-\text{饱和液体的焓}}=\dfrac{\text{1kmol 原料变为饱和蒸气所需热量}}{\text{1kmol 原料的比汽化潜热}}$

q 称为进料热状态参数。它反映了进料状态的热状况，通过 q 值可以计算提馏段上升蒸气及下降液体的摩尔流量。由上面的衡算式可得

$$L'=L+qF \tag{3-93}$$

$$V'=V+(q-1)F \tag{3-94}$$

显然，对于饱和液体、气液混合物以及饱和蒸气而言，q 值等于进料中液相的分率。

将上述关系代入提馏段操作线方程，可得提馏段操作线方程的另一形式，即

$$y'_{m+1}=\frac{L+qF}{L+qF-W}x'_m-\frac{W}{L+qF-W}x_W \tag{3-95}$$

由于进料板连接精馏段和提馏段，因此两段操作线在此必交于一点，联解两段操作线方程得交点轨迹方程如下：

$$y=\frac{q}{q-1}x-\frac{x_F}{q-1} \tag{3-96}$$

式(3-96) 称为进料操作线方程，或 q 线方程。当操作状态稳定时，进料组成及 q 均不变，方程在 y-x 图上为一直线，并且过点（x_F，x_F）。进料状态的改变不改变精馏段的操作线方程，只改变提馏段的操作线方程。

不同进料状态下 q 的大小及 q 线的位置见图 3-56。

3.5.4.3　塔板数的确定

对于板式塔，完成精馏任务所需要的塔板数是必须确定的。通常的做法是先求完成任务需要的理论塔板数，再通过板效率求取实际板数。确定理论板数的方法主要有逐板法、图解法和简捷法。

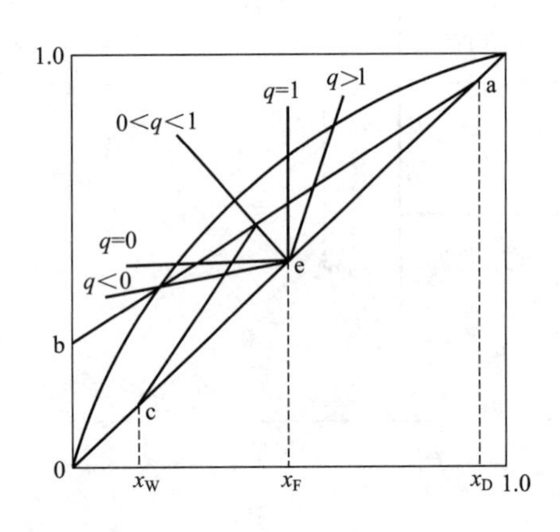

图 3-56　不同加料热状态下的 q 线

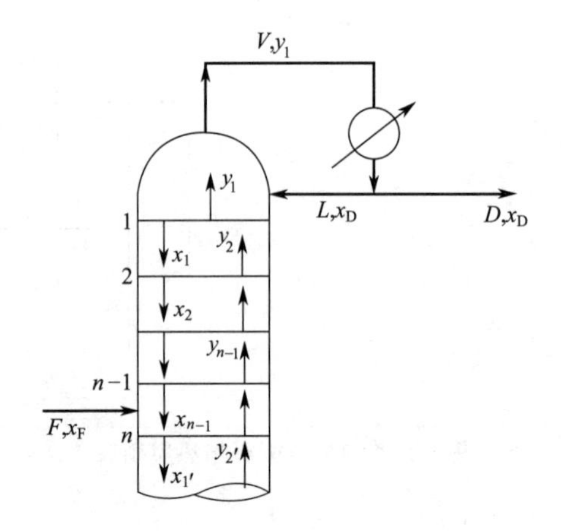

图 3-57　逐板计算示意图

（1）逐板法求取理论塔板数　以饱和液体进料为例，如图 3-57 所示，从最上一块塔板上升的蒸气进入冷凝器中被全部冷凝，因此塔顶馏出液及回流液的组成均与第一块板上的上升蒸气组成相同。即 $y_1=x_D$。

离开第一层板的下降液体的组成 x_1 可由相平衡关系 $y_1=\dfrac{\alpha x_1}{1+(\alpha-1)x_1}$ 求取，离开第二块板的上升蒸气的组成 y_2 与 x_1 符合精馏段操作线方程，由操作线方程 $y_2=\dfrac{R}{R+1}x_1+\dfrac{x_D}{R+1}$，通过 x_1 可求得 y_2，同理由相平衡关系可求得 x_2，如此逐板计算下去，可求得精馏段内每一层塔板的气液相组成，当 $x_n \leqslant x_F$ 时，说明原料应从第 n 层板进入，即第 n 层塔板为加料板。则精馏段所需的理论塔板数为 $n-1$。

同理，在提馏段内，交替运用提馏段操作线方程与相平衡线也可以求取各块板的组成，从而求取理论塔板数。此时，加料板作为提馏段的第一块塔板，$x_1'=x_n$，先用提馏段操作线方程求取提馏段内第二块板的上升蒸气的组成，再据此求取离开第二块板的下降液体的组成，如此重复计算，直至 $x_m' \leqslant x_W$ 为止，由于塔釜相当于一块理论板。则提馏段的理论塔板数为 $m-1$。

全塔总的理论塔板数为 $n+m-2$。逐板法计算结果较准确，并且同时求得每一层板上的气、液相组成，但比较繁，计算量大。计算机技术使该法应用越来越广泛。

（2）图解法求理论塔板数　将逐板计算的过程用作图的方法实现，称为图解法（如图 3-58 所示）。塔顶上升蒸气的组成 y_1 与馏出液的组成 x_D 相同，从而确定了点 a(x_D, x_D)，在精馏段的操作线上，由理论板的概念，则第一板上的蒸气组成 y_1 应与第一块板上的液体组成 x_1 成平衡。由点 a 作水平线与平衡线的交点为 (x_1, y_1)，而由 x_1，y_2 所确定的点应在操作线方程上，即过点 (x_1, y_1) 作垂线与操作线相交的点为 (x_1, y_2)。即成了一个三角形梯级。在绘三角形梯级时，使用了一次平衡关系和一次操作线关系，因此每绘一个三角形梯级即代表了一块理论板。依此在精馏段操作线与相平衡线之间作阶梯，直至跨过两操作线的交点后，改为在提馏段操作线与相平衡线间作阶梯，并直至跨过点（x_W，x_W）为止。

所绘的三角形梯级数即为所求的理论塔板数（包括塔釜）。

图解法的步骤是①作相平衡线；②作精馏段操作线；③作 q 线；④作提馏段操作线，连接点（x_W，x_W）和 q 线与精馏段操作线交点；⑤自点（x_D，x_D）开始按上述原则作阶梯；⑥阶梯数即为理论板数。

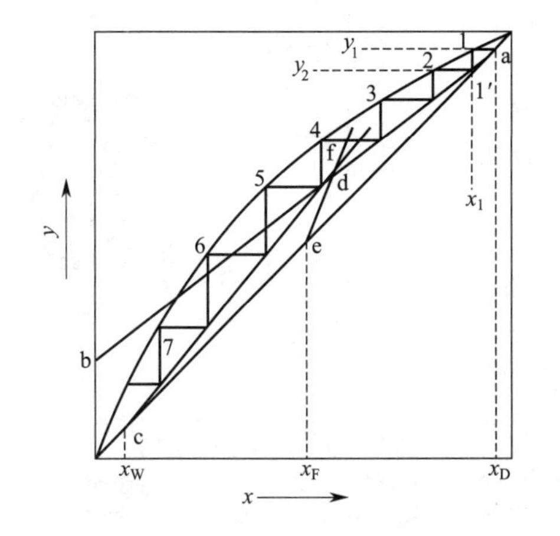

图 3-58　梯级图解法求理论板层数

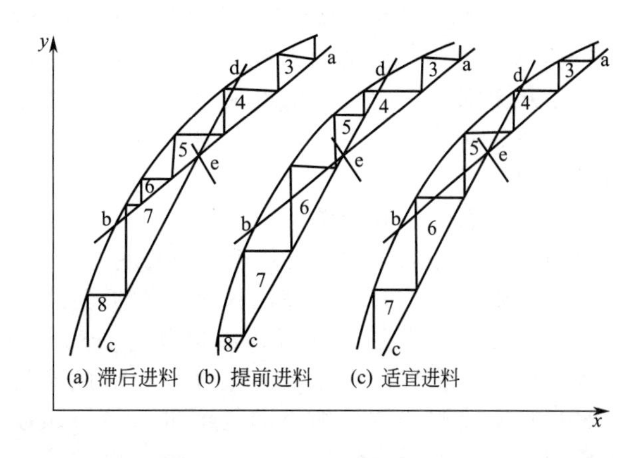

图 3-59　适宜的进料位置

（3）适宜的进料位置　在图解法求理论塔板数时，当跨过两操作线交点时，更换操作线。而跨过两操作线交点时的梯级即代表适宜的加料位置。因为如此作图所作的理论塔板数为最小，如图 3-59 所示。而不同的进料状况对理论塔板数有一定的影响。当料液为液相进料时，料液直接加到加料板上；当料液为气相进料时，料液应加到加料板的下侧；当料液为气液混合物进料进时，理论上应将其中的液相、气相分别加到加料板的上、下两侧。

但实际上，为了方便起见，一般是全部由加料板进入塔内。倘若有两种或两种不同组成的原料作为进料时，将它们按其组分分别加到不同的板上，比将它们混合一起加到加料板上的理论塔板数要少。当进料组成及热状态有波动时，应在精馏塔多开几个进料口，以适应不同的变化。

（4）实际塔板数及板效率　实际板数可以通过板效率由理论板数换算得到即

$$E=\frac{N_T}{N} \tag{3-97}$$

式中　E——全塔效率（其值在 0.2～0.8 之间，由经验公式计算或实测）；

N_T——理论塔板层数；

N——实际塔板层数。

在研究工作中，常使用单板效率（默弗里效率），其定义为气相或液相经过实际板的组成变化值与经过理论板的组成变化值之比，即

气相组成变化表示的板效率　$$E_{mV}=\frac{y_n-y_{n+1}}{y_n^*-y_{n+1}} \tag{3-98}$$

液相组成变化表示的板效率　$$E_{mL}=\frac{x_{n-1}-x_n}{x_{n-1}-x_n^*} \tag{3-99}$$

3.5.5　板式精馏塔的操作分析

3.5.5.1　板式塔的结构

板式塔是由塔体及沿塔高装设的若干层塔板构成的，相邻两板有一定的间隔距离，操作时，气体自下而上通过塔，液体则相反，气液两相在塔板上液层中互相接触，进行传热和传质。从结构上区分，工业板式塔，分为有降液管和无降液管两种，用得最多的是有降液管的板式塔，如图3-60所示。它主要由塔体、溢流装置和塔板构件等组成。

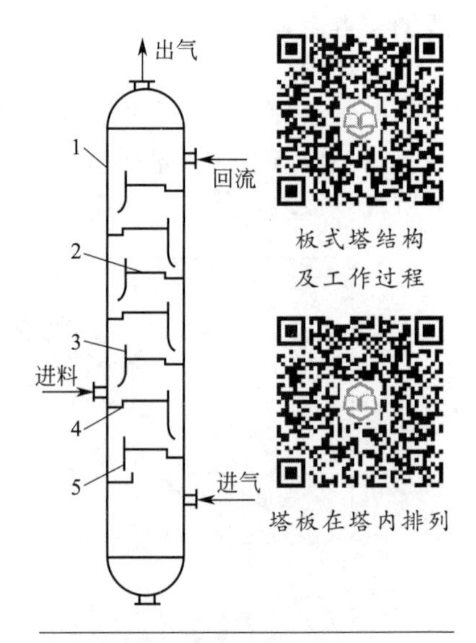

图3-60　板式塔的结构

1—塔壳体；2—塔板；3—溢流堰；4—受液盘；5—降液管

（1）泡罩塔　泡罩塔是最早工业化的塔板，如图3-61所示。每层塔板上装有若干个短管作为上升蒸气通道。称为升气管。由于升气管高出液面，故板上液体不会从中漏下。升气管上复以泡罩，泡罩周边开有许多齿缝，操作条件下，齿缝浸没于板上液体中，形成液封。上升气体通过齿缝被分散成细小的气泡进入液层。板上的鼓泡液层或充分的鼓泡沫体，为气液两相提供了大量的传质界面，液体通过降液管流下，并依靠溢流堰以保证塔板上存有一层厚度的液层。

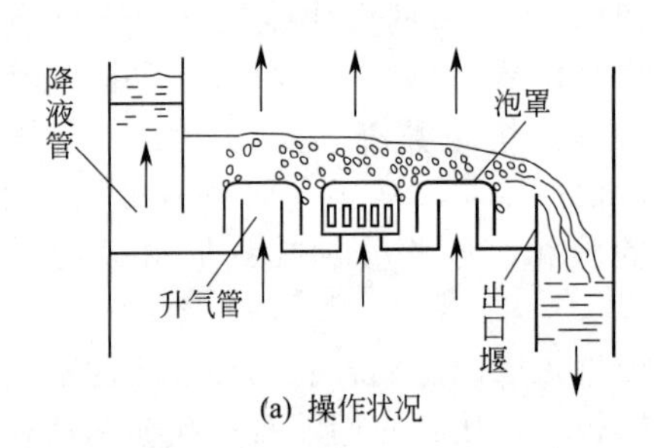

(a) 操作状况

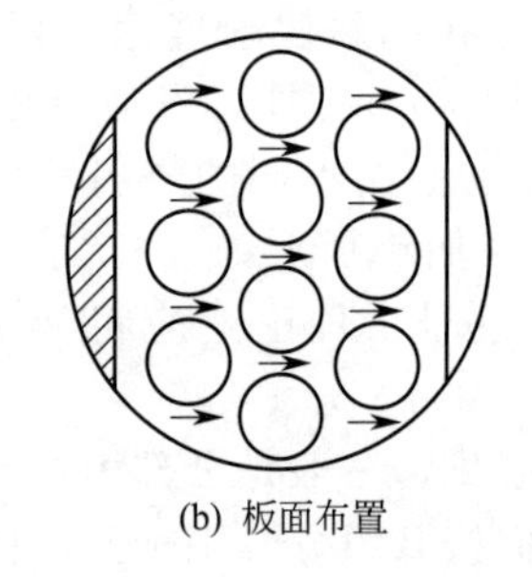

(b) 板面布置

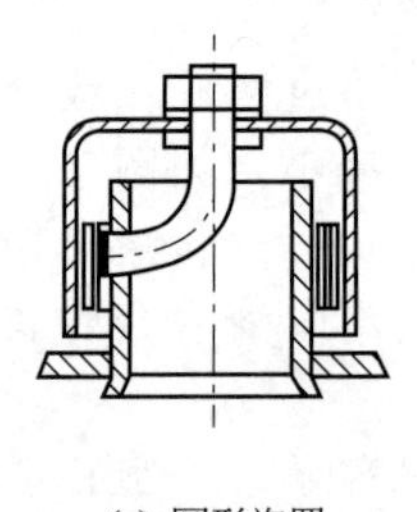

(c) 圆形泡罩

图3-61　泡罩塔

其优点：不易发生漏液现象；有较好的操作弹性；当气液负荷有较大波动时，仍能维持几乎恒定的板效率；不易堵塞；对各种物料的适应性强。

其缺点：结构复杂；金属消耗量大；造价高；压降大；雾沫夹带现象比较严重；限制了气速的提高，生产能力不大。近年来，此种板已经逐渐退出精馏舞台。

（2）筛板塔　是结构最简单的塔板，是在塔板上升有许多均匀分布的筛孔。上升气体通过筛孔分散成细小的流股，在板上液层中鼓泡而出与液体密切接触。筛孔在塔板上作正三角形排列。其直径一般为3～8mm。孔心距与孔径之比常在2.5～4范围之内。

塔板上设置溢流堰，以使板上维持一定厚度的液层。在正常操作范围内，通过筛孔上升的气流，应能阻止液体经筛孔泄漏，液体通过降液管逐板流下。筛板塔也是一种很早的塔型，但由于操作弹性不大，过去一直未获得普遍的采用，近年来，随着技术的进步，已经越来越广泛的被使用。

优点：结构简单；金属耗量少；造价低廉；气体压降小，板上液面落差也较小；其生产能力及板效率较泡罩塔为高。

缺点：操作弹性范围较窄，小孔筛板容易堵塞。

(3) 浮阀塔　20世纪50年代浮阀塔在工业上广泛应用，如图3-62所示，在带有降液管的塔板上开有若干大孔（标准孔径为39mm），每孔装有一个可以上、下浮动的阀片，由孔上升的气流经过阀片与塔板的间隙，而与板上横流的液体接触，目前常用的型号有F-1型、V-4型和T型。

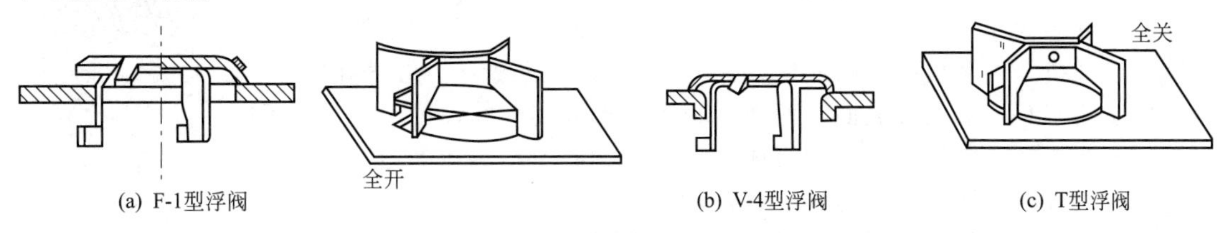

图3-62　常见浮阀塔的类型

以F-1型浮阀为例，阀片本身有三条腿，插入阀孔后将各腿底脚扳转90°角，用以限制操作时阀片在板上上升的最大高度（8.5mm），阀片周边又冲出三块略向下弯的定距片，使阀片处于静止位置时仍与塔板留有一定的缝隙（2.5mm）。这样当气量很小时，气体仍能通过缝隙均匀地鼓泡，而且由于阀片与塔板板面是点接触，可以防止阀片与塔板的黏着与腐蚀。

V-4型浮阀，阀孔被冲压成向下弯曲的文丘里形，用于减少气体通过塔板时的压降。(适用于减压系统)

T型浮阀，结构复杂，借助于固定在塔板的支架以限制拱形阀片的运动范围。适用于易腐蚀、含颗粒或易聚合的介质。

浮阀塔的优点是，气流从浮阀周边横向吹入液层，气液接触时间延长，且雾沫夹带减少，塔板效率高，生产能力大，操作弹性大，结构较泡罩塔简单，压降小，造价比较低。缺点是浮阀要求有较好的耐腐蚀性能，一般材料容易被黏结、锈住，必须采用不锈钢制作，增加了造价。

为了适应越来越多的精馏需求，板式塔的类型很多，比如，还有舌形塔、浮舌塔、穿流塔等，不一一介绍，有兴趣的读者可以参阅有关书籍。

(4) 板式塔的流体力学性能　操作状态下，两相的接触状况直接影响精馏的效果，各种接触状况均与两相流动有关，故称流体力学性能。

① 塔板上的气液接触状态。在板式塔中，两相的接触状态对精馏效果影响最大，通常有鼓泡、泡沫和喷射三种状态（见图3-63）。

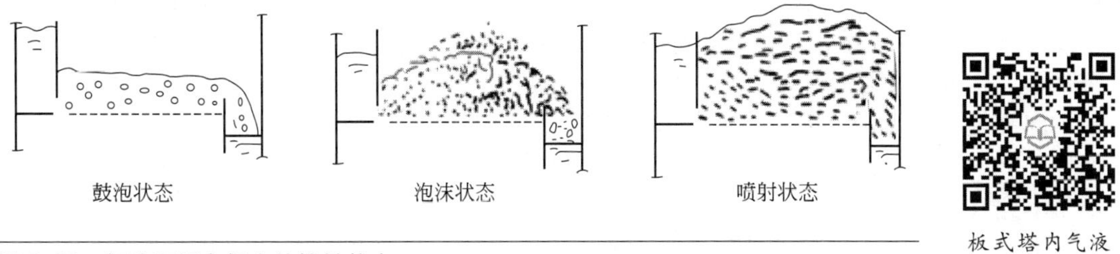

板式塔内气液接触状态

图3-63　气液两相在板上的接触状态

当孔速很低时，通过阀孔的气速断裂成气泡在块上液层中浮开，此时塔块上存在着大量的清液，气泡数目不多，板上液面层表面十分清晰，两相接触面积为气泡表面，气泡少，湍动程度低，传质阻力较大。此时，液体为连续相，而气体为分散相。此种接触情况称为鼓泡接触状态。

随着孔速的增加，气泡数目急剧增加，气泡表面连成一片，而且不断发生合并与破裂，板上液体大部分以液膜的形式存在于气泡之间，靠近塔板的表面处才看到少许清液，两相接触的表面为面积很大的液膜。此时，液体仍为连续相，而气体为分散相。液膜高度湍动而且不断合并与破裂，对传质有利。此种接触状况称为泡沫接触状态。

当孔速继续增大，动能很大的气体从筛孔高速喷射穿过液层，将板上液体破碎成许多大小不等的液滴而抛于塔板上方空间，被喷射出去的液滴落下以后，在塔板上汇集成很薄的液层，并再次被破碎成液滴，在喷射状态下，两相传质面积是液滴的外表面，而液滴的多次形成与合并，使传质表面不断更新，为两相传质创造了良好的流体力学条件。此时，液体为分散相，气体为连续相。此种接触状况称为喷射接触状态。

泡沫接触状态

在生产上，主要采用后两种接触状态，以提高其传热与传质效果。

② 塔板上的液面落差。当液体横向流过塔板时，为了克服阻力需要一定的液位差。液面落差导致气流分布不均，造成漏液，塔板效率下降。通常塔板的结构越复杂，流径越长，液面落差越大，生产中，应该尽量减少液面落差。

严重漏液

③ 塔板上的返混现象。在板式塔操作中，存在流向与整体流向不一致的现象，称为返混，返混造成板效率下降甚至导致无法操作。这些返混现象包括雾沫夹带、液泛、气泡夹带和漏液等。

雾沫夹带指板上液体被上升气体带入上一层塔板的现象。通常气速越大，板间距越小，雾沫夹带越严重。

液泛现象（又称淹塔）是塔内液体不能顺畅流下的现象。严重时，整个塔内充满液体。液泛现象分成溢流液泛和夹带液泛。溢流液泛是塔内液体流量超过降液管的最大液体通过能力而产生的液泛。当液体从降液管中流入到下一层塔板时，为了克服上、下两层塔板之间的压差和本身的流体阻力。降液管内的液层与板上液层必须有一个高度差。当降液管内的液层高度低于出口堰时，随着液流量的增加，降液管内的液层与板上液层差亦会增加，能保证液体通过降液管，即有自动达到平衡的能力。但当降液管内液层高度到达出口堰上缘时，再增加液流量，降液管内的液层与板上液层差将同时增加，此时通过降液管的液流达到了最大值。如果说，液流量超过了此最大值，液体将来不及从降液管内流至下一块塔板，而在塔板上开始积液，最终使这块塔板以上各塔板空间充满液体，形成了溢流液泛。降液管内夹带的气泡过多或气速过大都会造成溢流液泛的原因。夹带液泛是由于过量雾沫夹带引起的液泛。由于上升蒸气中夹带的液体量过多时，使板实际液流量增加较多，板上液层厚度明显增加，液层上方的空间高度明显减少，进而导致雾沫夹带量再上升，板上液层厚度再继续增加，从而产生了恶性循环，形成液泛。常把产生夹带液泛时的气速称为液泛气速。显然，在实际操作中，液泛是不允许发生的。

液泛（淹塔）

气泡夹带是气体被下降液体从上一块板带回下一块板的现象，主要是由于液体在降液管中的停留时间太短造成的。

泄漏是当升气孔内的气速较小时，气体动压不足，部分液体经孔直接流到下一块板的现象。

3.5.5.2　板式精馏塔的操作分析

（1）回流比　回流是保证精馏塔连续稳定操作的必要条件，而回流比的大小对整个精馏操作有很大影响，因而选择和控制适宜的回流比是非常重要的。对精馏段而言，进料状况和馏出液组成一定，即 q 线一定，(x_D，x_D) 也是一定的。随着回流比的增加，精馏段操作线的截距 $\frac{x_D}{R+1}$ 越小，则其操作线偏离平衡线越远，或越接近于对角线，那么所需的理论塔板数越少，这就减少了设备费用。反之，回流比 R 减小，理论塔板数增加。但另一方面，回流比的增加，回流量 L 及上升蒸气量 V 均随之增大，塔顶冷凝器和塔底再沸器的负荷随之增大，这就增加了操作费用。反之，回流比 R 减小，则冷凝器、再沸器、冷却水用量和加热蒸汽消耗量都减少。R 过大和过小从经济观点来看都是不利的。因此应选择适宜的回流比，使两者之和为最小。回流比有两个极限值，全回流和最小回流比。

① 全回流。塔顶蒸气经冷凝后，全部回流至塔内的操作方式，称为全回流。此时，塔顶产物为0。通常在这种情况下，既不向塔内进料，也不从塔内取出产品，即 $D=F=W=0$，回流比为无穷大。

此时塔内也无精馏段和提馏段之分，两段的操作线方程合二为一，操作线方程为 $y=x$。操作线与对角线相重合，操作线和平衡线的距离为最远，完成精馏任务所需的理论塔板数为最少，见图3-64。最少理论塔板数可用图解法和芬斯克公式求取。芬斯克公式如下：

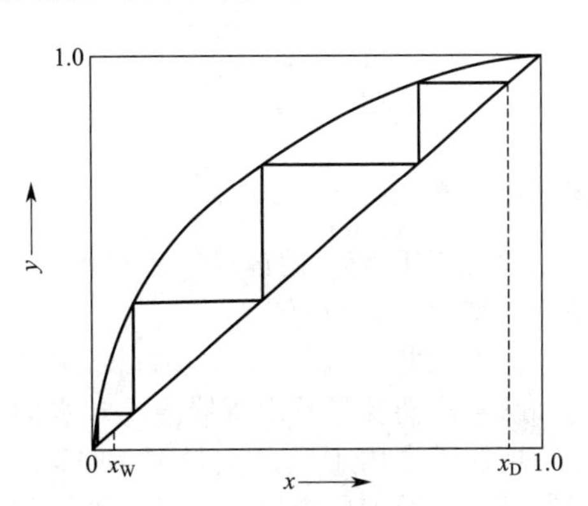

图 3-64 全回流时理论塔板数

$$N_{min}=\frac{\lg\left[\frac{x_D}{1-x_D}\cdot\frac{1-x_W}{x_W}\right]}{\lg\alpha}-1 \quad (3\text{-}100)$$

式中 α——相对挥发度，通常取全塔的平均值，即 $\alpha=\sqrt{\alpha_{顶}\alpha_{底}}$。

全回流因为没有产品，主要用在科研及生产中开车、调稳等方面，是精馏开车必须经历的阶段。

② 最小回流比。从平衡线和操作线之间可以看出，当回流从全回流逐渐减少时，精馏段操作线的截距 $\frac{x_D}{R+1}$ 随之逐渐增大。两操作线的位置逐渐向平衡线靠近，即达到相同分离程度时所需的理论塔板数也逐渐增多。当回流比减少到操作线与平衡线出现第一个公共点（交点或切点）时，此时所需的理论塔板数为无限多，所对应的回流比称为最小回流比。几种情况见图3-65。最小回流比是回流的下限，当回流比较最小回流比还要低时，精馏操作虽然可以进行，但不能完成分离任务。因此，实际操作中，回流比必须大于最小回流比。

对于正常的相平衡线，如图3-65(a) 所示，根据操作线斜率的几何意义，有

$$\frac{R_{min}}{R_{min}+1}=\frac{x_D-y_q}{x_D-x_q} \quad (3\text{-}101)$$

整理得

$$R_{min}=\frac{x_D-y_q}{y_q-x_q} \quad (3\text{-}102)$$

式中 R_{min}——最小回流比；

y_q，x_q——q 线与操作线的交点坐标，可以从图上读出，也可用相平衡方程计算。

对于非正常的相平衡线［如图3-65(b) 所示］，可以通过作图，然后按照相似的原理求取。

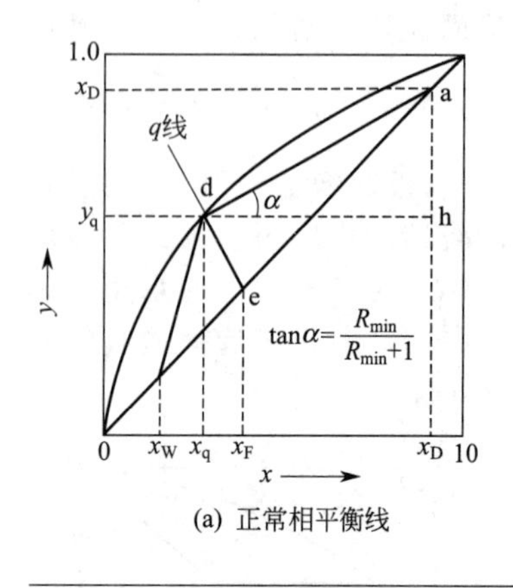

(a) 正常相平衡线

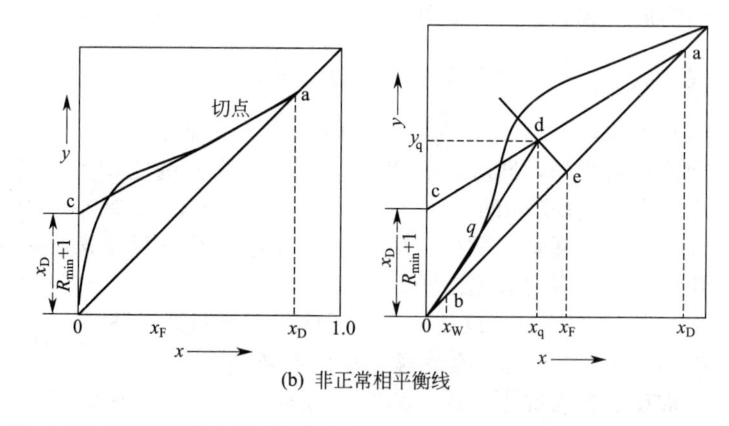

(b) 非正常相平衡线

图 3-65　最小回流比确定

③ 适宜回流比的选择。适宜回流比的确定，一般是经济衡算来确定。即操作费用和设备折旧费用之总和为最小。

如图 3-66 所示，精馏的操作费用，主要取决于再沸器的加热蒸汽消耗量及冷凝器的冷却水的消耗量，而这两个量均取决于塔内上升蒸气量 V 和 V'。而上升蒸气量又随着回流比的增加而增加，当回流比 R 增加时，加热和冷却介质消耗量随之增多，操作费用增加，图 3-66 中的线 2。设备的折旧费是指精馏塔、再沸器、冷凝器等设备的投资乘以折旧率。当 $R=R_{min}$，达到分离要求的理论塔板数为 $N=\infty$，相应的设备费用也为无限大，当 R 稍增大，N 即从无限大急剧减少，设备费用随之降低，当 R 再增大时，塔板数减少速度缓慢。另一方面，随着 R 的增加，上升蒸气量也随之增加，从而使塔径、再沸器、冷凝器尺寸相应增加，设备费用反而上升，如图 3-66 中的线 1。两项费用之和见图 3-66 中的线 3，此线有一最低点，显然最低点对应的 R 是最适宜的回流比。但通过这种办法来确定 R 虽然从理论上可以做到，但实际上是难以做到的。工程上，常根据经验取操作回流比为最小回流比的 1.1～2 的倍数，即

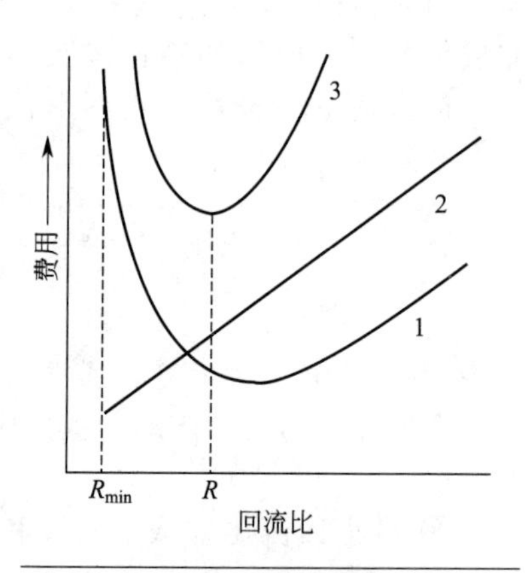

图 3-66　精馏的操作费用

1—设备费用线；2—操作费用线；3—总费用线

$$R=(1.1-2)R_{min} \tag{3-103}$$

(2) 进料状况　如前所述，进料状态不同，q 值不同。如果 q 值减小，即进料液带入的热量增多，这时为保持全塔热量平衡，可以采取回流比 R 不变，塔釜上升蒸气量减少，也可以采取回流比增大，塔釜上升蒸气量不变的措施。采用同样的方法可以得出，当 q 值增大，即进料带入的冷量增多时，如果采用塔釜上升蒸气量不变、回流比减少的措施，结果会使精馏段和提馏段所需要的理论塔板数增加。又如果采用塔釜上升蒸气量增加、回流比不变的措施，可以使提馏段所需的理论塔板数减少。但是，热能消耗增多，操作费用将随之上升。

由上述分析可以看出，如果用改变进料状态的 q 值来试图减少塔顶冷凝器或塔釜再沸器的负荷，将会降低分离效果。工业生产中，精馏塔的进料状态往往由前一工序所得物料的热状态所决定，一般情况下以饱和液体居多。有时用气态进料或者预热往往是为了气态清洁或废热利用。

（3）操作压力　精馏塔的压力是最主要的因素之一。稳定塔压力是操作的基础，塔压力稳定，与此相对应的参数调整到位以后，精馏塔就正常了。在正常操作中，如果加料量、釜温以及塔顶冷凝器的冷凝剂量都不变化，则塔压将随采出量的多少而发生变化。采出量少，塔压升高；反之，采出量大，塔压下降。可见，采出量的相对稳定可使塔压稳定。有时釜温、加料量以及塔顶采出量都未变化，塔压却升高，这可能是冷凝器的冷凝剂量不足或冷凝剂温度升高所引起的，应尽快使冷凝剂量恢复正常，有时也可加大塔顶采出或降低釜温以保证不超压。此外，塔顶或塔釜温度的波动也会引起塔压的相对波动，如果塔釜温度突然升高，塔内上升蒸气量增加，必然导致塔压的升高，这时可调节塔顶冷凝器的冷凝剂量和加大采出量。还应注意的是恢复塔的正常温度，如果处理不及时，会造成塔顶产品不合格。若塔釜温度突然降低，情况恰好相反。

（4）操作温度　在一定的压力下，被分离混合物的汽化程度决定于温度，而温度由塔釜再沸器的蒸气量来控制。在釜温波动时，除分析再沸器的蒸气量和蒸气的压力的变动以外，还应考虑塔压的升高或降低，也能引起釜温的变化。在正常操作中，有时釜温会随着加料量或回流量的改变而改变。因此，在调节加料量或回流量时，要相应地调节釜温和塔顶采出量，使塔釜温度和操作压力平衡。

（5）采出量　塔顶、塔底产品采出量的变化，也会影响塔的操作效果。

在冷凝器的冷凝负荷不变的情况下，减小塔顶产品采出量，使得回流量增加，塔压差增加，可以提高塔顶产品的纯度，但产品量减少。对一定的进料量，塔底产品量增多，由于操作压力的升高，塔底产品中易挥发组分含量升高，因此易挥发组分的回收率低。若塔顶采出量增加，会造成回流量减少，塔压因此下降，结果是难挥发组分被带到塔顶，塔顶产品质量不合格。

在正常操作中，若进料量、塔顶采出量为一定时，塔底采出量应符合塔的总物料衡算式。若采出量太小，会造成塔釜内液位逐渐上升，以至充满整个加热釜的空间，使釜内液体由于没有蒸发空间而难于汽化，同时釜内汽化温度升高，甚至将液体带回塔内，这样将会引起产品质量的下降。若采出量太大，致使釜内液面较低，加热面积不能充分利用，则上升蒸气量减少，漏液严重，使塔板上传质条件变差，板效率下降，必须及时处理。

3.5.6　板式塔与填料塔的比较

板式塔与填料塔都可以用于精馏，两都各有特点。简单比较分析如下。

① 塔径大小。塔径大小涉及塔的放大性能、制造安装、造价等。板式塔塔径增大，板效率变化不大，一般来说还可以提高，而填料塔则随塔径增大，传质效果下降，等板高度（或传质单元高度）增大。板式塔塔径小，制造安装不便，而小填料塔的制造安装比较方便，所以价格也较低，对于大塔，情况刚好相反。所以，一般大塔径宜用于板式塔。近年来由于新型填料的发展和分布器设计的改进，大型填料塔已开始广泛使用。

② 塔高。当分离需用的理论板数较多时需要很高的塔，如用填料则需分好多层，层间需设气、液的再分布器，结构比较复杂，而板式塔增加板数相对而言简单得多。

另一方面采用高效填料，等板高度小。实际选型需从这两方面综合考虑。

③ 压降。气体通过填料塔的压降小，故要求压降小的场合，如真空精馏宜用填料塔。

④ 持液量。填料塔中持液量少，因此要处理要求停留时间短的热敏性物料时宜用填料塔。

⑤ 物料沉积与清除。物料中固体悬浮物和宜聚合物料的聚合物易在填料中沉积，且难清洗，故对于这类物料宜用板式塔。

⑥ 塔内设置换热构件与气液的加入与引出。在板式塔中塔板上可放置换热管，便于在

塔内直接进行加热与冷却。也可将液体引出塔外经换热后重新送入塔内。在板上引出与加热物料都很方便，而这些对填料塔来说都比较困难，因此当过程中需加热冷却或需要多侧线出料与多路加料的场合宜用板式塔。

⑦ 制作材料。填料可用塑料、陶瓷、玻璃等耐腐蚀材料制成，而用耐腐蚀材料制成板式塔则造价很高，所以对于腐蚀性物系用填料塔更合适。

⑧ 操作弹性。填料塔的操作范围较小，特别是对液体负荷变化更为敏感。当液体负荷小时，填料表面不能润湿，传质效果差，而液体负荷大时，泛点气速低。板式塔对液体负荷的适应范围大。

⑨ 对起泡物料。填料对泡沫有限制和破碎作用，板式塔则在气体穿过液体时产生大量泡沫，极难分离。

思　考　题

1. 什么是非均相物系？
2. 分离非均相物系的主要方法有哪些？
3. 简述沉降操作的原理。
4. 沉降速度基本计算式中 ξ 的物理意义及计算时的处理方法？
5. 试画出旋风分离器的基本结构图，并说明气流在旋风分离器中的运动规律？
6. 过滤方法有几种？分别适用于什么场合？
7. 工业上常用的过滤介质有哪几种，分别适用于什么场合？
8. 过滤得到的滤饼是浆状物质，使过滤很难进行，试讨论解决方法？
9. 旋风分离器的进口为什么要设置成切线方向？
10. 转筒真空过滤机主要有哪几部分组成？其工作时转筒旋转一周完成哪几个工作循环？
11. 什么是吸收？吸收操作在化工生产中有哪些用途？
12. 吸收剂的选择原则是什么？
13. 什么是亨利定律？表达式有哪几种？各系数间的关系是什么？
14. 相平衡在吸收中有哪些应用？
15. 什么是双膜理论？
16. 影响吸收速率的因素有哪些？
17. 写出气液逆流的吸收塔操作线方程并在 y-x 图上示意画出相应的操作线。
18. 简述液气比大小对吸收操作的影响。
19. 填料塔主要由哪些部件组成？各部件的作用是什么？
20. 影响吸收操作的因素有哪些？吸收操作的要点有哪些？
21. 说明下列各名词的意义：

(1) 简单蒸馏、平衡蒸馏、精馏、水蒸气蒸馏、恒沸蒸馏和萃取蒸馏；
(2) 操作线、平衡线和 q 线；
(3) 再沸器、冷凝器和冷却器；
(4) 挥发度和相对挥发度；
(5) 恒摩尔流、理论板和实际板；
(6) 回流比、最小回流比和全回流；
(7) 单板效率和全塔效率；
(8) 错流塔板和穿流塔板；
(9) 液泛、夹带和漏液。

22. 最适宜回流比的确定需要考虑哪些因素？

23. 适宜的进料位置是如何确定的？
24. 理论塔板数的求取有哪几种方法？各自的优缺点有哪些？
25. 叙述精馏操作过程中温度和压力的影响。
26. 精馏操作的开车停车步骤如何？需注意哪些安全问题？
27. 当精馏操作中出现压力过高时，该如何调节？
28. 当精馏操作中出现釜温过高时，该如何调节？
29. 精馏塔的液泛、漏液现象如何避免？
30. 精馏塔中可能出现的设备故障有哪些？如何处理？
31. 精馏塔操作前为什么要进行试压、冲洗、干燥、置换等操作？
32. 精馏塔操作前、检修时为什么要装拆盲板？

习　题

1. 乙醇和水的混合液中的乙醇质量分数为 0.3。试求其摩尔分数和摩尔比。

2. 空气和氨的混合气体，总压为 101.3kPa，其中氨的分压为 9kPa。试求氨在该混合气中的摩尔分数、摩尔比和质量分数。

3. 在总压为 100kPa，温度为 303K 的条件下，氮在空气中的分压为 2.126×10^4Pa。设体系服从亨利定律。求：(1) y_A 和 Y_A；(2) 与气相平衡的水溶液的组成，分别以 x_A 和 X_A 表示之。

4. 总压为 101.325kPa、温度为 20℃时，1000kg 水中溶解 15kg 氨气，此时溶液上方气相中的氨气的平衡分压为 2.266kPa。试求此时与之溶解度系数 H、亨利系数 E、相平衡常数 m。

5. 在温度为 25℃，总压强为 101.3kPa 的条件下，将含 H_2 为 0.001（摩尔分数）的混合气体用水吸收。试求：H_2 在水中的溶解度系数 H、相平衡常数 m 以及在该条件下，每立方米溶液中能溶解多少克氢气。设体系服从亨利定律。

6. 今将含 $CO_2$30%（体积）的混合气体在温度 20℃及压强为 100kPa 的条件下，通入质量浓度为 0.66kg/m^3 的 CO_2 水溶液，问能否进行吸收？在长时间通气后，溶液的最终组成是多少？

7. 用清水吸收混合气中的氨气，进入常压吸收塔的气体含 NH_3 的体积分数为 6%，吸收后气体含 NH_3 的体积分数为 0.4%，出口溶液的摩尔比为 0.012kmolNH_3/kmol 水。此物系的平衡关系为 $Y^*=2.52X$。气液逆流流动，试求塔顶和塔底处气相推动力各为多少？

8. 在 101.3kPa、0℃条件下，O_2 和 CO 混合气体发生稳定的分子扩散过程。已知相距 0.2cm 的两截面上的 O_2 的分压分别为 13.33kPa 和 6.67kPa，又知扩散系数为 0.185cm^2/s。试计算下列两种情况下的 O_2 传递速率，kmol/(m^2·s)。(1) O_2 和 CO 两种气体作等摩尔逆向扩散；(2) CO 气体为停滞组分。

9. 在 101.3kPa、27℃下用水吸收混于空气中的甲醇蒸气。甲醇在气、液两相中的浓度都很低，平衡关系符合亨利定律。已知溶解度系数 $H=1.995$kmol/(m^3·kPa)，气膜吸收系数 $k_G=1.55\times10^{-5}$kmol/(m^2·s·Pa)，液膜吸收系数 $k_L=2.08\times10^{-6}$ms 秒试求总吸收系数 K_G 并计算气膜阻力在总阻力中所占的百分数。

10. 含氨 0.03（摩尔分数）的气体与浓度为 1000mol/m^3 的氨水在吸收塔的某一截面相遇，操作压强为 1.013×10^5Pa。已知气相传质分系数 k_G 为 5×10^{-6}mol/(m^2·s·Pa)，液膜传质分系数 k_L 为 1.5×10^{-4}m/s。氨水的平衡关系可用亨利定律表示，溶解度系数 $H=0.73$mol/(m^3·Pa)。试求：(1) 以分压差和物质的量浓度差表示的总推动力、传质系数和传质通量；(2) 以物质的量比差表示推动力的气相传质系数；(3) 比较气膜与液膜阻力的相对大小。

11. 在某填料吸收塔中，用清水处理含 SO_2 的混合气体，进塔混合气中含 $SO_2$18%（质量分数），其余为惰性气体，惰性气体的相对分子质量取为 28。吸收剂用量比最小用量大 65%，要求每小时从混合气中吸收2000kg的SO_2。在操作条件下，气液平衡关系为$Y^*=26.7X$，试计算每小时吸收剂用量。

12. 某逆流吸收塔中，用纯溶剂吸收混合气体中易溶组分，设备高为无穷大，入塔气摩尔分数$Y_1=80\%$，平衡关系为$Y^*=2X$。试求：(1) 若液气比L/V为2.5时的吸收率；(2) 若液气比L/V为1.5时的吸收率。

13. 在逆流操作的吸收塔中，于25℃、101.3kPa的条件下用清水吸收混合气中的H_2S，将其体积分数由2%降至0.1%。该系统符合亨利定律。亨利系数$E=5.52\times10^4$kPa。若吸收剂用量为理论最小用量的1.2倍，计算操作液气比和出口液相组成X_1；若压强改为1013kPa而其他条件不变，再求操作液气比和出口液相组成X_1。

14. 在30℃和100kPa条件下，用水从含氨10%（摩尔分数）的空气-氨混合气体中吸收氨，要求吸收塔出口气体中NH_3为0.99%（摩尔分数）。已知在30℃时的气液平衡数据如本题附表。

习题14. 附表

c/(kg氨/100kg水)	1.2	2	3	4	5	7.5	10
p/kPa	1.53	2.57	3.94	5.35	6.80	10.6	14.7

(1) 在y-x图上画出气液平衡曲线；(2) 求最小液气比；(3 当实际液气比为最小液气比的1.2倍时，求塔出口氨水的组成；(4) 处理混合气量为90kmol/h时，求吸收剂水的用量。

15. 用洗油吸收焦炉气中的芳烃，吸收塔内的温度为27℃，压强为106.7kPa。焦炉气中的惰性气体流量为850m^3/h，进塔气中含芳烃0.02（摩尔比，下同），要求芳烃的回收率不低于95%。进入吸收塔的洗油中含芳烃为0.005，取溶剂用量为最小用量的1.5倍。吸收相平衡关系为：$Y^*=0.125X$。气相总传质单元高度为0.875m。试求填料层高度。

16. 用填料塔从一混合气体中吸收所含的苯。混合气体中含苯5%（体积分数），其余为空气。要求苯的回收率为90%（摩尔比）。吸收塔为常压操作，温度为25℃，入塔混合气体流量为940m^3（标准）/h。入塔吸收剂为纯煤油，煤油的耗用量为最小用量的1.5倍。已知该系统的平衡关系为$Y=0.14X$，气相总体积传质系数K_Ya为0.035kmol/(m^3·s)，纯煤油的平均相对分子质量$M=170$，塔径$D=0.6$m。试求：(1) 吸收剂的耗用量；(2) 溶液出塔摩尔分数X_1；(3) 填料层高度H。

17. 在填料吸收塔中，用清水吸收烟道气中CO_2含量为13%（体积分数），余下的气体视为空气。烟道气通过塔后，其中90%的CO_2被吸收，塔底出口溶液的含量为0.2g(CO_2)/1000g(H_2O)。烟道气处理量为1000m^3/h（按20℃、101.3kPa计），试求用水量、塔径和填料层高度。数据说明如下：①在20℃、101.3kPa条件下，气体的空塔速度为0.2m/s；②采用乱堆的50mm×50mm×4.5mm的陶瓷环填料，设填料完全被湿润；③平衡关系为$Y^*=1420X$；④总吸收系数$K_X=115$kmol/(m^2·h)。

18. 正庚烷（C_7H_{16}）和正辛烷（C_8H_{18}）混合物中，正庚烷的质量分数是0.40，试求其摩尔分数。

19. 苯和甲苯的混合液，在318K下沸腾，外界压力20.3kPa，已知在此条件下纯苯的饱和蒸气压为22.7kPa，纯甲苯的饱和蒸气压为7.6kPa，试求平衡时苯和甲苯的气、液相组成。

20. 今有苯和甲苯的混合液，在318K下沸腾，外界压强为20.3kPa。已知此条件下纯苯的饱和蒸气压为22.7kPa，纯甲苯的饱和蒸气压为7.6kPa。试求平衡时苯和甲苯在汽液相中的组成。

21. 乙苯和异丙苯的混合液，其质量相等，纯乙苯的饱和蒸气压为33kPa，纯异丙苯的饱和蒸气压为20kPa。乙苯的摩尔质量为106kg/kmol，异丙苯的摩尔质量为120kg/kmol。求当气液相平衡时两组分的蒸气分压和总压。

22. 今有苯酚和对苯酚的混合液。已知在390K，总压101.3kPa下，苯酚的饱和蒸气压为

11.58kPa，对苯酚的饱和蒸气压为8.76kPa，试求苯酚对对苯酚的相对挥发度。

23. 在连续精馏塔中分离含苯50%（质量分数，下同）的苯-甲苯混合液。要求馏出液组成为98%，釜残液组成为1%。试求苯的回收率。

24. 每小时将15000kg含苯40%和甲苯60%的溶液，在连续精馏塔中进行分离，要求釜残液中含苯不高于2%（以上均为质量分数），塔顶馏出液的回收率为97.1%。操作压力为常压，试求馏出液和釜残液的流量和组成。

25. 将乙醇水溶液进行连续精馏，原料液的流量是100kmol/h，乙醇在原料液中的摩尔分数为0.30，馏出液中的摩尔分数为0.80，残液中的摩尔分数为0.05。求馏出液流量和残液流量。若此精馏过程的回流比为3，原料液为泡点进料，试求精馏段操作线方程和提馏段操作线方程。

26. 精馏段操作线方程为$y=0.75x+0.205$；提馏段操作线方程为$y=1.25x-0.020$，求泡点进料时，原料液、馏出液、釜液组成及回流比。

27. 在连续精馏塔中分离含苯0.4（摩尔分数，下同）的苯-甲苯混合液，要求馏出液组成为0.95，苯的回收率不低于90%，试求：(1) 馏出液的采出率D/F；(2) 残液组成。

28. 连续精馏塔中分离两组分混合液，已知进料量为100kmol/h，组成为0.45（摩尔分数，下同），饱和液体进料，操作回流比为2.6，馏出液组成0.96，残液组成为0.02，试求：(1) 易挥发组分的回收率；(2) 精馏段操作线方程；(3) 提馏段操作线方程。

29. 在连续精馏塔中分离两组分理想溶液，原料液的组成为0.35（摩尔分数，下同），馏出液的组成为0.95，回流比取最小回流比的1.3倍，物系的平均相对挥发度为2.0，试求饱和液体进料时的操作回流比。

30. 某连续精馏塔分离苯-甲苯混合液，已知操作条件下气液平衡方程为$y=\dfrac{2.41x}{1+1.41x}$，精馏段操作线方程为$y=0.60x+0.38$，塔顶采用全凝器，液体泡点回流。问自塔顶向下数的第二块理论板上升的蒸气组成是多少?

31. 用一精馏塔分离二元理想混合物，已知$\alpha=3$，进料为$x_F=0.3$（摩尔分数），进料量为2000kmol/h，泡点进料。要求塔顶为0.9（摩尔分数），塔釜为0.1（摩尔分数）。求塔顶、塔釜的采出量，若$R=2R_{min}$，试写出精馏段和提馏段的操作线方程。

32. 某二元混合物在连续精馏塔中分离，饱和液体进料，组成为$x_F=0.5$，塔顶馏出液组成为0.9，釜液组成为0.05，（以上均为易挥发组分的摩尔分数），相对挥发度为3，回流比为最小回流比的2倍。塔顶设全凝器，泡点回流，塔釜为间接蒸气加热。试求进入第一块理论板的气相组成和离开最后一块理论板的液相组成。

33. 在苯-甲苯精馏系统中，已知物料中易挥发组分的相对挥发度为2.41，各部分料液组成为，$x_F=0.5$，$x_D=0.95$，$x_W=0.05$，实际采用回流比为2，沸点进料，试用逐板计算法求精馏段的理论塔板数。

34. 已知苯-甲苯连续精馏塔中，原料液中苯的摩尔分数为0.40，馏出液中是0.90，残液中是0.05，操作回流比为2.5，泡点进料，试求理论塔板数和加料板位置。

本章主要符号说明

英文字母

A——吸收或干燥面积，m^3；

D——塔顶产物（馏出液）的流量，kmol/h；

F——进塔的原料液流量，kmol/h；

G——混合物的总质量，kg；

G_c——湿物料中绝对干料的流量，kg/s；

H——湿空气的绝对湿度，kg水/kg干空气；

I——湿空气的比焓，kJ/kg干空气；

L——精馏段的回流液体量，kmol/h；

L'——提馏段的回流液体量，kmol/h；

L'——湿空气的质量流量，kg湿空气/s；

n——物质的量，kmol；

p——系统的总压，Pa；

p_v——水汽分压，Pa；
q——进料热状态参数；
R—回流比。
V——精馏段的上升蒸气量，kmol/h；
V'——提精馏段的上升蒸气量，kmol/h；
W——塔底产物（残液）的流量，kmol/h；
W——单位时间水分蒸发量，kg/s；
x，y——分别为液相，气相的摩尔分数；
x_W，y_W——分别为液相，气相的质量分数；
X，Y——分别为液相，气相中溶质的摩尔分数。

希文字母

α——相对挥发度；
ρ_s——颗粒的密度，kg/m^3；
ρ——液体的密度，kg/m^3；
ζ——阻力系数；
μ——流体的黏度，Pa·s；
τ——气体在气道内的停留时间，s；
v——挥发度，kPa；
ϕ——填料因子，1/m。

下标

D——馏出液的；
F——进料的；
v——水汽的；
W——残液的或水的。

模块二

单元反应基础

第 4 章

单元反应

知识目标

1. 了解单元反应概念及其在化工生产过程中的地位与作用；
2. 区分不同反应类型的特点；
3. 了解化工生产对反应器的要求和化工反应器的主要类型；
4. 了解釜式、管式、固定床和流化床反应器的结构特点，知道其操作要点。

能力目标

1. 能够通过反应速率、转化率、选择性和收率等参数评价单元反应的优劣；
2. 能够根据生产任务的特点和要求，选择化学反应器的类型；
3. 能够计算典型反应器的反应体积。

素质目标

1. 从对转化率和收率的理念，树立一分为二看问题的观念；
2. 从化学反应条件的创造与维护，学会责任关怀；
3. 正确认识化工与人类生活的关系，坚定化工让生活更美好的理念。

4.1 概述

4.1.1 单元反应及其在化工生产中的作用

单元反应是指具有化学变化特点的基本加工过程，如氧化、还原、硝化、磺化等反应过程。化工过程是由一系列单元反应和一系列单元操作构成。反应过程是化工生产中创造新物质的过程，因此是化工生产过程的中心环节。前述的各单元操作主要是发生物理变化，是为化学反应过程提供条件的。

反应过程的原理比传质、传热等过程复杂得多，反应过程的操作也比一般单元操作复杂。只有掌握了反应过程的基本规律，才能熟练自如地进行反应过程的操作。

反应过程实质上是一种既有化学变化也有物理现象的物质运动过程。化学变化主要是一些活化分子之间发生有效碰撞，使反应物分子的化学键断裂，分子中的原子重新组合生成新的分子，从而产生了新的物质。物理现象的主要运动形式是传递，包括热量传递和质量传递，质量传递则表现为分子的扩散。在反应过程中，必须使反应物分子迅速扩散并互相接触，化学反应方能进行。在多相反应过程中，扩散的作用尤其重要，因为反应一般是在一个相内进行，处于非反应相的反应物分子要扩散到反应相进行反应。在研究反应过程时，首先分析其分子扩散与反应的特点，就能较快地掌握它的基本规律。

同一个化学反应，即使操作条件完全一样，如果使用不同的反应器类型或不同的规模，其反应结果也不大相同。这是因为在反应器内不仅主要有化学反应过程，还同时伴随着物理传递过程(流动、混合、传热、传质等)，使之产生温度分布和浓度分布，从而影响反应的最终结果。可见，化学反应过程的影响因素是错综复杂的，本章通过对几种基本反应器的结构和特点的介绍来阐述化学反应器的一些基本概念，为今后进一步学习反应器的操作控制打下一定的基础。

没有单元反应，就没有新物质生成，也就没有化工，因此，单元反应在化工生产中具有无法取代的地位。

4.1.2 单元反应的分类

单元反应有许多分类方法，常见的分类方法有以下几种。

(1) 按参加反应物质的相态分类

可分为均相反应和非均相反应。均相反应包括气相反应和单一液相反应；非均相反应包括气-液相反应、液-液相反应、气-固相反应、液-固相反应、气-液-固相反应。

① 均相反应过程。均相反应过程指参加反应物质都处于一个相的反应过程。参加反应物质包括反应物和进器的伴随物，如催化剂、溶剂等。均相反应过程没有相界面。不存在相间接触和相间传递问题，它主要包括以下两类。

(a) 气相反应过程。气相反应过程是指参加反应的物质只存在气相。例如，一氧化氮的氧化，反应物为一氧化氮和氧气，两种反应物均为气体，所以为气相反应。再如烃类裂解，是多种反应同时进行的复杂反应，但所有反应物都是气体，用作稀释剂的水蒸气也是气体，所以也是气相反应。这类反应多数用管式反应器，也有用塔式或其他反应器的。气相反应过程主要特征主要有两点。

第一，没有相界面，不必考虑反应物怎样混合的问题。因为各种气体混合物都能做到均匀混合，只要具备温度、压力、浓度等必要条件，气体反应物就能在反应器的整个空间进行反应。

第二，反应速率主要受温度、压力、组成等因素影响，没有相间扩散问题。

(b) 单一液相反应过程。单一液相反应过程是指参加反应的物质都是完全互溶的液相，并且只存在一个相的均相反应过程。例如环氧乙烷加压水合法制乙二醇，环氧乙烷和水两种反应物是完全互溶的液体。单一液相反应特征和气相反应过程主要特征基本相同，所不同的是单一液相反应的混合比气相困难些，所以单一液相反应釜多数有搅拌装置，以加速混合。

② 非均相反应过程。非均相反应过程是指参加反应的物质处于两个相或多个相的反应过程。非均相反应过程有相界面，处于非反应相的反应物要越过相界面，扩散到反应相，才能进行反应。反应速率不仅受温度、压力、浓度等因素影响，还要受相间传递速率及相间接触面积的影响。

(a) 气-液相反应过程。气-液相反应过程是指参加反应的物质分别存在于气相和液相的反应过程。如硫酸工业的吸收，化肥工业的尿素合成等。主要特征如下。

第一，有相界面，通常反应物在液相进行反应，气相反应物须先扩散到液相中；

第二，反应速率不仅受温度、浓度等因素的影响，还受气相反应物扩散速率的影响。加快扩散速率的方法主要有增大气液相的接触面积和改善流动状况。如鼓泡反应器和槽式反应器的搅拌装置，见图 4-1。

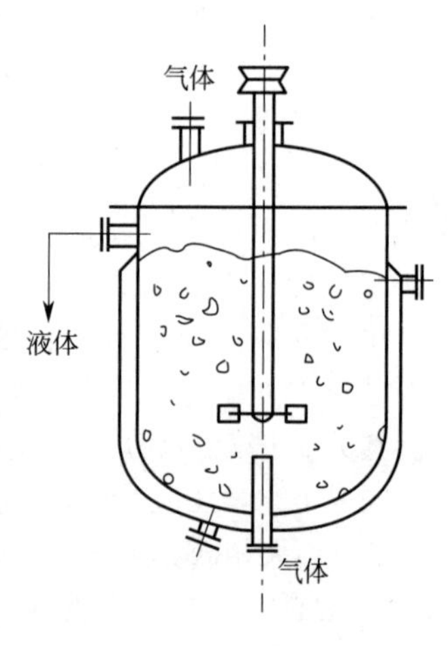

图 4-1　槽式鼓泡反应器

(b) 液-液相反应过程。液-液相反应过程是指参加反应的物质都是液相，并且存在两个或多个液相的非均相反应过程，参加反应物质是不互溶或不完全互溶的液体。例如苯硝化制硝基苯，反应物苯和混酸溶液是不互溶的液体。其反应特征和气液反应相似，反应在其中一液相进行，另一液相的反应物要先从非反应相越过相界面扩散到反应相。

(c) 气-固相反应过程。气-固相反应过程是指参加反应的物质分别存在于气相和固相，它包括气-固相非催化反应过程和气-固相催化反应过程。

气-固相非催化反应过程是指反应物分别处于气相和固相，不需用催化剂就可直接反应的过程，如硫铁矿通入氧气在高温下焙烧成二氧化硫。其主要特征如下。

第一，有相界面，通常反应在固相反应物表面进行，气相反应物须先扩散到固相界面。

第二，反应速率不仅受温度、浓度等因素的影响，还受气相反应物扩散速率的影响。生产上常用增大气固相之间的接触面积的方法来加快扩散速率，使用有固体颗粒床层的反应器则是增大两相间接触面积的有效措施。

气-固相催化反应过程是指反应物都处于气相，在固相催化剂存在下进行反应的过程。例如：二氧化硫的氧化，反应物都是气体，催化剂五氧化二钒是固体。其主要特征如下。

第一，有相界面，反应在固相催化剂颗粒表面进行，气相反应物要先扩散到催化剂表面。

第二，反应速率不仅受温度、浓度等因素的影响，还受气相反应物扩散速率的影响。为增大气、固相间接触面积，除了采取和气-固相非催化反应相同的措施外，还常常通过加大催化剂颗粒的微孔内表面积来增大相间接触面，许多新型固体催化剂是内表面积很大的多孔物质，每克催化剂的内表面积约为 $300m^2$，最高达 $500m^2$ 以上。此外，为了增大气液接触面，在装填催化剂时，要注意轻放勿压，防止破碎，铺放、排布符合规定，高度一致，表面平整，使气体能均匀畅通通过，操作时严格控制催化剂各项参数，防止催化剂中毒和粉化。

(d) 液-固相反应过程。液-固相反应过程是指参加反应的物质存在液相和固相的非均相反应的过程。这类反应包括两种情况：一是反应物分别处于液相和固相的非催化反应，如纯碱苛化制烧碱，反应物为固相的氢氧化钙和液相的碳酸钠溶液；二是反应物都处于液相，催化剂处于固相的催化反应，如乙醇脱氢制乙醛，反应物乙醇处液相，锌、钴等催化剂处于固相。这类反应多数是用槽式反应器，也有用塔式反应器、回转筒式反应器的。其特征和气-固相反应很相似，液-固相非催化反应通常在固相表面进行，液相反应物要先扩散到固相表面；液-固相催化反应通常在固相催化剂表面进行，液相反应物要先扩散到催化剂表面。液相反应物的扩散速率要比气相反应物慢，为增大相间抵触，加快扩散速率，常在反应釜中设搅拌装置。

(e) 气-液-固相反应过程。气-液-固相反应过程是指参加反应的物质存在于气相、液相和固相的非均相反应的过程。这类反应过程包括两种情况：一是反应物分别处于气、液、固相的非催化反应，如碳解法制硼砂，反应物硼镁矿、纯碱溶液和二氧化碳分别处于固相、液相和气相；二是反应物处于气、液相，催化剂处于固相的催化反应，如石油炼制中重整后加氢反应，反应物重整油和氢处于液相和气相，催化剂钼酸钴处于固相。常用的反应器有槽式、塔式反应器和滴流床反应器。滴流床反应器很适用气-液-固相反应，液体和气体反应物同时自上而下穿过固体床层，液体流下如滴状。这类反应过程综合体现了气-液反应和气-固反应的特征。其扩散与反应的步骤比较复杂，这里不作赘述。

(2) 按反应器型式分类　可分为在管式反应、槽式反应、塔式反应和具有固体颗粒床层的反应。

(3) 按操作方式分类　可分为间歇式反应、半间歇式反应和连续式反应。

(4) 按传热方式分类　可分为绝热式反应（与环境无热量交换的反应）和换热式反应（与环境有热量交换的反应）。

(5) 按热效应分类　可分为吸热反应和放热反应。

(6) 按热力学特征　可分为可逆反应与非可逆反应。

(7) 按时间特征　可分为定态和非定态反应。

(8) 按反应过程的化学特性分类　可分为氧化、还原、氢化、脱氢等类型，这些类型在无机化学与有机化学课中已作介绍。

4.1.3 单元反应的表征

单元反应的优劣通常用反应速率、转化率、选择性和收率等参数表征。

(1) 反应速率　通常反应速率是随具体情况而选用不同基准的。对于非均相反应，一般把两相间的相界面面积作为关联量，但也经常使用某一反应物的质量作为基准。在非均相催化反应过程中，则大多以催化剂的质量或体积为关联量。对于均相反应，一般以反应混合物的体积为基准。反应速率可定义为单位时间、单位反应体积中所生成（或消耗）的某组分的物质的量，即

$$r_i = \pm \frac{1}{V}\frac{\mathrm{d}n_i}{\mathrm{d}t} \tag{4-1}$$

若反应器在反应过程中体积是恒定的，则上式可写成

$$r_i = \pm \frac{\mathrm{d}(n_i/V)}{\mathrm{d}t} = \pm \frac{\mathrm{d}c_i}{\mathrm{d}t} \tag{4-2}$$

式中　r_i——体系中某组分的反应速率；

n_i——组分 i 的物质的量，mol；

V——反应体积，m^3；

c_i——组分 i 的物质的量浓度，mol/m^3。

上式中，正号表示某组分的生成速率，负号表示其消耗速率。

对于具有下列化学计量关系的化学反应：

$$a\mathrm{A} + b\mathrm{B} \longrightarrow c\mathrm{C} + d\mathrm{D}$$

按不同组分计算得到的反应速率在数值上可能并不相等，但是，根据反应分子数的计量关系，各组分反应速率之间存在如下关系：

$$-\frac{r_\mathrm{A}}{a} = -\frac{r_\mathrm{B}}{b} = \frac{r_\mathrm{C}}{c} = \frac{r_\mathrm{D}}{d} \tag{4-3}$$

在化工生产中，式(4-1) 所表示的反应速率方程式，通常可用如下幂函数的形式表示，

并以此作为经验公式用于化工设计中。

$$r_A=-\frac{1}{V}\frac{dn_A}{dt}=kc_A^{\alpha}c_B^{\beta} \tag{4-4}$$

$$k=Ae^{-E/RT}$$

式中　α，β——反应的级数。

k——反应速率常数；

A——频率因子；

E——活化能，kJ/kmol；

R——通用气体常数，8.314kJ/(kmol・K)。

对于基元反应，α、β 正好和反应式中计量系数 a、b 一致。而对于非基元反应，反应的级数则应通过实验确定。一般情况下，在一定的温度范围内级数保持不变，其绝对值不超过3，并且可以是分数或负数。化学反应过程中，级数的大小反映该物料浓度对反应速率影响的程度，级数高则物料浓度的变化对反应速率的影响显著；级数为零，由该物料浓度的变化对反应速率无影响；假若级数为负值，则说明随该物料浓度的增加反而还会抑制反应的进行，即反应速率下降。

(2) 转化率　在化工生产过程中，反应速率直接影响到反应器的尺寸和催化剂的用量，从而关系到投资费用的多少。对于一个特定的反应器，速率往往体现为转化率，它表明反应的深度，转化率的定义为

$$\text{转化率}(x_A)=\frac{\text{反应消耗的 A 的物质的量}}{\text{反应物 A 的起始物质的量}} \tag{4-5}$$

对间歇系统

$$x_A=\frac{n_{A,0}-n_A}{n_{A,0}}$$

对连续流动系统

$$x_A=\frac{F_{A,0}-F_A}{F_{A,0}}$$

等温恒容条件下，对于间歇系统和连续流动系统都有　$x_A=\frac{c_{A,0}-c_A}{c_{A,0}}$

式中　$n_{A,0}$，$F_{A,0}$，$c_{A,0}$——分别为反应物 A 的起始物质的量，起始流率，起始浓度，单位分别为 mol，mol/s，mol/m^3；

n_A，F_A，c_A——分别为任意时刻 A 的物质的量，流率，浓度，单位分别为 mol，mol/s，mol/m^3。

一个化学反应，以不同的反应物为基准进行计算可以得到不同的转化率，因此在计算时必须指明为某反应物的转化率。若未指明，则常为主要反应物或限量反应物（关键反应物）的转化率。

【例 4-1】 某反应方程式为 A+B→C+D。由于 A 的价格比 B 高得多，所以通常 B 过量5%（摩尔分数）。若反应后的混合物中 C 的含量为 45%（摩尔分数），试分别计算 A、B 的转化率。

解　设 A 的初始量为 1mol，反应 $x$mol 后，则有

物质	A	B	C	D	总计
$t=0$	1	1.05	0	0	2.05
$t=t$	$1-x$	$1.05-x$	x	x	2.05

由已知条件得

$$\frac{x}{2.05}=0.45$$

解得
$$x=0.9225$$

所以，A 的转化率为
$$x_A=\frac{0.9225}{1}\times100\%=92.25\%$$

B 的转化率为
$$x_B=\frac{0.9225}{1.05}\times100\%=87.86\%$$

由上计算过程可知，二者的转化率是不同的。

（3）反应的选择性　用来表明反应过程中关键反应物转化为目的产物的参数。其定义为生成目的产物消耗的关键组分量与已转化的关键组分量之比。对于化学反应 $aA+bB\longrightarrow cC+dD$，假设 D 为目的产物，A 为关键组分，则选择性为

$$s=\frac{生成目的产物消耗关键组分的量}{已转化的关键组分的量}=\frac{a}{d}\frac{n_D}{n_{A,0}-n_A} \tag{4-6}$$

式中　n_D——生成目的产物 D 的物质的量，mol。

（4）收率　工业生产过程中，反应的转化率不一定能够达到百分之百，对未反应的物料，通常可以：①经分离后返回系统再循环利用；②不再利用。从原料的利用率及环保要求两方面看，均应采取循环利用的办法。然而，能否循环利用取决于分离回收的费用、原料的价值以及对环境的影响的程度。为了适应各需要，常用综合指标收率来说明反应原料利用率，其定义为

$$y=\frac{生成目的产物消耗关键组分的量}{关键组分的初始量}=\frac{a}{d}\frac{n_D}{n_{A,0}} \tag{4-7}$$

在①中，收率等于选择性（由于分离和再循环过程中难免有物料损失，造成实际收率略低于理论收率）；而②中，收率等于反应过程的单程收率。

由于转化率是表明反应物中关键组分的转化程度，选择性表示主、副反应的相对强弱，而收率表示关键组分转化为目的产物的相对生成量，因此，三者之间存在如下关系：

$$y=x_A s \tag{4-8}$$

4.1.4　反应类型的比较

在对反应类型初步了解的基础上，要对各种反应类型及反应器综合分析比较。表 4-1 和表 4-2 简要列出了主要单元反应类型和常用反应器，可运用这两个表进行认识和比较反应类型的练习。

表 4-1　按相态划分的基本反应类型一览表

按相态划分的基本反应类型			常用反应器	举例
均相反应	气相反应		管式、塔式反应器	烃类裂解、一氧化氮氧化
	单一液相反应		槽式、管式、塔式反应器	环氧乙烷直接水合法或硫酸法制乙二醇
非均相反应	气-液相反应		塔式、槽式反应器	乙醛氧化、苯氯化、三氧化硫吸收
	液-液相反应		槽式反应器	苯硝化
	气-固相反应	气-固相非催化	固定床、流化床、移动床反应器	硫铁矿焙烧、石灰石煅烧
		气-固相催化		二氧化硫氧化、氨的合成、石油催化裂化
	液-固相反应		槽式、塔式反应器	磷矿酸解、纯碱苛化
	气-液-固相反应		滴流床反应器	丁炔二醇加氢

表 4-2　常用反应器型式及适用范围一览表

反应器型式	适用的反应类型	具体型式	应用举例
槽式反应器	单一液相反应、气-液相反应、液-液相反应、液-固相反应	单槽、多槽	氯乙烯聚合、磷矿酸解
管式反应器	气相反应、单一液相反应	单管式、列管式	烃类裂解
塔式反应器	气-液相反应、单一液相反应	鼓泡塔	乙醛氧化
		填料塔	三氧化硫吸收
		板式塔	苯连续磺化
有固体颗粒床层的反应器	气-固相反应、液-固相反应、气-液-固相反应	固定床反应器	二氧化硫氧化
		流化床反应器	乙烯氧氯化
		移动床反应器	石油催化裂化
		滴流床反应器	丁炔二醇加氢

4.1.5　单元反应对反应器的要求

反应器的种类繁多，各有其特点和用途。通常，对反应器有如下要求。

① 有必需的反应体积。足够的反应器体积能保证反应物有足够的停留时间，才能达到规定的转化率。

② 保证反应物之间有良好的接触状态。反应物的流动特性（层流与湍流）或混合状况如果出现大的波动，出现壁流与沟流现象时，对反应的好坏有很大影响，如局部过热，副反应加剧等。

③ 能有效地控制温度。反应过程必须在工艺要求的最适宜温度下进行，要求反应器能及时地供给或移走热量。

④ 操作安全可靠。

⑤ 经济合理。主要是指生产成本最低，从设备折旧费和操作费去分析，有时反应器设备的费用在成本中的影响是很小的。

因为有各种各样的化学反应和生产过程，没有一种反应器能参满足上述所有要求。根据生产任务和工艺条件，必须明确选择的目的和对反应器的要求，有所侧重，反复比较，满足主要目的。

4.1.6　化学反应器的分类

由于化学反应的类型纷繁复杂，操作条件也各不相同，物料的相态又有很大差别，因此工业上的反应器的类型也是多种多样的。根据反应过程和反应器的不同特征，可以有不同的分类方法。

（1）按物料的相态分类　反应物系的相态反映化学反应的动力学特征，而化学动力学则表征反应本身的特征。根据物料的相态，反应器可分为均相和非均相两大类，如表 4-3 所示。

表 4-3　按物料相态分类的反应器种类

反应器种类		反应特性	反应类型举例	适用设备的结构型式
均相	气相	无相界面，反应速率只与温度或浓度有关	燃烧、裂解等	管式
	液相		中和、酯化、水解等	釜式
非均相	气液相	有相界面，实际反应速率与相界面大小及相间扩散速率有关	氧化、氯化、加氢等	釜式、塔式
	液液相		磺化、硝化、烷基化等	釜式、塔式
	气固相		燃烧、还原、固相催化等	固定床、流化床、
	液固相		还原、离子交换等	釜式、塔式
	固固相		水泥制造等	回转筒式
	气液固相		加氢裂解、加氢脱氢等	固定床、流化床

（2）按反应器的结构型式分类　工业上，常根据操作条件和物料在反应器中的流动情况对反应器进行分类。设备的结构型式和尺寸是实现反应的外部条件，可以反映传递过程的特性。在同类结构的反应器中，物料具有共同的传递过程特征，特别是流体的流动和传热特征。

根据反应器结构型式的特征，常见的工业反应器可分为釜式、管式、塔式、固定床和流化床反应器等。表 4-4 列出一些主要反应器结构型式、适用的相态和生产上的应用举例。图 4-2 是各种结构型式的反应器的示意图。

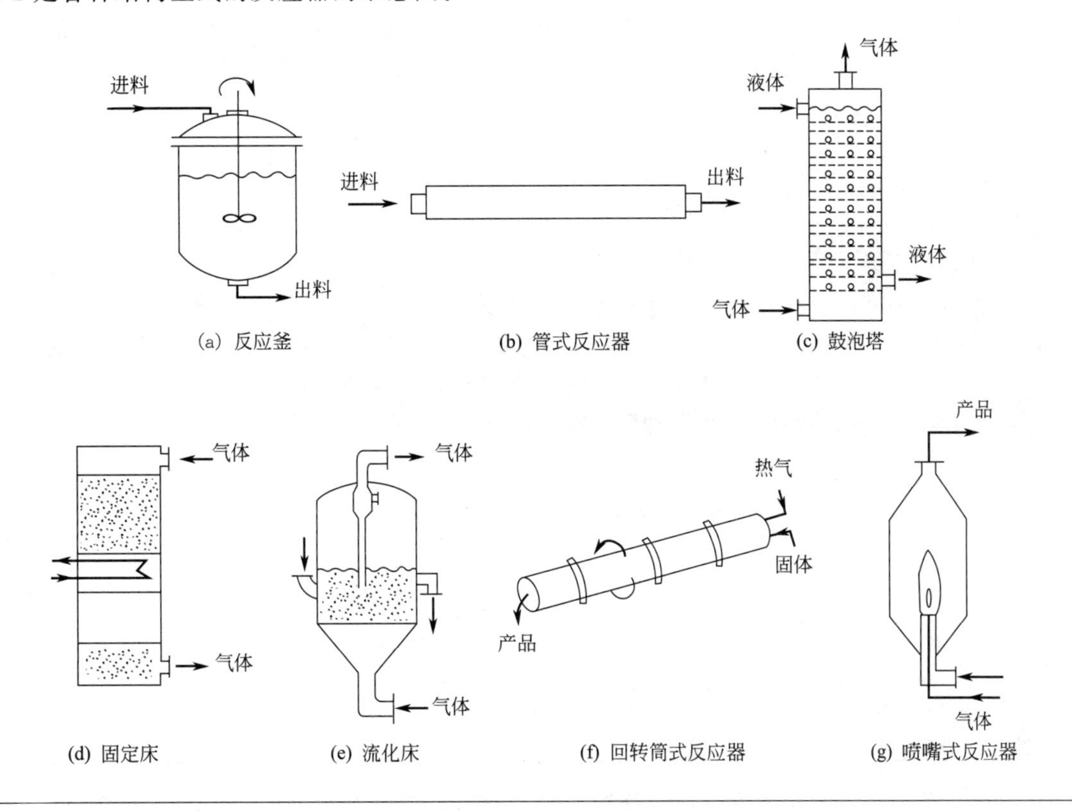

图 4-2　各种结构型式的反应器的示意图

表 4-4　按反应器的结构型式分类

结构型式	适用的相态	应用实例
反应釜（包括多釜串联）	液相、气-液相、液-液相、液-固相	苯的硝化、氯乙烯聚合、高压聚乙烯、顺丁橡胶聚合及制药、染料、油漆的生产等
管式	气相、液相	轻油裂解、甲基丁炔醇合成、高压聚乙烯等
鼓泡塔	气-液相、气-液-固(催化剂)相	变换气的碳化、苯的烷基化、二甲苯氧化、乙烯乙炔基本合成等
固定床	气-固(催化或非催化)相	二氧化硫氧化、合成氨、乙炔法制氯乙烯、半水煤气生产、乙苯脱氢等
流化床	气-固(催化或非催化)相，特别是催化剂很快失活的反应	硫铁矿焙烧、萘氧化制苯酐、石油催化裂、乙烯氧氯化制二氯乙烷、丙烯氨氧化制丙烯腈等
回转筒式	气-固相、固-固相	水泥制造等
喷嘴式	气相、高速反应的液相	氯化氢合成、天然气裂解制乙炔

这种分类对于研究反应器来讲是合适的。因为，同类结构的反应器中的物料具有共同的传递过程特性，尤其是流体流动和传热过程的特性。所以，反应器设计的物理模型如果近似，就有可能采用同类数学模型加以描述。

（3）按操作方式分类 按照操作方式，可以将反应器概括为三种基本类型，即间歇操作反应器、连续操作反应器和半连续（半间歇）操作反应器。

在间歇操作的反应器里，物料一次加入其中，控制一定的反应温度和搅拌速度，待反应达到所需的转化率后，将产物一次卸出。在反应期间反应器内外没有物料上的流动，故属于封闭反应系统。通常这种反应装置被用于化工开发的初始阶段或小批量生产过程中，如制药、染料、油漆、精细有机合成等。

在连续操作的反应器里，其特点是在定态操作条件下，进料、反应、出料均连续不断地进行。反应器内同一部位的操作参数（T，c_i，c 等）均不随时间而发生变化，因此有利于控制产品质量，也便于过程的自控；节省劳力，适用于大规模生产。在反应期间，反应器内外有物料上的流通，故属于开放反应系统。

半连续（半间歇）操作则是上述两种操作方式的组合，例如将一种物料分批加入反应器，而另一种物料连续进入或将某一产物连续引出反应器等多种形式。从反应器设计的观点来看，半连续（半间歇）操作是最难分析的一种过程，因为所处理的物料是一个处于非定态下的开放反应器系统，所以比其他各种反应器要复杂得多。表 4-5 列出了按操作方式分类的反应器种类。

表 4-5 按操作方式分类的反应器种类

反应器类型	描 述
间歇反应器	原料引入、反应及出产品不在同时进行
连续反应器	原料引入、反应及出产品同时进行
半连续(半间歇)反应器	①连续加入反应物,但间歇出产品 ②间歇加入一种反应物;连续加入另一种反应物 ③原料一次加入,连续引出产物

上述三种分类方法对于反应器的分析和设计而言，都是有意义的。然而需要指出的是，同一种反应器根据不同的分类方法可能有不同的名称；即使是不同种的反应器，适当地改变操作，也可以变为另一种类型的反应器。例如将管式反应器出口的产物部分循环，它就可以起到混合反应器的作用。

从单元反应角度来讲，比较合理的体系是以相态为第一级区分，而以反应器型式为第二级区分。因为对于不同的相态的反应过程有着不同的动力学规律。例如均相反应的共同规律和特性是无相界面，而反应速率只与温度和浓度有关；而非均相反应过程则存在相界面，反应速率不仅与温度和浓度有关，而且还与相界面的大小和相间扩散速率有关。对于气固相催化反应，不论在什么环境中进行，气相组分都必须扩散到固相表面上去，然后在固体催化剂表面进行反应。对于气液相反应，则同样存在着气液相界面和气液相间传递的问题。故以相态为第一级区分可以阐明各种相态反应过程的动力学规律，体现了最根本的化学特性在工程上的区别。然后，以反应器型式为第二级区分，可以反映在不同的反应器中最基本的传递过程上的差异。例如均相反应在釜式和管式反器中进行，其流动状态和传热特性都是不相同的；气固相催化反应在固定床和流化床反应器中进行，其传递特性也是不相同的。单元反应就是着重于解决化学因素（反应动力学规律）与物理因素（传递过程规律）相结合时所出现的问题，所以本书采用上述分类方法。

4.2　典型化学反应设备

了解反应器的结构与特点，对于正确选择和使用反应器，维持良好的反应条件是十分重要的，下面简要介绍几种工业生产中常用的反应器。

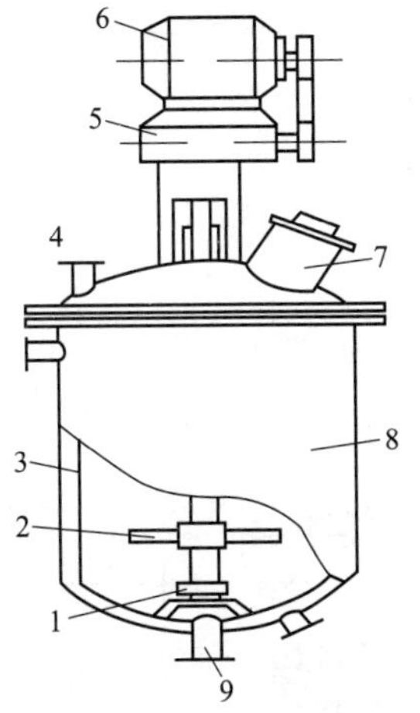

4.2.1　釜式反应器

釜式反应器是化工生产中常用的一种反应器，许多化学反应（如氧化、氢化、水解、中和、合成、混合等）都可以在反应釜中进行。

4.2.1.1　反应釜的基本结构

反应釜主要由釜体、换热装置和搅拌装置等构成，如图 4-3 所示。

釜体由筒体和上下封头组成。必须提供足够的体积以保证反应物有一定的停留时间来达到规定的转化率；必须有足够的强度和耐腐蚀能力以保证操作安全可靠。

换热装置常用夹套式，有的采用蛇管式，有的两者皆用。换热装置必须提供足够的换热面积能有效地供给或移走热量，保证化学反应在最适宜的温度下进行。必要时还可以在外部设置换热器，将反应物引出换热后再引入釜内，并不断地在外部换热循环。

搅拌装置由搅拌器和传动装置组成。良好的搅拌器装置能使釜内物料充分混合，均匀分散，增大接触面积，起到强化传热和传质的作用。

图 4-3　反应釜的结构

1—轴承；2—搅拌器；3—夹套；4—加料口；5—传动装置；6—电动机；7—人孔；8—釜体；9—出料口

根据生产工艺的要求，在反应釜上还各种接管，如物料进出口、排气口、手孔、测温测压孔、防爆孔或安全阀等，所以反应釜的结构既要满足工艺条件的要求，又要能保证安全操作。

4.2.1.2　反应釜的特点

反应釜可以在较宽的压力（高压、真空）和较宽的温度范围内操作；物料在反应器的停留时间可长可短；既可间歇操作，也可以半连续或连续操作；间歇操作时可以处理不同的物料或生产不同的产品；连续操作时可以用单釜，也可以用多釜串联操作。

4.2.1.3　反应釜的类型

（1）间歇操作搅拌釜式反应器　间歇操作搅拌釜式反应器的结构如图 4-4(a) 所示，反应器内物料浓度随时间变化如图 4-4(b) 所示。间歇操作搅拌釜式反应器具有如下特点。

① 分批操作，反应物料一次加入，反应后一次排出，所有物料的反应时间相同。

② 在恒温和恒压条件下，反应物和生成物的浓度均随时间变化，故反应速率也随时间变化。这种反应器操作灵活方便，适用于小规模、多品种的精细化学品生产，广泛应用于医药、农药、染料、试剂和生物制品等工业部门。

（2）连续操作搅拌釜式反应器　连续操作搅拌釜式反应器的构件和间歇操作搅拌釜式反应器相同，只是原料和产物同时连续不断地进入和排出反应器，如图 4-5 所示，其主要特点如下。

① 操作为连续进料和连续出料。

② 在恒定温度、压力和流量条件下，反应器内物料组成不随时间变化，处于定常态。

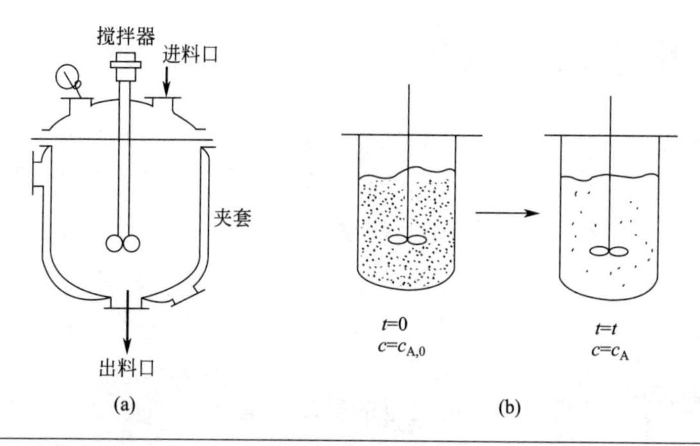

图 4-4　间歇操作搅拌釜式反应器

③ 新进入的物料在釜内很快分散并与原有物料混合，致使物料微团在反应器内的停留时间并不一致。故停留时间常以平均停留时间来表示，而最终反应转化率亦应为平均转化率。

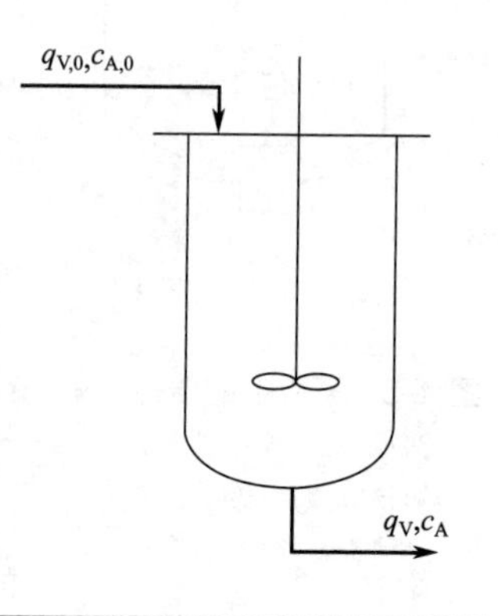

图 4-5　连续操作搅拌釜式反应器

尽管连续操作搅拌釜式反应器和间歇操作搅拌釜式反应器的构型和容积均可以相同，但两者进行化学反应的结果却相差很大。由于连续操作釜式反应器能在恒定的反应物浓度下进行化学反应，故特别适用于需要维持一定生成物浓度或反应物浓度的定常态操作，例如自催化反应。

（3）多釜串联反应器　多釜串联反应器是由若干连续操作搅拌釜串联而成的，物料在每一釜内充分混合，而釜与釜之间互不混合，如图 4-6(a) 所示。如将若干釜叠成塔式，类似于传质过程的板式塔，则每一层塔板的作用相当于一个釜，物料在板上充分混合，而板与板之间不混合，如图 4-6(b) 所示，这是多釜串联反应器的另一种型式。

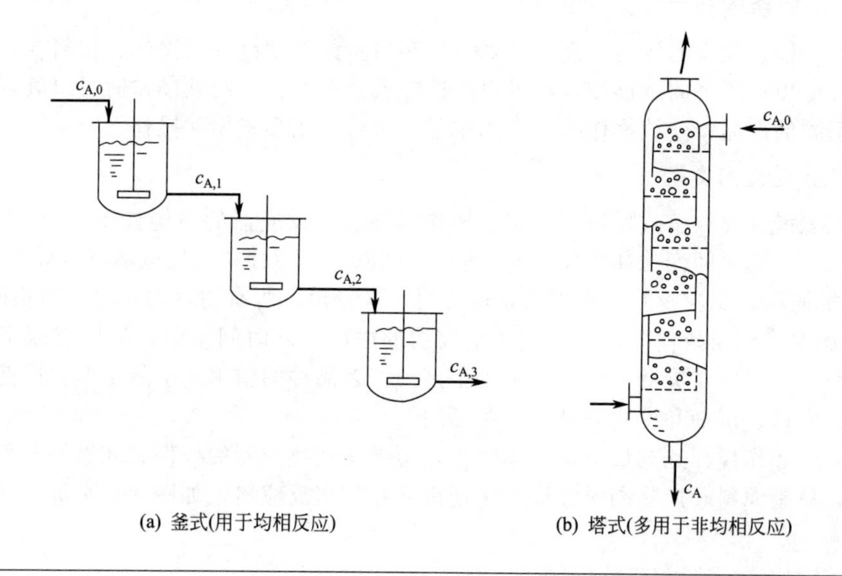

图 4-6　多釜串联反应器

多釜串联反应器有如下特点：①操作方式为连续进料和连续出料；②每一级内有确定不变的物料浓度，但各级内的反应物浓度不同，便于分段操作和控制；③物料通过串联的多釜之后，其停留时间可相对集中，串联的釜数愈多，停留时间愈趋于一致。

4.2.1.4　反应釜的容积

反应釜主要用于液相反应，一般流体在反应前后密度变化不大，可视为等容过程。对一定的反应物体积，若反应器的容积大，所需反应器的个数就少。大设备的搅拌效果或混合效果较差，使物料的温度和浓度分布不均匀，从而降低转化率。反之，若反应器的容积小，则所需反应器的个数就多，相应的辅助设备增多，使设备费用和操作费用都相应的增加。所以，反应器容积与个数的关系，应从反应物的性质、生产要求、操作稳定、安全可靠和生产成本等因素全面分析后确定。

（1）反应釜总容积（V）　反应器总容积可以通过其有效容积按下式计算，即

$$V=\frac{V_R}{\varphi} \tag{4-9}$$

式中　φ——装料系数，一般在 0.4～0.85 之间。对不起泡、不沸腾的液体 φ 可取 0.7～0.85，反之可取 0.4～0.6。

（2）反应釜的有效容积（V_R）　反应器的有效容积可按下式计算，即

$$V_R=\frac{日处理量}{24}\times(\tau+\tau')=V_0(\tau+\tau') \tag{4-10}$$

式中　V_0——反应物的平均处理量，m^3/h；

τ——每批物料达到规定转化率所需的反应时间，h；

τ'——加料、卸料、清洗等辅助时间，h。

要计算反应釜的总体积，应首先计算出其有效容积，而有效容积又取决于反应时间 τ。在间歇反应釜中，由于搅拌作用，反应器内各点的组成、温度均相同，反应过程中反应器内均无物料输入和输出，因此

单位时间内由于反应而消失的物料量＝－单位时间内物料的积累量

$$(-r_A)V=-\frac{dn_A}{d\tau} \tag{4-11}$$

整理可得

$$\tau=n_{A0}\int_0^{x_A}\frac{dx_A}{(-r_A)V} \tag{4-12}$$

式(4-12) 即为间歇反应釜中使反应物达到一定转化率所必需的反应时间的基本计算式。

式中　$(-r_A)$——反应体系中组分 A 的反应速率，$kmol/(m^3 \cdot s)$；

V——时间 τ 时反应物的体积，m^3；

n_A——反应物 A 的积累摩尔数，kmol；

n_{A0}——反应物 A 起始物质的量，kmol。

对于定容过程，反应物前后物料的体积变化不大，可视为常数，则式(4-11) 变为

$$\tau=-\int_{A0}^{c_A}\frac{dc_A}{(-r_A)}$$

表 4-6 是几种典型反应在间歇搅拌釜中达到一定转化率所需的反应时间 τ。

表 4-6　几种典型反应在间歇搅拌釜中达到一定转化率所需的反应时间

反应级数	动力学微分方程	达到一定转化率所需时间
零级反应	$1-r_A=k$	$\tau=\frac{x_A c_{A0}}{k}$
一级反应	$-r_A=kc_A$	$\tau=\frac{1}{k}\ln\frac{1}{1-x_A}$
二级反应	$-r_A=kc_A^2$	$\tau=\frac{1}{k}\frac{x_A}{c_{A0}(1-x_A)}$

注：k 为反应速率常数，单位随反应级数不同而不同。

由表 4-6 可以看出，在间歇反应器中，只要是 c_{A0} 相同，每批反应物料达到一定的转化率所需的反应时间只取决于反应速率（$-r_A$）。对于同一个反应，无论反应物的处理量为多少，只要达到相同的转化率，每批反应所需的时间也必然相同。因此在设计放大时，只要保证大生产下影响反应速率的因素与小试相同，即可保证反应时间也相同。

通过以上讨论，可以计算不同反应在一定转化率时所需的反应时间 τ，由此可以确定反应器的有效容积 V_R，进一步确定反应器的体积。对于一定的反应物料体积，即可选用一个反应器；当选用一个反应器的体积过大时，也可以选用几个小容积反应器，然后串联使用。

反应釜的规格已有系列标准，可供选用。当反应釜的总容积（实际容积）确定后，还要选定它的直径。如果选用的直径过大，水平方向的搅拌混合效果不好；如果选用的直径过小，则高度将增大，对垂直方向的搅拌又不利。一般采用高径比在 1～3 之间，常用的高径比接近 1。

【例 4-2】在间歇式反应釜内，己二酸和己二醇以等摩尔比，在 70℃下进行缩合反应，生产醇酸树脂。反应以 H_2SO_4 为催化剂，由实验测得其速率方程式为 $-r_A=kc_A^2$。由实验测得在 70℃时，$k=0.118m^3/(kmol \cdot h)$，己二酸的初始浓度 $c_{A0}=4kmol/m^3$。若每天处理 2400kg 的己二酸，己二酸的转化率为 80%，每批操作的辅助时间为 1h，装料系数为 0.75，求反应器体积。

解　(1) 计算每批料的反应时间

由题设条件知

$$x_A=0.80$$
$$k=0.118m^3/(kmol \cdot h)$$
$$c_{A0}=4kmol/m^3$$

所以

$$\tau=\frac{1}{k}\frac{x_A}{c_{A0}(1-x_A)}=\frac{0.8}{0.118\times4\times(1-0.8)}=8.47(h)$$

(2) 计算反应器的实际体积

$$V_0=\frac{\frac{2400}{24}\times\frac{1}{146}}{4}=0.171(m^3/h)$$

$$V_R=\frac{\text{日处理量}}{24}\times(\tau+\tau')=V_0(\tau+\tau')$$
$$=0.171\times(8.47+1)$$
$$=1.619(m^3)$$

反应器的实际体积为

$$V=\frac{V_R}{\varphi}=\frac{1.619}{0.75}=2.16(m^3)$$

4.2.2 管式反应器

管式反应器在化工生产中的应用越来越多，而且向大型化和连续化方向发展。同时工业上大量采用催化技术，将催化剂装入管内，使之成为换热式反应器，也是固定床催化反应器的一种结构型式，常用于气-固催化过程。

4.2.2.1 管式反应器结构型式

管式反应器的结构型式多样。最简单的是单根直管，也可以弯成各种形状的蛇管；多管反应器较前者复杂，可并联也可串联，当多根管子并联时，与列管换热器的形状类似，有利于换热。管式反应器中结构比较简单的是高度大体等于直径的圆筒，这种反应器特别适用于绝热操作的催化反应过程。多管式反应器的优点是比表面积大，有利于传热，其中的多管串联式，物料的流速较大，传热系数较大；多管平行联结的管式反应器，管内物料的流速较低，传热系数较小，但压力损失小。这里只介绍较常用的连续操作管式反应器。

连续操作管式反应器既可用于均相反应，也可用于非均相反应。如图 4-7 所示，其主要特点如下。

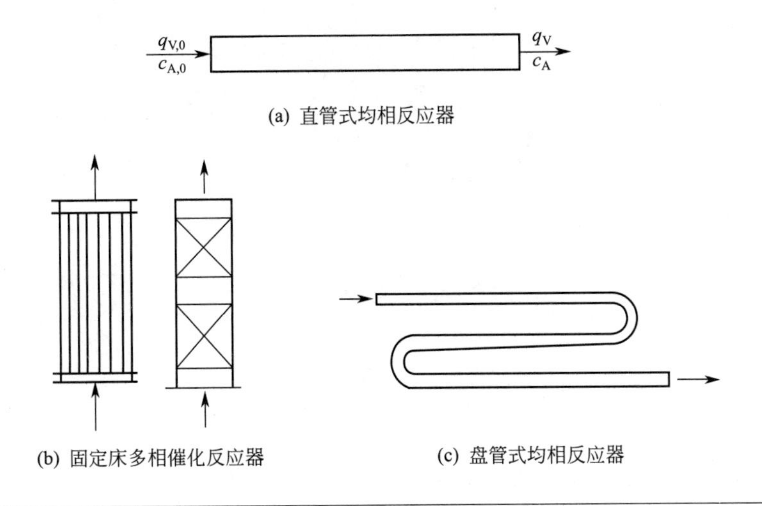

图 4-7　连续操作管式反应器

① 操作为连续进料和连续出料。

② 在恒定温度、压力和流量时，反应器内任一截面上的物料组成不随时间变化，但不同截面上的物料组成不同。

③ 当处理量大时管内物料通常处于高度湍流状态，各物料微团在反应器内的停留时间大致相同。

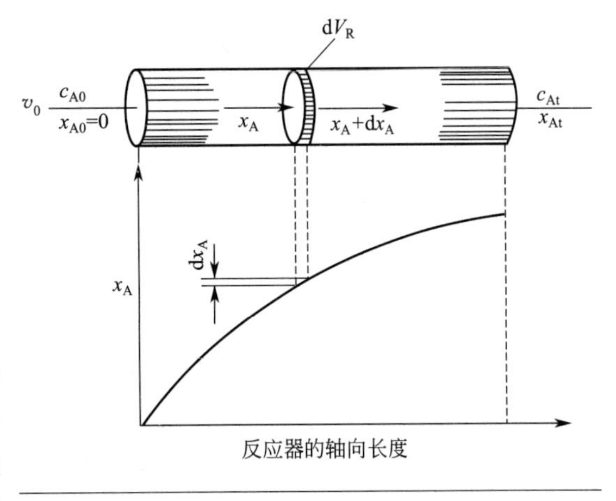

图 4-8　理想管式反应器

4.2.2.2 管式反应器的计算

这里主要讨论恒容过程管式反应器体积的计算。在管式反应器内，因反应物的浓度沿物料流动方向而变化，反应器内不同截面上的反应速率也必然随之变化，故在进行反应器的体积计算时，需要对微元反应体积作某一反应组分的物料衡算。如图 4-8 所示，在反应器内取微元体积 dV_R，对该微元体积作组分 A 的物料衡算，在稳定状态时，由于没有物料积累，故有

组分 A 的加入速率＝组分 A 的导出速率＋组分 A 的反应消耗速率

设进入微元体积的组分 A 的转化率为 x_A，离开时的转化率为 x_A+dx_A，若反应器进口处反应组分 A 的初始浓度为 c_{A0}，反应混合物的体积流量为 v_0，在反应器内保持恒定不变，则在微元体内

组分 A 的加入速率$=v_0c_{A0}(1-x_A)$

组分 A 的导出速率$=v_0c_{A0}(1-x_A-dx_A)$

组分 A 的消耗速度$=r_AdV_R$

列物料衡算式，得

$$v_0c_{A0}(1-x_A)=v_0c_{A0}(1-x_A-dx_A)+r_AdV_R$$

整理，得

$$v_0c_{A0}dx_A=r_AdV_R \tag{4-13}$$

式中，v_0 及 c_{A0} 均为常数，而 r_A 是 x_A 的函数，将式(4-13) 积分可得

$$V_R=v_0c_{A0}\int_0^{x_A}\frac{dx_A}{r_A} \tag{4-14}$$

或

$$\tau=\frac{V_R}{V_0}=c_{A0}\int_0^{x_A}\frac{dx_A}{(-r_A)} \tag{4-15}$$

对于密度不变的恒容反应，有

$$x_A=\frac{c_{A0}-c_A}{c_{A0}}\text{及 }dx_A=-\frac{dc_A}{c_{A0}}$$

则式(4-15) 可变为

$$\tau=\frac{V_R}{V_0}=-\int_{c_{A0}}^{x_A}\frac{dx_A}{(-r_A)} \tag{4-16}$$

式(4-16) 为连续操作管式反应器体积的计算公式。

表 4-7 列出了几种典型反应在连续操作的管式反应器中达到一定转化率时所需的反应时间。

表 4-7　不同化学反应在连续管式反应器中的反应时间

反应级数	动力学方程式	达到一定转化率 x_A 所需时间
零级反应	$-r_A=k$	$\tau=\frac{1}{k}c_{A0}x_A$
一级反应	$-r_A=kc_A$	$\tau=\frac{1}{k}\ln\frac{1}{1-x_A}$
二级反应	$-r_A=kc_A^2$	$\tau=\frac{1}{k}\frac{x_A}{c_{A0}(1-x_A)}$

由表 4-7 可以看出：连续操作的管式反应器与间歇操作的搅拌各对应的方程式相同。经比较还发现，对于定容过程，同一反应达到相同的转化率时，反应组分在连续操作的管式反应器内的停留时间，相当于间歇操作的搅拌釜的反应时间，因而所需反应时间是相等的。另外由于这两种反应器均不存在返混，因此随着时间的延续，从开始到结束，分子浓度的变迁史也完全相同。所以，当有效容积相等时，两种反应器的生产能力也相同。但本章内容可知

两种反应器在本质上是不相同的。利用以上两种反应器的相似性，在放大设计时，可将间歇操作搅拌釜的数据直接用于管式反应器之中；同样，也可直接用微观动力学方程式来计算连续操作的管式反应器的有效容积。

【例 4-3】 在管式反应器中进行己二酸与己二醇的缩合反应，操作条件和例 4-3 的条件完全相同。试计算反应器的体积。若将转化率提高到 90%，其他条件不变，所需反应器的体积为多少?

解　由题设条件知

$$x_A = 0.80 \qquad k = 0.118\text{m}^3/(\text{kmol} \cdot \text{h})$$

$$V_0 = 0.171\text{m}^3/\text{h} \qquad c_{A0} = 4\text{kmol/m}^3$$

所以，反应器的体积为

$$\begin{aligned} V_R &= V_0 \tau \\ &= \frac{V_0}{k} \frac{x_A}{c_{A0}(1-x_A)} \\ &= \frac{0.171}{0.118} \times \frac{0.8}{4 \times (1-0.8)} \\ &= 1.45(\text{m}^3) \end{aligned}$$

若转化率提高到 $x_A = 0.90$，则有

$$V_R = \frac{0.171}{0.118} \times \frac{0.90}{4 \times (1-0.90)} = 3.26(\text{m}^3)$$

可以看出，连续操作的管式反应器的有效容积比间歇操作的搅拌釜的有效容积小一些，其差别就在于间歇搅拌釜多了一些辅助时间。

4.2.2.3　管式反应器的特点

① 管式反应器具有一般连续操作设备的共同优点，即反应的浓度、温度条件只沿着管长方向改变，而不随时间变化，因此易于实现自动控制。

② 为达到一定的转化率，间歇反应釜的反应时间与管式反应器内的停留时间相等，但管式反应器是连续操作，不占用加料、卸料、清扫等非生产时间，设备利用率比间歇反应釜高。

③ 由于理想置换的管式反应器没有返混，所以可以达到较高的转化率。

④ 管式反应器单位体积的表面积大，适用于需要加热面积大或放热量大需要冷却的反应，如石生产中，广泛应用管式炉进行烷烃的裂解等。而对于反应速率慢，需要较长停留时间的反应，由于需要反应器的体积较大，如用管式反应器，则会增大设备投资。

由于上述特点，使得管式反应器获得了广泛的应用。均相管式反应器的应用实例有石油烃裂解制乙烯、丙烯的过程，硫酸作催化剂环氧乙烷水合生产乙二醇的过程。管式反应器还广泛用于气固和液非均相催化反应过程，例如以氯化氢、乙炔为原料，以氯化汞为催化剂(活性炭为载体)的氯乙烯合成过程，以乙烯为原料，银为催化剂，合成环氧乙烷的过程等。

4.2.3　固定床反应器

凡是流体通过静止不动的固体催化剂或固体反应物所形成的床层而进行反应的装置称为固定床反应器。固定床反应器结构简单，需要的辅助设备少，操作容易，在三种气固相催化反应器中应用最为广泛，工业上以气相反应物通过固体催化剂床层的气固相固定床催化反应器最为重要。

4.2.3.1　固定床反应器的结构型式

气固相在固定床中反应的特点是当原料气通过固体催化剂表面床层时，催化剂的粒子静止不动。正是由于这一特点，床层的导热性能不好，床层温度分布不易均匀。因此在其设备结构上必须要考虑保证气固良好的接触。对于一些反应热较大的过程，为了避免床层温度的剧烈升高，必须采用各种换热方式把热量移出。相反，对强吸热反应就要设法供给热量。即使如此，反应床层仍难保持等温。所以，绝大多数固定床反应器是属于非等温式反应器。固定床反应器工业实施主要由反应器中的温度变化的方式所决定。这类反应器主要有三种类型，即绝热式固定床反应器、多段绝热式固定床反应器和列管式固定床反应器。

（1）绝热式固定床反应器　绝热式固定床反应器可以分为轴向和径向两种。

轴向绝热式固定床反应器的结构非常简单，如图 4-9(a) 所示。从图中可以看出，这是一个没有传热装置，只装有固体催化剂的容器。预热到一定温度的反应物料自上而下通过床层进行反应，反应产物从容器下端输出。这种反应器的优点是结构简单，造价低，空间利用率高和催化剂装卸容易。然而，在这种反应器中，反应物料和催化剂的温度是变化的。对于放热反应，温度变化是从进口到出口逐渐升高。对于吸热反应则正好相反。而且反应过程的热效应愈大，进、出口的温差也愈大，所以，这种反应器只适用于过程热效应不大，反应产物比较稳定，对反应温度变化不太敏感，反应气体混合物含有大量惰性气体（例如水蒸气或氮气），一次通过床层转化率不太高的过程。此外，床层催化剂不宜太厚，否则会造成进、出口物料温差太大。因此，这种反应器只适用于停留时间较短的反应过程。

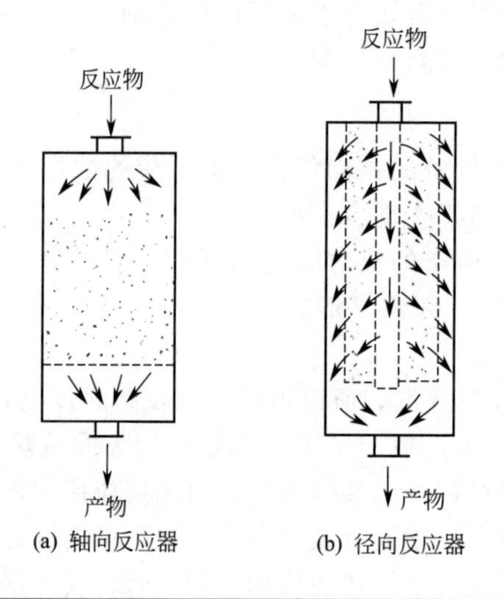

固定床反应器原理

图 4-9　绝热式固定床反应器

径向绝热式固定床反应器，如图 4-9(b) 所示。该反应器较前者复杂一些，催化剂是装载于两个同心圆构成的环隙中，反应物料沿径向通过床层，可采用离心式或向心式流动。这种反应器的优点是物料流过的距离较短，流道截面积较大，床层阻力小。径向绝热式固定床反应器适用于要求气流通道截面积大的反应过程。但若床层较薄时，则反应器直径将过于庞大，由此给气流的均匀分布也造成一定困难。

（2）多段绝热式固定床反应器　当反应过程的热效应较大时，为了改善反应的温度条件，并提高转化率，常采用多段绝热式固定床反应器，如图 4-10 所示。

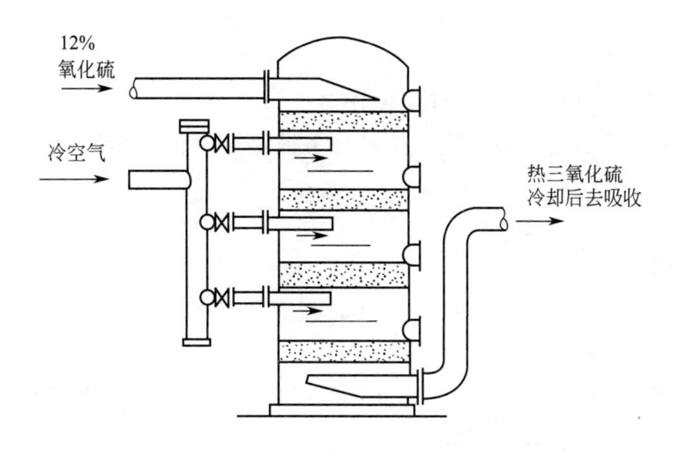

图 4-10　多段绝热式固定床反应器

多段绝热式固定床反应器由多个绝热床所组成。为了调整反应温度，可以根据过程的特点，选择合适的载体或冷却剂。对于放热反应，可进行原料气的预热（CO 变换反应）；对于吸热反应，还可采用外部管式加热装置。图 4-10 是 SO_2 转化为 SO_3 所用的多段绝热反应器，段与段之间引入空气进行冷激。对于这类可逆放热反应，利用段间换热即可形成温度由高到低的变化顺序，以利于提高转化率。

（3）列管式固定床反应器　最简单的列管式固定床反应器类似于单程列管式换热器，如图 4-11 所示。催化剂放在列管内（或管间），载热体流经管间（或管内）进行加热或冷却。这种反应器管子数目可能多达万根以上，管径通常为 25～50mm。管径太细，气体通过催化剂时阻力增大，管束管子根数会大大增加，从而增加了设备费用。若管径太粗，则管内催化剂的轴向温度梯度会加大。为减小流动压降，催化剂粒径不宜太小，一般约为 5mm，各管催化剂务必填充均匀，力求各管阻力相等，以达到反应效果基本相同。

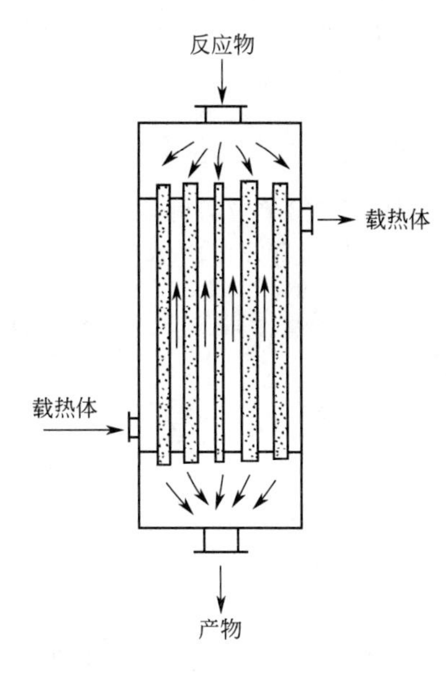

图 4-11　列管式固定床反应器

列管式固定床反应器主要用于热效应大，对温度比较敏感，要求转化率高，选择性好，粒状催化剂使用寿命要长，又不必经常更换催化剂的反应过程。但其缺点是：结构复杂，加工制造不方便，由于大型设备管子数目多达几万根，故造价较高。

4.2.3.2　固定床反应器的计算

固定床反应器工艺计算的内容有三个方面：一是反应器的有效体积即催化剂装填量的计算；二是床高和床径的计算；三是传热面积计算。计算有经验法和数学模型法两种。本节主要介绍经验计算法。

（1）催化剂用量的计算　由同类装置上或中间试验工厂得到的空速数据，或催化剂空时收率数据，或催化剂负荷数据等，反推催化剂用量。

① 由空速数据计算催化剂用量

$$S_V=\frac{q_{V0}}{V_R}$$

若知道了在同种催化剂上，在同样的操作条件（温度、压力）下，达到一定的出口转化率的空速 S_V，则可以计算出完成一定的生产任务所需要的催化剂体积。

$$V_R=\frac{q_{V0}}{S_V} \tag{4-17}$$

式中　S_V——空间速度，1/h；

q_{V0}——入口条件下的体积流量，m^3/h，其值由生产规模所决定；

V_R——催化剂的体积，m^3。

采用空速数据要注意条件的一致性，确保温度、压力等条件与数据要求的条件一致。比如，都采用标准状况或都采用操作状态。

② 由空时收率计算催化剂用量。空时收率是指在一定条件下，单位时间、单位体积催化剂上所能生产的目的产物的量。

$$V_R=\frac{G}{S_W} \tag{4-18}$$

知道了同类催化剂上、同样使用条件下的 S_W 数据，由生产任务确定了目的产物的产量后，即可据上式计算出催化剂的需要量。

式中　G——目的产物产量，kg/h；

S_W——催化剂的空时收率，$kg/(m^3 \cdot h)$。

③ 由催化剂负荷计算催化剂用量。催化剂负荷是指在一定反应条件下，单位时间内单位质量催化剂上，通过化学反应所能转化的原料的量。

$$m_S=\frac{m_W}{S_G} \tag{4-19}$$

知道了同类催化剂在同样使用条件下的负荷数据，由生产任务求出单位时间内需要转化的原料量，即可由上式计算出催化剂的用量，并由 ρ_B 计算出反应器的有效反应体积。

$$V_R=\frac{m_S}{\rho_B} \tag{4-19a}$$

式中　m_S——催化剂用量，kg；

m_W——原料转化速率，kg/h；

S_G——催化剂负荷，$kg/(kg \cdot h)$；

ρ_B——催化剂的堆积密度，kg/m^3。

④ 由接触时间计算催化剂用量。接触时间通常是指反应气体在反应条件下，通过催化剂床层中自由空间所需要的时间，其单位常用 s 表示。接触时间即停留时间，也即反应时间。接触时间越短，表示同体积的催化剂在相同的时间内处理的物料量越多，是表示催化剂处理能力的参数之一。反应条件，温度、压力一般取平均值。

$$V_R=\frac{\tau q_V}{\varepsilon}$$

只要知道了同类装置上的接触时间数据，根据生产任务计算出物料处理量 q_V，即可确定催化剂的装填量。

式中　τ——接触时间，s；

q_V——反应条件下气体的体积流量，m^3/s；

ε——床层空隙率。

使用经验法计算催化剂的用量，必须注意适用条件：反应器的型式及结构参数，催化剂的型号及粒度，操作压力，反应物系初始组成、最终转化率、气体净化程度及催化剂的使用时间。

（2）床高及直径的计算　在无内件时，床径计算可按下式计算：

$$D=\sqrt{\frac{4A_t}{\pi}} \tag{4-20}$$

其中

$$A_t=\frac{q_{V0}}{u_0}$$

床高可用下式计算：

$$H=\frac{V_R}{A_t}=V_R\frac{u_0}{q_{V0}} \tag{4-21}$$

空床线速度 u_0 的数据来自同类生产装置或试验工厂。计算出床高后要校核床层压降，若压降过大，则应调整床高和床径的尺寸。V_R 确定了之后，床高 H 增加，则气体线速度增加、压降增大，动力消耗增加；若 H 过小，A 会过大，气速过低，不利于传质和传热，并可能影响反应器的热稳定性，且床层太薄易出现沟流和短路。

式中　D——反应器直径，m；

A_t——床层横截面积，m^2；

q_{V0}——按入口条件计的气体体积流量，m^3/h；

u_0——按入口条件计的气体空床线速度，m/h。

对于列管式的固定床反应器，由同类装置上取得管径数据，然后求出所需管子的数目。

$$n=\frac{A_t}{\frac{\pi}{4}d_t^2} \tag{4-22}$$

式中　d_t——管子内径，m；

n——管子数目。

然后按列管式换热器的计算方法求出反应器的直径。若算出的直径过大，可设计成几个反应器并联操作。

（3）传热面积的计算　为满足换热要求，需要确定或校核传热面积，对于换热式的固定床催化反应器，其传热面积的计算方法与一般换热器相同，其计算公式为

$$A=\frac{Q}{K\Delta t_m} \tag{4-23}$$

式中　A——总传热面积，m^2；

K——总传热系数，$J/(m^2 \cdot h \cdot K)$；

Δt_m——平均传热温差，K；

Q——换热量，J/h。

4.2.3.3　固定床催化反应器的特点

① 固定床催化反应器中的固体催化剂处于静止不动状态，而原料气连续流过催化剂层时进行化学反应。故催化剂不易磨损，可以较长时间的使用。

② 固定床催化反应器的结构较简单，操作稳定，便于实现操作过程的连续化和自动化。

③ 当反应器的高径比较大时，物料在反应器内可视为没有返混现象。物料的转化率沿

流动方向逐渐增大，出口转化率最大。物料的浓度沿流动方向递变，反应速率快，可用较少的催化剂和较小的反应器容积获得较高的产量。

④ 由于停留时间可以严格控制，温度分布可以适当地调节，因此有利于提高化学反应的转化率，控制或减少副反应的发生。

另一方面，由于固体催化剂的导热性较差，又处于静止不动状态，从而使催化剂床层的导热性不好，床层的温度分布也不均匀，故反应难以保持等温。而化学反应都伴随着热效应，反应的好坏又特别敏感地依赖于温度的控制（即温度明显影响反应速率、转化率、副反应等，还会使催化剂失去活性）。因此对热效应大的反应，及时地移走或供给热量，能有效地控制温度就成为固定床催化反应器必须考虑的难点和关键，这也是此类反应器的主要缺点。

此外，催化剂的颗粒直径不能太小，否则压降过大，因而催化剂的表面积有限。且催化剂的再生和更换也比较麻烦。

4.2.4　流化床反应器

在化学工业生产中，经常遇到两个比较难以解决的问题：一个是对热效应大的反应，床层温度难以控制，特别是很难防止局部过热；另一个是参加反应的固体物料或催化剂常需要从反应器中取出，特别是高温下固体物料的输送，设备上的问题很多。这两类问题往往成为某些化学生产过程中的关键。流化床反应器就是为了解决这些问题而在生产实践中诞生的。

第一座流化床反应器是 1921 年在德国投产的 Winker 煤气发生炉，反应后的煤渣很容易从反应器排出。1942 年第一次把流化床反应器用于催化裂化反应，很好地解决了及时移走大量反应热的困难，又使设备简化，利用率增大，结果使得处理量和汽油产率都大幅度提高，很快便完全取代了老式的固定床反应器。

但对流态化规律性的研究却在 40 年代末期才开始，并逐步形成了一门学科。到目前为止，有关流化床的许多计算公式都还是经验性的，反应器放大的模型还相当不成熟，尚没有一个公认的可普遍使用的数模。下面主要介绍流化床催化反应器的一些基本知识。

4.2.4.1　流态化现象

使固体颗粒悬浮于流动的流体中，并使整个系统具有类似流体的性质，这种流体与固体接触的现象称为固体流态化。化学工业中广泛使用固体流态化技术于催化反应、颗粒物料燃烧汽化、混合、加热、干燥、吸附、焙烧以及输送等过程中。

（1）流体通过床层的情况　当流体自下而上通过固体颗粒所构成的床层时，随着流速的增加，可能会出现以下几种情况。

① 固定床阶段。流速低时，流体只穿过静止颗粒间的空隙流动，固体颗粒之间不发生相对运动，犹如前述流体由上而下通过的固定床，所以这时的床层称为固定床。流速逐步增大、床层变松、少量颗粒在一定区间内振动或游动，床层高度稍有膨胀。这时的床层为膨胀床。

② 流化床阶段。流速继续增大，床层继续膨胀、增高，颗粒间空隙增大，但仍有上界面，流体通过床层的压降大致等于单位面积上床层颗粒的重量，且压降保持不变。此时固体颗粒刚好悬浮在向上流动的流体中，床层开始流化，具有流体的性质，故称为初始流化或临界流化。相应的流速称为临界流化速度。

③ 输送阶段。流速增大到一定值时，流化床的上界面消失，颗粒被流体夹带流出，这时变为颗粒的输送阶段（可实现气力输送或液力输送）。相应的流速称为带出速度，其值等

于颗粒在流体中的沉降速度。

（2）实际流态化现象　上面讨论的是均匀颗粒的理想流态化现象。实际流态化有所不同，其原因在于颗粒大小不一，颗粒的密度与流体（气体或液体）密度的巨大差异。实验发现存在着两种截然不同的流态化现象

① 散式流态化。这种流态化多发生在液固系统中，当液体的流速大于临界流化速度，而小于带出速度时，床层平稳并逐渐膨胀增大，固体颗粒均匀分散在液体中，颗粒间无显著的干扰，有一稳定的上界面，此种流态化状态称为散式流态化，又称均匀流化态，如图 4-12(a) 所示。散式流态化的特性接近于理想流态化。

② 聚式流态化。这种流态化现象多发生在气固系统中，当气体的流速超过临界流态化速度后，形成极不稳定的沸腾床，此种流态化是一个特殊的两相物系，处于流态化的颗粒群是连续的，称连续相，气泡是分散的，叫分散相。在床层的空穴处，气体涌向空穴。流速增大，并夹带少量颗粒以气泡的形式不连续地通过床层，在上升时逐渐长大、合并或破裂，使床层极不稳定，极不均匀，这种流态化状态称为聚式流态化，如图 4-12(b) 所示。

（3）不正常流化　在化工生产中，气固相催化流化床反应器常见的流化状态是聚式流态化。当聚式流化不正时，有两种状态，即沟流状态、大气泡和腾涌状态。

① 沟流。如图 4-13(a) 所示，其特征是在床层中形成气体流动的通道，大量气体不和催化剂颗粒接触，而通过通道沿床层上升，因而床层并不流化，只有少量气体和催化剂颗粒接触，使部分颗粒流化。沟流的结果使床层中气固接触不均匀，有可能产生死床，造成催化剂烧结，降低催化剂的活性和寿命，同时也降低了设备的生产能力。

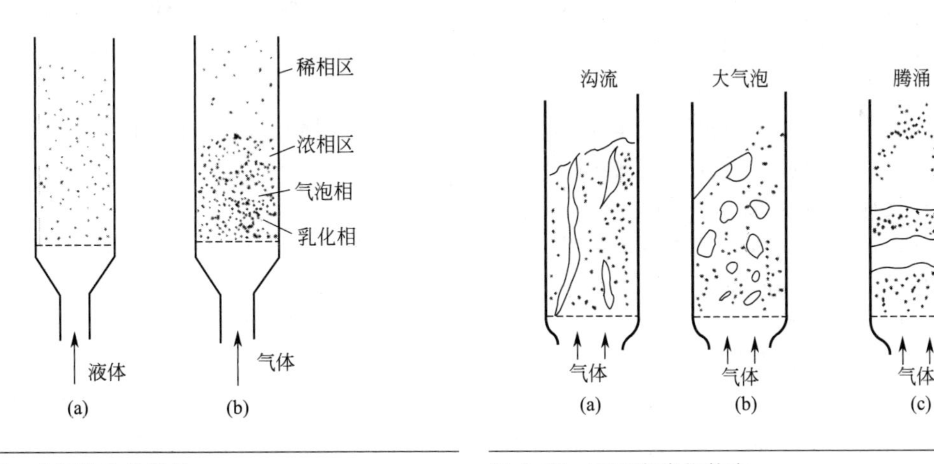

图 4-12　实际流态化现象

(a) 散式流态化；(b) 聚式流态化

图 4-13　不正常流化状态

产生沟流的原因主要有：颗粒粒度小，潮湿且易黏结；气流速度小；气体分布板设计不完善，通气孔数少。

② 大气泡和腾涌。如图 4-13(b) 和图 4-13(c) 所示，其特征是气泡在床层内逐渐汇合长大，成为大气泡状态，继续长大直至气泡直径接近反应器直径，此时气泡充满整个床层截面，床层被分成几段，床内物料以活塞推动方式向上运动，达到某一高度后，气泡破裂，颗粒层也随之崩裂，颗粒被崩离床层，然后纷纷落下，这种现象称为腾涌。

大气泡和腾涌的结果，使气固接触不良，降低催化剂的寿命和设备的生产能力，还增加了颗粒的磨损和带出。甚至能引起设备振动，造成床内部构件的损坏。

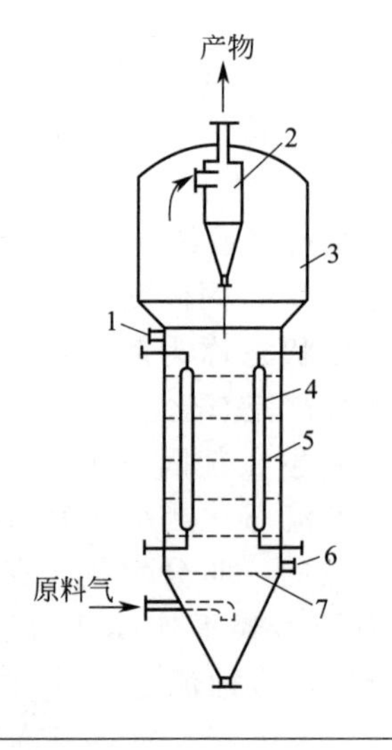

流动床反应器原理

图 4-14 流化床结构

1—加料口；2—旋风分离器；3—壳体；
4—换热器；5—内部构件；6—卸料口；
7—气体分布板

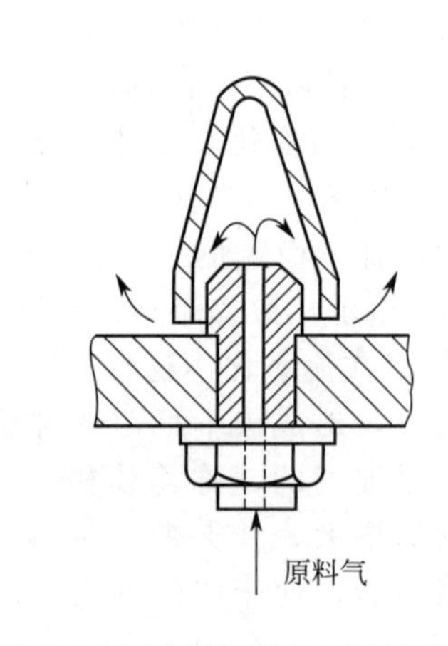

图 4-15 锥帽侧缝型

造成大气泡和腾涌的主要原因有：床层的高径比较大；颗粒粒度大；气流速度较高。

4.2.4.2 流化床反应器的基本结构

流化床的结构型式很多，一般都是由壳体、气体分布装置、内部构件、换热器、气固分离装置和固体颗粒的加卸装置所组成。图 4-14 为圆筒形流化床反应器，现对各部分的结构和作用作简要介绍。

（1）壳体　壳体由顶盖、筒体和底盖组成，筒体多为圆筒形，也有圆锥形的。其作用是提供足够的体积使流化过程能正常进行。

（2）气体分布装置　包括预分布器和分布板两部分。

预分布器是指气体进口的结构型式，要求气体均匀分布，不产生偏流现象。目前用得多的是弯管式。其结构简单，气体进入不易产生偏流，操作可靠，不易堵塞。

分布板是关键部件，大致有筛板型、侧流型（锥帽侧缝型，如图 4-15 所示）、密孔型和填料型，目前用得较多的是锥帽侧缝型。它的结构是否合理会直接影响流化质量。分布板的作用一是支承固体颗粒不至于漏下。二是均匀分布气体，造成良好的起始流化条件。故要求分布板能均匀分布气体，不会造成沟流现象，不漏不堵，阻力小，构造简单，具有良好的热稳定性和耐磨性。

（3）内部构件　流化床的内部构件型式主要有挡网或挡板（有时也将换热器归入内部构件）。当气速较低时，可选用金属丝网作挡网；生产上挡板比挡网用得多。目前常用的是百叶窗式挡板。内部构件就是在床层的不同高度设置若干个水平的挡板或挡网。

设置内部构件的作用：一是改善气固停留时间的分布，减少轴向返混，从而起到多床层的作用，能增大推动力和提高反应的转化率；二是改善流态化质量，破坏气泡的生长和长大，减少颗粒密集和床面的波动，对高床层和密度大的颗粒效果更显著；三是降低流化床层的高度，减小颗粒的带出。采用内部构件后阻止了颗粒的轴向返混，但是颗粒沿床高产生分级，使床层纵向的温度梯度增大，颗粒的磨损也增大，这是不利的。

(4) 换热器　其作用是供给或移走热量，使流化床反应维持在所要求的温度范围内。一般可在床层的外壳上设夹套或在床层内设换热器。在流化床层内设置换热器时，主要是控制主反应区的热量或温度；还要考虑对流化床的流化有利，使换热器在床层内的投影面积要小。换热器的结构型式有管式和箱式，常用的管式是垂直管，均匀布置。垂直管相当于纵向分割床层，可限制大尺寸的空穴，破坏气泡的长大；箱式是由蛇管组合而成，换热面积大，便于拆装。

(5) 气固分离装置　由于颗粒之间，颗粒与器壁和内部构件间的碰撞与摩擦，使固体颗粒被粉化。当气体离开流化床后夹带有不少的细粒和粉尘，若带出反应器外即造成损失，又会污损后工序或产品的质量，有时还会堵塞管路或后续设备。故要求气体在离开反应器前要分离和回收这部分细粒，常用的气固分离装置有如下几种形式。

① 设置分离段。即在流化层的上方设置分离空间。操作气速越大，该分离空间也越大。此分离段使被抛撒的和气流夹带的颗粒，能因气速的降低，借助重力而降落至流化床。

② 设置收尘器。即在分离段的上方至气体出口前的空间内装设收尘器。根据收尘器的结构，该段的直径可扩大，故又称为扩大段。其直径和高度由安装、检修收尘器方便的原则决定。常用收尘器的型式有旋风分离器和过滤管。

旋风分离器是流化床中常用的主要设备之一，也是价格便宜，结构简单的一种分离器。它利用离心力的作用，能将颗粒收集并返回床层，从而可使床层在细颗粒和高气速下操作时，不至于有太多的夹带损失。为提高分离效率，在压力允许情况下，有时可串联两个旋风分离器。

过滤管是在多孔管上包上丝网或玻璃布而制成。过滤网的分离效率高，但阻力大，网孔易堵塞，检修不方便。

4.2.4.3　流化床反应器的床形

为了适应生产的发展和不同化学反应的需要，因而有不同类型的流化床催化反应器，常用的床型有如图4-16所示的几种。

① 圆筒式流化床。这种床型无内部构件，结构简单，设备利用率高，床层内混合均匀，是应用较广的床型之一，如图4-16(a) 所示。它适用于热效应不大，接触时间长，副反应少的反应过程。

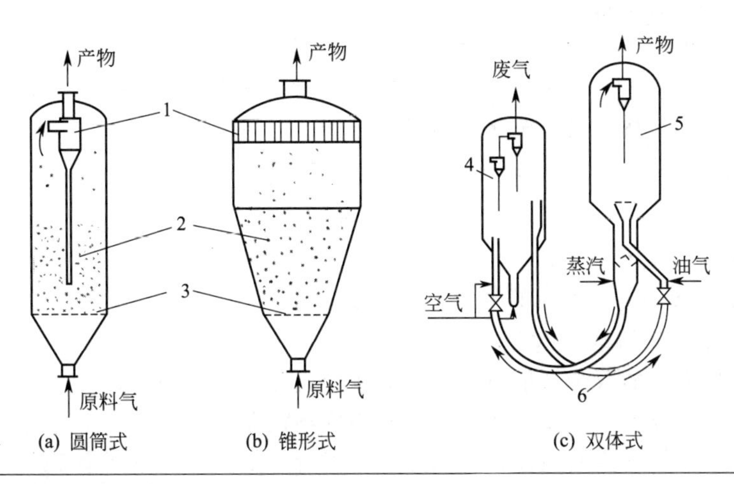

图4-16　流化床反应器的基本床型

1,2—催化剂；3—分布板；4—再生器；5—反应器；6—提升管

② 锥形流化床。床层的横截面积由下而上逐渐增大，而气体的流速逐渐减小，如图4-16(b) 所示。故锥形床宜于气体体积增大的反应，适用于固体颗粒大小不一（或粒度分布较宽，或催化剂易破碎）的物料，大颗粒在床层的下部，因气速大不会停落至分布板上成死床，小颗粒在流速不大的床层上部，减少细颗粒的带出。

③ 设内部构件的流化床。这种流化床是生产上广泛应用的一种床型，如图 4-14 所示。床层内设有挡板或换热器，或两者兼而有之，既可限制气泡的增大和减少物料返混，又可通过换热来控制一定的温度。这种床型适用于热效应大，又需控制温度在一定范围内，物料返混较轻的场合。

④ 双体流化床。它是由反应器和再生器两部分组成，如图 4-16(c) 所示。反应器内进行流化床催化反应；再生器内使催化剂恢复活性，这样催化剂不断地在反应器与再生器之间循环运动，故这种床型特别适用于催化剂活性降低快，而再生又较容易的场合。图 4-16(c) 所示为石油产品的催化裂解过程。在流化过程中，用空气将反应器内结炭的催化剂（失去活性）经提升管引入再生器；在再生器中烧掉催化剂表面的炭，使催化剂被加热而且恢复活性。再生后的催化剂被油气经另一提升管回到反应器内进行裂解反应，反应后催化剂的温度降低，表面积炭化。在反应器和再生器内气固处于流化状态，在提升管内则是气力输送。在这一流化过程中催化剂不仅起到了加速反应的作用，还起到了传热介质的作用。

4.2.4.4　流化床反应器的主体尺寸的确定

目前大多数流化床的设计计算还是以经验数据为依据，本节主要介绍经验法确定流化床主体尺寸的方法。

(1) 流化床直径的确定　床层直径可按气体处理量和操作速度由下式计算，即

$$D=\sqrt{\frac{4q_V}{\pi u_0}} \tag{4-24}$$

式中　q_V——操作条件下的气体体积流量，m^3/s；

u_0——操作条件下的空床气速，m/s。

q_V 可以通过物料衡算求得，u_0 按本书前面讲述的计算方法结合经验数据确定，D 算出后按设备公称直径加以圆整。

有时为了减少颗粒夹带，在床顶加设扩大段。在扩大段，如果气速低于颗粒的沉降速度，颗粒就会自由沉降下来。因此确定扩大段直径时，通常要给出需要沉降的最小粒径，并计算其带出速度，然后按下式计算扩大段直径，即

$$D_d=\sqrt{\frac{4q_{Vd}}{\pi u_t}} \tag{4-25}$$

式中　D_d——扩大段直径，m；

q_{Vd}——操作条件下扩大段的气体体积流量，m/s；

u_t——最小颗粒的带出速度，m/s。

在工程上，扩大段的取舍常取决于过滤器或旋风分离器的安装要求。若用过滤器回收粉尘，在稀相段以上要设置扩大段，使一部分较小的颗粒在扩大段进一步得到沉降，以减轻过滤器的负荷。通常取扩大段的截面积，扣除过滤器所占截面外，应不小于床层截面积。若用旋风分离器回收粉尘，只要旋风分离器能装得下，可以不设扩大段。

(2) 流化床层高度的确定　流化床壳体高度包括浓相段高度 L_f、稀相段高度 h_2 和锥体

高度 h_3。如图 4-17 所示。其中稀相段包括分离空间高度和扩大段高度。

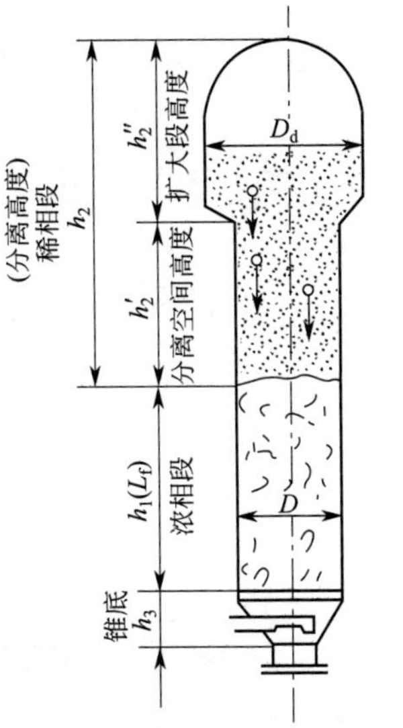

① 浓相段高度 L_f。浓相段是气固两相进行化学反应的主要场所，是流化床设计中的重要工艺尺寸。影响浓相段高度的因素很多，目前还不能根据理论进行准确计算。此处仅据床层的膨胀比等流体力学特性，介绍计算浓相段高度的一般方法。

浓相段高度可由静床高和床层膨胀比按下式计算，即

$$L_f = L_0 R \tag{4-26}$$

静床高 L_0 可由原料转化速率、操作速度和催化剂的负荷确定。其计算方法与固定床反应器相同。催化剂用量为 $m_S = \frac{m_W}{S_G}$，由操作速度确定床层截面积后，即可求出静床高度，即

$$L_0 = \frac{4m_S}{\rho_B \pi D^2} \tag{4-27}$$

式中 ρ_B——催化剂堆积密度，kg/m^3。

此外，L_0 也可按下式确定，即

$$L_0 = u_0 \tau_c \tag{4-28}$$

图 4-17 流化床壳体高度分段图

流化状态是静止床刚刚开始松动的状态，其高度 L_{mf} 稍大于静床高 L_0，但差别不大，计算中常取 $L_{mf} = L_0$。

式中 u_0——操作气速，m/s；

τ_c——气固接触时间，s。

床层膨胀比定义为

$$R = \frac{L_f}{L_{mf}} \tag{4-29}$$

式中 R——床层膨胀比；

L_f——流化床的床层高度，m。

床层膨胀比 R 可由以下几种方法计算。

由与临界流化速度和操作速度相对应的床层空隙率 ε_{mf} 和 ε_f 求得，即

$$R = \frac{1-\varepsilon_{mf}}{1-\varepsilon_f} \tag{4-30}$$

因为影响床层空隙率的因素很多，目前还没有一个准确并能在宽广范围中适用的一般公式，计算时多用一些半经验式。

床层膨胀比也可由图 4-18 查取。先利用有关的公式求出 u_{mf} 和 u_t，可由图查得比值 L_{mf}/L_f。

对于安装了水平挡板或挡网的流化床，可用下面经验式计算，即

$$R = 0.517/(1-0.76u_0^{0.192}) \tag{4-31}$$

对安装了垂直管束的流化床，可用下面经验式计算，即

$$R = 0.517/(1-0.67u_0^{0.114}) \tag{4-32}$$

② 稀相段高度 h_2。稀相段高度包括分离段高度和扩大段高度两部分。反应气体通过床层时，有相当数量形成气泡状态。当气体离开浓相床面时，由于气泡破裂，将部分颗粒抛向床层上部空间，因此在床层上部空间有一定数量被夹带的固体颗粒。其中一部分颗粒的沉降

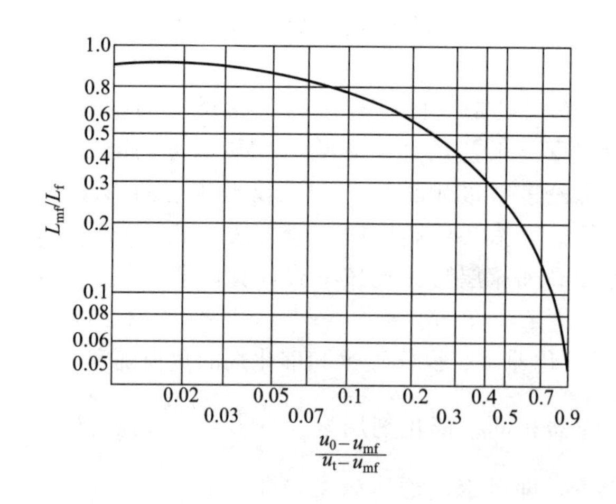

图 4-18 床层膨胀的关联曲线

速度大于床层气速，在达到相当高度后回落到床层，离床面距离越高，固体颗粒的浓度越小。距离床层一定高度后，气流中夹带的粒子浓度趋于常数，该高度称为分离段高度。

正确设计流化床的分离段高度，可以回收粒径较大的催化剂，减少催化剂的损失，同时对确定旋风分离器的安装位置也是很重要的。通常旋风分离器最适宜的位置是使其进口距流化床上界面的高度等于分离段高度。

目前还缺少确定分离段高度的可靠方法，基本上是由经验关联式计算或由关联图查取。

在分离段之上，还有扩大段高度 h_2''，根据工厂实际操作设备的数据，多为 $h_2'' \approx D_d$。若采用内旋风分离器，一般不设扩大段，只是把一级内旋风分离器的进口放在接近分离段高度的位置，上方只要留有安装旋风分离器的空间即可。

③ 锥底高度 h_3。一般锥底角取 60°或 90°。

$$h_3 = \frac{D}{2\text{tg}\left(\frac{\theta}{2}\right)} \tag{4-33}$$

式中 θ——锥底角，°。

4.2.4.5 流化床催化反应的特点

综上所述，流化床催化反应器与固定床催化反应器比较，具有如下优点。

① 压降低且稳定。即使采用细颗粒时压降也不会太大。由于压降平稳，可用压降的变化来判断床层流化的好坏。若压降大幅度的上、下波动，使床层出现腾涌现象；若压降低于正常操作值，床层内出现沟流现象或存在局部未流化的死床。

② 传热效果好，而且床层温度均匀一致，便于调节和控制温度。由于传热系数较大，在床层内可安装面积小的换热器；由于气固快速混合，温度分布均匀，能有效地防止局部过热现象。对热效应大，温度敏感的反应是很适用的，如氧化、裂解等催化反应，在焙烧和干燥领域也得到较广泛的应用。

③ 颗粒粒度较固定床小，表面积大，加之气固不断地运动，有利于传热和传质。对加快反应速率，提高生产强度有利。

④ 颗粒平稳流动（类似液体），加入或卸出床层方便，有利于催化剂的再生，易于实现连续化和自动化操作。当固体颗粒为反应剂（如硫铁矿的焙烧）或目的产物（产品的干燥）

时，流化床反应器是很适用的。

由于固体颗粒被流化，流化固体与真实流体之间的相似是有限的，而且还存在着操作中的物理因素，许多现象是真实流体不具有的。如流化固体颗粒的磨损、粉碎；操作不当出现沉降、架桥、不流动现象等。故流化床有如下缺点。

① 床层内气体的返混、气泡的存在以及腾涌和沟流现象等，使气固接触的均匀性和接触时间的长短出现差异；气体在床层停留时间的长短也不一致，从而降低了反应的转化率，甚至影响反应产物的质量。在同样空速下，流化床的转化率比固定床低。

② 流化固体颗粒剧烈碰撞，造成催化剂的磨损和粉碎以及颗粒对设备的磨蚀。细碎颗粒易被气体带出，为此必须设置颗粒回收装置，颗粒越细小，回收越困难。

流化床催化反应器的优点是主要的，因其生产强度大，适应性较强，可实现连续化和自动化，适宜大规模生产，因此在工业上得到越来越广泛的应用。但对易碎的催化剂颗粒是不能采用的。

流化床反应器在气固反应中应用最广泛，此外也用于非均相气体催化反应，如：丙烯腈、二氯乙烷和邻苯二甲酸酐的生产。在非催化的气固反应方面的应用如石灰石、氢氧化铝的煅烧以及含硫矿石（如黄铁矿、闪锌矿）的焙烧等。

液固流化床在电化学过程中也得到了应用，并且在把酶和细胞固定在惰性载体上的生物工程技术方面也得到了大规模的应用。

4.2.5　化学反应器的选择

前面只就影响反应器选型的有关化学动力学因素进行了分析。还有其他一些因素，如设备投资费用和由劳动力、动力、蒸气等所构成的生产费用，温度控制和操作的难易，以及生产安全等因素。这些因素在反应器的选型中，有时也起着重要作用。因此在选择反应器时应从多方面考虑。选择反应器的原则如下。

① 若反应的活化能大，即反应速率对温度非常敏感，则反应器在等温条件下操作有利，此时应选用连续操作反应釜；若反应物之一在浓度高时，反应非常激烈，甚至具有爆炸的性质（例如硝化和氧化反应等），则适于采用连续操作反应釜，因为反应物在进入反应釜后，其浓度立即降到反应器出口的浓度；若反应速率小，需要在反应器内有长的停留时间，最好选用连续操作反应釜。

② 对于平行反应，反应器的选择取决于主反应和副反应的反应级数。若主反应比副反应的反应级数低，则应选用连续操作反应釜。反之，则应选用管式反应器；对于连串反应，若中间产物为目的产物，管式反应器一般较为适宜，若最终产物为目的产物，则宜选用连续操作反应釜。

③ 若反应混合物为气体，一般用管式反应器。

④ 高压反应最好在管式反应器内进行，因在壁厚相同的情况下设备直径小能耐较高压力；强的吸热反应，需要在高温下进行，应选用管式反应器。

⑤ 从化学动力学的因素考虑，凡是适合于在管式反应器内进行的反应，若为小批量的生产，均可用间歇操作反应釜代替；凡是适合于在连续操作反应釜内进行的反应，若为小批量生产，则可采用半连续操作的反应釜。即采用将原料中的一种或几种连续而缓慢地加入，最后将生成物一次放出的方法，这样可使反应釜内更接近于连续操作反应釜的反应条件。

⑥ 对于放热量大且需要等温操作的反应，以及催化剂的使用寿命短且需要再生的反应，一般宜选用流化床反应器。

思　考　题

1. 什么是单元反应？单元反应在化工生产中的作用是什么？
2. 化学反应器有哪些结构型式？
3. 化工生产上对反应器有什么主要的要求？
4. 反应釜的结构包括哪几部分？各部分的作用是什么？反应釜有什么特点？
5. 管式反应器有哪些结构型式？具有什么特点？
6. 简述固定床反应器的结构型式及特点。
7. 流化床反应器有什么特点？
8. 如何合理地选择反应器？

习　　题

1. 乙烷脱氢裂解反应的方程式为：

$$\underset{A}{C_2H_6} \longrightarrow \underset{R}{C_2H_4} + \underset{S}{H_2}$$

已知反应物 A 的初始组成 $y_{A0}=1.0000$，出口物料中 A 的组成 $y_A=1.0000$，求 A 的转化率。

2. 氨接触氧化的主、副反应为：

$$4NH_3+5O_2 \longrightarrow 4NO+6H_2O+Q \quad \text{(主反应)}$$
$$4NH_3+5O_2 \longrightarrow 2N_2+6H_2O+Q \quad \text{(副反应)}$$

已知反应器进出口处物料的摩尔分数如下表。

组　成	入口处 x/%	出口处 x/%	组　成	入口处 x/%	出口处 x/%
NH_3	11.52	0.22	H_2O	2.76	
O_2	23.04	8.7	NO	0	
N_2	62.67				

求氨的转化率和一氧化氮的收率和选择性。

3. 在间歇式反应釜内进行 A→B 的液相一级不可逆反应，反应速率方程式为：

$$-r_A=kc_A$$

已知反应在 162℃和等温下进行，$k=0.8/h$。试求转化率达到 97%时所需的时间。

4. 用 H_2SO_4 为催化剂把过氧化氢异丙苯分解成苯酚和丙酮的反应是一级反应。现在三个等温间歇反应釜内进行，当反应经历 30s 时，取样分析过氧化氢异丙苯的转化率为 90%。试问转化率达到 99%还需要多少时间？

5. 在间歇操作的反应釜中进行如下的分解反应：

$$A \xrightarrow{328K} B+C$$

经实验测定，该反应为一级反应。已知在反应温度时 $k=0.231/s$，反应物 A 的起始浓度为 1.00mol/L，要求 A 的转化率达到 90%，每批操作的辅助时间 $\tau'=4h$，A 的日处理量为 $189m^3$，$\varphi=0.75$。试求反应器的体积。

6. 在连续操作的管式反应器中进行如习题 5 所示的反应，操作条件、产量和习题 5 相同。计算该反应器的有效容积。

本章主要符号说明

英文字母

A——频率因子；

c_i——组分 i 的物质的量浓度，mol/m^3；

D_d——扩大段直径，m；

E——活化能，kJ/kmol；

F_A——流率，mol/s；

L_f——流化床的床层高度，m；

m_S——催化剂用量，kg；

m_W——原料转化速率，kg/h；

n_i——组分 i 的物质的量；kmol；

q_V——反应条件下气体的体积流量，m^3/s；

q_{Vd}——操作条件下扩大段的气体体积流量，m/s；

R——床层膨胀比；

R——通用气体常数，8.314kJ/(kmol・K)；

r_i——体系中某组分的反应速率；

S_G——催化剂负荷，kg/(kg・h)；

u_0——操作条件下的空床气速，m/s；

u_t——最小颗粒的带出速度，m/s；

V——反应体积，m^3；

V_0——反应物的平均处理量，m^3/h。

希文字母

α，β——反应的级数；

k——反应速率常数；

φ——装料系数；

τ——每批物料达到规定转化率所需的反应时间，h；

τ_c——气固接触时间，s；

τ'——加料、卸料、清洗等辅助时间，h；

ρ_B——催化剂的堆积密度，kg/m^3；

ε——床层空隙率。

下标

0——起始的；

A——反应物 A 的；

D——目的产物 D 的。

模块三

化学工艺基础

第 5 章

化工工艺概论

知识目标

1. 了解化学工业与国民经济的关系，理解其在国家发展中的重要地位和战略作用；
2. 认识主要化工原料的不可再生性及其对经济社会的影响；
3. 了解化工产品的主要类型及其发展方向；
4. 理解温度、压力、流量、组成、停留时间、催化剂等对化工过程的影响；
5. 深入领会化工生产的主要指标内涵，并能通过指标判断化工生产过程的好坏；
6. 了解化工生产的特点并能够正确认识、宣传这些特点。

能力目标

1. 说清不同化工门类的特点，并区分不同类型的化工产品；
2. 看懂并能够绘制化工工艺流程简图；
3. 掌握一些安全事故预防与救护的知识与技能。

素质目标

1. 运用化工知识宣传化工让生活更美好的理念；
2. 树立责任意识，珍爱生命，安全生产，绿色发展的理念。

5.1 化学工业概况

化学工业又称化学加工工业，指利用化学反应生产化学产品的制造工业。化学工艺即化工生产技术，是指将原料物质转变为目标产品的方法和过程，包括实现这种转变的全部化学的和物理的措施。

5.1.1 化学工业在国民经济中的地位

化学工业是人类生活和生产的需要而发展起来的，化工生产的发展也推动了人类社会的发展。化学工业为工农业、现代交通运输业、国防军事、尖端科技等领域提供了各类基础材料，新结构、新功能材料，能源（包括一般动力燃料、航空航天高能燃料和燃料电池等）和必需化学品，保证并促进了这些部门的发展和技术进步。化学工业与人类生活更是息息相关，在现代人类生活中，从衣、食、住、行和战胜疾病等物质生活到文化艺术、娱乐消遣等精神生活都离不开化工产品为之服务。有些化工产品的开发、生产和应用对工业革命、农业发展和人类生活起到划时代的作用。

化学工业是国民经济基础产业之一，在各国的国民经济中占有重要地位，是许多国家的基础产业和支柱产业，其发达程度已经成为衡量国家工业化和现代化水平的一个重要标志。化学工业在我国国民经济中具有战略地位，是我国的支柱产业之一。据统计，尽管化学工业年增长率受世界经济影响呈波动态势，但我国化学工业的年营业收入占全国工业总营业收入的比值从未低于10%、年实现利润占全国工业利润总额的比值从未低于20%。“十四五”期间，我国化学工业将着力解决制约产业核心竞争力的瓶颈问题，加强新催化技术、过程强化技术、新分离材料与技术、生物化工技术、先进控制与信息技术等五大关键共性技术研发，实现化学工业创新发展、绿色发展。

5.1.2　化学工业的分类

化学工业的部门广泛，相互关系密切，产品种类繁多。按学科类型分，化学工业包括无机化工、基本有机化工、高分子化工、精细化工和生物化工等分支。

5.1.2.1　无机化工

大宗的无机化工产品有硫酸、硝酸、盐酸、纯碱、烧碱、合成氨和氮、磷、钾等化学肥料，其中化肥产量在化工产品中位居首位，又以氮肥产量最高。

无机化工产品中还有应用面广、加工方法多样、生产规模小、品种为数众多的无机酸、碱、盐，以及元素化合物、单质、气体等。

无机盐是由金属离子或阳离子与酸根阴离子组成的物质，例如硫酸铝、硝酸锌、硅酸钠、高氯酸钾、重铬酸钾、铝酸铵等，约有1300多种；无机酸包括磷酸、硼酸、铬酸、砷酸、氢溴酸、氢氟酸等；无机碱包括钾、钠、钙、镁、铝、铜、钡、锶等的氢氧化物；元素化合物包括氧化物、过氧化物、碳化物、氮化物、硫化物、氟化物、氯化物、溴化物、碘化物、氢化物、氰化物等；单质包括钾、钠、磷、氟、溴、碘等。工业气体包括氧、氮、氢、氯、氨、氟、一氧化碳、二氧化碳等。

5.1.2.2　基本有机化工

有机化合物是指碳氢化合物及其衍生物，虽然组成有机化合物的元素品种并不多，但有机化合物的数量却十分庞大。1989年有机化合物已达到1000万种，到2000年有机化合物增至2000万种，但目前无机化合物只有几十万种。

从石油、天然气、煤等天然资源出发，经过化学加工可得到乙烯、丙烯、丁二烯、苯、甲苯、二甲苯、乙炔、萘、合成气（一氧化碳和氢气）等产品，此类产品产量很大，因为其他有机化工产品几乎都是由这些产品为原料合成得到的，所以把它们称为基本有机化工原料。基本有机化工原料经过各种化学加工，可以制成品种相当繁多、用途非常广泛的有机化工产品。

基本有机化工原料的用途主要有以下三个方面。

① 作为单体生产塑料、合成橡胶、合成纤维和其他高分子化合物，合成用的单体用量大；②作为原料（中间体）合成精细化工的产品；③直接作为消费品，例如做溶剂、萃取剂、气体吸收剂、冷冻剂、防冻剂、载热体、医疗用麻醉剂、消毒剂等。

乙烯的产量是衡量一个国家石油化工发展水平的重要标志。中国乙烯规模已经连续多年位居世界第二，2015～2020年，中国乙烯产能从2200.5万吨/年增长至3518万吨/年，年均复合增长率近10%。但是，大而不强的问题依然突出，创效能力亟待提高。

5.1.2.3 高分子化工

高分子是指相对分子质量高达几千到几百万的分子，由千百个原子以共价键相互连接而成。由这类分子构成的化合物称为高分子化合物，又称高聚物。

高分子化工的产品为高分子化合物以及以高分子化合物为基础的复合或共混材料制品，品种非常多，更新换代迅速。按材料和产品的用途分为塑料、合成橡胶、合成纤维、橡胶制品、涂料和胶黏剂等。按功能分为以下两大类。

① 通用高分子化工产品。此类产品产量大，应用面广。例如，塑料，包括聚乙烯(PE)、聚丙烯（PP)、聚氯乙烯（PVC)、聚苯乙烯（PS)；合成纤维，包括涤纶、腈纶、尼龙；合成橡胶，包括丁苯橡胶、顺丁橡胶、异戊橡胶、乙丙橡胶等。

② 特种高分子化工产品。此类产品包括能耐高温，能在苛刻条件环境中作为结构材料使用的工程塑料，如聚碳酸酯、聚甲醛（POM)、聚芳醚、聚砜（PSF)、聚芳酰胺(PAA)、有机硅树脂和氟树脂等；具有光电导、压电、热电、磁性等物理性能的功能高分子产品；高分子分离膜；高分子试剂；高分子医药、医用高分子等。近年来很重视高分子共混物、高分子复合材料等高性能产品的研究、开发和生产，如高分子感光材料，光致或热致变色高分子材料，光电纤维，高分子液晶；具有电、磁性能的功能高分子；仿生高分子等。为了保护环境，生物降解高分子产品的研制也受到高度重视。

5.1.2.4 精细化工

生产精细化学品的工业称为精细化学工业，简称精细化工。精细化工产品多数是各工业部门广泛应用的辅助材料、农林业用品和人们生活的直接消费品。相对于大宗化工产品而言，精细化工产品品种多、产量小，系列化、多数产品纯度高、附加值高、价格昂贵，且大多数为有机化工产品，无机化工产品相对较少。

由于世界各国对化工产品的分类方法不同，精细化工产品的范围也不同。欧美国家把精细化工产品分为精细化学品和专用化学品，前者如染料、农药、涂料、表面活性剂、医药等；后者如农用化学品、油田化学品、电子工业用试剂、清洁剂、特殊聚合物、食品添加剂、胶黏剂和密封剂、催化剂等。日本把香料、表面活性剂、合成洗涤剂及肥皂、化妆品、生命化学品和生物酶等归类为精细化工产品。我国的精细化学品分为十一大类，具体内容详见第8章8.2。

5.1.2.5 生物化工

通过活细胞催化剂、酶催化剂等生物催化剂催化的发酵过程、酶反应过程或动植物细胞大量培养过程来获得的化工产品称为生物化工产品。生物化工产品中有的是大宗化工产品，例如乙醇、丙酮、丁醇、甘油、柠檬酸、乳酸、葡萄糖酸等；有的是精细化工产品，例如各种氨基酸、酶制剂、核酸、生物农药、饲料蛋白等；还有许多医药产品必须用生物化工方法来生产，如各种抗生素、维生素、菌体激素、疫苗等。

5.1.3 化工原料

自然界包括地壳表层、大陆架、水圈、大气层和生物圈等，自然资源有矿物、植物、动物，以及空气和水，各类资源都是可作为化学加工的初始原料。

矿物资源包括金属矿、非金属矿和化石燃料矿。金属矿多以金属氧化物、硫化物、无机盐类或复盐形式存在；非金属矿以各种各样化合物形态存在，其中含硫、磷、硼、硅的矿物储量比较丰富；化石燃料资源包括煤、石油、天然气、油页岩和油砂等，它们主要由碳和氢元素组成。虽然化石燃料中的碳只占地壳中总碳质量的0.02%，却是最重要的能源，也是最重要的化工原料，目前世界上85%左右的能源与化学工业均建立在石油、天然气和煤炭资源的基础上。石油炼制、石油化工、煤化工等在国民经济中占有极为重要的地位。矿物是不可再生的，要节约利用。

生物资源是来自农、林、牧、副、渔的植物体和动物体，它们提供了淀粉、蛋白质、油料、脂肪、糖类、木质素和纤维素等食品和化工原料。天然的颜料、染料、油漆、丝、毛、棉、麻、皮革和天然橡胶等产品也都取自植物或动物，它们的繁殖性显示了这些资源的优越性。开发以生物资源为原料生产化工产品的新工艺、新技术是重要的课题之一。重要的是必须保护生态平衡，合理利用，让这些资源获得适合于它们繁衍和恢复的环境。

原料的概念不只限于自然资源，经过某种化学加工得到的产品也可作原料；工业“三废”以及人类废弃的物质和材料虽会造成环境污染，但它们可作为再生资源，经过物理和化学的再加工，成为有价值的产品和原料。

5.1.4　化学工业的特点

从发展的角度看，化学工业主要具有以下特点。

（1）原料、生产方法和产品的多样性与复杂性　用同一种原料可以生产多种不同的化工产品；同一种产品可采用不同原料、不同方法和工艺路线生产；一个产品可以有不同用途，而不同产品可能会有相同用途。由于这些多样性，化学工业能够为人类提供越来越多的新物质、新材料和新能源。同时，多数化工产品的生产过程是多步骤的，有的生产步骤影响因素多而复杂，操作条件苛刻。

（2）向大型化、综合化发展，精细化率不断提高　装置规模越来越大，其单位容积单位时间的产出率随之显著增大。而且设备尺寸增大并不需要增加太多的投资，更不需要增加生产人员和管理人员，故单位成本明显降低。一套日产1360t合成氨的设备与日产600t的设备相比，每个劳动力生产的产品量增加70%，而成本降低了36%。

生产的综合化可以使资源和能源得到充分、合理的利用，可以就地利用副产物和废料，将它们转化成有用产品，做到没有废物排放或排放最少。综合化可以是不同化工厂的联合，也可以是与其他工厂联合的综合性企业。例如火力发电厂与化工厂联合，可以利用煤的热能发电，同时又可利用生成的煤气生产化工产品。

精细化率指的是在化工产品总产值中精细化工产品产值所占的百分率。精细化不仅指生产小批量的化工产品，更主要的是指生产技术含量高、附加值高的具有优异性能或功能的产品。精细化工是当今世界化学工业的发展重点，也是国家综合国力和技术水平的重要标志之一。2014年我国精细化学品产值约3.5万亿元，当年全国化学工业产值约8.8万亿元，精细化率约为40%，而美国、欧盟和日本的精细化率已达到70%以上。由此可见，我国精细化工的发展水平亟待提高，且空间巨大。

（3）依靠高新技术发展　生产技术密集型的生产行业是高度自动化和机械化的生产行业，并迅速朝着智能化发展。当今化学工业的可持续发展越来越多地依靠高新技术。如生物与化学工程、微电子与化学、材料与化工等不同学科的结合，可创造出更多优良的新物质和新材料；计算机技术的高水平发展，已经使化工生产实现了远程自动化控制，也将给化学品的合成提供强有力的智能化工具；将组合化学、计算化学与计算机方法结合，可以准确地进行新分子、新材料的设计与合成，节省大量人力物力。因此化学工业需要高水平、有创造性和开拓能力的多种学科、不同专业的技术专家，以及受过良好教育及训练的、懂得生产技术操作和管理的人员。

（4）能源消耗多，必须积极采用节能技术和方法　化工是耗能大户，合理用能和节能极为重要，生产过程的先进性体现在是否采用了低能耗工艺或节能技术。例如以天然气为原料的合成氨生产过程，在近年来出现低能耗工艺、设备和流程，并开发出节能型催化剂，节能率已提高21.8%。那些能耗大的生产工艺或技术已经或即将淘汰。例如氯乙烯的生产方法，过去用乙炔与氯化氢合成，而乙炔由电石法制造，该工艺需消耗大量的电能，而且产生大量废渣，现已逐渐淘汰，由低能耗、低成本的乙烯氧氯化法所取代。具有高效率和节能前景的新方法、新技术的开发和应用受到高度重视，例如膜分离、膜反应、等离子体化学、生物催化、光催化和电化学合成等。

（5）资金密集，投资回收期短，利润高　现代化学工业装备复杂，技术程度高，基建投资大，产品更新迅速，需要大量的资金。然而化工产品产值高、成本低、利润高，一旦工厂建成投产，可很快收回投资并赢利。化学工业的产值是国民经济总产值指标的重要组成部分，是国民经济的支柱产业之一。

（6）易燃、易爆和有毒介质大量使用，健康安全环保是首要解决的问题　要采用安全的生产工艺，要有可靠的安全技术保障、严格的规章制度及其监督机构；大力发展绿色化工，采用无毒无害的原料、溶剂和催化剂，应用反应选择性高的工艺和催化剂，将副产物或废物转化为有用的物质；采用原子经济性反应，提高原料中原子的利用率，实现零排放，淘汰污染环境和破坏生态平衡的产品，开发和生产环境友好产品。

5.2 化工生产工艺流程

5.2.1 工艺流程的组成

化工生产从原料到制成目的产品，要经过一系列物理和化学加工处理步骤，称为“化工过程”。尽管化工产品数以万计，其生产过程也各式各样，但归纳大量化工生产过程的共同点不难发现，每个化工生产过程基本包括三个步骤，即原料的准备及预处理、化学反应、产物的分离及精制。例如，由氮和氢合成氨，反应式为

$$N_2 + 3H_2 \longrightarrow 2NH_3$$

工业生产中，要制得产品氨，必须包括下列步骤：合格氢气、氮气的制备；氢气、氮气进行化学反应合成氨；生成的产品氨从混合气中分离出来并将未反应的氢气、氮气循环利用。

不同的化工产品反应类型也各不相同，有吸热反应和放热反应；有可逆反应和不可逆反应；有的反应需要在高温高压下进行，有的需要在催化剂作用下才能反应，还有气相反应、液相反应及多相反应等。根据反应的特点和工艺条件的不同，可供选择的反应器类型与结构也多种多样。再加上构成原料预处理和产品分离系统的单元操作及设备种类繁多，使得化工过程千变万化。

这些千变万化的化工过程，其相同之处是都由为数不多的一些化学处理过程（如氧化、还原、加氢、脱氢、硝化、卤化等）和物理处理过程（如加热、冷却、蒸馏、过滤等）组成；其不同之处在于：组成各过程的单元过程和单元操作不同，而且这些单元组合的次序和

方式以及设备的类型与结构也各不相同。

从原料开始，物料流经一系列由管道连接的设备，经过包括物质和能量转换的加工，最后得到预期的产品，将实施这些转换所需要的一系列功能单元和设备有机组合的次序和方式，称为工艺过程或工艺流程。工艺流程反映了由若干个单元过程按一定的顺序组合起来，完成从原料变为目的产品的全过程。工艺流程的基本组成如图 5-1 所示，它仅包含了化工过程的主要阶段，而每一阶段都可以重复。相对整个过程而言，每一阶段都可称为一个子系统，除已经表示出的子系统外，常见的还有冷却介质、加热介质、辅助材料（如吸收剂）处理、惰性气体制备及“三废”处理等子系统，每一个子系统由若干单元设备组成。

5.2.2　工艺流程图

一种工艺流程，既可以用文字表述，也可以用图来描述，而且只要有公认的规范、代号和图例，用图来描述要比文字更方便、直观和简洁。图 5-1 为工艺流程基本组成示意图。

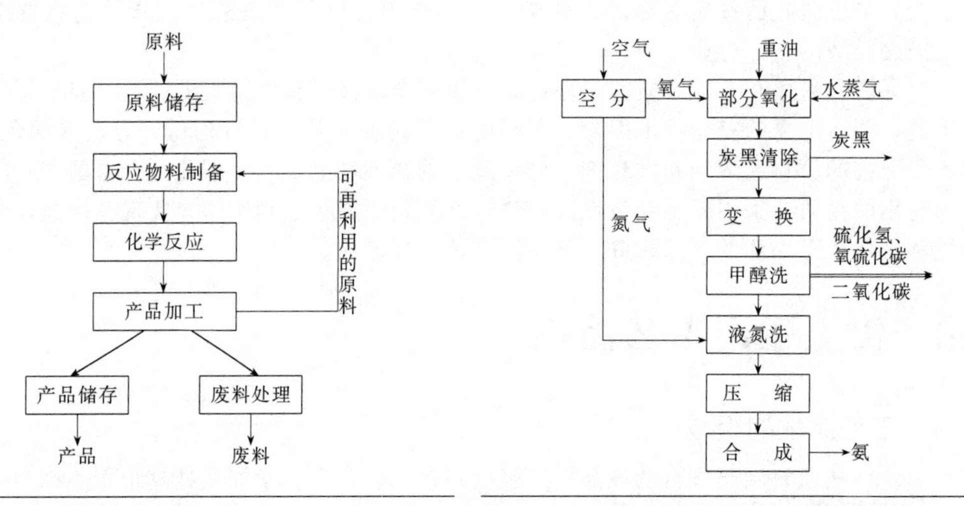

图 5-1　工艺流程基本组成示意图

图 5-2　以重油为原料的合成氨方框流程图

工艺流程有多种，根据其用途，繁简程度差别很大。一般来说，最简单也最粗略的一种流程图是方框流程图。如果用来描述一个化工厂，一个方框可以代表一个车间或装置；如果描述一个车间或装置，一个方框可代表一个加工处理单元或设备。方框之间用带箭头的直线连接，代表车间或设备之间的管线连接。箭头的方向表示物料流动的方向。画流程图时，按照原料转化为产品的顺序，采用由左向右、自上而下展开。车间或设备的名称可以表示在方框中，也可在近旁标出，次要车间或设备根据需要可以忽略。流程管线也可加注必要的文字说明，如原料从哪里来，产品、中间产物、废物去哪里等。图 5-2 是一个以重油为原料的合成氨方框流程图，每个方框代表一个装置（或工序），装置的名称（如变换、合成）在方框中表示，图上端表示从重油出发，图下端箭头所指表示最终产品。

该图用十分简洁的语言描述了一个以重油为原料的合成氨的工序组成和功用，装置之间的物料联系和流向，以及最终产品。这种流程图是一种简易流程示意图。它简明地反映了由原料到产品过程中各物料的流向和经历的加工步骤，从中可了解每个操作单元或设备的功能及其相互关系、能量的传递和利用情况、副产物和“三废”的处理及排放等重要工艺和工程信息。

以车间或工段为主绘制的工艺流程图，称之为带控制点的工艺流程图，该图通常包括生产装置各层地平线及标高、设备示意图、设备流程号、物料及动力管线、主要阀件和管道附件、必要的计量控制仪表、图例及标题栏等。

由于流程图能形象直观地用较小篇幅传递较多的信息，故无论在化工生产、管理过程中或在化工过程开发和技术革新设计时，还是在查阅资料或参观工厂时，常要用到流程图，因此学会阅读、配置和绘制流程图具有重要的现实意义。

5.2.3　工艺流程的配置

工艺流程的配置是化工过程开发与设计的重要环节，它是按照产品生产的需要，经初步选择，确定各单元反应过程与单元操作的具体内容、设备顺序和组合方式，并以图解的形式表示出生产全貌的过程。

在工艺流程配置时，应遵循以下基本原则。

① 工艺路线技术先进、生产操作安全可靠、经济指标合理。第一，要满足产品性能和规格的要求；第二，要采用先进的生产技术；第三，选用的工艺路线必须成熟；第四，在经济指标上更应合理和先进，反映在生产过程中应体现出物料损耗少、循环量小、能量消耗低，设备投资少、生产能力大、生产效率高。

② 反应物料充分利用。在配置流程时，要从三方面来把握。第一，要尽量提高原料的转化率和主反应的选择性；第二，要充分利用分离、回收等措施，循环使用未反应物料，以提高总转化率，反应副产物也应加工成副产品；第三，要尽力构筑物质和能量的闭路循环，力争实现生产过程绿色化。

③ 能量利用充分、合理、有效。在化工生产中，化学和物理方法处理物料都要在一定的温度条件下才能进行。在流程配置中要对冷热物流合理匹配，充分利用自身热能和冷量，减少外部供热或供冷，以达到节能的目的。

④ 工艺流程连续化和自动化。对大规模的生产，工艺流程应采用连续化操作，尽量使设备大型化和控制智能化，以提高生产效率，降低生产成本。对小规模的精细化工产品及小批量多品种产品的生产，工艺流程应有一定的灵活性，多功能性，以便调整产量和更换产品品种，提高其对市场的应变能力，此时可选用间歇操作。

⑤ 单元操作适宜，设备选型合理。要根据单元反应过程的需要，正确选择适宜的单元操作，确定每一个单元操作中的流程方案及所需设备的型式。同时，还要考虑整个工艺流程的操作弹性和各个设备的利用率，尽可能使各台设备的生产能力相匹配，以免造成不必要的浪费。

⑥ 安全措施得当，“三废”治理有效。对一些因原料组成或反应特性等因素潜藏着易燃、易爆等危险的单元过程或工序，在流程配置时要采取必要的安全措施；根据反应要求，工艺条件也要作相应的严格规定，一般还应安装自动报警及联锁装置以确保安全生产。减少废物的产生和排放，对过程中产生的“三废”要设法回收利用或者进行综合治理，以免造成环境污染。

⑦ 工艺流程的整体性优化。一个生产系统往往既庞大又复杂，由许多过程或子系统构成。每一个子系统都有自己的给定任务，各子系统之间应协调地、有条不紊地工作，而不能顾此失彼，各行其是。也就是说，子系统必须在整个生产系统的约束条件下进行自身优化，以实现全系统的最优化。子系统局部最优的简单加和不等于整体系统最优；而整体系统最优时，其组成的各子系统必定是最优的。

5.3　影响化工生产的主要因素

5.3.1　工业催化剂

5.3.1.1　催化剂的基本特征

催化剂在化学反应中的催化作用具有以下几个基本特征。

① 催化剂只能加速化学反应，缩短到达平衡所需要的时间，而不影响化学平衡，也就是说，当反应的始末状态相同时，不论有无催化剂，该反应的热效应、平衡常数、平衡转化率和自由能变化均相同。

② 催化剂对反应具有选择性。例如，乙烯环氧化生产环氧乙烷，只有银催化剂具有加速乙烯环氧化反应的作用，而其他金属催化剂不具备促进功能；另一方面银催化剂也只能促进乙烯环氧化，而不能促进丙烯及其他高级烯烃的环氧化反应。

③ 催化剂虽然对正逆反应同等加速，但并不意味着用于正反应的催化剂都能直接用于逆向反应，要用于逆向反应还必须考虑其他因素。例如，加氢反应主要采用金属（如 Ni）催化剂，而脱氢反应主要采用金属氧化物作为催化剂，这是因为高温有利于脱氢，但是在高温下一方面重金属催化剂容易烧结，另一方面有机化合物易碳化，覆盖在重金属的表面上，两种作用都容易使催化剂失去活性。

④ 催化剂具有一定的使用周期，虽然催化剂参加了反应，经过一个化学循环后又恢复到原来的状态，催化剂的量、组成和性质没有发生变化，所以，某一反应所使用的催化剂原则上可以反复使用。但是考虑到催化剂在使用过程中的各种物理因素和化学因素，造成催化剂中毒、流失等，所以催化剂不能无限期的具备所希望的性能，其使用周期是有一定限度的。

5.3.1.2　催化剂的组成与性能

（1）催化剂的组成　催化剂按来源分为生物催化剂和非生物催化剂。按催化剂状态分为液体催化剂和固体催化剂。

① 生物催化剂。统称为酶催化剂，是活细胞和游离酶或固定化酶的总称，它包括从生物体，主要是微生物细胞中提取具有高效和专一催化功能的蛋白质。酶催化剂用于催化某一类反应或某一类反应物（在酶反应中常称为底物或基质）的反应，其过程称之为酶反应过程，而以整个微生物用于系列的串联反应的过程称之为发酵过程。与非生物催化剂相比较，生物催化剂具有能在常温常压下反应，且反应速率快、催化作用专一、选择性高等优点，但缺点是不耐热、易受某些化学物质及杂菌的破坏而失活、稳定性较差、寿命短、对温度及 pH 值范围要求较高。选择生物催化剂应从技术可行性和经济合理性作全面比较。

② 非生物催化剂。是由人工合成、具有特殊的组成和结构的工业催化剂。工业催化剂有两种分类方法：一类是按材质分为金属催化剂，金属氧化物催化剂，硫化物催化剂，酸碱催化剂和配合物催化剂；另一类是按催化剂的功能分类，如脱氢、加氢、氧化等催化剂。

③ 液体催化剂。液体催化剂分为酸碱型催化剂和金属配合物催化剂。酸碱催化剂主要包括各种无机酸碱和有机酸碱。金属配合物催化剂包括过渡金属配合物、过渡金属及典型金属的配合物、电子受体配合物。液体催化剂一般是配制成浓度较高的催化剂溶液，然后按反应需要，用适宜的用量配比加入到反应体系中，溶解均匀而起到加速化学反应的作用。如乙醛氧化法生产醋酸所用的催化剂醋酸锰溶液的配制，是先用 60％的醋酸水溶液与固体粉末

碳酸锰按10∶1（质量）比例配制成含醋酸锰8%～12%，醋酸45%～55%的高含量水溶液，然后按反应要求控制醋酸锰含量在0.08%～0.12%之间。

④ 固体催化剂。工业固体催化剂的性能是否优良主要取决于催化剂本身的化学组成和结构，其次还受到催化剂制备方法和条件、处理过程和活化条件的影响。催化剂的催化作用是由其本身的物理性质和化学性质决定的。有的物质不需要经过处理就可以直接作为催化剂使用。如活性炭、某些黏土、高岭土、硅胶和活性氧化铝等。但更多的固体催化剂是将具有催化活性的物质与其他组分配制在一起，经过处理而制备得到。一般固体催化剂包括以下组分。

(a) 活性组分。在催化剂中对主反应具有催化作用的物质称为活性组分或主催化剂。它是催化剂中不可缺少的组分，活性组分主要是过渡金属或其化合物（固体酸催化剂除外）。

(b) 助催化剂。在催化剂中，一些本身没有催化性能，却能改善催化剂性能的物质，称为助催化剂。例如，乙烯环氧化制环氧乙烷的银催化剂中，加入钠或钾的氧化物，可明显改善催化剂的耐热性和稳定性。

(c) 抑制剂。有时为了抑制副反应的发生，相应地提高催化剂的选择性，加入这类物质称之为抑制剂。如为了提高乙烯的利用率，稳定操作条件，上述银催化剂中必须加入二氯乙烷等作为抑制剂。抑制剂是微量的，以免造成催化剂活性过低。抑制剂一般都是选择电负性较大的元素及其化合物，如硒、啼、硫、氯、溴等。

(d) 载体。载体作为催化剂的骨架，是催化剂组成中含量最多的成分。可以把催化剂的活性组分、助催化剂或者抑制剂载于其上。载体的主要功能是：有利于催化剂的成型制作、提高催化剂的机械强度和热传导性、减少催化剂收缩、防止活性组分烧结。催化剂载体一般是多孔性物质，比表面积较大，可使催化剂分散性增大，提高催化剂的活性、选择性和稳定性，强化催化剂的催化性能，降低催化剂的成本，特别对于贵重金属催化剂更为重要。催化剂载体常选用一些如硅藻土、沸石、石棉纤维等天然物质，也有用经过处理得到的活性炭。目前不少载体如硅胶、铝胶和分子筛等采用合成法得到。

(2) 工业催化剂的性能指标　催化剂的活性和选择性是重要的性能指标，在选择和制造催化剂过程中还要尽量考虑其他因素的影响。下面介绍几个表示催化剂性能的常用概念和指标。

① 比表面积。通常把1g催化剂所具有的表面积称为该催化剂的比表面积，单位为m^2/g。由于气-固相催化反应是在固体催化剂表面上进行的，所以催化剂比表面积的大小直接影响到催化剂的活性，进而影响催化反应的速率。各种催化剂或载体的比表面积大小不等，有的比表面积为$300m^2/g$甚至高达$500\sim1500m^2/g$，而有的比表面积低于$1m^2/g$。

② 活性。催化剂的活性是指催化剂改变化学反应速率的能力。它取决于催化剂本身的化学特性，同时也与催化剂的微孔结构有关。提高催化剂的活性是开发新型催化剂和改进催化剂性能主要的目标之一。工业催化剂应有足够的活性，活性越高则原料的利用率越高，或者在转化率及其他条件相同时，催化剂活性愈高则需要的反应温度愈低。提高催化剂的活性，可以有效地加快主反应的反应速率，提高设备的生产能力和生产强度，创造较高的经济效益。

③ 选择性。选择性是指反应所消耗的原料中有多少转化为目的产物。它反映了加速主反应速率的能力。催化剂选择性好说明得到目的产物的比率高。所以衡量催化剂的选择性也就是衡量反应效果的选择性。选择性是催化剂的重要特性之一，选择性越高抑制副反应的能力就越强，原料消耗和产品的生产成本就越低，也就越有利于产物的后处理，故工业催化剂

的选择性应当高。

④ 寿命。寿命系指催化剂使用周期的长短。它表征的是生产单位量产品所消耗的催化剂量，或从催化剂投入使用开始直至经过再生也不能恢复活性，达不到生产所要求的转化率和选择性为止的时间。催化剂寿命越长，催化剂正常发挥催化能力的使用时间就越长，其总收率就越高。

5.3.1.3　催化剂的使用

催化剂的活性和选择性是否能达到生产要求，是否具备其他优良性能，除了与催化剂本身性能和制备方法有关外，还与使用过程是否合理，操作是否稳定密切相关。若催化剂使用不当就不能发挥其应有的作用，达不到生产装置的设计能力，甚至影响催化剂的使用寿命，导致催化剂失效，甚至被迫停车，造成经济损失。所以优良的催化剂必须要有合理的使用过程才能发挥其优异性能。

（1）活化　固体催化剂产品出厂时一般处于稳定的状态，并不具备催化作用。在使用前必须进行活化，以转化成具有活性的状态。不同催化剂的活化方法各异，有还原、氧化、硫化、酸化及热处理等。各种活化方法都有各自具体的活化条件和要求，应严格按照操作规程进行活化，才能保证催化剂良好性能的发挥。催化剂的活化可以在活化炉中进行，也可以在反应器中进行，活化后即可正常使用。温度控制在催化剂活化过程中非常关键，包括升温速率、活化温度、活化时间及降温速率等，必须严格控制。

（2）催化剂失活　催化剂在使用过程中活性会逐渐下降，其原因主要有三个方面：首先是化学因素，包括反应的抑制作用、表面结焦、毒物中毒和自中毒；其次是超温过热，在反应温度下或突然过热引起晶相转变或烧结；第三是由磨损、脱落和破碎等机械原因所致。

（3）催化剂再生　使用过程中失活或部分失活的催化剂是否可以再生，取决于造成失活的原因。由于受热引起的相变、固相反应或烧结等现象导致的活性降低，因为是不可逆过程，很难通过再生使催化剂恢复活性或选择性，对于有些氧化-还原类型的催化剂，如果由于反应气氛失调引起的深度还原而造成失活，可以在适当的温度和氧化气氛（空气）下使之再氧化恢复活性。最常见的催化剂再生方法是烧焦，例如在酸性催化剂上进行的烃类转化反应中，最常遇到的就是因结焦而失活的问题，需要烧焦再生的催化剂本身应具有较好的耐热性能，否则在燃烧过程中会造成催化剂的烧结而完全失活。

（4）工业固体催化剂的使用　使用时，必须注意几点。①要防止已还原或已活化好的催化剂与空气接触；②原料必须经过净化处理，使用过程中要避免毒物与催化剂接触；③要严格控制操作温度，使其在催化剂活性温度范围内使用，防止催化剂床层温度局部过热，以免烧坏催化剂。催化剂使用初期活性较高，操作温度应尽量控制低一些，随着活性的逐渐下降，可以逐步提高操作温度，以维持稳定的活性；④要维持正常操作条件（如温度、压力、反应物配比、流量等）的稳定，尽量减少波动；⑤开车时要保持缓慢的升温、升压速率，温度、压力的突然变化容易造成催化剂的粉碎，要尽量减少开、停车的次数。

催化剂的装填是一项很关键的操作，尤其对于固定床反应器至关重要。装填是否均匀直接影响床层阻力与催化剂性能的正常发挥。如果装填不均，密度大的地方会阻力大，气流速度慢，容易造成局部过热，反应条件恶化，以致造成部分催化剂被烧结而损坏；另一方面，催化剂活性不能充分发挥，造成催化剂效力下降。一般情况下，在装填催化剂之前要注意清洗反应器内部，检查催化剂承载装置是否符合要求，并筛去催化剂的粉尘和碎粒，保证粒度分布符合工艺规程的要求。然后确定好催化剂装填高度，均匀装填。催化剂装填后，要将反应器进出口密封好，以防其他气体进入和催化剂受潮。

5.3.1.4 催化剂制备方法

即使组分完全相同的催化剂，若制备的方法和条件不同，其性质也不尽相同。目前催化剂的制备一般采用溶解、沉淀、浸渍、洗涤、过滤、干燥、混合、熔融、成型、煅烧、研磨、分离、还原、离子交换等单元操作中的一种或几种的组合。最常用的制备方法有沉淀法、浸渍法和混合法。这三种方法的共同点是工艺上都包括：原料预处理、活性组分制备、热处理及成型等四个主要过程。

（1）沉淀法　沉淀法是在配制的金属盐水溶液中加入沉淀剂，制成水合氧化物或难溶盐类的结晶或凝胶，从溶液中沉淀、分离，再经洗涤、干燥、焙烧等工序后制成催化剂。目前采用沉淀法生产催化剂的技术主要有：沉淀剂加到金属盐溶液中的直接沉淀法；金属盐溶液加到沉淀剂中的逆沉淀法；两种或多种溶液同时混合在一起引起快速沉淀的超均相共沉淀法。

（2）浸渍法　浸渍法是在一种载体上浸渍一种活性组分的技术。它是生产负载型催化剂的常用方法。该法通常是将载体浸泡于含有活性组分的溶液中，或有时负载组分以蒸汽相方式浸渍于载体上，称为蒸汽相浸渍法。载体与活性组分接触一定时间后，再经过滤，蒸发操作将剩余的液体除去，活性组分就以离子或化合物的微晶方式负载在催化剂的表面上，然后再经干燥、焙烧等后处理过程，制得最终催化剂产品。多数情况下浸渍并不是直接应用含活性组分本身的溶液来浸渍于载体上，而是使用这种活性组分的易溶于溶剂的盐类或其他化合物溶液，这些盐类或化合物负载于催化剂表面以后，加热分解后才能得到所需要的活性组分。

（3）混合法　混合法是制造多组分工业催化剂最简便的方法，是将两种或两种以上的催化剂组分，以粉末细粒形式，在球磨机或碾子上经机械混合后，再经干燥、焙烧和还原等操作制得的产品。传统的氨合成和二氧化硫转化的催化剂都是用这种方法生产的典型例子。由于是单纯的物理混合，所以催化剂组分间的分散不如前两种方法。常用的混合法有干混法、湿混法、熔融法等。

5.3.2 工艺操作条件

5.3.2.1 温度

温度的选择要根据催化剂的使用条件，在其催化活性温度范围内，结合操作压力、空间速度、原料配比和安全生产的要求及反应的效果等，综合考虑后经实验和生产实际的验证后方能确定。

从温度变化对催化剂性能和使用的影响来看，对某一特定产品的生产过程，只有在催化剂能正常发挥活性的起始温度以上，使用催化剂才是有效的。因此，适宜的反应温度必须在催化剂活性的起始温度以上。此时，若温度升高，催化剂活性也上升，但催化剂的中毒系数也增大，会导致催化剂活性急剧衰退，使催化剂的生产能力即空时收率快速下降。当温度继续上升，达到催化剂使用的终极温度时，催化剂会完全失去活性，主反应难以进行，反应便会失去控制，有时甚至出现爆炸现象，因而操作温度不仅不能超过终极温度，而且应在催化剂的活性起始温度和终极温度间的安全范围内进行操作。

从温度对反应效果的影响来看，在催化剂适宜的温度范围内，当温度较低时，由于反应速率慢，原料转化率低，但选择性比较高；随着温度的升高，反应速率加快，可以提高原料的转化率。然而由于副反应速率也随温度的升高而加快，致使选择性下降，且温度越高选择性下降得越快。一般，在温度较低时，随温度的升高，转化率上升，单程收率也呈现上升趋势，若温度过高，会因为选择性下降导致单程收率也下降。因此，升温对提高反应效果有好处，但不宜升得太高，否则反应效果反而变差，而且选择性的下降还会使原料消耗量增加。

此外，适宜温度的选择还必须考虑设备材质等因素的约束。如果反应吸热，提高温度对热力学和动力学都是有利的。出于工艺上的要求，有的为了防止或减缓副反应，有的为了提高设备生产强度，希望反应在高温下进行，此时，必须考虑材质承受能力，在材质的约束下选择。

5.3.2.2　压力

压力的选择应根据催化剂的性能要求，化学平衡和化学反应速率随压力变化的规律来确定。

对于气相反应，增加压力可以缩小气体混合物的体积，从化学平衡角度看，对分子数减少的反应是有利的。对于一定的原料处理量，意味着反应设备和管道的容积都可以缩小；对于确定的生产装置来说，则意味着可以加大处理量，即提高设备的生产能力，这对于强化生产是有利的。但随着反应压力的提高，一是对设备的材质和耐压强度要求高，设备造价和投资自然要增加；二是需要设置压缩机对反应气体加压，能量消耗增加很多。此外，压力提高后，对有爆炸危险的原料气体，其爆炸极限范围将会扩大。因此，安全条件要求就更高。

5.3.2.3　原料配比

原料配比是指化学反应有两种以上的原料时，原料的物质的量（或质量）之比，一般多用原料物质的量配比表示。原料配比应根据反应物的性能、反应的热力学和动力学特征、催化剂性能、反应效果及经济核算等综合分析后予以确定。

原料配比对反应的影响与反应本身的特点有关。如果按化学反应方程式的化学计量关系进行配比，在反应过程中原料的比例基本保持不变，是比较理想的。但根据反应的具体要求，还应结合下述情况分析确定。

从化学平衡的角度看，两种以上的原料中，提高任何一种反应物的浓度，均可达到提高另一种反应物转化率的目的。

在提高某种原料配比时，还应注意到该种原料的转化率会下降。由于化学反应严格按反应式的化学计量比例进行，因而该种过量的物料随反应进行程度的加深，其过量的倍数就越大。这就要求在分离反应物后，实现该种物料的循环使用，以提高其总转化率与生产的经济性，即须经过对比试验，从反应效果和经济效果综合权衡来确定。

如果两种以上的原料混合物属爆炸性混合物，则首要考虑的问题是其配比应在爆炸范围之外，以保证生产的安全进行。

5.3.2.4　停留时间

停留时间也称接触时间，是指原料在反应区或在催化剂层的停留时间。对于一个具体的化学反应，适宜的停留时间应根据达到适当的转化率（或选择性等）所需的时间以及催化剂的性能来确定。

对于气-固相催化反应过程，空间速度一般是指在单位时间内单位体积（或质量）催化剂上所通过的原料气体（相当于标准状况）的体积流量，简称空速。停留时间与空速有密切的关系，空速越大，停留时间越短；空速越小，停留时间越长，但不是简单的反比关系。

从化学平衡看，停留时间越长（空速越小），反应越接近于平衡，单程转化率越高，循环原料量可减少，能量消耗也降低。但停留时间过长，副反应发生的可能性就增大，催化剂的中毒系数增大，催化剂的寿命缩短，反应选择性也随之下降；同时，单位时间内通过的原料气量减少，便会大大降低设备的生产能力。故生产中应根据实际情况选择适当的停留时间。

5.4　化工生产的主要指标

在化工生产过程中，要想获得好的生产效果，就必须达到高产、优质、低耗，由于每个产品的质量指标不同，其保证措施也不相同。对于一般化工生产过程来说，总是希望消耗最少的原料生产最多的优质产品。因此，如何采取措施，降低消耗，综合利用能量，是评价化工生产效果的重要方面之一。

5.4.1　转化率、收率、产率

5.4.1.1　转化率

转化率的大小说明某物质在反应过程中转化的程度。转化率越大，则说明该物质参加反应的越多。一般情况下，通入反应体系中的每一种物质都难以全部参加反应，所以转化率常小于 100%。

有的反应过程，原料在反应器中的转化率很高，通入反应器中的原料几乎都参加了反应。如乙炔与氯化氢加成反应生产氯乙烯，乙炔几乎都参加了反应，转化率在 99%左右，此时未反应的原料就没有必要回收。但是在很多情况下，由于反应本身的条件和催化剂性能的限制，通入反应器的原料转化率不可能很高，于是就需要将未反应的物料从反应后的混合物中分离出来以循环使用，提高原料的利用率。因此，即使同一种原料，如果选择不同的反应体系范围，其进入反应体系的原料总量也就不同，所以转化率又分为单程转化率和总转化率。

（1）单程转化率　以反应器为研究对象，参加反应的原料量占通入反应器原料总量的百分数称为单程转化率。

（2）总转化率　以包括循环系统在内的反应器、分离设备的反应体系为研究对象，参加反应的原料量占进入反应体系总原料量的百分数称为总转化率。

（3）平衡转化率　指某一化学反应到达化学平衡状态时转化为目的产物的某种原料量占该种原料起始量的百分数。平衡转化率由体系的热力学性质和操作条件确定，是转化率的最高极限值，任何反应的转化率都不可能超过平衡转化率。由于化学反应达到平衡状态需要漫长的时间，而实际生产过程是不可能达到的。

两种或两种以上原料参加化学反应时，由于各种原料参加主、副反应的情况各不相同，所以各自的转化率数值也不一样。

5.4.1.2　产率、收率

产率是指化学反应过程中生成的目的产物量占某反应物初始量的百分率，常用的产率指标为理论产率。而收率泛指一般的反应过程及非反应过程中能得到的目的产物的百分率。

理论产率是以某种原料量为基准来计算的产率。一般情况下，实际得到的目的产物量只会比理论产量小，理论产率又有两种不同的表示方法。

① 选择性　目的产品理论量是以参加反应的某种原料转化总量为基础来计算的理论产率，又称之为选择性。

$$选择性=\frac{实际所得的目的产物量}{按某反应物的转化总量计算应得到的目的产物理论量}\times 100\%$$

② 单程收率　目的产物的理论产量以通入反应器的某种原料量为基础来计算的理论产率，又称之为单程收率。

$$=\frac{转化为目的产物的某反应物的量}{该反应物的转化总量}\times 100\%$$

$$单程收率=\frac{目的产物的实际产量}{以通入反应器的原料量计算的产品理论产量}\times 100\%$$

$$=\frac{反应为目的产物的某种原料量}{通入反应器的该种原料量}\times 100\%$$

对于一些非反应的生产工序，如分离、精制等，由于在生产过程中也有物料损失，致使产品收率下降。所以对于由多个工序组成的化工生产过程，可以分别用每个阶段的收率概念来表示各工序产品的变化情况，而整个生产过程可以用总收率来表示实际效果。非反应工序的阶段收率是实际得到的目的产品的量占投入该工序的此种产品量的百分率，而总收率为各工序收率的乘积。

5.4.2　生产能力与生产强度

5.4.2.1　生产能力

生产能力是指一个设备、一套装置或一个工厂在单位时间内生产的产品量或在单位时间内处理的原料量，其单位为 kg/h，t/d 或 kt/a 等。对于以化学反应为主的过程以产品量表示生产能力；对于以非化学反应为主的过程以加工原料量表示生产能力。如 300kt/a 乙烯装置表示该装置生产能力为每年可生产乙烯 300kt，而 600kt/a 炼油装置表示该装置生产能力为每年可加工原油 600kt。

生产能力又可分为设计能力、查定能力和现有能力。设计能力是根据设计任务书和技术文件规定的生产能力，根据工厂设计中规定的产品方案和各种数据来确定的。查定能力一般是指老企业在没有设计能力数据，或由于企业的产品方案调整、组织管理或技术条件等发生变化，原有的设计能力已不能反映企业的实际生产能力所能达到的水平，此时重新调整或核定的生产能力。现有能力又称为计划能力，指在计划年度内，依据现有生产装置的技术条件和组织管理水平能够实现的生产能力。这三种能力在生产中的用途各不相同，设计能力和查定能力主要作为企业长远规划编制的依据，而计划能力是编制年度计划的重要依据。

5.4.2.2　生产强度

生产强度为设备的单位特征几何尺寸的生产能力，单位为 $kg/(h\cdot m^3)$、$t/(d\cdot m^3)$ 等。它主要用于比较那些相同反应过程或物理加工过程的设备或装置的优劣。在分析对比催化反应器的生产强度时，常要看在单位时间内，单位体积催化剂所获得的产品量，亦即催化剂的生产强度，有时也称为空时收率，单位为 $kg/(h\cdot m^3)$ 或 $kg/(h\cdot kg)$。

5.4.3　工艺技术经济评价指标

工艺技术管理工作的目标除了保证完成目的产品的产量和质量，还要努力降低物耗、能耗，以求获得最佳的经济效益，因此各化工企业都根据产品的设计数据和本企业的具体情况在工艺技术规程中规定各种原材料和能量的消耗定额，作为本企业的技术经济指标。如果超过了规定指标，必须查找原因，寻求解决问题的办法，以达到降耗增效的目的。

所谓消耗定额是指生产单位产品所消耗的各种原料及辅助材料——水、燃料、电和蒸汽等的数量。消耗定额愈低，生产过程的经济效益愈好。

（1）原料消耗定额　包括理论消耗定额和实际消耗定额。

理论消耗定额是按化学反应方程式的化学计量为基础计算的消耗定额，它是生产单位目的产品时，必须消耗原料量的理论值。

实际消耗定额是按生产中实际消耗的原料量为基础计算的消耗定额，其值总是大于理论消耗定额。其原因为在生产过程中可能存在副反应，在各个加工环节中可能存在着物料的损耗。

生产一种目的产品，可能需要两种或两种以上原料，则每一种原料都有各自的消耗定额。同一种原料可能由于初始原料组成不同而消耗定额也不同，甚至差别较大。降低物耗是化工工艺技术管理的首要目标。物耗降低，不仅提高原料的利用率，降低生产成本，而且更有利于保护环境、创造较好的环境效益。

（2）公用工程的消耗定额　公用工程指的是化工生产必不可少的供水、供热、供电、供汽（气）、供冷等。

化工生产除了生活用水外，主要是工业用水，而工业用水又分为工艺用水和非工艺用水。工艺用水直接与产品等物料接触，对水质要求较高，故工艺用水一般要经过过滤、软化、脱盐等工序处理。非工艺用水在化工生产中主要是冷却水，其水质也有一定的要求，如硬度、酸度、悬浮物等，以防产生水垢、泥渣沉积或腐蚀管道等。为了节约用水，应尽可能将冷却水循环使用。

供热条件在化工厂中也是必不可少的，如用来预热反应物料或维持化学反应温度，蒸发、蒸馏、干燥等单元操作。根据各单元操作对温度要求和加热方式不同，正确选择热源，充分利用热能，对生产过程的技术经济指标影响很大。化工厂使用最多的热载体是水蒸气。水蒸气具有使用方便，加热均匀、迅速、易控制、安全、无毒等优点。但是水蒸气加热温度不宜超过 200℃，水蒸气超过 200℃作为热源来说能量利用不合理。当加热温度超过 200℃时，在 200～350℃之间可以选用导热油作为热载体；当温度在 350～500℃范围可用熔盐混合物作为热载体；温度再升高时，可以采用烟道气或电加热等中间热载体升温后，再加热物料。

在化工生产中有时需要温度降低到比周围环境温度还低，需要从系统中移走多余的热量，这就需要提供低温冷却介质。化工生产常用的冷却介质是冷冻盐水，在裂解气等低温分离过程中常用到乙烯、丙烯等冷却介质。低温水作为冷却介质使用较少，因为它的冰点较高，操作较为困难。

5.5　化工安全生产

化工生产的原料、产品和中间产物往往是易燃易爆或有毒有害的危险品，所以化工生产中引起火灾、爆炸、中毒等事故的可能性要比其他部门大。因此，对化工企业来说，安全生产就显得更为突出。

5.5.1　化工生产中的事故与伤害

5.5.1.1　化工生产中的事故

一般把工业生产中突然发生的破坏性事件称为事故，按其危害对象分为设备事故、工艺事故和人身事故。

① 设备事故。其主要后果是造成设备的报废或损伤。如烧坏电动机、烧坏炉管、压缩机汽缸爆炸等。

② 工艺事故。也叫操作事故。它是指由于操作不当和处理不当所发生的事故，其主要后果是造成物料损失、质量损失、产量损失或时间损失。如因阀门开错造成跑料、冒料；因操作不当使反应条件超出工艺指标范围而出废品；因加错反应原料使物料长时间不反应等。

③ 人身事故。主要后果是使人体受伤害、致病、致残或丧命。如机器轧伤、触电、急性中毒、酸碱烧伤等。

另外，还可按其造成损失的大小和对人的伤害程度分为一般事故、重大事故和特别事故。对于那些使人重伤致残或引起死亡的事故，以及造成物质损失很大或影响范围很广的事故，又称为恶性事故。有些事故，人和物同时受到损失，如设备爆炸使人受伤、发生火灾使人、设备、厂房和物料同时受到损害等。这类事故称为综合性事故。

5.5.1.2　化工生产中的人员伤害

生产中人员所受的伤害分为两方面，一是伤，一是害。伤指的是由于突然事件使职工身体受伤害，如烧伤、冻伤、轧伤、触电和撞伤等。害指的是有害的工作环境对职工身体造成的危害与妨害，既有突然短期的受害又有长期缓慢的受害，例如急性中毒、慢性中毒、窒息和某些职业病。化工生产中职工易受到的伤害主要如下：①发生火灾与爆炸，使职工烧伤、炸伤；②毒物侵入人体，发生急性中毒或慢性中毒；③因缺氧而窒息；④固体粉尘吸入人体使人致病；⑤化学品接触人体将身体灼伤；⑥高温设备、管线和蒸汽将人烫伤；⑦低温液体接触人体使人冻伤；⑧触电或电弧击伤；⑨强光照射使眼受伤；⑩转动着的机器使人轧伤、碰伤；⑪工作中人体与设备、工具等猛烈相撞或高处落下重物将人砸伤；⑫工作中跌倒或高处跌落使人受伤；⑬高温高湿环境使人致病；⑭环境噪声或严重振动使人致病；⑮运输车辆将人轧伤或撞伤。

5.5.1.3　化工厂安全注意事项

① 不将火柴、打火机或其他引火物带入生产车间，在厂区内不抽烟，吸烟到规定的地区或吸烟室内，不穿带钉子的鞋进入易燃易爆车间，手执工具时不能随便敲打，不在厂房内投掷工具零件。养成上述习惯，就可以避免无意中使生产车间产生火源，引起火灾和爆炸。

② 不在室内排放易燃和有毒气体和液体，不将清洗易燃和有毒物料设备的清洗液在室内排放，这样可减少厂房内易燃和有毒物质的浓度，减少引起爆炸和中毒的机会。

③ 注意车间的气味，当气味异常时要查出物料泄露处，戴好防护用品再进行处理。养成戴好防护用品处理事故的习惯，可以避免或减少急性中毒。

④ 在易燃和易爆车间动火检修，要办动火证。进入设备、地沟、地坑、下水井时要事先分析可燃物、毒物和氧含量。养成认真检查动火证再开始工作的好习惯。这样可避免或减少引起火灾、爆炸和中毒和窒息的机会。

⑤ 不在生产岗位上吃饭与烘烤食物，饭前洗手、班后洗澡，班前穿好工作服，下班后将工作服留在车间，工作服要常洗。这些习惯可以避免毒物经消化系统或皮肤进入人体，减少中毒的可能。

⑥ 工作前要保证足够的睡眠。班前不喝酒，上班时不闲谈打盹，不看书看报，不乱窜岗位，不做与工作无关的事，不同时做多种能互相影响的操作。

⑦ 不随便动不属于自己管理的设备，不是电工不能乱动电气等设备。这样可避免发生设备事故或电击伤。

⑧ 遇到任何事情都应该镇静。保护职工的生命安全，应该从组织管理、安全技术、个体防护、卫生保健等各方面采取措施。

5.5.2　火灾和爆炸

化工厂中发生的破坏性最大的事故是火灾和爆炸引起着火形成的火灾，或者火灾扩大引起的爆炸。火灾与爆炸的发生，不仅会破坏机器、设备、厂房，造成物料的损失，往往还会造成人员伤亡。因而化工厂的防火、防爆应列为安全生产的最重要的任务。

5.5.2.1　燃烧和燃烧的条件

能同时放出热和光的化学反应称为燃烧。物质除和氧化合可放出热和光外，和氯、溴、硫等的化合也会产生光和热，这种化合也叫燃烧，因此通常都把燃烧称为能产生光和热的氧化过程。燃烧必须有三个条件，即燃烧三要素。

① 可燃物质。可以燃烧的物质称为可燃物质，可燃物质是进行燃烧的物质基础。

② 助燃物质。可以与可燃物质进行化合而放出热和光的物质。一般燃烧的助燃物质是空气中的氧气。纯氧、氯气、溴与硫的蒸气也能助燃。

③ 足够的温度或明火。要让可燃物质燃烧，必须把它加热到一定的温度。物质不同，燃烧所需的温度也不同。例如纸加热到130℃就可燃烧，无烟煤加热到280～500℃能燃烧，汽油的挥发物仅要遇到一个火星就可燃烧或爆炸。

物质闪点、燃点和自燃点是与燃烧相关的重要参数，反映了物质可以燃烧的能力和燃烧的难易程度。

可燃性液体表面上方的蒸气和空气的混合物与明火接触，初次发生火焰闪光时的温度，称为该液体的闪点，也称闪燃点。物质的闪点越低，燃烧越容易。

可燃性液体表面上方的蒸气和空气的混合物在某一温度下与明火接触而发生燃烧，并能连续燃烧5s以上，能产生这种现象的最低温度称为该液体的燃点，也叫着火点。在燃点温度时，可以维持连续燃烧。一般可燃性液体的燃点比闪点高出3～6℃以上。燃点越低，越易燃烧。

物质由于温度升高而使氧化过程加快。当温度升高到一定程度时，就可不用明火而自行燃烧，这种现象称为自燃。使某种物质受热发生自燃的最低温度称为该物质的自燃点，也叫自燃温度。自燃温度越低，越有危险性。

5.5.2.2　爆炸和爆炸极限

（1）爆炸　物质在极短时间内释放出大量能量，引起强烈振动的现象称为爆炸。爆炸可分为物理爆炸、化学爆炸和核爆炸等。

设备管道或其他密闭容器从内部逐渐受到越来越大的压力，因内部受力过大而突然破裂所形成的爆炸称为物理爆炸。物理爆炸一般不伴随温度升高和燃烧。物理爆炸的主要原因是操作失误和设备缺陷。

物质在极短的时间内进行剧烈的化学反应所引起的爆炸称为化学爆炸。化学爆炸一般伴随温度升高和燃烧。

由于核反应而引起的爆炸称为核爆炸。

化工企业中遇到的多为物理爆炸和化学爆炸，其中以化学爆炸为多见，其所造成的危害也比物理爆炸大得多。

（2）爆炸极限　当可燃气体、蒸气或粉尘与空气组成的混合物在一定范围内遇到明火时，就会发生爆炸。可燃气体、蒸气或粉尘在空气中形成爆炸混合物的最低浓度叫作爆炸下限，最高浓度叫作爆炸上限，能引起爆炸的浓度范围，就叫该物质的爆炸极限，又叫爆炸范围，通常用体积分数表示。

可燃气体、可燃液体的蒸气及可燃粉尘都有各自的爆炸极限。爆炸极限越宽与爆炸下限越低的物质，爆炸的危险性越大。

5.5.2.3　火灾与爆炸的预防

化工厂中预防火灾与爆炸的发生要从两个阶段做工作。一是在设计与建设阶段就要严格按照国家的有关标准、规范和规定，认真考虑防火与防爆问题；二是在生产阶段严格做好防火与防爆工作。

（1）防火与防爆的关键　化工厂的很多原料、产品和中间产物属于易燃易爆物质。要进行生产，就离不开这些物质；车间内外总是充满空气，这就使生产环境中一直有充足的助燃物质；生产、分析、检修过程中还总是有明火产生，如生产中要用到反应炉、加热炉；分析室要用到烘箱、电炉；检修过程中还要用到电焊与气焊。除了明火外，有些反应是在高温高压下进行的，所达到的温度有很多是超过了可燃物质的燃点与自燃点。这样，化工厂往往既离不开这些可燃物质，也离不开空气、高温与明火。这三者同时存在，就有发生燃烧与爆炸的可能性。防火防爆的关键就在于采取必要的措施，使这三个条件不能同时具备，这样就可以防止火灾与爆炸的发生。

（2）化工厂的火源及其控制　化工厂火源很多，必须严格控制，以避免燃烧或爆炸的发生。

① 生产用火包括燃烧炉、反应炉、加热炉、电炉、电阻加热器、电烘箱等。在生产用火的周围不应储存易燃物和大量可燃物质并且不应有可燃物质引入明火区。

② 检修过程中产生的火包括电焊与气焊、电热烘干、打砂、打地基等一切能产生明火与火星的检修作业。在检修动火之前，排除动火地点周围的可燃物质，切断一切可燃物质进入动火区的道路，取样分析可燃物质的浓度不致引起着火和爆炸，再进行检修和作业。这时虽有火源，但无足够的可燃物质，便不能发生爆炸与燃烧。

③ 吸烟、取暖等用火可以随人转移，应在没有可燃物质的地点进行。

④ 在生产或产生易燃易爆物质的厂房内，应该采取必要的措施杜绝电火花的产生。设备的开关、配电室、非防爆电动机、继电器等在运行中都会产生电火花。设备管道中流过非导体时，也会产生静电，静电聚集到一定程度时会在尖端放电而产生电火花。此外，照明用电在灯泡破裂的瞬间会形成明火。应采用不发生电火花的防爆型设备，照明灯亦采用防爆型灯。能产生静电的设备管道上都应设置静电接地装置，防止静电聚集和尖端放电。

⑤ 摩擦撞击产生火星。在易燃和易爆厂房内，不准穿带钉子的鞋，不准随便抛掷工具零件，不准随便用工具敲打，就是为了防止因摩擦撞击产生火星。另外在清理与清除易燃物料时，应用铜质和木质工具，也是为了防止因摩擦撞击产生火星。

⑥ 油类或其他可燃物质溅散到高温设备与管线上，加热到自燃点以上时，可燃物质就会在空气中燃烧而产生明火。为了防止这类火源的产生，高温设备、管线上一定要有完整的保温层，避免可燃物质与高温设备、管线接触。石油化工生产中常见的自燃现象还有某些过氧化物的自燃。这类过氧化物的自燃点特别低，在日光照射下就可自燃；没有日光照射时，在轻微的摩擦与撞击下，也可能自燃。

对易燃和易爆厂房，为了防止雷电起火，在厂房框架和高大设备上应安装避雷针。对电线和电缆起火除了要注意接头和绝缘良好、不要超负荷外，为了防止电缆起火后，火苗随电缆蔓延，应将电缆穿越墙壁、楼板、控制室等处的所有孔洞严密封死。如能严格控制火源，化工厂的火灾事故和爆炸事故就会大大减少。

(3) 化工厂中的可燃物质控制　化工厂中使用或产生的物质很多是能引起燃烧和爆炸物质。在实际生产中，可燃物质只有在空气充足的情况下，被加热到燃点或遇到明火才能发生燃烧。可燃物质只有在均匀地分布到空气中达到爆炸范围时，遇到明火才会发生爆炸。所以化工厂中的火灾与爆炸，往往是由于可燃气体或可燃液体进入空气中引起的。因此，控制可燃物进入车间空气中的数量是防火防爆中很重要的一个环节。

可燃物质进入空气中的一般途径为：①检修放料；②设备清洗与置换；③尾气排空；④设备排压；⑤敞口容器中液体的挥发；⑥取样分析；⑦跑、冒、滴、漏；⑧发生事故，容器或管线破坏。

其中，可燃气体可直接进入空气，可燃液体则经汽化后以蒸气状态进入空气。当可燃物质达到爆炸范围时，遇到明火就会发生爆炸。为了防止燃烧与爆炸，物料倒空和设备清洗与置换最好安排在夜间进行。尾气中若含有较多的可燃性气体，应引至专门的火炬处排空，在排出口将可燃性气体烧掉。同样，若设备排压时带出较多的可燃性气体，也应引至火炬处烧掉。化工厂中有可燃气体挥发出的设备应采用密闭设备。分析采样最好也采用密闭采样装置。否则应设局部排风罩，用风机将可燃性气体抽走，不使可燃气体散发到车间的空气当中。设备管道阀件的跑、冒、滴、漏是使车间的空气当中的可燃物质增加的一个主要因素，从防火防爆和防止职工中毒的角度，都应减少跑、冒、滴、漏。

如果能严格控制可燃物向厂房扩散，控制可燃物在车间内的浓度在爆炸下限以下，控制需要检修动火的设备管道内外可燃物质的数量达到一定要求，就可杜绝火灾与爆炸的发生。

(4) 设备爆炸及其预防　设备爆炸包括物理爆炸和设备内发生的化学爆炸。设备爆炸不仅会造成损失和伤亡，还会使设备内大量可燃物质突然进入车间空气中，此时若有火源，就会发生更大的爆炸与火灾。在生产过程中，设备发生爆炸主要有以下几个原因。

① 操作错误引起设备的爆炸。例如，关错阀门造成锅炉和压缩机的爆炸；开错阀门造成储槽爆炸；压缩机汽缸内进了液体造成压缩机的爆炸；加多了反应物料造成反应器爆炸等。防止这类事故的发生，除了采用连锁的安全装置外，主要靠加强思想教育和技术教育，严格按照操作规程进行操作。

② 化学反应失去控制，造成温度急剧升高，引起压力突然升高而发生爆炸。化学反应失去控制的原因较多，有的是使用反应原料的质与量发生错误；有的是因为冷却剂突然中止；有的是因为仪表损坏，未能反映正确的温度；还有的是因为冷却设备有漏处，冷却剂进入了反应器。防止这类事故的发生，一是要有设备自动报警装置，二是要及时注意工艺参数的变化，及早发现并及早处理。

③ 某些化合物，如烃和二烯烃等能自聚而放出热量，随着温度的升高又促使聚合反应加快而放出更多的热量。这样会使储槽内压力急剧升高而发生爆炸。因而对烯烃和二烯烃的储存罐应设冷却装置，规定储存罐的温度，以防止自聚而引起爆炸。

④ 水进入装有100℃以上的高温物料管道或设备中时，会因为汽化使压力突然上升，造成设备与管道系统的爆炸。在常压下，水与热物料接触后汽化，体积可扩大1600倍，因而有少量的水漏入装有100℃以上的高温物料的设备中即可造成设备的爆炸。这种事故多发生在冷却器或其他换热设备（管壁损坏）。防止的办法是在用水做冷却剂的换热设备中，控制水一侧压力低于热物料一侧的压力，还应定期对冷却器等设备进行检查，防止漏料。

⑤ 煤气或其他燃料系统由于突然停电造成“回火”，引起设备爆炸，应在燃料气管上设

置防止“回火”装置。

⑥ 检修时，设备管线没有处理干净，物料来源未与动火点切断，点火后造成爆炸。防止的办法是严格按照安全检修规程进行清洗、置换及进行动火前的分析等。有易燃易爆的物料的设备与管线应用惰性气体置换。

⑦ 设备因腐蚀等原因降低了强度，或局部降低了强度。在这种情况下，受到较高的压力就会爆炸。这要靠定期检查设备来避免。值得注意的是，设备设计和制造时，已考虑了生产过程中可能遇到的情况，并设置了一些防爆装置，但往往是由于人为因素使这些防爆装置未能起到防爆作用，如压力表损坏、安全阀生锈失灵等。因而平时注重维护设备上防爆装置是防止爆炸的必要工作之一。

(5) 其他防火防爆措施　除上述主要措施外，也采用以下措施。

① 可燃气体的测定与报警。凡容易泄出可燃气体的设备、容易发生电火花的设备、燃烧炉等附近，均应有可燃气体测定仪，将测定数据显示在控制室内，超过限度，则报警，以引起注意，采取措施。

② 在生产厂房应设置足够数量的灭火器材，以便在小火初次发生时就能及时扑灭，不致造成火灾。

③ 化工厂职工均应接受防火灭火训练，熟悉火灾的预防与灭火器材的使用方法。

④ 化工厂职工均应熟悉消防电话和报告火警的方法，以便在发生火灾、爆炸时及时报告消防部门。

⑤ 各生产厂、车间、岗位均要根据实际情况对可能引起火灾、爆炸的各项作业，制定详细的规章制度，并且组织职工学习，遵照执行。

⑥ 检修或技术改造时，均不应破坏原设计中防火防爆设施，如防静电设施、安全阀、阻火器、自动报警装置、防火门、防火墙、防火堤、防火梯等。如有损坏应及时修复。

⑦ 若有动火检修或其他可能发生着火的作业，应配置专门的监护人员，准备好消防器材进行动火监护，以便及时扑灭小火，防止火灾。

5.5.2.4 火灾与爆炸的处理

化工厂的火灾总是由爆炸或小火引起的。如果火势很小时能及时扑灭，则不致造成火灾，爆炸往往会引起着火，从而引起新的爆炸，但第一次爆炸后，如果没有足够的易燃物再进入空气，则不致造成火灾和新的爆炸。所以，对火灾和爆炸做出及时处理是十分必要的。

当已发生着火或爆炸时，应按以下原则处理。

① 当刚刚起火且火势很小时，应按最快速度就近用灭火器材将火扑灭，然后判断并切断可燃物来源。

② 当发生着火而火势已较大，或是由化学爆炸引起的着火，或火势凶猛时，应立即切断可燃物来源，向消防队报告火警，组织人力扑灭，保护其他储存易燃物的设备不被火焰的烧烤。

③ 厂房内着火且火势很大时，除用灭火器材灭火外，还应停止通风机的运行，停止向车间供应助燃空气。

④ 当消防人员来到着火现场时，车间人员应大力协助消防人员灭火。

⑤ 当发生物理爆炸，有大量可燃物质进入空气中时，应尽快切断物料来源与明火作业，并在波及范围内防止一切火源出现，直至空气中可燃物质浓度降到安全范围内为止。

5.5.2.5 灭火装置及其应用

(1) 消防提桶，消防水箱、砂箱和消防铁铲　这类消防设备一般放在室外，供扑灭小火时用。消防铁铲与铁桶应挂在固定位置的消防架上，以便于取用。消防水箱与砂箱应在距水源较近处布置，以便缩短取水取砂时间。

（2）消防水、消防栓、消防水带和消防水喷头　易燃易爆化工厂中的消防水应设置独立的消防水系统，消防水应始终保持0.4～0.6MPa的水压，并采取双向线铺设管路。消防水带和消防水喷头应整齐地放置在消防栓处的消防箱内，平时生产用水、清洗设备、打扫卫生等均不得动用消防栓和消防水带。水不能用于扑灭油类着火，亦不能用于扑灭电气设备、贵重仪器的着火。需要用水救电着火时，一定要先切断电源。

（3）手提式和推车式灭火器　这类灭火器主要布置在车间内，供车间职工扑灭小火和中火使用，通常称为灭火机。按灭火机内的物质可分为如下几类。

① 泡沫灭火器。泡沫灭火器内装化学药品，使用时化学药品相互混合，可产生大量泡沫隔绝空气，起灭火作用。泡沫灭火器主要用于扑灭固体和液体着火，因水溶液导电并具有一定的腐蚀性，不宜用于电气设备和贵重仪器的着火。用于扑灭电器等设备着火时，必须事先切断电源，否则有触电危险。泡沫灭火器存放时要注意保持喷嘴畅通；存放时间过长药液会失效，应定期检查并更换药液。

② 二氧化碳灭火器。二氧化碳灭火器是将液体二氧化碳装在耐压钢瓶内制成，可用于电气设备和贵重仪器的灭火。使用二氧化碳灭火器时，不要用手接触壳体以免冻伤，还要站在火的上风头，避免自己因缺氧而窒息。

③ 四氯化碳灭火器。四氯化碳灭火器是在耐压机壳内储放一定数量的四氯化碳液体。四氯化碳的导电性很差，可用于电气设备的着火，也可用于少量液体的着火。

使用四氯化碳灭火器时要注意以下两点。

第一，不能用于扑救钾、钠、镁、电石及二硫化碳的着火，因为四氯化碳在高温下能与这些物质接触发生爆炸。

第二，四氯化碳本身有毒，在高温下能产生剧毒的光气；使用四氯化碳灭火器时要站在火的上风头；在室内使用时要打开窗子。

④ 干粉灭火器　干粉灭火器中所装的干粉是由灭火基料和少量防潮剂及流动促进剂混合的固体粉末。灭火基料可以使燃烧中的连锁反应中断，从而使燃烧停止，它是一种高效灭火剂。使用时要先拔去二氧化碳钢瓶上的保险锁，一手紧握喷嘴对准火焰，一手将提环拉起使二氧化碳气进入机桶，带着干粉经胶管由喷嘴喷出。除了干粉的灭火作用外，二氧化碳气也能隔绝空气，起一定的灭火作用。

（4）固定式与半固定式灭火装置　固定式是指安装在大型易燃液体储槽和其他易燃设备内外及易燃厂房内的灭火装置。固定式灭火装置是为固定目标设计好的自动灭火装置，或者为由专业消防人员掌握的灭火装置，主要用于扑灭大火。

（5）其他灭火装置　除上述灭火装置外，以下灭火装置在工业生产中也有使用。

① 蒸汽灭火装置。利用水蒸气来稀释着火区的空气。当空气中含有35%以上的水蒸气时，便可有效地将火扑灭。可在易燃的厂房和易燃设备内设置专门灭火用的蒸汽管道，管道上钻上很多均匀分布的小孔，当发现着火时，开启蒸汽阀门即有蒸汽喷出，称为固定式蒸汽灭火装置。亦可利用蒸汽接头用橡胶引出蒸汽直接喷向燃烧物把火扑灭。这称为半固定式蒸汽灭火装置。蒸汽灭火装置的操作阀门，应安装在房门附近，窗外或其他既安全又便于开阀门的地方。

② 氮气灭火装置。氮气是惰性气体，可用来灭火，其灭火原理和使用方法与蒸汽相同。用于电气设备灭火时，氮气灭火比蒸汽灭火优越。对于生产和使用遇到水可能引起燃烧和爆

炸的物质，例如金属钾、钠应该采用氮气灭火装置。

③ 水雾灭火装置。用消防水直接扑救油类着火是不适宜的，但用水雾却可以扑灭油类引起的大火。这是因为水变成极细颗粒的水雾后表面积可以增加成千上万倍，这样水雾的受热面积很大，接近火时会很快汽化变成水蒸气，同时也降低了燃烧着的油的温度。水雾不会像水柱那样因为重力沉到油层的下面，而是形成水蒸气隔开空气与燃烧的油。

5.5.3　中毒与预防

化工生产中的有毒有害物质很多，因而化工企业中的防毒问题是一个非常重要的问题。

5.5.3.1　毒物与中毒

（1）毒物　凡可对人体和动植的生长、发育和正常生理机能造成危害的均称为毒物。工业生产中所使用和产生的有害物质称为工业毒物。

（2）中毒　毒物对人体和动植造成的危害称为中毒。毒物作用于人体，损害人体组织，影响人的正常生理机能，引起疾病甚至造成死亡，称为中毒。其他动植物也存在中毒问题。

（3）中毒情况　职工中毒的症状有急性中毒、慢性中毒、轻微中毒和严重中毒几种。

在短时间内有大量毒物进入人体，立即显示出病变者称为急性中毒。急性中毒大多出现在检修或出事故的场合。

毒物进入人体后，有一部分毒物可被人排出。当进入人体的毒物超过人的排毒能力时，毒物就在人体内积累。当毒物在人体内积累到一定程度时会发生病变，这种中毒称为慢性中毒。

毒物对人体的影响不显著、不强烈，对人体造成的危害不严重称为轻微中毒。

毒物使人体发生显著病变，使职工部分或全部丧失劳动能力，甚至造成死亡的称为严重中毒。

5.5.3.2　急性中毒与窒息

（1）中毒的类型　化学毒物很多，各种毒物使人体中毒的机理大多数还没有研究透彻，通常把毒物按其主要中毒的症状分为四种类型。

① 麻醉性毒物。主要使神经系统中毒从而停止或削弱肌肉与各器官的工作机能。有机磷农药、二硫化碳、丙烯腈、有机汞、硫醇、酚、低分子的烃、醚、醇、酮以及苯、甲苯和其他有机溶剂均属于麻醉性毒物。

② 窒息性毒物。能直接妨碍血液输送氧和细胞得到氧，从而造成人体组织细胞缺氧而丧失功能的物质称为窒息性毒物。这类毒物的代表是一氧化碳、氰化氢和硫化氢。常见的窒息性毒物还有苯胺、硝基苯、氰化钾、氰化钠等。

③ 刺激性毒物。主要作用于组织细胞，特别是呼吸道、消化道的黏膜，使组织细胞直接受损，从而妨碍器官正常生理机能的一类毒物为刺激性毒物。氨、氯气、光气、氮氧化物、硫氧化物、臭氧、烷基卤、有机氟化物以及各种酸性气体均属于此类。

④ 综合性毒物。有些毒物既有麻醉作用又具有刺激性，或既有麻醉作用又有窒息作用，将其归为综合性毒物。例如汞急性中毒时以损害组织细胞为主，显示刺激性，但在慢性中毒时以损害神经系统为主，又显示麻醉性。有机物中的烃、醚、醇、醛、酯类物质，在低分子时，多以显示麻醉性为主，在高分子时，则以显示刺激性为多。这些毒物属于综合性毒物。

（2）单纯性窒息　人体除因有窒息性毒物作用而使机体细胞缺氧外，单纯因为吸入的空气中缺少氧气而引起组织丧失机能者称为单纯性窒息，也叫窒息。平时空气中约含有21%的氧气，当氧气含量低于16%时，即可以发生呼吸困难；当氧气含量低于10%时就可发生昏迷甚至死亡。

当某一空间内充入大量无毒的氮气，可使空间内氧气含量降低，从而引起单纯性窒息。除了氮气外，无毒的二氧化碳、水蒸气、氖气、氦气和毒性很微小的甲烷、乙烷、乙烯等也都可看作单纯窒息性气体。

（3）急性中毒的预防　急性中毒是由于短时间内有大量毒物进入人体造成的。其预防措施如下。

① 精心操作，认真检查设备状况，避免设备发生物理爆炸或其他事故，避免大量毒物突然进入车间空气中或喷到人身上。

② 拆卸物料管线、阀门、液面计、压力表之前要放掉设备与管线内的物料。拆开法兰时，要防止物料从法兰处喷到面部。

③ 进入设备检修清理前，设备应在倒空物料和切断物料来源后进行清洗、置换，经分析合格后方可进入设备工作。对于工作过程中还会产生毒物的工作，应在有防护用具或通风措施的情况下进行。

④ 不允许将头伸到装有有毒物料容器的敞口入孔处进行检查。装有有毒物料的设备尽量密闭。

⑤ 在毒气浓度超过允许浓度情况下进行工作、处理事故、抢救人员时，均应佩带规定的防护器材，不允许冒险进入毒气区。

（4）窒息的预防　化工厂中窒息大都发生在设备、槽车、地沟、地坑、下水井内，都是在需要进入这些地点进行检修、清理或拿取物品时发生的。其防止窒息的措施如下。

① 需要进入设备和槽车进行检修、清理时，连接在设备或槽车上的氮气管线必须事先断开，其他单纯窒息性气体也应这样对待。

② 经过氮气置换的设备，需再用空气置换，进入槽车、地沟、地坑、下水井工作时，也应通入空气置换，从而使其中氧含量在 17%以上。

③ 在分析含氧量不合格或未进行分析又必须进入上述各项工作时，必须戴上隔离式防毒面具才能进入。

（5）急救　对急性中毒者或窒息者进行急救应按以下几点进行。

① 进行急救的人员必须戴好氧气呼吸器或化学生氧式防毒面具才能进入事故现场救人。

② 应尽快将中毒者抬到空气新鲜、温度适宜的地方进行紧急处理。同时应通知医疗防护人员来现场抢救。

③ 对于麻醉性、窒息性毒物中毒者和窒息者应立即施行人工呼吸，直至患者恢复正常呼吸或经医生诊断确认死亡时，方可停止。对于刺激性毒物中毒者不应施行人工呼吸。

④ 进行人工呼吸时，要解开中毒者或窒息者的领扣、腰带及紧身衣服，以免妨碍呼吸。被抢救者的头应倾向侧面，应及时吸出其口内多余分泌物，以保持呼吸道的畅通。

⑤ 对于氰氢酸、有机磷毒药、苯乙烯、丙烯腈等可从皮肤进入人体或使皮肤中毒的毒物喷溅到中毒者身上时，应脱去中毒者衣服，用肥皂水和清水反复冲洗被污染处，以减少进一步中毒。

⑥ 向专业的防护人员和医生提供中毒现场的详细情况，并协助专业的防护人员和医生进行其他紧急处理。

5.5.3.3　防毒措施

毒物主要是通过呼吸道、消化道及皮肤和黏膜等途径进入人体。根据毒物进入人体的途径，可以建立下列相应的防毒原则如下：①使人员尽量少吸入含毒的空气；②使食物和饮水少受毒物污染；③使身体各部位不直接与毒物接触。

工业生产中，防毒措施主要有以下几种。

① 报警装置。在容易产生有毒气体的设备附近设置报警系统，当有毒气体的含量达到危险浓度后，报警装置就发出信号。报警装置可采用检测仪表报警，亦可采用鸽子、麻雀等小动物报警。

② 防护服装。防护服装主要用于保护身体皮肤不与毒物直接接触。

③ 防止毒从口入。在有毒生产车间应设与生产岗位隔离的休息室，以便职工在无毒的休息室吃饭、饮水。职工应养成不在有毒生产岗位吃饭、饮水的习惯。饭前洗手、刷牙、漱口。对于接触剧毒毒物的工人，洗手一定要用肥皂或针对性药剂。

④ 呼吸防护器。用呼吸防护器来防护粉尘和毒气从呼吸系统进入人体。

呼吸防护器按构造和作用不同可分为如下几种。

机械过滤和呼吸防护器主要利用物理方法阻断微细粉尘、烟、雾等粒状有害物质进入呼吸道，如各种防尘口罩。机械过滤式呼吸防护器不能阻止有毒气体进入体内，也没有另外的供氧装置，只能用于含氧量大于17％的防尘防烟雾。

化学过滤式呼吸防护器也称过滤式防毒面具，主要由面罩、导气管和滤毒罐三部分组成。滤毒罐内装有活性炭或其他化学物质，利用活性炭的吸附作用和催化剂的催化作用净化有毒气体。滤毒罐内装有不同物质，可净化不同毒物。化学过滤式呼吸防护器用于低浓度毒气中短时间内处理事故、进行操作或取样。毒气浓度超过2％时不能使用；空气中氧含量低于17％时也不能使用。

长管式呼吸防护器亦称长管式防毒面具，主要由面罩和供气管组成。用于储槽、槽车、反应釜、下水井等内部检修、清理和喷漆等工作时用，适宜于在毒气浓度较大的固定场合使用。

送风面盔由面盔和送气管组成。面盔内由供气管供应新鲜空气。送风面盔和长管式防毒面具的适用范围相同。

氧气呼吸器主要由面罩、导气短管、缓冲罐和小型氧气瓶组成。氧气瓶中的氧气经减压阀减压后进入缓冲罐，再经导气短管送入面罩供使用者呼吸。氧气呼吸器适用于毒气浓度高和缺氧的情况下处理事故。因为氧气与油类接触或氧气瓶受热有可能爆炸，所以氧气呼吸器不宜与油类或明火接触，不能用于火灾的情况下处理事故。

化学生氧呼吸器由面罩、导气管、化学生氧罐组成一个循环系统。以导气管从化学生氧罐的一端引出氧气到面罩内供使用者吸入，呼出的二氧化碳气则经另一条导气管导入生气罐的另一端，与装在罐内的过氧化钠反应又生成氧气供使用者吸入，如此反复。化学生氧呼吸器可在高浓度毒气与缺氧的情况下应用。它接触油类或受热后没有爆炸危险，是适用范围最广的一种呼吸防护器。

5.5.4　烧伤、烫伤、冻伤和化学灼伤

化工生产中有些地方有明火作业，有些过程是高温或冷冻过程，这就有可能发生烧伤、烫伤与冻伤。某些化学物质接触人体后会使皮肤或黏膜受到破坏，习惯也称为烧伤，为与被火烧伤相区别，称之为化学灼伤。

5.5.4.1　烧伤与烫伤

（1）烧伤的预防　为了避免烧伤，可采取以下预防措施。

① 各种燃烧炉、加热炉点火前先用蒸汽和空气进行吹出置换，使炉膛中可燃物质达1％

以下，方可点燃火把，再打开燃料阀门。

② 各种炉子点火时，点火者均应站在炉门侧旁，以免回火灼伤。

③ 烧除废焦油和易燃的有机物残渣应在专门的烧除站进行。点火前运送易燃废物料的汽车和无关人员应撤离火场。点火者应在火场上风头 25m 以外点燃引火物，用投掷点火法进行点火。

④ 各种炉子及易燃物点火前，点火者均应戴好防护眼镜，帽子和防护帆布手套。禁止用易挥发的物料如汽油、酒精、苯等作引火物。

⑤ 烧除被有机物残渣或聚合物堵塞、黏附设备管线时，应在指定地点进行。烧除设备时，其连接管线、人孔（man hole）、手孔（hand hole）均需打开，人孔、手孔向下放置。烧除管线时，应先烧管线两端后再将火引向中部，防止由于膨胀使燃烧着的物料喷出伤人。

⑥ 烧除管子和设备时烧除人员不得站在管子两端和设备开孔处。

⑦ 需要动火烧焊切割设备管线时，设备管线要处理干净，分析可燃物质合格后方可动火。正式动火前均应试火。切割输送可燃物质的管子时，面部朝向最先切口的侧面，避免烧伤面部。

⑧ 按防火防爆要求，避免火灾与爆炸事故。进行火灾抢救时，二线人员要组织水网对一线人员进行掩护。

（2）烫伤的预防　为了避免烫伤，可采取以下措施。

① 接橡胶管作蒸汽管用于临时加热时，其接头处应捆绑牢固。蒸汽管出口端应用铁丝将位置固定，避免蒸汽开大时胶管甩动。橡胶管固定好后方可逐渐打开蒸汽阀门送气。

② 凡通蒸汽加热清洗水和清洗设备时，其加水量不宜太满，以免沸水从人孔或其他部位溢出将人烫伤。

③ 蒸煮设备的热水，通过管线引至一楼地沟处排放，严禁将热水从高处排放。排放热水时应有人在排放口处监护。

④ 高温设备和管线均应有完整的保温层。保温层脱落处要尽快修好。工人在高温设备和管线附近工作时，应穿工作服，戴手套，避免皮肤与高温物体直接接触。

⑤ 蒸汽管线和其他高温物料管线均严禁带压坚固螺丝。当需要消除泄露时，应切断物料来源，待压力降到常压或接近常压时方可紧螺丝，以防蒸汽和高温物料突然冲出将人烫伤。

⑥ 按防火防爆要求，避免设备管线发生爆炸，可避免因爆炸引起的烫伤。

（3）烧伤及烫伤的紧急处理　为了减小烧伤或烫伤的程度，在烧伤或烫伤初期，必须采取紧急措施，加以处理。

① 在衣服着火后应立即脱离火区。脱离火区后应立即卧倒，在地上打滚灭火或用水灭火，或者立即将着火的衣服脱去。在火区外，不应直立、奔跑与张嘴呼喊，以免加大火势及烧伤呼吸道。同时尽量不用双手扑火，可用未着火的衣服扑打火焰。

② 被热水蒸气烫伤者应立即将浸湿的衣服鞋脱去。脱内衣与袜子时应小心，尽量保护烫伤处不被弄破，以减少感染的机会。

③ 对垂危伤员应抬到阴凉干燥处进行抢救，同时通知医护人员来急救。

④ 非火灾和事故引起的烫伤烧伤可在现场检查受伤情况，根据受伤程度进行处理。

⑤ 需要转送到较远处医院的烧伤人员，应将受创面初步覆盖或包扎再转送，以免中途创面感染，使伤势加重。

5.5.4.2　冻伤

（1）冻伤的预防　为了避免被冻伤，可以采取以下预防措施。

① 消除低沸点液体管线与设备上的漏处，检修低沸点液体储槽液面计等工作时要戴帆布手套，应尽量避免低沸点液体溅落在皮肤上。

② 低沸点液体的管线设备严禁带压紧螺丝，以防液体喷出引起冻伤。

（2）冻伤的处理　一旦发生冻伤，必须及时处理，可采取的办法主要有四个方面。

① 低沸点液体流到或喷到人皮肤上后，应迅速擦去，不让其在皮肤上停留与蒸发。

② 被低沸点液体浸湿的手套、鞋袜与衣帽应迅速脱去，避免液体蒸发从人体吸热。

③ 冻伤者应快速到温暖处，冻伤部位要用温水清洗干净，然后用少量的酒精摩擦。昏迷者应立即做人工呼吸。

④ 冻伤面积很大与冻伤严重者应送到医务所或附近医院处理。

5.5.4.3　化学灼伤

（1）引起化学灼伤的物质　化工厂最常见的化学灼伤是酸碱烧伤，此外，各种氧化剂、磷、甲基氯化物等物质也可引起化学灼伤。

① 各种酸类物质：常见的有硫酸、发烟硫酸、盐酸、硝酸、乙酸、磷酸、铬酸、氢氟酸、氢氰酸等。

② 碱类物质：主要是氢氧化钠、氢氧化钾、碳酸钠、氨水、石灰水等。

③ 各种强氧化剂：常见的有过氧化氢、过氧化钠、过氧化钾、氯酸钾、过硫酸钾、高锰酸钾、重铬酸盐和硝酸盐等。

④ 磷及其化合物：主要有黄磷、红磷、五氧化二磷等。

⑤ 甲基氯化物：氯甲烷、二氯甲烷、三氯甲烷和四氯化碳等。

这些物质或它们的溶液与皮肤或黏膜接触时，能刺激皮肤或黏膜，腐蚀组织，或者与组织发生氧化反应，使组织损坏，严重时可使皮肤炭化。

（2）化学灼伤的预防　防止发生化学灼伤主要做好以下工作。

① 搬运或拿取酸、碱、磷、各种氧化剂与甲基氯化物时，应穿工作服、胶靴，戴好胶皮手套、口罩和防护眼镜后，方可进行工作。

② 破碎固体氢氧化钾、氢氧化钠及其他有腐蚀性的物质时，应戴好手套、面罩，扎紧袖口，颈部围上毛巾，裤腿放在长筒靴外面进行工作，避免碎块溅落在皮肤上。

③ 固体碱块不得直接投入有碱液的敞口溶化设备中，避免碱液溅出烧伤皮肤与眼睛。碱块用吊车吊入溶碱槽时，应轻轻放入，避免碱液溅出。

④ 硫酸与水混合时，应将硫酸缓慢加入水中，严禁在敞口容器中将水加入酸中。在密闭容器中往硫酸中加水时，应通过插管缓慢加入酸的底部。

⑤ 所有酸、碱、强氧化剂溶液在管道法兰处均应设置保护罩，避免溶液溅出。

⑥ 当操作可产生酸、碱、磷、甲基氯化物蒸气等的反应与检修这些设备时，应戴好必要的防护面具，避免有害蒸气接触眼睛和面部，灼伤角膜及皮肤。

（3）化学灼伤的急救　急救办法有如下几点。

① 浓硫酸溅到皮肤上后立即用布、纸等迅速擦去，然后用大量水冲洗。其他酸类溅到皮肤上或眼睛里均需用大量水冲洗，若附近备有碳酸氢钠，可用碳酸氢钠的稀溶液冲洗，然后再用水冲洗。

② 强碱溅到皮肤上或眼睛中应立即用大量水冲洗。若附近备有稀硼酸溶液，应用硼酸溶液冲洗后再用水冲洗。

③ 石灰浆溅到皮肤上或眼睛中应先擦去石灰颗粒，再用大量清水冲洗或稀硼酸溶液冲洗。

④ 磷灼伤时，应立即用湿布覆盖被灼伤皮肤处或将灼伤处浸入水中，同时尽量清除创面上的磷颗粒，防止磷吸收中毒。

⑤ 甲基氯化物蒸气或液珠进入眼睛中，可用2%的碳酸氢钠溶液冲洗眼睛，防止角膜进一步灼伤。

⑥ 酸碱和氧化剂溶液溅到衣服上后，应将被溅湿的衣服脱去，避免酸碱等透过衣服灼伤皮肤。

⑦ 经初步处理后，应将灼伤者送到医务所或附近医院进一步治疗。

5.5.5 其他不安全因素

化工生产除了本身的特点外，也像其他工业生产一样，有一些共性的不安全因素，在这里做简要介绍。

5.5.5.1 电击伤（触电）

电击伤俗称触电，是电流通过人体造成的，大多数是人体直接接触电源所致，也可能是被数千伏以上的高压电或闪电击伤。此外，因电流在体外产生的火花和电弧引起的灼伤，一般称作电弧灼伤。

（1）电击伤的预防　预防电击伤的主要措施有以下几方面。

① 所有电气设备均应有良好的绝缘和接地装置。应经常检查电气设备的绝缘情况，发现漏电要及时检修。

② 发现电线断开时，要通知电工进行处理。电线接头处应用绝缘布包好。电线不应与金属或建筑物相互摩擦，遇到电线绝缘层损坏时要通知电工及时包好。

③ 非电工人员不要进行电工操作。化工操作人员对电动机温度进行检查时，要用手背试触电动机，或者用试电笔测试无电后，再检查温度。

④ 设备检修用的临时灯和临时手提灯的电压应用36V以下的安全电压，在潮湿和有粉尘的场所要用12V的灯。临时灯的电源线应无接头，其绝缘层要完好。

⑤ 对能够产生静电的设备管线均应设置接地线，接地线的电阻应小于5Ω；设备和管道的法兰处应有跨接线；传动皮带应经常擦抹石墨甘油涂剂。采取这些措施可防止静电聚集和静电放电。

⑥ 刀开关合闸时，人应该站在开关侧面，以防产生电弧灼伤面部。

（2）电击伤的急救　一旦发生电伤，可以采取以下措施。

① 发现有人触电时，应立即切断电源，迅速关闭电源开关或者用绝缘物质（木棍、塑料管、橡皮带）使触电者与电源脱离。切勿徒手去拉救触电者。

② 脱离电源的触电者若心跳与呼吸已经停止或昏迷，应尽快进行人工呼吸和心脏按压，直到医务人员到来。同时打电话要求防护站、急救站或医务人员进行抢救。

③ 对于电弧灼伤者，应尽快送卫生所或医院进行医治。

5.5.5.2 光灼伤

光灼伤指的是接触电焊的工人未戴防护眼镜，以致电焊时所发生的强烈光线将眼睛灼伤，也称为电光性眼炎。光灼伤是由于电焊时所产生的紫外线刺伤眼睛的结膜或角膜。

预防光灼伤的办法是电焊作业时一定要戴防护面罩。辅助电焊作业者应戴深色防护眼镜，无关人员不要在电焊作业场所停留，更不要去看电焊作业。电光性眼炎在接触电焊后的

6～8h才发病，不需要急救。

5.5.5.3 机械创伤的预防

机械创伤在工业生产中是比较容易发生的，因此，必须做好以下预防工作。

① 泵、压缩机、风机、离心机、输送机、反应釜等传动设备的靠背轮、传动皮带、皮带轮等运转部分均应设置保护罩。

② 对压缩机、离心机、螺盘输送机等进行盘车时，若用盘车器盘车，人应该站在盘车器的侧面，盘车后立即退出盘车器。直接用手对皮带传动设备盘车时，注意勿使手靠近皮带轮。

③ 禁止在设备运转时用手触摸与擦洗转动部位。

④ 工作服的袖口应为紧口，袖口不宜太宽。女同志的长发应收在工作帽内。在转动部件的附近工作时要注意保持距离。

⑤ 检修转动设备或进入有搅拌器的设备检查、检修、清理时必须切断电源，拔掉电源保险管并经两次启动确证电源已经切断，还需在电源开关处挂“禁动牌”。

⑥ 操作辊压机时必须有两人以上同时操作。辊压机操作者必须熟悉事故开关的位置和用法。

5.5.5.4 撞击伤的预防

工业生产中，撞击伤也是比较容易发生的，因此，必须做好以下预防工作。

① 拆卸设备孔盖、管线法兰、阀门时均应放掉设备与管线内的压力后再进行。应先将螺丝松动，撬开连接处确认内部无压力后，方可取掉螺丝。

② 同时在两个工作平面工作时，上面的人应该注意不使工具和零部件掉下，并采取措施不要使拆卸的部件下落下滑。下面的人要戴好安全帽。双方做同一部件拆卸工作时，应保持密切联系与配合。

③ 高空作业者要佩带工具袋，防止工具和零部件跌落伤人。

④ 禁止从楼上与高处扔工具、零部件、管段和垃圾。

⑤ 起吊重物时应捆绑牢固。严禁在起吊重物下方通过与停留。

⑥ 起吊破碎坚硬的固体物质时应戴好必要的防护用品，无关人员应该远离这类作业地点。

5.5.5.5 摔伤与扭伤的预防

由于各种设施高低不平，工作中需要爬上爬下等原因造成摔伤与扭伤，必须做好以下预防工作。

① 为生产需要所设的坑、井、池、设备孔、电梯等，应设有围栏或盖板；因检修需要而临时拆除者，施工后应立即修复。

② 生产厂房和装置框架中二楼以上的设备临时拆除时，所空出的空洞周围必须设临时围栏，设置明显标志，以防从该处跌下。

③ 塔设备和其他高大设备的爬梯、走梯、保护栏均要保持完整牢固，遇有脱焊应及时修好。

④ 用钢条、钢筋焊制的楼梯、悬空走道、篦子板等均应保持完整，脱焊处应及时焊上。设备周围的篦子板应铺设牢固，不留空。

⑤ 上下楼梯、上下塔设备时均应小心，夜间在生产装置附近均应保持足够的照明。

⑥ 登高作业时，脚下的立足点必须稳妥牢固，使用梯子时其坡度在30°～60°范围内。

梯子顶部和底部必须稳妥牢固。使用脚手架时，脚手架需捆绑牢固，并有防护栏杆，不得在脚手架上放置过重的东西。在管线上工作时，不得站在要拆卸的管道上。

⑦ 在 3m 以上地点（有毒区是 2m 以上）作业时，应捆好安全带。安全带的绳子要捆在超出头顶的管架或坚固的管道上。

⑧ 使用工具拆卸螺丝或做其他费力的工作时，应注意保持身体平衡，最好一手用力另一手抓扶着牢固物体以避免摔倒。

⑨ 在可能的条件下避免做不胜任的重体力活。应该设法运用工具或多人的力量搬运过重的东西。

5.5.5.6　噪声及其危害

统计表明，长期在 85～90dB 的强噪声环境中每天工作 8h 就会有害健康。因而我国对新建企业要求工作环境中噪声控制在 85dB 以下。

（1）噪声分类　噪声是由物体振动引起的，根据噪声源可以分为机械振动噪声和气体动力噪声两大类。

机械振动噪声指机件摩擦、撞击及运转中因动力、磁力不平衡等原因产生的机械振动所引起的噪声，如化工厂中破碎机、电动机和搅拌器、往复泵等发出的噪声。

气体动力噪声指物体的高速运动和气流高速喷射引起空气震动而产生的噪声，如锅炉排气的噪声。化工厂中的通风机、鼓风机、气体压缩机等所产生的噪声既有气体动力噪声，也有机械振动噪声，是复合性噪声。化工厂中的破碎机、球磨机、振动筛等所产生的噪声大都在 100dB 以上，有些球磨机的噪声可达 120dB 以上。很多通风机、鼓风机、气体压缩机等所产生的噪声均在 110dB 以上。大型鼓风机可以产生高达 130dB 以上的噪声。

（2）噪声伤害的预防　为了防止噪声的伤害，可以通过降低声源强度和阻碍噪声传播两种方法。

降低声源强度，就是从发声源上想办法减少振动，减少发出噪声的能量。

阻碍噪声传播是当前防止噪声伤害的常用办法，具体办法有如下几种。

① 吸声。利用各种吸声材料和吸声结构来吸收声能，减少声音的来回反射，从而降低室内噪声。

② 隔声。用屏蔽物将声音挡住，使声源和接受者分开，减弱传到人们操作部位的噪声。常用的有隔音室、隔声罩、隔音障板等。

③ 消声。利用各种消声器来降低空气中声音的传播与减少气流的振动，通常用于消除风机噪声，通风管道噪声和排气噪声。常用的有阻性消声器、抗性消声器、小孔和多孔扩散消声器以及消声道等。

对于在噪声环境中长期工作的人，采用个人的防护设备来防止噪声伤害也是必要措施之一，主要有耳塞、耳罩、防噪声头盔等。

5.6　化工清洁生产与可持续发展

5.6.1　清洁生产

5.6.1.1　清洁生产工艺的提出

清洁生产工艺的概念由联合国环境规划署（UNEP）于 1989 年 5 月首次提出，并于

1990年10月正式提出清洁生产计划，希望摆脱传统的末端控制技术，使废物最小化，使整个工业界走向清洁生产。1992年6月联合国环境与发展大会正式将清洁生产定为实现可持续发展的先决条件，同时也是工业界达到改善和保持竞争力和可营利性的核心手段之一，并将清洁生产纳入“21世纪议程”中。随后，根据环发大会的精神，联合国环境规划署调整了清洁生产计划，建立示范区项目及国家清洁生产中心，以加强各地区的清洁生产能力。自从清洁生产提出以来，每两年举行一次研讨会，研究和实施清洁生产，为未来的工业化指明了发展方向。

我国对清洁生产也进行了大量有益的探索和实践，早在20世纪70年代初就提出了“预防为主，防治结合”“综合利用，化害为利”的环境保护方针，该方针中充分体现了清洁生产的基本内容。从20世纪80年代就开始推行少废和无废的清洁生产过程，20世纪90年代提出的“中国环境与发展十大对策”中强调了清洁生产。2003年1月1日，我国开始实施“中华人民共和国清洁生产促进法”，这进一步表明清洁生产已成为我国工业污染防治工作战略转变的重要内容，成为我国实现可持续发展战略的重要措施和手段。

5.6.1.2　清洁生产的定义

清洁生产是一项实现与环境协调发展的环境策略。实行清洁生产包括清洁生产过程、清洁产品和服务。对生产过程而言，它要求采用清洁生产工艺和技术，提高资源、能源的利用率，通过资源削减、废物回收利用来减少和降低所有废物的数量和毒性。对产品和服务而言，实行清洁生产要求对产品的全生命周期实行全过程管理控制，不仅考虑生产工艺、生产的操作管理，有毒原材料替代，节约能源资源，还要考虑配方设计、包装与消费方式，直至废弃后的资源回收利用等环节，并且要将环境因素纳入设计和所提供的服务中，从而实现经济与环境协调发展。

5.6.1.3　清洁生产的方法与途径

清洁生产的方法与途径如下。

① 污染预防。包括就地再循环、避免和减少废物的产生和排放。其主要途径有：(a) 产品改进，即改变产品的特性（如形状或原材料组成），延长产品的寿命期，使产品更易于维修或产品制造过程中污染更小，包装的改变也可看作是产品改进的一部分；(b) 原材料替代，在保证产品较长服务期的同时，采用低污染、低毒原材料和辅助材料；(c) 技术革新，工艺自动化，生产过程优化；(d) 内部管理优化，注重废物产生和排放的管理。

② 减少有毒品的使用。消减有毒品使用是清洁生产发展初期的主要任务，也是目前清洁生产中很重要的一部分。消减有毒品使用与污染预防的最大的区别在于所关注的原材料的范围不同，消减有毒品使用一般以有毒化学品名录为依据和目标，尽可能使用有毒化学品名录以外的化学品。消减有毒品使用通常有以下方法：(a) 改进产品配方，重新设计产品配方使得产品中毒品尽可能少；(b) 原料替代，用无毒或低毒的物质和原材料替代有毒或危险品；(c) 改造和重新设计生产工艺；(d) 实现工艺现代化，利用新的技术和设备更新现有设备和工艺；(e) 改善工艺过程管理，通过改善现有的管理方法高效处理有毒品；(f) 工艺再循环，通过设计采用一定方法再循环，重新利用和扩展利用有毒品。

③ 为环境而设计。为环境而设计的核心是在不影响产品性能和寿命的前提下，尽可能体现环境目标。目前为环境而设计主要包括以下几种：(a) 消费服务方式的替代设计，如利用电子邮件替代普通邮件；(b) 延长产品寿命期的设计，包括长效使用，提高产品质量，利于维修和维护；(c) 原材料使用最小化和选择与环境相容的原材料，降低单位产品的原材

料消耗，尽可能使用无危险、可更新或次生原材料；(d) 物料闭路循环设计；(e) 节能设计，降低生产和使用阶段的能耗；(f) 清洁生产工艺设计；(g) 包装销售设计。

5.6.1.4 清洁生产的意义

尽管20多年来我国在环境保护方面做了巨大的努力，使得工业污染物排放总量未与经济发展同步增长，甚至某些污染物排放量还有所降低，但总体环境状况仍趋向恶化。在我国的环境污染中，工业污染占全国负荷的70%以上，每年由于环境污染造成的经济损失达1000亿元，如此惊人的数字，已达到社会难以承受的程度。环境和资源所承受的压力，反过来对社会经济的发展产生了严重的制约作用。这种经济发展与环境保护之间的不协调现象，已经越来越明显。转变传统发展模式，推行持续发展战略与清洁生产，实现经济与环境协调发展的历史任务已经摆在面前。

由于化工产品品种繁多，而且中小型化工企业占绝大多数，加之长期以来采用高消耗、低效益、粗放型的生产模式，使我国化学工业在不断发展的同时，也对环境造成了严重污染。化工排放的废水、废气、废渣分别占全国工业排放总量的20%～23%、5%～7%、8%～10%。在工业部门中，化工排放的废水量居第二位，废气量居第三位，废渣量居第四位，排放的汞、铬、酚、砷、氟、氰、氨、氮等污染物居第一位。化工生产造成的环境污染，已成为制约化学工业持续发展的关键因素之一。因此，清洁生产的推广对环境保护和经济的发展起着重要的作用。

5.6.2 化学工业可持续发展

化学工业必须满足国民经济各部门、国防和科研及人民生活对它产品数量和质量的越来越多的要求，同时必须解决制约它发展的三个问题，这就是化学工业的物质消耗、能量（能源）消耗和环境污染。

自然资源是有限的，有些资源是不能再生的。化工生产要可持续发展，一方面要提高工艺技术、降低物质和资源的消耗，使反应原料的原子全部变成目标产物的原子，另一方面要开发新的资源，例如生物、植物，发展生物碳化工、CO_2 转化化工等。同时，要大力回收开发利用化工废弃产品和其他废弃物，把这些作为一种资源加以利用。

目前化学工业的能源主要是石油、天然气、煤炭等燃料。这些能源也是有限的，化学工业要发展，必须有足够的能源。这就要求化工产业必须大力开发节能新技术。化工节能的途径有如下：①开发新工艺，减少合成过程的复杂性，缩短工艺流程，减少设备和耗能装置的台件数，优化工艺条件；②开发高活性的催化剂，以力求降低反应温度；③开发高效的分离流程和设备，力求分离过程简化，减少加热、冷却、压缩和输送的过程，减少往复循环分离的量；④改善装置的传热效率，设计和使用先进装置，以提高能源利用效率；⑤减少设备和管道的阻力，减少动力消耗；⑥充分利用化学能和反应热，将废热合理利用，用于带动蒸汽透平或产生蒸汽。

同时，还必须开发新能源，包括水能、风能、太阳能等。这些能源的利用又得靠化学工业的进步，为能源开发提供新材料。因此化工新材料的技术开发，要优先发展，为能源建设、新能源开发提供研究和实施的新材料、新装备、新技术。

化工污染必须抓紧标本兼治，防治源头污染，同时做好后处理。不仅化学工业本身要防治污染问题，国民经济各部门都要把环境作为一个根本的原则问题对待。化学工业在发展自身的同时，应大力开拓那些对治理污染和保护环境有利的精细化工产品，例如可从造纸废水中提取色素、木质素和聚合物材料等，造纸行业也可以利用生物酶技术，以改造传统的碱蒸煮工艺，从而得到清洁的纤维素。总之，化工生产节能降耗、走向精细化、走向清洁化，是化工可持续发展的途径。

思　考　题

1. 催化剂在化工产品的工业化生产中有何意义？
2. 工业固体催化剂主要由哪些成分组成？各组分所起的作用是什么？
3. 衡量工业固体催化剂性能的标准是什么？
4. 固体催化剂为何要进行活化处理？
5. 固体催化剂使用过程中，催化剂失活的原因有哪些？哪些失活催化剂可以再生？哪些不能再生？举例说明。
6. 试分析单程转化率、总转化率及平衡转化率的区别，它们在化工生产中各有何意义？
7. 生产能力和生产强度在化工生产中各有何意义？
8. 什么是原料消耗定额？为什么要降低消耗定额？工业生产中一般采取哪些措施？
9. 原料消耗定额、原料利用率和原料损失率之间有何关系？怎么降低原料消耗定额？
10. 化工厂常用的公用工程有哪些？
11. 化工生产中的事故有哪些类型？
12. 燃烧三要素是指什么？什么是爆炸极限？
13. 呼吸防护器有哪些类型？
14. 简述清洁生产的定义和清洁生产的方法与途径。

第 6 章

无机化工实例——硫酸的生产

知识目标

1. 了解硫酸的性质与用途；
2. 了解硫酸生产的原料及生产方法；
3. 掌握接触法制硫酸的基本原理；
4. 认识硫酸生产过程中综合利用和“三废”治理的内容与途径。

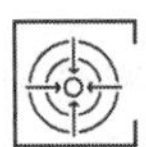

能力目标

1. 绘制硫黄为原料接触法制备硫酸的工艺简图；
2. 利用单元操作和单元反应知识，确定硫酸生产工艺过程的适宜条件；
3. 会分析工艺条件变化对生产过程的影响。

素质目标

1. 提升运用所学知识综合分析问题和解决问题的能力；
2. 从硫酸生产进一步正确认识化工生产及化工对人类生产生活的重要性；
3. 强化化工安全与环保的理念和责任意识。

6.1 概述

硫酸是基本化学工业产量最大，用途最广的重要化工产品之一。它不仅是化学工业许多产品不可缺少的原料，而且广泛应用于其他工业部门。目前我国硫酸工业与国外发达国家相比还有一定的差距，特别是在单套装置的生产能力及热能的回收利用上需要进一步提高。

6.1.1 硫酸的性质

硫酸是指三氧化硫与水以任意比化合的物质，如果其中三氧化硫与水摩尔比小于 1 或等于1时称为硫酸，而三氧化硫与水摩尔比大于1时称为发烟硫酸。

硫酸的组成通常以 H_2SO_4 的质量分数来表示：发烟硫酸的组成通常以游离 SO_3 的质量分数来表示。

纯硫酸是一种无色透明的油状液体。发烟硫酸是黏稠性液体，能放出游离 SO_3，SO_3 与空气中的水分结合形成白色烟雾，故称发烟硫酸。

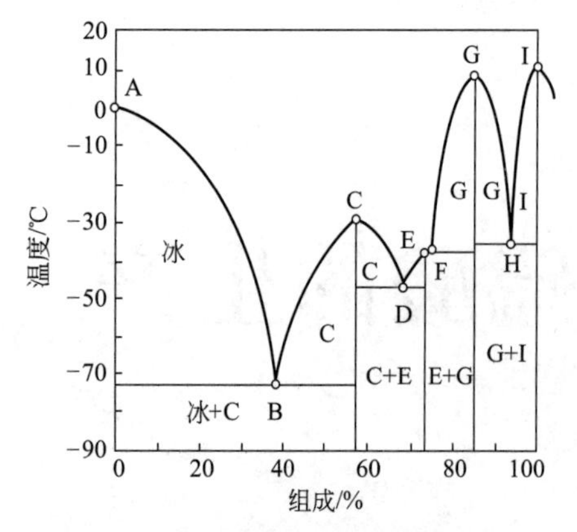

图 6-1　$H_2SO_4 \cdot H_2O$ 体系结晶图

浓硫酸的腐蚀性非常强，能同许多金属或非金属发生化学反应。浓硫酸有强烈的吸水性，常温下在空气中会吸收空气中的水分使浓度变低体积变大。下面着重讨论硫酸的结晶温度、密度、沸点及蒸气组成等性质，了解这些性质对工艺操作有一定的指导意义。

6.1.1.1　硫酸的结晶温度

硫酸的结晶温度随着浓度的变化而有较大的变化。硫酸结晶温度与组成的关系如图 6-1 所示，图中各点结晶化合物之组成见表 6-1。

表 6-1　$H_2SO_4 \cdot H_2O$ 体系结晶化合物

$w(H_2SO_4)$/%	结晶温度/℃	图中的点	组　成
0	0	A	H_2O
37.55	−73.10	B	低共熔物 $H_2O+H_2SO_4 \cdot 4H_2O$(介稳状态)
57.64	−2L36	C	$H_2SO_4 \cdot 4H_2O$
67.80	−47.46	D	$H_2SO_4 \cdot 4H_2O+H_2SO_4 \cdot 2H_2O$(介稳)
73.13	−39.51	E	$H_2SO_4 \cdot 2H_2O$
73.68	−39.81	F	$H_2SO_4 \cdot 2H_2O+H_2SO_4 \cdot H_2O$
84.48	8.56	G	$H_2SO_4 \cdot H_2O$
93.79	−34.86	H	$H_2SO_4 \cdot H_2O+H_2SO_4$
100	10.37	I	H_2SO_4

6.1.1.2　硫酸的密度

硫酸和发烟硫酸的密度如图 6-2 所示。在工业生产中，往往是利用测定酸的温度与密度，再由图表查出酸的含量。但 90%～100%（质量分数，下同）的硫酸，其密度随质量分数的变化不显著，因此不能用直接测量密度求含量的方法求得。当酸的质量分数大于 90% 时，常采用双倍稀释比重法来测定（双倍稀释比重法是用同体积的水来稀释浓酸，测得密度查出加水后硫酸的质量分数再换算出原始硫酸的含量）。

6.1.1.3　硫酸的沸点及蒸气组成

常压下，硫酸水溶液的沸点随硫酸的组成的增加而不断地升高，当组成达到 98.3% 时沸点最高（336.2℃），以后则下降，如图 6-3 所示。从图中可以看出，组成在 85% 以下的硫酸的蒸气中只有水，组成在 30% 以上的发烟硫酸的蒸气中只有 SO_3。因此，任何组成的硫酸在加热蒸发时，最后残存硫酸的含量都是 98.3%。

6.1.1.4　硫酸的黏度

硫酸和发烟硫酸的黏度随其浓度的增加而增大；随温度下降而增大。

6.1.2 制造硫酸的原料

工业上可以用来制造硫酸的原料有很多，各种含硫矿物质及各种含硫工业废气都可用来生产硫酸，在这里着重介绍几种主要原料。

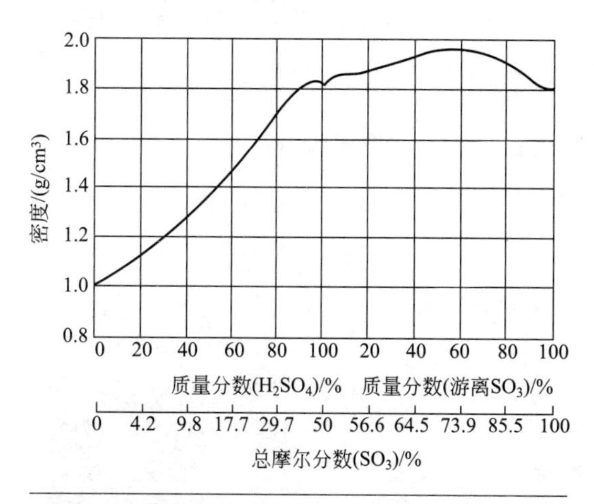

图6-2 硫酸和发烟硫酸密度

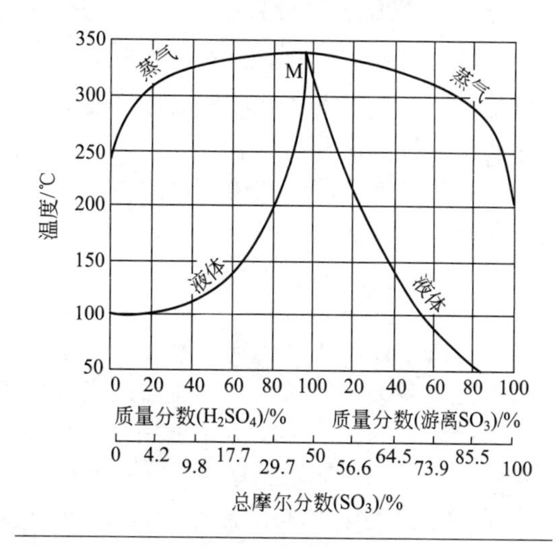

图6-3 硫酸与发烟硫酸的沸点

（1）硫铁矿 主要成分是二硫化铁（FeS_2），理论含硫量为53.46%。由于杂质含量的不同，实际含硫量有很大的差别。硫铁矿按来源不同，又可分为普通硫铁矿、浮选硫铁矿和含煤硫铁矿。

① 普通硫铁矿，又称为块矿，暗黄绿色，有金属光泽，性脆，含铜、锌、铅、锰、钙、镁、砷、硒、碲等的硫化物，以及钙、镁的碳酸盐，硫酸盐等杂质，含硫量一般为30%～52%。

② 浮选硫铁矿，又称为硫精砂、尾砂，是有色金属冶炼工业的副产品。有色金属矿往往与硫铁矿共生，一般采用浮选的方法进行分离，所得到的硫铁矿称浮选硫铁矿，其含硫量一般为30%～45%，硫精砂的粒度很小，所以水分较多，在焙烧前必须进行干燥处理。

③ 含煤硫铁矿，含煤硫铁矿是从原煤中用筛分的方法分离出的含硫物质，其含硫量一般为30%～42%，含碳量可达6%～18%。含煤硫铁矿中的碳会严重影响正常生产和炉气的质量。硫酸生产中一般要求原料中含碳量小于1%，所以含煤硫铁矿必须与其他硫铁矿配合使用。

（2）硫黄 我国硫黄资源贫乏，不仅天然硫黄很少，而且工业硫黄产量也极少，但是国外的硫黄资源却很丰富。随着环保要求的提高和技术的进步，硫黄作为工业副产品产量和质量不断提高，生产成本大幅度降低。目前，硫黄制酸在硫酸工业中已占主导地位。

硫黄有三种同分异构体：斜方硫、单斜硫和弹性硫，斜方硫的熔点为112.6℃，单斜硫的熔点为119.2℃，弹性硫是190℃熔融硫在水中骤冷得到的无定形硫。硫黄熔化后，温度继续升高时，其黏度逐渐降低，150℃时达到最低点，以后温度继续升高，其黏度逐渐增大。

（3）有色金属冶炼烟气 在有色金属铜、锌、铅等的冶炼过程中，产生大量的SO_2的烟气，这类工业废气必须进行处理，否则将造成严重的污染。目前我国已将有色金属冶炼烟气大量用于制造硫酸，有色金属冶炼烟气已经成为制酸原料的重要来源。

有色金属冶炼烟气中SO_2含量，随矿石种类的冶炼工艺的不同而有很大的差别，如钢、锌精矿在沸腾炉中焙烧所得烟气中SO_2一般在10%左右，可直接用于制酸。铜矿在密闭鼓风炉中焙烧所得烟气中SO_2，一般只有3%～5%。用有色金属冶炼烟气制酸所需解决的问题就是如何提高烟气中 SO_2 的浓度，或如何使用低浓度烟气制酸。

（4）石膏　我国石膏资源丰富，也可用于制酸。将石膏作为水泥原料（代替石灰石），在生产中可得含 SO_2 的烟气，可用来制酸。但是该法目前并未大量使用。

6.1.3　硫酸的生产方法

无论用何种原料制酸，都是先得到含 SO_2 的烟气，然后 SO_2 经氧化成 SO_3 后再与水结合成硫酸。由于 SO_2 与 O_2 很难直接反应。根据 SO_2 氧化方法不同，将硫酸的生产方法分硝化法和接触法两种。

硝化法是借助溶解在稀酸中的 N_2O_3 来氧化 SO_2，而 N_2O_3 被还原成 NO，NO 再与氧直接化合生成 N_2O_3，循环使用。如下所示：

$$SO_2 + N_2O_3 \longrightarrow H_2SO_4 + N_2O$$

$$2NO + 1/2O_2 \longrightarrow N_2O_3$$

接触法是在固体催化剂（触媒）的催化作用下用空气直接将 SO_2 氧化成 SO_3。由于接触法具有很多突出的优点，目前已被广泛采用。

不同原料的生产工序不完全一样，以硫铁矿为原料接触法制酸的生产过程一般包括下列五个工序。

① 原料工序：原料的储存、运输、破碎，配矿等。

② 焙烧工序：SO_2 炉气的制备、冷却、除尘和烧渣的运输。

③ 净化工序：清除炉气中的有害杂质。

④ 转化工序：SO_2 的催化氧化制备 SO_3。

⑤ 吸收工序：吸收 SO_3 制取成品酸以及产品的储存。

硫酸制备工艺方块图及流程图

此外还有“三废”处理和综合利用。

以硫黄为原料时，如果硫黄质量较差，其生产过程与硫铁矿为原料制酸的生产过程基本相同，只是用焚硫代替了硫铁矿的焙烧，如果硫黄质量很好，则生产过程大为简化，省掉了复杂的净化工序。

6.1.4　硫酸生产中耐酸材料的选择

选择生产设备的构筑材料时，要从耐腐蚀性能、机械强度、加工难易程度以及资源状况、价格高低等方面考虑。

硫酸对金属的腐蚀与硫酸的温度和浓度有很大的关系，所以硫酸的浓度和温度也是选择材料的重要依据。

6.1.4.1　耐酸金属材料

常用的金属防腐材料有钢、铅、铸铁和高硅铁，以及铬、钼、镍合金钢等。

（1）钢及铸铁　冷浓硫酸、发烟硫酸与钢及铸铁接触时，在钢或铸铁表面上生成一层坚固的氧化铁和硫酸盐保护膜，使金属表面“钝化”不再受腐蚀。由图 6-4 可知，温度在 40℃以下时，对于 72%～78%和 90%～100%的硫酸，碳钢和铸铁的耐腐蚀性均较好。当温度较高时，铸铁比碳钢更耐腐蚀。故在生产中，冷硫酸的储罐和管道可以用碳钢和铸铁制造，浓硫酸的冷却器、管道、泵和各种阀门则用铸铁制造。对于游离三氧化硫大于 25%的发烟硫酸，由于三氧化硫能引起铸铁脱碳而发生晶间腐蚀，所以发烟硫酸的冷却器和管道不能用铸铁而用钢制造。

（2）不锈钢及硅铁　硫酸厂常用的 18-8 合金钢和 K 合金都是耐酸不锈钢。但前者耐浓硫酸腐蚀的性能不如普通碳钢好，耐稀硫酸腐蚀的性能不如铅好。K 合金是高镍铬合金钢，它的组成为 Ni 20%、Cr 24%、Mn 2.9%、Cu 3.5%、Mo 0.4%、Si 1.25%、C 0.13%、S ≤ 0.035%、P ≤ 0.04%；这种钢耐各种浓度的硫酸的腐蚀性能较强，但因价格昂贵，仅用来制造酸泵和鼓风机的叶轮、轴等转动部件。目前一般采用 A4、A7（铬锰氮合金钢）代替 K 合金，它们的耐腐蚀能力与 K 合金几乎相同，并具有更高的强度和硬度以及良好的性能。

含硅量为 14.5%～16.5%的高硅铁，具有很强的耐腐蚀性。它适用于组成为 10%～100%，温度从常温到沸点的硫酸。当酸中含有 HF 时，HF 将破坏硅铁的 SiO_2 保护膜，从而将其腐蚀，另外硅铁硬而脆，加工困难，温度突变容易碎裂，这都使其应用受到限制。

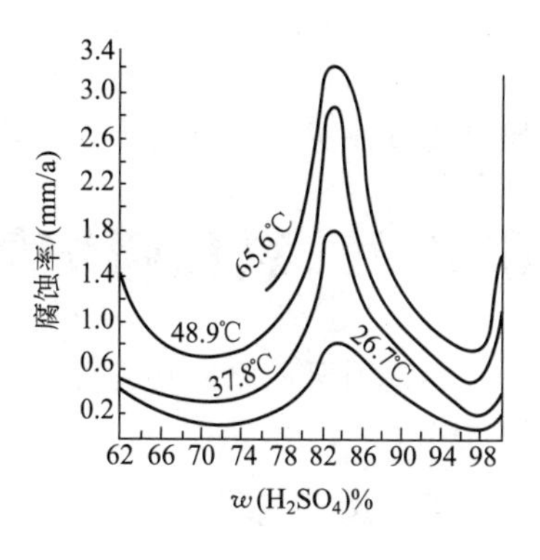

图 6-4 硫酸对碳钢的腐蚀率

（3）铅 铅对稀硫酸是很稳定的，这是因为铅和硫酸作用生成一层稳定的、不溶解的 $PbSO_4$ 保护膜的缘故。在浓硫酸和发烟硫酸中，铅是不稳定的，因为 $PbSO_4$ 能溶解于浓硫酸中。因此，铅只能用于稀硫酸的设备。

另外，铅的熔点较低（327℃），实际上在 150℃左右就开始软化，一般用于 150℃以下的温度范围内。铅比较柔软，如果在铅中加入少量的锑，它的硬度将大大提高，但是，耐腐蚀性能不如纯铅。

6.1.4.2 耐酸非金属材料

（1）耐酸无机材料 耐酸胶泥和耐酸混凝土是两种常用的耐酸无机材料。耐酸胶泥是由接合剂、填充物、凝固和硬化加速剂三种原料配制而成的。水玻璃是常用的接合剂，填充物一般是含氧化硅较高的岩石（如粉状白石英），或人造的硅酸盐材料（如辉绿岩粉）。凝固和硬化加速剂通常用氟硅酸钠。配制耐酸胶泥时，接合剂、填充物、凝固和硬化加速剂三者的比例，应根据使用的不同要求以及原料的规格等决定。

在耐酸胶泥的配比基础上，加入各种不同粒度的大颗粒的耐酸材料（如石英块或碎瓷砖等）就是耐酸混凝土。耐酸胶泥和耐酸混凝土几乎在任何温度下，对任何浓度的酸性气体和液体都是比较稳定的。耐酸胶泥主要用于衬砌设备时作胶黏剂，而耐酸混凝土则用于设备的衬里。

耐酸陶瓷也是一种重要的耐酸材料。它广泛用于制造酸坛、瓷环、耐酸管、塔圈及耐酸泵等。陶瓷材料的优点是耐腐蚀性强，而价格便宜。陶瓷材料的缺点是性脆、热稳定性差，在骤热和骤冷的情况下容易破碎。为此不宜在冷凝塔中作衬里，而在吸收塔、洗涤塔及干燥塔中常采用耐酸瓷环作为填料。

此外，天然耐腐蚀材料也广泛应用于化工生产中，如花岗岩、中长石、石英石及高岭土等。

（2）耐酸有机材料 硫酸工业中常用的有机材料有聚氯乙烯、聚四氟乙烯、聚三氟乙烯、酚醛塑料和玻璃钢等。

聚氯乙烯对 95%以下的硫酸是稳定的，而且易于加工，可以制造容器、储槽、管道、管件、泵、鼓风机等。

聚四氟乙烯的化学稳定性极高，能长期用于各种浓度的酸、碱及氧化剂的耐腐蚀。另外，它还具有很好的耐热性、耐冷性和抗老化性。它能在－180～250℃的温度范围内长期使用。缺点是机械性能差、刚性差、耐磨性低等，而且加工困难。聚三氟乙烯的化学稳定性仅次于聚四氟乙烯。

酚醛塑料对稀硫酸十分稳定，但耐高温性差。石棉酚醛塑料可代替不锈钢、紫铜、铝等金属，用于制造容器、反应器、塔、管和配件等。

玻璃钢是以合成树脂为胶黏剂，以玻璃纤维为增强材料制成。它具有强度高、耐腐蚀性强等优良性能，广泛用于人工防腐蚀材料。

6.2　二氧化硫炉气的制造

不论用何种原料制造硫酸，首先都要制造二氧化硫炉气。本节介绍用硫黄制造二氧化硫炉气的工艺。

6.2.1　反应原理

该过程即硫黄的焚烧，反应较简单，反应方程式为

$$S+O_2 \longrightarrow SO_2+Q$$

其中，Q 在 25℃时为 39.51kJ/mol

该反应是一个快速的不可逆放热反应，不需考虑其化学平衡问题，焚硫速率也只与扩散过程有关，在硫黄的焚烧过程中，影响扩散速率的因素主要就是硫黄雾滴大小，所以，焚硫炉的焚烧强度取决于硫黄喷枪的雾化效果。

6.2.2　工艺流程

包括熔硫和焚硫两个部分，整个过程如图 6-5 所示。

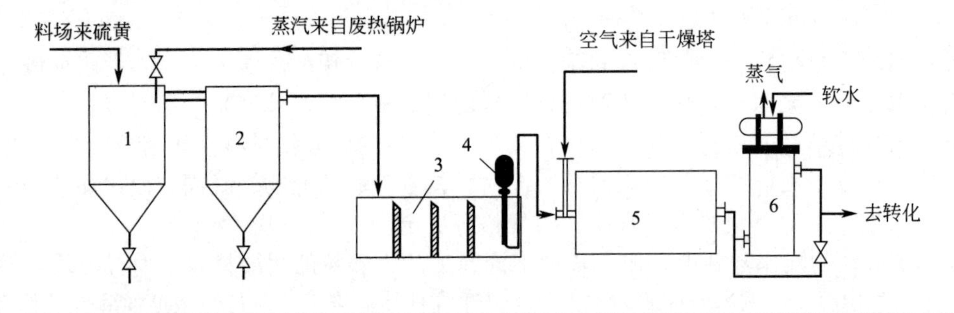

图 6-5　焚硫工艺流程示意图

1—熔硫槽；2—澄清槽；3—沉降槽；4—硫黄泵；5—焚硫炉；6—第一废热锅炉

硫黄在熔硫槽中加热到 150℃熔化，溢流至澄清槽，进行澄清，除去其中大部分机械杂质，以减轻过滤器的过滤负荷。然后溢流到沉降槽，在沉降槽中进一步使固体杂质分离，在硫黄泵吸入口设置过滤，进行强制过滤，最后将其送到焚硫炉内雾化焚烧，生成二氧化硫炉气，组成可达 10%以上，并且可以调节（改变空气量），焚烧温度一般为 900～1100℃。焚硫所用空气首先在干燥塔中进行干燥，然后再送入焚硫炉。炉气经第一废热锅炉冷却到 410～420℃；然后进入转化工序。

① 熔硫温度。硫黄熔化后其黏度随温度的升高而降低，但在温度达到 150℃后，继续升高温度，由于硫黄分子结构的改变其黏度反面迅速上升。因此，最适宜的熔硫温度是 150℃。为了使硫黄在整个过程中保持良好的流动性，所有的管道、设备都应该用 150℃的蒸汽进行保温。

② 焚烧温度和空气用量。硫黄燃烧是否完全，取决于焚硫温度和燃烧空气用量。升高温度、增加燃烧空气用量，则硫黄燃烧完全。而焚硫温度和燃烧空气用量的关系是增加燃烧空气用量，焚硫温度降低。为了使硫黄燃烧完全，应保持较高的燃烧温度，一般为 1050～1100℃。

在后序工序对炉气组成要求一定的情况下，空气用量也是一定的，这就要求将空气分两次加入：在焚硫炉硫黄喷入口处按焚硫要求加入一次空气，在焚硫炉后部按后序工序要求加入剩余空气（即二次空气），也有将部分空气用于转化炉作为冷激气的。

6.2.3　焚硫炉

目前均采用卧式焚硫炉，其图如 6-6 所示。焚硫炉炉体是由钢板卷制成的圆柱形筒体，内衬保温砖和耐火砖。这种炉子的燃烧容积一般为 0.5～1.0 米^3/(吨硫・日)。

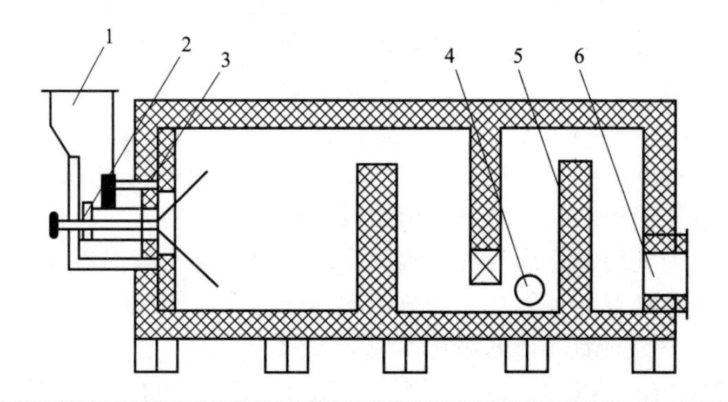

图 6-6　焚硫炉

1—空气进口；2—机械喷嘴；3—旋流叶片；4—二次空气进口；5—折流挡板；6—炉气出口

6.3　炉气的净化与干燥

6.3.1　炉气的净化

炉气制造工序得到的二氧化硫炉气中，除含有二氧化硫、氧、氮和矿尘以及少量三氧化硫外，由于原料的不同还可能含有三氧化二砷、二氧化硒、氟化氢及其他一些金属氧化物的蒸气和水蒸气等杂质。其中除二氧化硫和氧气是制造硫酸的主要原料外，其余的物质都是有害杂质，这些有害杂质有的能阻塞或腐蚀设备、管道，有的会使催化剂中毒、粉化结块，影响硫酸生产的正常进行，净化的目的就是清除炉气中的有害杂质，为转化工段提供合格的原料气体。

6.3.1.1　杂质的危害及净化要求

炉气的矿尘可能会堵塞管道、设备和催化剂，从而增大系统的阻力，影响催化剂活性，因而应首先予以除去，沸腾焙烧炉气含尘量高达 200～300g/m^3，虽然经过旋风除尘器、高效电除尘器除去了大量的矿尘，但仍含有 20～30g/m^3 细小的矿尘，不符合制酸工艺的要求。因此，需进一步净化，使矿尘含量降低至 0.005g/m^3 以下。湿法净化，矿尘含量应小于 0.002g/m^3；干法净化，矿尘含量应小于 0.005g/m^3。

炉气中三氧化二砷含量的多少与原料含砷量及工艺条件有关，三氧化三砷会使催化剂中毒，降低催化剂活性，成品酸中如含有砷化合物，则不能用于食品工业，经净化后要求炉气中的砷含量一般应小于 0.001g/m^3。

二氧化硒对催化剂有毒害作用，会使成品酸带色，应尽量除去并尽可能回收利用。

炉气中的氟化氢和四氟化硅，对含硅的填料和设备有强烈的腐蚀作用。四氟化硅在稀酸中会水解，因而形成硅凝胶沉淀（水化了的 SiO_2），可能引起设备堵塞。另外，氟化氢与催化剂作用，会破坏催化剂载体使其粉化。当炉气中的四氟化硅进入转化器时，由于硅在粒状催化剂上的沉降会降低催化剂的活性，炉气中的氟含量要求小于 0.005g/m³。

水蒸气与三氧化硫在一定条件下凝结成酸雾，会腐蚀设备且管道酸雾对催化剂也有害。同时在吸收过程中，酸雾只有一小部分被吸收下来，绝大部分随尾气排出，有害于环境，也造成二氧化硫损失。水分含量要求小于 0.1g/m³。

6.3.1.2　净化原理

（1）砷和硒的清除　炉气中的砷和硒分别以三氧化二砷和二氧化硒的形式存在。利用三氧化二砷和二氧化硒在气相中的蒸气压随着温度降低而迅速下降的特点，当炉气被冷却时，三氧化二砷和二氧化硒转为固态而与矿尘一起被清除。

在 150℃以上时，炉气中的三氧化二砷基本上呈气态存在，温度降至 75℃时，气相中的三氧化二砷已降至 0.00031g/m³，50℃时则更低。因此，把炉气冷却到 50℃左右，炉气中的三氧化二砷已基本转变为固态，当炉气用酸或水洗涤时，固体三氧化二砷有一部分被液体带走，大部分仍悬浮于气相中，成为硫酸蒸气冷凝成酸雾的冷凝中心，在清除酸雾时一并除去。炉气中的二氧化硒具有与三氧化二砷类似的性质，在除砷过程中也同时被除去，在一般的净化过程中，约有一半的硒是在电除雾器中除去的。

三氧化二砷能溶解于水或硫酸中，因为三氧化二砷在硫酸溶液中的溶解度与硫酸的温度成正比，所以，当炉气被酸或水洗涤时，三氧化二砷和二氧化硒被清除。实践证明，湿法除砷并不困难，关键问题是三氧化二砷有剧毒，含砷量很高时，净化设备及管道易堵塞，清理砷垢易发生中毒现象，至于含砷污酸泥，也要经过严格处理后才能排放。

含砷量高的炉气，我国采用过长烟道炉气降温的方法回收砷，效果较好，但是温度降低后产生冷凝酸而腐蚀管道。日本足尾冶炼厂是将含砷量高的烟气，送入增湿烟道用雾化水将温度降到 90～100℃，而后进入电除雾器回收三氧化二砷的。采用较浓的酸洗，并在酸的循环过程中设有滤砷装置的除砷方法较好。

（2）酸雾的形成与清除　由于采用硫酸溶液或水洗涤炉气，洗涤液中有相当数量的水蒸发进入气相，使炉气中的水蒸气含量增加，水蒸气与炉气中的三氧化硫接触时，则生成硫酸蒸气，即

$$SO_3(g)+H_2O(g) \longrightarrow H_2SO_4(g)+Q$$

反应达到平衡时，平衡常数随温度升高而增大，因此，如果含有三氧化硫及水蒸气的气体混合物温度缓慢地降低，则会首先生成硫酸蒸气，然后冷凝成硫酸液体，即

$$SO_3+H_2O(g) \longrightarrow H_2SO_4(g) \longrightarrow H_2SO_4(l)$$

当硫酸蒸气过饱和度等于或大于饱和度的临界值时，硫酸蒸气就会在气相中冷凝，形成悬浮在气相中的小液滴称为酸雾。硫酸蒸气的临界过饱和度，其数值与蒸气本身的特性、温度以及气相中的冷凝中心的特性有关。当气相中原来就存在着悬浮粒子时，它们会成为酸雾的凝聚中心，降低过饱和度。在无悬浮微粒和离子的空气中，硫酸蒸气的临界过饱和度与温度的关系见表 6-2。

表 6-2　硫酸蒸气的临界过饱和度与湿度的关系

温度/℃	100	150	200	250
临界过饱和度	5.5	3.8	3.0	2.5

实践证明，气体冷却速率越快，蒸气的过饱和度越高，越容易达到临界值而产生酸雾。

因此，为防止酸雾形成，必须控制一定的冷却速率，使整个过程中硫酸蒸气的过饱和度低于临界过饱和度。

当用酸或水洗涤炉气时，由于炉气温度迅速降低，因而形成酸雾是不可避免的。

酸雾直径很小，运动速度较慢，是较难除去的杂质，只有少部分被洗涤酸吸收，其余部分要有电除雾器或其他高效洗涤设备才能除去。

为了提高除雾效率，应当增大酸雾粒径。增大酸雾粒径的有效方法，是使水蒸气在雾粒上冷凝，这时酸雾被稀释，同时体积增大。因此，在一般酸洗流程中，往往在两级电除雾器中间设置一个增湿塔，用5%硫酸喷淋，由于温度降低，水蒸气在酸雾液滴上冷凝，使雾滴增大，从而提高了第二段电除雾器的效率。

也有采用列管式气体冷却器，以降低气体温度，使气体中的水蒸气冷凝在酸雾的表面上，从而增大粒径。

综上所述，炉气经除尘、酸洗或水洗、电除雾后，炉气中的矿尘，氟、砷、酸雾等已基本除净，而其中的水蒸气还需经过干燥来除去。

6.3.1.3 炉气净化的工艺条件及流程

用硫铁矿为原料的接触法制硫酸虽然有各种各样的流程，但原则上有区别的只是净化工段的工艺过程。因此，气体净化的工艺特点成为区分制酸流程的重要标志，制酸流程常以净化方法来命名。

(1) 酸洗流程　以酸为介质净化工艺气体的流程，主要有标准酸洗流程、热浓酸洗净化流程、“二塔二电”稀酸洗流程和“一塔一器一电”稀酸洗流程等。

① 标准酸洗流程。是以硫酸为原料的经典稀酸洗流程，即所谓“三塔二电”酸洗流程，如图 6-7 所示。

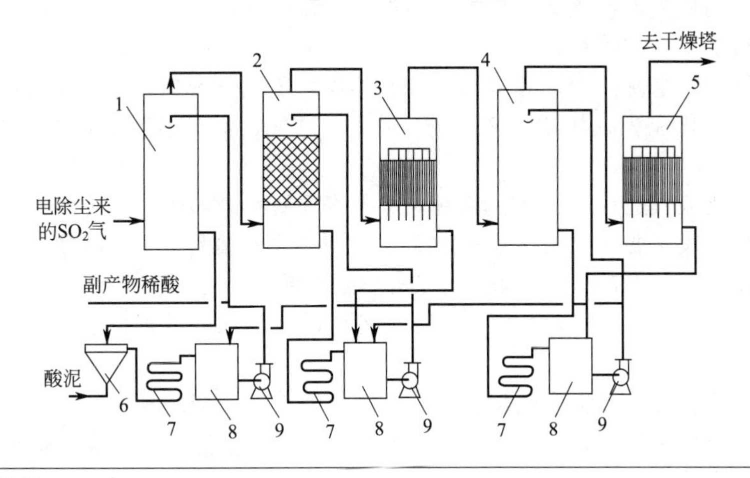

图 6-7　稀酸洗流程

1—第一洗涤塔；2—第二洗涤塔；3—第一级电除雾器；4—增湿塔；5—第二级电除雾器；6—沉淀槽；7—冷却器；8—循环槽；9—循环酸泵

由电除尘器出来的炉气温度在 290～350℃之间，进入第一洗涤塔，为防止矿尘堵塞，该塔一般采用空塔（亦称冷却塔）。塔顶用 60%～70%的硫酸进行喷淋洗涤，气体中大部分矿尘及杂质在塔内除去，洗涤后炉气温度降至 70～90℃，然后进入第二洗涤塔，用 30%左右的硫酸喷淋，进一步将炉气中的矿尘除净，气体被冷却至 30℃左右，其中的三氧化二砷、氟化氢和三氧化硫也大部分形成酸雾，少量酸雾被冷凝。

炉气进入第一电除雾器，大量酸雾在这里被除去。炉气进入增湿塔，用5%的稀酸淋洒，以增大酸雾的粒径，然后进入第二电除雾器，进一步除净酸雾后，再进入高速型纤维除雾器。

硫酸在洗涤塔内喷淋后，其温度和浓度都有提高，并夹带了大量被洗涤下来的矿尘，为了使喷淋酸能循环使用，必须经过沉淀、冷却和稀释。

第二洗涤塔为填料塔，喷淋酸含杂质少，循环酸温度变化不大。增湿塔循环酸温度没有多少变化，故一般不设冷却设备。由于不断增加分离下来的酸雾，增湿塔的淋洒酸的浓度逐渐增高，须向循环酸中补充水以保持原来的浓度，多余的增湿循环和两级电除雾器酸雾沉降下来的酸都送至第二洗涤循环槽，第二洗涤塔多余的循环酸，送第一洗涤塔的循环槽。

这种流程具有污水少、污稀酸有回收利用可能性，以及二氧化硫和三氧化硫损失少等优点；但有流程复杂、金属材料耗用多、投资大等缺点。

② 热浓酸洗净化流程。采用50～60℃，93%的热硫酸洗涤，由于在冷却过程中水分蒸发少、冷却慢，三氧化硫在液面上冷凝成酸，形成的酸雾较少。该流程简单，省去了电除雾器，可以净化含三氧化硫多的炉气，不产生稀酸，没有污水排出。但对含砷、氟高的炉气适应性差。

③ 其他酸洗流程。在标准酸洗流程的基础上发展了许多流程，其中以下两种是常见的流程。

(a)“二塔二电”稀酸洗流程。第一洗涤塔用25%～30%的硫酸，第二洗涤塔用5%～10%的硫酸。由于喷洒酸的浓度低，省掉了增湿塔，使流程简化。但是，20%～30%的稀酸回收利用的可能性小。

(b)“一塔一器一电”稀酸洗流程。此流程与“二塔二电”稀酸洗流程相似，不同点是第二洗涤塔用一间接冷凝器代替。炉气中的水蒸气在冷却过程中，一部分冷凝下来，一部分冷凝到酸雾雾粒上，增大了粒径。

(2) 水洗流程　水洗流程也有多种，一般都较简单，投资少，净化效果好，特别是我国常用的“文氏”净化流程，如“三文一塔”流程、“文、泡、电”流程等。但是污水量大，正逐渐被淘汰。

以上各种净化流程通称湿法净化流程。这种流程要将高湿炉气（400～600℃）冷却到常温，而送到转化工段又要加热到410～420℃。这种所谓硫酸生产上的“冷热病”，降低了热能利用率。此外，炉气在净化中被增湿，送到转化工段前又必须干燥，这称为硫酸生产的“干湿病”。这都使流程复杂化，投资增加。另外污酸、污水的处理也很困难。这些都是湿法净化的缺点。

(3) 干法净化流程　干法净化是针对湿法净化缺点而发展起来的。干法净化流程以旋风除尘、电除尘、布袋除尘三级除尘代替水洗流程中的洗涤、除雾、干燥、捕沫等工序，并与湿式转化、冷凝成酸相配套，大大简化了流程。干法也不会产生大量的污酸、污水，故适用于低浓度的二氧化硫工业尾气制酸。

布袋除尘器选择脉冲式玻璃纤维布袋，这种布袋具有耐高温、耐腐蚀、效率高等特点，电除尘器是干法净化的主要除尘设备。

干法净化流程对炉气中砷、氟含量有一定的限制，使用的钒催化剂应具有较强的抗砷性。

6.3.2 炉气和空气的干燥

采用湿法净化，炉气经过洗涤降温和除雾后，虽然除去了砷、硒、氟和酸雾等有害杂质，但是炉气被水蒸气饱和，炉气温度愈高，饱和的水蒸气量愈多。当水蒸气被带入转化器内，水蒸气与三氧化硫会形成酸雾而损害催化剂。酸雾一经生成，就很难被吸收，于是大量的硫酸将随尾气损失掉。因此，炉气在进入转化工序之前，必须进行干燥，使每立方米炉气的水分含量小于 0.1g；当以硫黄制酸时不存在以上问题，但是所用的空气也必须进行干燥。

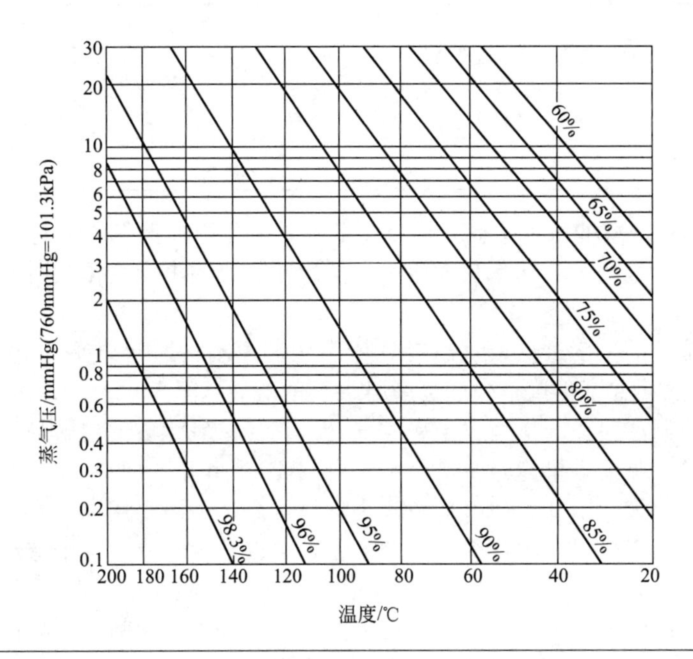

图 6-8 硫酸液面上的水蒸气压

6.3.2.1 炉气的干燥原理

浓硫酸具有强烈的吸水性。故常用来作干燥剂。在同一温度下，酸的浓度愈高，其液面上水蒸气的平衡分压愈小。当炉气中的水蒸气分压大于硫酸液面上的水蒸气压时，炉气即被干燥，不同浓度和温度的硫酸，其液面上的水蒸气压。如图 6-8 所示，硫酸的浓度愈高、温度愈低硫酸液面上的水蒸气压愈小。例如 40℃ 时，85% H_2SO_4 液面上的水蒸气压为 25.3Pa，90%H_2SO_4 液面上的平衡水蒸气压为 2.9Pa，98.3%H_2SO_4 液面上的平衡水蒸气压为 0.004Pa。又如 90%H_2SO_4，在 80℃时，液面上的平衡水蒸气压为 52Pa，竟比 40℃时高 16 倍多。

6.3.2.2 工艺条件的选择

（1）喷淋酸的浓度　从蒸气分压愈小而吸水性能愈强考虑，喷淋酸浓度愈高愈好。但是，浓度愈高，硫酸蒸气平衡分压相应增高，就愈容易生成酸雾。同时，浓度愈高，所生成的酸雾也愈多，如表 6-3 所示。

表 6-3 干燥后条件中的酸雾与喷淋酸组成和温度的关系

喷淋酸的质量分数/%	酸雾含量/(g/m^3)			
	40℃	60℃	80℃	100℃
90	0.0006	0.002	0.006	0.023
95	0.003	0.011	0.033	0.115
98	0.006	0.019	0.056	0.204

从表 6-3 可知，60℃时，硫酸组成由 90%增高到 95%时，酸雾含量增加 5.5 倍。其次，硫酸浓度愈高，硫酸中所溶解的二氧化硫愈多，结果随干燥塔的循环酸一起带出的二氧化硫损失也愈大，如表 6-4 所示。

表 6-4　二氧化硫损失与干燥塔喷淋酸的组成和温度的关系

喷淋酸的质量分数/%	二氧化硫的损失/%		
	40℃	50℃	60℃
93	0.55	0.51	0.37
95	1.00	0.92	0.64
97	3.30	2.92	2.22

从表 6-4 可知，硫酸的浓度愈高，温度愈低，二氧化硫的溶解损失越大。

硫酸浓度对水蒸气的吸收速率也发生一定的影响。当喷淋酸的浓度愈高时，吸收推动力愈大，故吸收速率愈快。

综上所述，硫酸的浓度过低或过高对气体净化都不利，通常以采用 93%～95%的硫酸为宜。同时考虑硫酸的结晶温度，一般也采用 93%的硫酸，因为 93%的硫酸的结晶温度较低。

以硫黄为原料制酸时，干燥塔只干燥空气，不存在二氧化硫的溶解损失问题，硫酸的浓度可以高些，但是，硫酸含量超过 98.3%后，其蒸气中开始出现 SO_3，而且其分压随硫酸的浓度增加而逐渐增大，因此，硫酸的浓度也不能过高，一般采用 98.3%的硫酸。

(2) 喷淋酸的温度　提高干燥喷淋酸的温度，可以减少二氧化硫的溶解损失，但是硫酸液面上水蒸气压增高，同时硫酸蒸气分压也增高，增加了酸雾的含量，降低了干燥塔的效率；若降低喷淋酸的温度，可减少硫酸液面上的水蒸气分压以及酸雾的生成，但是二氧化硫的溶解损失则增大。实际生产中，喷淋酸的塔温度，决定于冷却水的温度，所以一般在 30～40℃之间，在夏季以不超过 45℃为适当。

以硫黄为原料制酸时，采用 98.3%的硫酸干燥空气，水的蒸气压很小，而且不存在二氧化硫的溶解损失问题，喷淋酸的浓度可以高些，一般为 60～80℃，而且目前有进一步提高的趋势，甚至达 100℃左右。这样可以降低换热器的传热面积，而且对空气有一定的预热作用，但是温度过高，热硫酸对设备的腐蚀将加大。

(3) 气体温度　进入干燥塔的气体温度愈低愈好，温度愈低，气体带入塔的水分就愈少，干燥效率就愈高。但进塔气温受冷却水温度的限制，入塔气温过高，不仅增加干燥塔的负荷，同时使产品酸的浓度降低。因此，一般气体温度控制在 30℃为好。

(4) 喷淋密度　喷淋酸量的大小也影响干燥效率，喷淋量可通过物料和热量平衡来决定。

在干燥过程中，喷淋酸吸收气体中的水分，硫酸被稀释，同时放出大量的稀释热。根据计算，酸的浓度每降低 0.5%，相应地酸温度约升高 10℃。如果在干燥过程中，酸的浓度降低和温度上升的幅度太大，则使干燥效率显著降低。因此喷淋酸量要足够大，使塔中酸的温度和浓度改变不大。

正常生产中，出干燥塔气体含水分不应超过 $0.15g/m^3$，干燥效率应维持在 99%以上。

6.3.2.3　工艺流程

炉气干燥工艺流程如图 6-9 所示，含水分的净化气从干燥塔底部进入，塔顶喷淋下来的浓硫酸逆流相遇，气液两相在填料表面充分接触，气相中的水分被硫酸吸收。干燥后的气体再经塔顶高速型纤维捕沫层，将夹带的酸沫分离掉，喷淋酸吸收水分同时温度升高，由塔底出来后进入循环槽，再用酸泵经淋洒式冷却器后进入干燥塔顶部。

喷淋酸吸收气体中的水分后，浓度稍有降低，为了保持一定的酸浓度，必须从三氧化硫吸收塔连续送来 98.3%酸加入循环槽，与干燥塔流出的酸相混合。喷淋酸由于吸收水分和增加 98.3%酸后，酸量增多，应连续地将多余的酸送至吸收塔或作成品酸送入酸库。

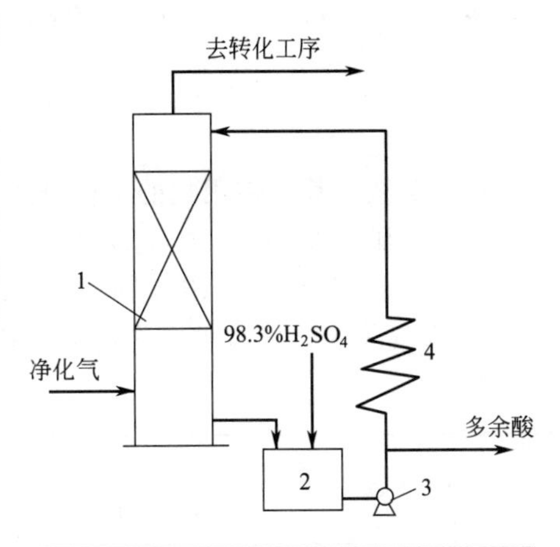

图 6-9　炉气干燥工艺流程示意图

1—干燥塔；2—循环槽；3—酸泵；4—冷却器

6.4　二氧化硫的催化氧化

6.4.1　二氧化硫氧化的理论基础

6.4.1.1　二氧化硫氧化反应的化学平衡

在接触法硫酸生产中，二氧化硫氧化反应是在催化剂的存在下按下式进行的。

$$SO_2 + 1/2O_2 \longrightarrow SO_3 + Q_p \tag{6-1}$$

这是一个放热的、体积缩小的可逆反应，热效应与温度的关系可表示为

$$Q_p = 22084.3 + 5.618T - 10.4575\times10^{-3}T^2 + 64.212\times10^{-7}T^3 - 1.648\times10^{-9}T^4$$

式中　T——热力学温度，K。

根据上式可算出不同温度下二氧化硫氧化反应的热效应，在 400～700℃范围内，反应热也可用下列简化式计算；

$$Q_p = 24205 - 2.21T$$

当氧化反应达到平衡时，平衡常数可以表示为

$$K_p = \frac{p_{SO_3}}{p_{SO_2}\, p_{O_2}^{\frac{1}{2}}} \tag{6-2}$$

式中　p_{SO_3}、p_{SO_2}、p_{O_2}——平衡状态下各组分的分压。

平衡常数 K_p 与温度的关系，根据热力学计算如下：

$$\lg K_p = \frac{4812.3}{T} - 2.8254\lg T + 2.284\times10^{-3}T - 7.012\times10^{-7}T^2 + 1.197\times10^{-10}T^3 + 2.23 \tag{6-3}$$

按式(6-3) 算出在不同温度下的平衡常数值，在 400～700℃之间，K_p 与温度的关系，也可用下列简化式计算：

$$\lg K_p = \frac{4905.5}{T} - 4.6455 \tag{6-4}$$

由式(6-4) 算出的 K_p，值较用式(6-3) 算出的小 1%左右。

由式(6-4) 可知，平衡常数随温度的升高而减小，平衡常数愈小，二氧化硫的平衡转化率愈低。二氧化硫的平衡转化率可表示为

$$X_T = \frac{p_{SO_3}}{p_{SO_3} + p_{SO_2}} \tag{6-5}$$

平衡转化率愈高，则实际可能达到的转化率也愈高。

将式(6-2) 和式(6-5) 合并，可求出平衡转化率与平衡常数的关系。

$$X_T=\frac{K_p}{K_p+1/p_{O_2}^{\frac{1}{2}}} \tag{6-6}$$

对于工艺计算，使用氧的平衡分压来求平衡转化率十分不方便。为此，可将氧的平衡分压表示为总压力及起始气体组成的关系。

若以 a、b 分别表示 SO_2 和 O_2 的起始含量（摩尔分数），p 为混合气体的总压力，取 1mol 混合气体为计算基准，作物料衡算，结果见表 6-5。

表 6-5 物料衡算表

组 成	反 应 前		反应达到平衡时	
	摩尔分数	分 压	摩尔分数	分 压
SO_2	a	ap	$a(1-X_T)$	$\frac{a(1-X_T)}{1-\frac{aX_T}{2}}\times p$
O_2	b	bp	$b-\frac{aX_T}{2}$	$\frac{b-\frac{aX_T}{2}}{1-\frac{aX_T}{2}}\times p$
SO_3	0	0	aX_T	$\frac{aX_T}{1-\frac{aX_T}{2}}\times p$
其余气体	1－a－b	(1－a－b)p	1－a－b	$\frac{1-a-b}{1-\frac{aX_T}{2}}\times p$
总计	1	p	$1-\frac{aX_T}{2}$	p

将平衡时氧的分压代入平衡转化率公式(6-6) 中即得

$$X_T=\frac{K_p}{K_p+\sqrt{\frac{1-0.5aX_T}{p(b-0.5aX_T)}}} \tag{6-7}$$

对于混合气体的任何起始组成，在任何温度和任何压力下，都可以利用公式(6-7) 来计算 SO_2 转化为 SO_3 的平衡转化率，由于上式两端都含有 X_T，故要用试差法来计算。

由式(6-7) 可知，影响平衡转化率的因素有温度、压力和气体的起始组成。当炉气的起始组成为：7.5%SO_2，10.5%O_2，82%N_2 时，不同温度、压力下的平衡转化率 X_T。如表 6-6 所示。

表 6-6 平衡转化率与温度、压力的关系

温度/℃	压力/atm					
	1	5	10	25	50	100
400	0.9015	0.9961	0.9972	0.9984	0.9988	0.9992
450	0.9934	0.9898	0.9814	0.9946	0.9962	0.9972
500	0.0306	0.967S	0.9767	0.9852	0.9894	0.9925
550	0.8492	0.9252	0.9456	0.9648	0.9748	0.9820
600	0.7261	0.8520	0.8897	0.9267	0.9468	0.9616

温度对平衡转化率的影响：二氧化硫的转化为放热反应，因而降低反应温度，可以提高

二氧化硫的平衡转化率。

压力对平衡转化率的影响：二氧化硫的转化为体积缩小的反应，因此，增加压力，可使平衡转化率提高，从式(6-7) 可知，当其他条件不变时，平衡转化率随着压力的增大而升高。从表 6-6 看出，提高压力虽然可以提高平衡转化率，但压力对平衡转化率的影响并不显著。

起始气体组成对平衡转化率的影响：在相同温度和压力下，焙烧同样的含硫原料（如硫铁矿），由于空气过量不同，平衡转化率不同（a、b 值不同）。

6.4.1.2　二氧化硫氧化的催化剂

二氧化硫和氧的反应在没有催化剂存在时，反应速率极为缓慢，即使在高温下，反应速率也很慢。因此，在工业生产上，必须采用催化剂来加快反应速率。二氧化硫氧化反应所用的催化剂，有铂催化剂、氧化铁催化剂及钒催化剂等几种。

铂催化剂活性高但价格昂贵且易中毒，氧化铁催化剂价廉且容易获得，但只有在 640℃ 以上的高温时，才具有活性。由于高温下受平衡的限制，转化率一般只有 45%～50%。所以，工业生产中都不采用以上两种催化剂。钒催化剂具有活性高热稳定性好和机械强度高，价格便宜等优点。因此，目前在硫酸工业中一般都采用钒催化剂。钒催化剂是以五氧化二钒（含量为 6%～12%）作为活性组分，以氧化钠作为助催化剂，以二氧化硅作为载体，有时为了加强催化剂的耐热性或抗毒能力，也添加其他组分，如锡、锑、钙、铁及铬的氧化物。

我国生产的钒催化剂有 S101（老型号为 V1）、S102（V2）、S105（V5），S107、S108、S110 等类型。我国用优质硅藻土（SiO_2），生产的 S101 型钒催化剂，在净化条件较好的情况下，使用寿命可长达十年以上，而当前国外先进水平的催化剂其寿命也只有八至十年，其中以 S101 型与国外所产的催化剂活性比较如表 6-7 所示。

表 6-7　S101 型钒催化剂活性与国外钒催化剂活性比较

型　号	各种温度下的转化率/%		
	430℃	450℃	500℃
S101 型	61.2	76.3	84.5
苏联 BAB	59.0	67.3	84.5
美国孟山都	61.0	73.6	81.6

6.4.1.3　二氧化硫催化氧化的动力学方程

（1）二氧化硫氧化反应的机理　实践证明，二氧化硫的氧化反应，当有催化剂时，就大大加快了反应速率。这主要是由于在钒催化剂的作用下，降低了反应所需活化能的缘故。在无催化剂时，反应所需的活化能为 50kcal/mol 以上，当在钒催化剂上反应时，活化能降低到 22～23kcal/mol。为什么钒催化剂能降低反应所需的活化能呢？至今说法不一，用来解释的主要理论有二：一是吸附理论；二是中间化合物理论。两种理论正向着互相接近的方向发展，而逐渐趋于一致，可以认为二氧化硫在催化剂表面上的氧化过程，是通过下列阶段来进行的。

① 氧分子被催化剂表面吸附，氧分子中原子间的键被破坏，使氧原子获得了与二氧化硫化合的可能性。

② 二氧化硫被催化剂吸附，并与氧原子结合。

③ 在催化剂表面二氧化硫分子和氧原子之间，进行电子的重新排列，而生成三氧化硫。

$$\text{催化剂} \cdot SO_2 \cdot O \longrightarrow \text{催化剂} \cdot SO_3$$

④ 生成的三氧化硫，在催化剂表面解吸而进入气相。

经研究，上述4个阶段中，第①个阶段是最慢的一个阶段，即是过程的控制阶段。也就是整个催化氧化过程的控制阶段。

(2) 二氧化硫氧化反应过程的接触时间　二氧化硫氧化反应的气固相接触时间，是指气体混合物通过整个催化剂床层所需的时间，简称为接触时间或停留时间，即

$$\tau'=\frac{V_R\phi}{V} \tag{6-8}$$

式中　V_R——催化剂床层总体积，m^3；

ϕ——催化剂层自由体积分数，%；

V——混合气体流量，m^3/s；

τ'——真实接触时间，s。

在实际计算中，为了简化起见，一般采用虚拟接触时间（或称假态接触时间），虚拟接触时间（τ）是指催化剂床层总体（包括催化剂颗粒所占体积和催化剂颗粒间的空隙）与混合气体流量之比。

$$\tau=\frac{V_R}{V} \tag{6-9}$$

对于非等温过程，采用标准虚拟接触时间（τ_0）进行计算较为方便，若气体在标准状况下体积为V_0(m^3)，操作温度为T(K)，操作压力为p(Pa)，则

$$V=\frac{Tp_0}{pT_0}V_0$$

当p_0等于1大气压时，则$V=\frac{T}{273p}V_0$由此可得

$$\tau_0=\frac{T}{273p}\cdot\tau$$

(3) 二氧化硫催化氧化的动力学方程　对于使用钒催化剂的二氧化硫催化氧化动力学方程已经进行了许多研究，在每一种催化剂上，二氧化硫催化氧化过程各有特性。因此，一定的过程要由相应的动力学方程式来表示。

二氧化硫催化氧化生成三氧化硫的动力学方程式，可以表示为

$$\frac{dc_{SO_3}}{d\tau}=kc_{SO_2}^n c_{O_2}^m c_{SO_3}^l \tag{6-10}$$

式中　c——气体混合物中SO_2、SO_3及O_2的浓度；

l，m，n——常数；

k——反应速率常数；

τ——真正接触时间。

式(6-10)中的各项常数必须根据实验数据来确定，对于不同的催化剂，或者进行实验条件不同，这些常数的数值是不同的。对于钒催化剂由实验数据计算得$l=-0.8$，$m=1$，$n=0.8$，则在钒催化剂上二氧化硫氧化的动力学方程式为

$$\frac{dc_{SO_3}}{d\tau}=kc_{O_2}\left(\frac{c_{SO_2}}{c_{SO_3}}\right)^{0.8} \tag{6-11}$$

假若三氧化硫的生成速率取决于二氧化硫的浓度与其平衡浓度之差，则式(6-11)可改写为

$$\frac{dc_{SO_3}}{d\tau}=k'c_{O_2}\left(\frac{c_{SO_2}-c_{SO_2}^*}{c_{SO_3}}\right)^{0.8} \tag{6-12}$$

式中　$c^*_{SO_2}$——平衡时二氧化硫的浓度。

若采用标准状况下的虚拟接触时间进行计算，式(6-12) 表示为

$$\frac{dc_{SO_3}}{d\tau_0}=k'\frac{273}{T}\cdot c_{O_2}\left(\frac{c_{SO_2}-c^*_{SO_2}}{c_{SO_3}}\right)^{0.8} \tag{6-13}$$

为了计算方便起见，通常是把反应速率表示成转化率及原始气体组成的函数，而不采用组分的即时浓度。上式中压力校正忽略（常压操作）。

为此，设混合气体中二氧化硫的起始浓度为 a，氧的起始浓度为 b。当转化率为 x 时，SO_2、O_2 及 SO_3，的浓度分别为

$$c_{SO_2}=a(1-x);c_{O_2}=b-\frac{1}{2}ax;c_{SO_3}=ax$$

平衡时二氧化硫的浓度为

$$c^*_{SO_2}=a(1-x_T)$$

将上列各值代入式(1-13) 中，经整理后得式(6-14)

$$\frac{dx}{d\tau_0}=\frac{273}{273+t}\times\frac{k'}{a}\left(\frac{x_T-x}{x}\right)^{0.8}\left(b-\frac{1}{2}ax\right) \tag{6-14}$$

我国对 S101 和 S102 型钒催化剂，在温度 500℃左右时，实验研究获得的动力学方程经简化后为

$$\frac{dc_{SO_3}}{d\tau}=kc^{0.5}_{O_2}(c_{SO_2}-c^*_{SO_2})^{0.5}$$

如前所述，也可用混合气体的原始浓度及转化率的关系来表示，经整理后得

$$\frac{dx}{d\tau_0}=\frac{273}{273+t}\ k'\left[\frac{(x_T-x)\left(b-\frac{1}{2}ax\right)}{a}\right]^{0.5} \tag{6-15}$$

由式(6-14) 和式(6-15) 可知，反应速率与 k'，x，x_T 以及 a、b 等因素有关。x_T 又与温度有关，应用动力学方程，分析影响反应速率的各个因素，从而可以确定出最适宜的工艺条件。

① 温度对反应速率的影响。动力学方程式中反应速率常数 k 与温度的关系：

$$k=k_0e^{\frac{-E}{RT}} \tag{6-16}$$

式中　k_0——催化剂的特性常数；

E——反应活化能，kJ/kmol；

T——热力学温度，K；

R——气体常数，8.314kJ/（kmol·K）。

若反应活化能已知，根据式(6-16) 可以求出反应速率常数与温度的关系。钒催化剂上的反应速率常数与温度的关系如图 6-10 所示。

由图 6-10 看出，钒催化剂上的反应速率常数 k，是随温度的上升而增大的。在较低的温度范围内，k 值增加较快，温度愈高，k 值增加愈慢，例如 450℃时 k 值为 400℃时的 3.08 倍，而 600℃时 k 值则为 550℃时的 2.17 倍。在图 6-10 中温度在 400～460℃范围内时，钒催化剂的反应速率常数有两个不同的值。图中 AB 段直线相当于钒催化剂中钒以五价形态存在，其活化能为 22～23kcal/mol；图中 DE 段直线相当于钒催化剂中钒以四价形态存在，其活化能为 40～50kcal/mol，而 CD 段直线则相当于以五价钒和四价钒混合物的形态存

在。这一关系说明了五价钒转变为四价钒是随温度而变化的。

② 扩散对反应速率的影响。二氧化硫的催化氧化是气固相催化反应，反应过程系按下列步骤进行。

(a) 反应气体（SO_2，O_2）由气相向钒催化剂表面扩散（外扩散）；(b) 反应气体由催化剂外表面向内表面扩散（内扩散）；(c) 气体在催化剂表面上进行反应；(d) 反应产物（SO_3）从催化剂内表面向外表面扩散（内扩散）；(e) 反应产物从催化剂外表面向气相中扩散（外扩散）。

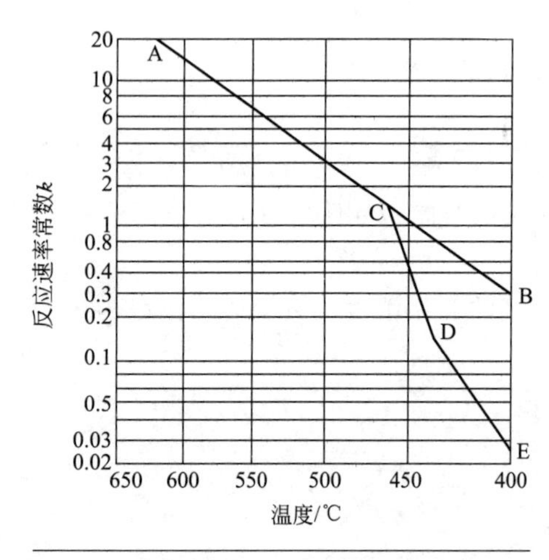

图 6-10　钒催化剂上的反应速率常数与温度的关系

前面在推导动力学方程时，只考虑了在催化剂表面上进行反应的有关因素。没有考虑扩散的影响。因此，在使用动力学方程时，需要注意扩散过程的影响。例如，当温度较高，表面反应速率比较大时，扩散的影响就需要考虑。

外扩散主要由气流速度所决定。在工业上，二氧化硫气体通过催化剂床层的气流速度是相当大的。因此，外扩散过程的影响可以忽略不计。内扩散主要由催化剂孔隙的结构所决定，孔道愈细愈长，则扩散阻力愈大，内扩散的影响也愈大。当催化剂孔隙结构一定，催化剂颗粒较小，反应温度比较低时，内扩散的影响可以不必考虑。因此这时的阻力主要是表面反应，但在实际生产中，二氧化硫催化氧化的反应温度是较高的，钒催化剂的颗粒又比较大，这时表面反应的阻力相对下降，内扩散的影响不能忽视。内扩散的影响情况，一般用内表面利用率来表示。表观反应速率常数与没有扩散影响时求得的反应速率常数之比，叫做内表面利用率。直径为 5mm 的钒催化剂，对于一般组成的炉气在反应前期内表面利用率约为 0.50 左右，反应后期的内表面利用率可达 0.90～0.95。因此，内扩散的影响需要考虑时，由实验所测得的 k 值求反应速率，必须乘以内表面利用率。

6.4.2　二氧化硫催化氧化的最适宜条件

6.4.2.1　最适宜温度

二氧化硫的氧化是放热可逆反应，从热力学观点来看，平衡转化率随温度的升高而降低，所以，二氧化硫的氧化过程应在低温下进行。但从动力学观点来看，反应速率常数是随温度的升高而增加的，氧化过程则应在高温下进行。由于平衡转化率与反应速率对温度的要求是矛盾的，因此，为了确定反应过程的最理想的温度条件，必须同时考虑过程的热力学和动力学。这就要通过对二氧化硫催化的氧化反应的动力学方程式的分析来求得解决。

如前所述，二氧化硫氧化的动力学方程为

$$\frac{dx}{d\tau_0}=\frac{273}{273+t}\frac{k'}{a}\left(\frac{x_T-x}{x}\right)^{0.8}\left(b-\frac{1}{2}ax\right)$$

影响反应速率的因素有：反应速率常数 k'、平衡转化率 x_T、即时转化率 x 和气体起始组成 a、b。

在实际生产中，炉气的起始组成变化不大，可以认为 a、b 是常数，当即时转化率 x 为一定时，反应速率 $dx/d\tau_0$ 则与反应速率常数 k' 和平衡转化率 x_T 有关。而 k' 和 x_T 又是由温度来决定的。即在不同温度条件下，一定起始浓度的混合气体在一定的转化率下的反应速率是不同的。当温度较低时，提高温度，由于 k' 值的增大较快，而 x_T 值的减小较慢，因此，反应速率 $dx/d\tau_0$ 是增大的。与此相反，当温度较高时，再提高温度，由于 k' 值的增大较慢，而 x_T 值的减小较快，因此，反应速率 $dx/d\tau_0$ 是减小的。反应速率由增大到减小的过程中，必然存在一个最大反应速率，这个最大反应速率也必然有一个对应的温度。当炉气组成一定，在一定的即时转化率下，反应速率为最大时的温度即为该转化率下的取适宜温度。所以最适宜温度不是恒定的，而是随气体起始组成和转化率的变化而变化。

最适宜温度可根据图解法求得。在一定的转化率及一定起始气体浓度的条件下，根据动力学方程式，算出不同温度下的反应速率值。然后以温度及反应速率为坐标作图。图 6-11 所示，是根据炉气的起始组成为 7%SO_2、11%O_2 和 82%N_2 时作出的，图中的曲线表示在相应的转化率下，温度与反应速率的关系。

图中线 A 是最适宜温度的连线，线 B 和线 C 则是反应速率相当于最大反应速率 0.9 倍的各点的连线。由图 6-11 还可看出，转化率愈高则相应的最适宜温度也愈低；在相同的温度下，转化率愈高则反应速率愈低。

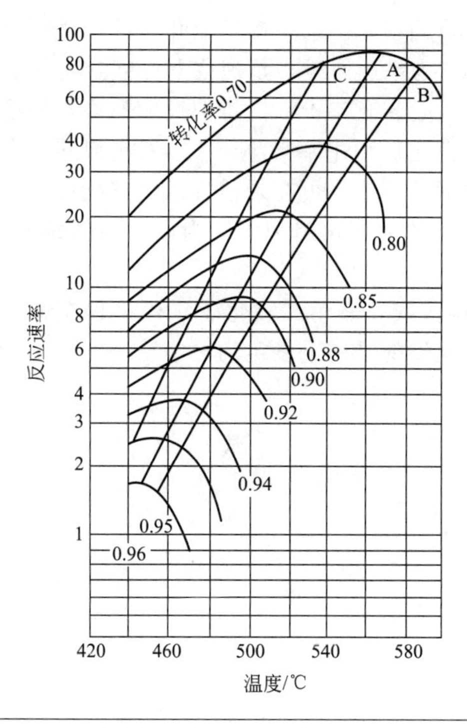

图 6-11　二氧化硫反应速率与温度的关系

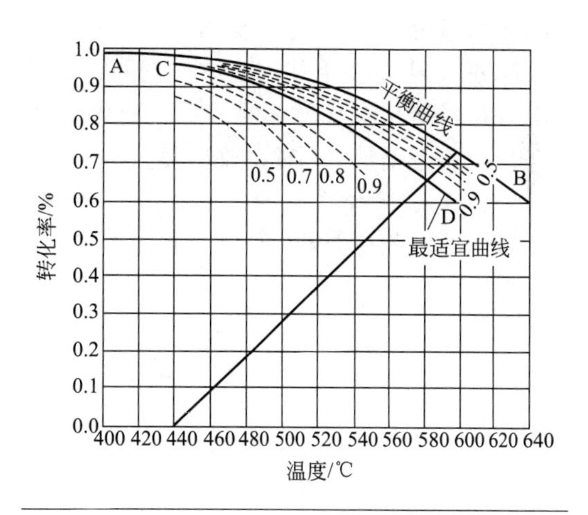

图 6-12　温度-转化率图

如果把线 A 上各值绘在 t-x 图上，则得另一条曲线。此曲线在平衡曲线的下方，称为最适宜温度曲线（如图 6-12 中的 CD 曲线），在线上的任一点都有最大的反应速率。

二氧化硫氧化反应的最适宜温度，除了用图解法求得外，还可用动力学方程按一般求极值的方法求取，即

$$T_m=\frac{T_e}{1+\frac{RT_e}{2Q}\ln\frac{E_1+rQ}{E_1}}$$

式中　Q——反应热 kJ/mol；

r——反应组成分参与催化反应的活化分子数；

T_e——平衡温度；

E_1——活化能，kJ/mol。

如用S型钒催化剂时，$E_2=89.87$kJ/mol 和 $r=2$，最适宜温度公式如下：

$$T_m=\frac{4905}{\lg\left[\dfrac{x}{(1-x)\sqrt{\dfrac{b-0.5ax}{100-0.5ax}}}\right]+4.937} \tag{6-17}$$

若已知二氧化硫和氧的浓度，就可以利用式(6-17）求得最适宜温度，然后绘在 t-x 图上，即得最适宜温度曲线。例如，$SO_2=7\%$；$O_2=11\%$时，求得数据如表6-8。

表6-8　计算结果汇总表

$x/\%$	60	65	70	75	80	85	88	90	92	94	95	96	97
T_m/℃	604	588	572	557	541	522	509	498	486	470	462	450	437

将上列数据绘于 t-x 图上，即为图6-12中的CD曲线。二氧化硫的氧化按此曲线所示的温度条件进行操作，则过程速度最大。图中的线AB为平衡曲线，是理论上可能达到的最大的转化率曲线。图中的虚线为催化剂利用率曲线。一定转化率下，过程的反应速率与最适宜温度下的最大反应速率之比，叫作催化剂利用率。催化剂利用率常小于1。催化剂利用率愈高，则其曲线愈靠近最适宜温度曲线，对任一催化剂利用率，可在最适宜温度曲线的上下方分别找出相应的曲线，两曲线的催化剂利用率相等。图中催化剂利用率为0.9的两条曲线，与图6-11上的线B，线C相当。

图6-12中从左下往右上方向的直线称为绝热操作线，表示二氧化硫氧化过程在绝热条件下进行时转化率与温度的关系。绝热线是根据转化器的平衡来确定的。

当转化率增加 dx 时，放出热量为

$$\mathrm{d}Q=ma'q\mathrm{d}x$$

气体温度相应升高

$$\mathrm{d}t=\frac{\mathrm{d}Q}{Mc_p}=\frac{a'q\mathrm{d}x}{c_p}$$

式中　M——通过转化器的气体量，kg/h；

a'——二氧化硫的原始质量分数；

q——二氧化硫的反应热，kJ/kg；

c_p——混合气体的平均比热容，kJ/（kg·℃）。

将二氧化硫的重量含量换算为体积含量（a）即

$$a'=\frac{2.857a}{r}$$

式中，2.857是标准状况下，1m^3 二氧化硫的质量，则

$$\mathrm{d}t=\frac{2.875aq\mathrm{d}x}{rc_p}$$

若采用500℃下及转化率为50%时的 c_p 和 q 值。

$$q_{500}=1478\text{kJ/(kgSO}_2)$$

代入上式并整理后得

$$dt = 42.3 \frac{a}{rc_p} dx$$

积分得上式：

$$t - t_0 = 42.3 \frac{a}{rc_p}(x - x_0)$$

即

$$t = t_0 + \lambda(x - x_0)$$

此式称为绝热线方程式。λ 在数值上等于绝热条件下，转化率从 0 改变到 1 时的温度升高值；与二氧化硫起始浓度有关。

将绝热线方程描绘在 t-x 图上即得一斜线。该线与纵轴交角的余切即是 λ 值。由图可看出，按绝热线进行操作时，不可能一次达到高的转化率。要想得到高的转化率，必须将气体冷却，再进行第二次绝热操作。如此，还可进行第三次乃至更多次绝热操作。为此，中间热式转化器有两段式、三段式和四段式等多种。

6.4.2.2　最适宜的二氧化硫起始浓度

二氧化硫起始浓度的高低，与转化工序设备的能力、能量的消耗、催化剂的用量等有关。

（1）二氧化硫浓度与催化剂用量的关系　当炉气中二氧化硫起始浓度增大时，氧的起始浓度则相应地降低，从动力学方程式可知，反应速率随之减慢，为达到一定的最终转化率，则所需催化剂的用量将增多。

催化剂用量的计算可采用两种方法：一是定额指标计算；一是理论计算。

① 定额指标计算。该种计算方法只需要根据实际条件，合理选择一个经验的定额指标，乘以设计的催化床生产能力即可求得。对于 S101 型催化剂，炉气中二氧化硫组成为 7%时，一次转化最终转化率为 97%左右，二次转化最终转化率为 99.3%～99.7%，采用四段转化，催化剂定额指标如下。

以硫铁矿为原料：一次转化为 220～240 升/(吨酸・日)；

二次转化为 260～280 升/(吨酸・日)。

以硫黄为原料：一次转化为 220～250 升/(吨酸・日)；

二次转化为 250～260 升/(吨酸・日)。

这种计算方法比较简便，若采用的定额指标可靠，设计出来的转化器一般也较切合实际。

② 理论催化剂用量的计算。对一定组成的炉气，为达到一定的最终转化率所需催化剂用量，以虚拟接触时间进行计算，即

$$\tau_0 = V_R / V$$

亦即

$$V_R = V\tau_0$$

考虑到实际的情况可能与所给定的条件不同，以及随使用时间的增长，催化剂的活性会逐渐降低，故在实际计算时，应乘以催化剂备用系数 C，故

$$V_R = C \cdot V \cdot \tau_0 \tag{6-18}$$

上式中的 V 值由生产任务确定，τ_0 值必须用动力学方程式计算。将式(6-14) 积分得

$$\tau_0 = \int_{x_1}^{x_2} \frac{(273 + t)ax^{0.8}}{k(x_T - x)^{0.8}(b - \frac{1}{2}ax) \cdot 273} dx \tag{6-19}$$

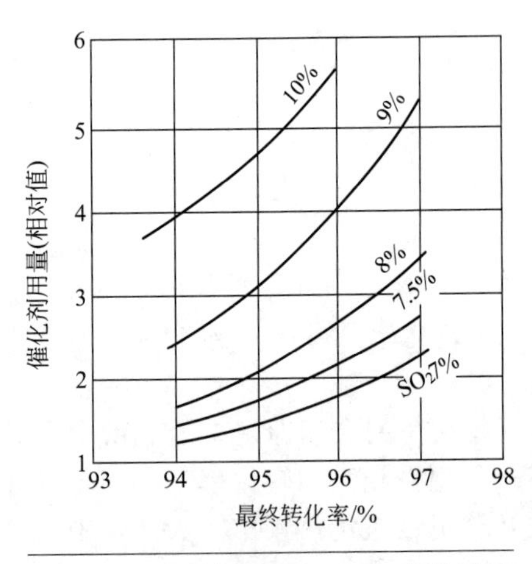

图 6-13　催化剂用量与 SO_2 起始浓度及最终转化率的关系

催化剂用量与二氧化硫起始浓度及最终转化率的关系，如图 6-13 所示。由图可看出，随着二氧化硫的浓度的增加和最终转化率的增加，所需催化剂的用量很快增加。因此，从减少催化剂用量看来，采用低浓度的二氧化硫是有利的。但是，催化剂用量并不是决定生产系统操作是否经济的唯一因素，还要考虑二氧化硫浓度对生产过程及其他方面的影响。

（2）生产能力与二氧化硫浓度的关系　如前所述，催化剂用量随二氧化硫浓度的降低而减少。但是随着二氧化硫浓度的降低，将使生产出的硫酸所需处理的气体体积增加。因此，确定二氧化硫浓度，应该从给定的转化器截面上的流体阻力一定时，以及最终转化率较高的情况下，达到最大的生产能力来确定。当送风机能力一定，则鼓风机所能克服的阻力亦一定。

由图 6-14 可看出，当二氧化硫组成为 6.8%～7%，达到不同的最终转化率时，转化器的生产能力均达到最大值。

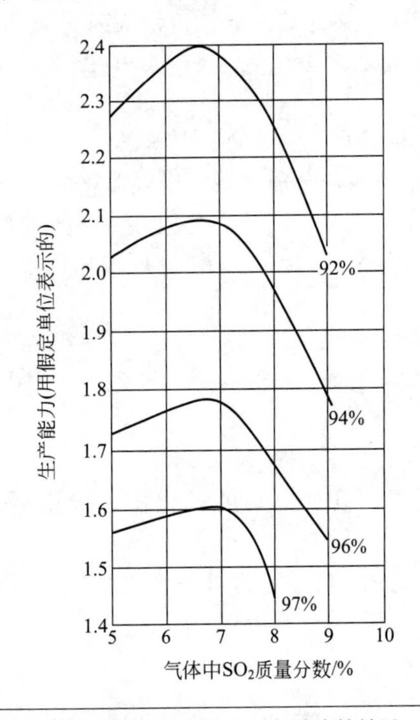

图 6-14　转化器的生产能力与炉气浓度的关系

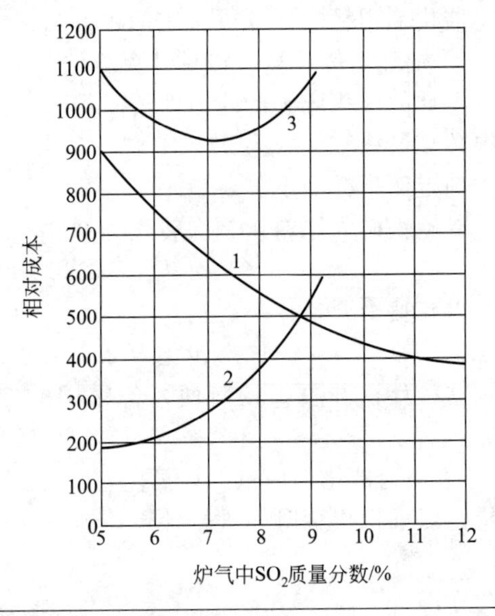

图 6-15　二氧化硫浓度对硫酸生产总费用的影响

1—折旧费；2—操作费；3—总费用

工厂的技术经济指标，首先应根据产品的成本来确定。在选择转化器的最适宜操作条件时，不仅要考虑到转化率的高低，而且还需要考虑其他因素，其中最重要的因素是整个接触法硫酸工厂的总生产能力。

提高二氧化硫的起始浓度，将使生产一吨硫酸所需处理的体积减小。故在其他条件相同的情况下，接触法硫酸厂的各工序的主要设备生产能力也相应地提高。当炉气从 7%分别增至 8%及 9%时，转化率从 97%相应降低至 94.9%及 90.5%，而工厂的生产能力却提高了

11.8%及20.2%。

由于主要设备生产能力随二氧化硫的浓度增加而增加，因而设备的折旧费用也就随之减少，如图6-15中曲线1所示。由于二氧化硫浓度增加，达到一定的最终转化率时所需的催化剂用量也相应地增加。曲线2表示最终转化率为97.596%时，催化剂的费用与二氧化硫浓度的关系。因此，必然存在一最经济的二氧化硫起始浓度，此时总费用为最小。曲线3即为总费用与二氧化硫浓度的关系。

必需指出，图6-15中的数据，是在一定条件下相对比较而得的。当原料改变或具体生产条件变化时，其结果也相应改变。进入转化器的二氧化硫最适宜温度，必须根据流程和原料的具体情况进行经济效果比较后选定。

6.4.2.3 最适宜的最终转化率

最终转化率是接触法生产硫酸的重要指标之一，提高最终转化率即可以减少废气中二氧化硫的浓度，减轻环境污染，同时也可提高硫的利用率，降低生产成本。由于提高最终转化率增加催化剂的用量，因此对流体的阻力也增大。

在最适宜温度条件下，催化剂用量与最终转化率的关系，如图6-16所示。由于可以看出，催化剂用量随最终转化率的增加而迅速增加。因此最终转化率愈高，反应愈接近平衡，总反应速率愈小，为达到要求的最终转化率所需的接触时间就愈长，所以催化剂的用量显著增加。

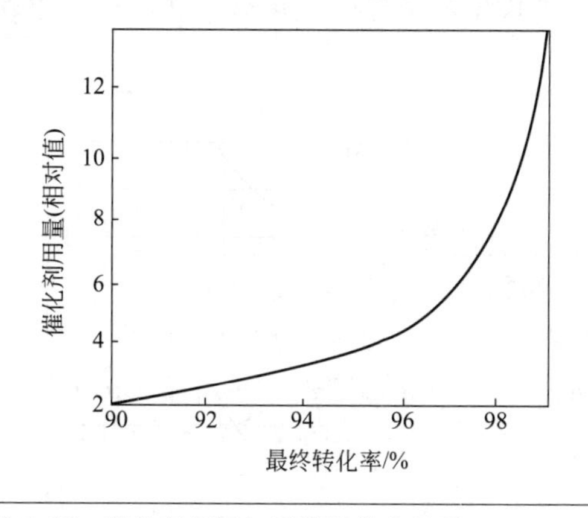

图6-16 催化剂用量与最终转化率关系

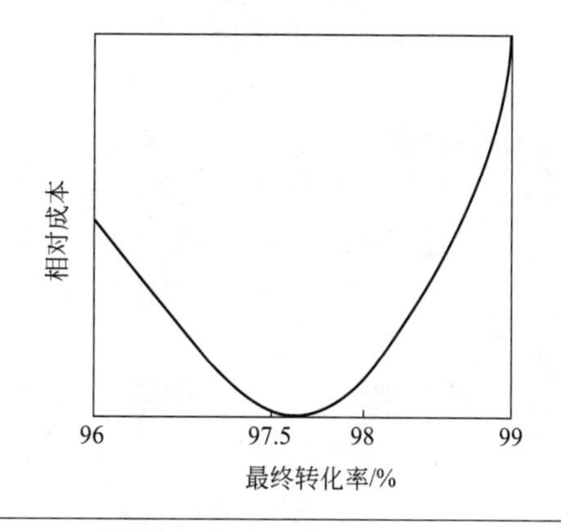

图6-17 最终转化率对成本的影响

最终转化率高可以多产硫酸，但是，多产硫酸的价值，是否能抵偿由于最终转化率增加而引起催化剂费用的增加，是应该考虑的问题。当然，最终转化率太低，硫酸成本也会增加。由此看来，存在着相应于硫酸总成本最低的最终转化率。由图6-17可知，当转化率为97.5%～98%时，硫酸的相对成本最低。这样的最终转化率，在多段间接换热转化系统中是可以达到的。

必须指出，最适宜的最终转化率并不是固定的，确定最终转化率必须考虑各方面的因素。图6-17中的数据是在残余二氧化硫未做回收的情况下求得的。如没有二氧化硫回收设备，最终转化率可以确定低一些，如果采用“两转两吸”流程，二氧化硫的起始组成可提高至9%～10%，最终转化率可达99%以上，而催化剂用量可基本保持不变。

6.4.2.4 二氧化硫催化氧化的工艺流程与设备

（1）转化器的类型 二氧化硫催化氧化过程是在转化器中进行的。转化器型式很多，且无论哪种型式，都应当保证所需的催化剂量最小，而设备的生产强度最大。同时尽可能使反应过程沿最适宜温度曲线进行。此外，还要求对气流的阻力小，结构简单，便于制造、安装、检修和操作，投资少。

二氧化硫催化氧化器，通常采用多段换热的形式，其特点是气体的反应过程和降温过程分开进行。即气体在催化床层进行绝热反应，气体温度升高到一定时，离开催化床层，经冷却到一定温度后，再进入下一段催化床层，仍在绝热条件下进行反应。为了达到较高的最终转化率，必须采用多段反应，段数愈多，最终转化率愈高，在其他条件一定时，催化剂利用率愈高。但段数过多，管道阀门也增多，不仅增加系统的阻力，也使操作复杂化。

固定床转化器的类型很多，有多段间接换热式转化器和多段冷激式转化器，其段数常见的有三段、四段、五段等，目前最常见的是五段。转化器壳体由钢板卷焊而成，内衬耐火砖，催化剂分段堆放在各层钢制的篦子板上，为了避免催化剂漏下，在篦子板上装有铁丝网，铁丝网与催化剂之间放一层鹅卵石。在第一、第二段与第二、第三段催化床层之间设有的换热器因换热量少，所需换热面积也小，换热器为特殊的螺旋式。为了测定各段出入口的温度和压力，在各段上下部均装置有热电偶，并在各段设有压力测定口，为了使转化器不至于过大和使转化器的结构简单化，往往将换热器设置在转化器外。另外，随着生产规模的增大，转化器的直径也在增大，甚至达 10m 以上。因此，催化剂的支承结构也复杂化，往往采用多个支承柱，各支承柱之间一般采用菱形排列。而且以硫黄为原料制酸时，可在转化器的最上层增设过滤器，这样不但能更彻底地阻截尘埃，而且可以改善第一段催化剂床层的气流分布。

在实际生产中。冷激和换热往往根据需要而联合使用，而且还出现了尾气冷激的方法(末段)。另外，转化器还有其他一些类型，如沸腾床转化器、径向转化器、卧式转化器等，由于使用少，这里不再介绍。

目前有增大系统压降的趋势（通过提高气速实现）。提高气速虽然增加了动力消耗，但是可以降低设备尺寸、提高气体分布均匀性（气体分布不均匀会导致各段转化率偏低，催化剂失活速率加快，而且随装置规模的增大而加剧）、换热面积减小。

（2）工艺流程　二氧化硫的工艺流程，根据转化次数来分有一次转化、一次吸收流程（简称“一转一吸”流程）和二次转化、二次吸收（简称“两转两吸”流程）。

①“一转一吸”流程。一转一吸流程根据换热或降温方式不同分为两大类，即间接换热式流程和冷激流程。四段转化间接换热式流程如图 6-18 所示。此流程的主要特点是，只有最后一段转化后的气体换热设在转化器外，其余各段的换热器都装置在转化器内，与转化器成为一体。

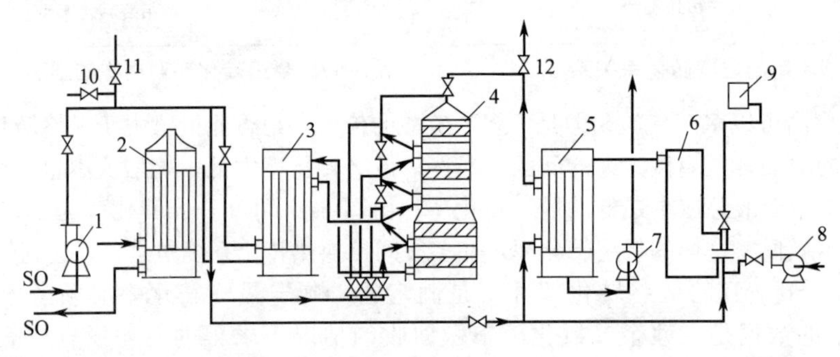

图 6-18　四段转化间接换热式流程

1—鼓风机；2—三氧化硫冷却器；3—换热器；4—转化器；5—预热器；6—加热炉；
7—抽风机；8—开工小风机；9—高位油槽；10—回流阀；11—放空间；12—预热器放空阀

经过净化后的炉气经鼓风机 1，送入换热器 3 的管间，被管内热的转化气初步加热后，依次进入转化器 4 的中部和上部换热器管间，继续被管内热转化气加热到 440℃左右。加热后的炉气由顶部进入转化器，再依次通过第一段催化床层、上部换热管内、第二段催化床层、中部换热器管内、第三段催化床层、下部换热器管内，最后通过第四段催化床层离开转化器，进入换热器3的管内，再经过三氧化硫冷却器2的管内，经冷却后送入吸收工序。

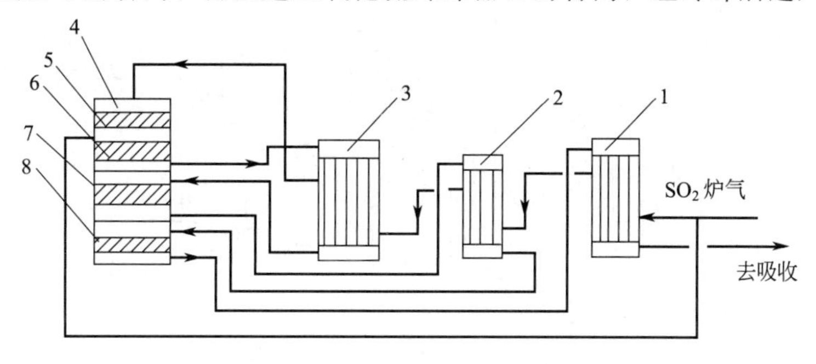

图6-19 炉气冷激式四段转化示意流程

1～3—换热器；4—转化器；5～8—分别为第一，第二，第三，第四段催化剂床层

为了不使第一段催化床层入口温度过高，一部分冷炉气可以不经换热而由副线直接送入转化器前的热炉气中进行调节，为了保持第二、第三段催化床层气体的一定入口温度，可利用副线阀门控制进入上、下部换热器的冷炉气量。为了降低第三和第四段转化后的转化炉气体温度，可用冷炉气送入到下部换热器进行冷却。

四段转化炉气冷激式示意流程如图6-19所示，炉气分为两路，大部分依次通过换热器1,2,3，使温度升高到催化剂起始活性温度以上，然后进入转化器4内的第一段催化床层进行反应，小部分冷炉气直接送到转化器的第一，第二段催化床层之间，与第一段转化后的热气混合。降低温度后的混合气体依次通过第二段催化床层、换热器3、第三段催化床层、换热器2、第四段催化床层、换热器1，最后离开转化工序去吸收。目前，为了提高最终转化率，炉气冷激只用于第一、第二段之间，而后面各段之间采用间接换热。

“一转一吸”流程主要的缺点是，二氧化硫的最终转化率，一般最高为97%，若操作稳定和完善时，最终转化率也只有98.5%；硫利用率不够高；排放尾气含二氧化硫较高，若不回收利用，则污染严重。如采用氨吸收法回收，不仅需要增加设备，同时产生不少的困难，如氨的来源、运输、腐蚀问题。因此，“一转一吸”流程已逐渐被淘汰。近年来广泛发展采用了二次转化、二次吸收的流程，提高了二氧化硫的最终转化率，基本上消除了尾气烟害。

②“两转两吸”流程。“两转两吸”流程的基本特点是，二氧化硫炉气在转化器中经过三段转化后，送中间吸收塔吸收三氧化硫，未被吸收的气体返回转化器第四段，将未转化的二氧化硫再次转化，送吸收塔吸收三氧化硫，由于在两次转化之间，除去了三氧化硫，使平衡向生成三氧化硫方向移动，因此最终转化率可提高到99.5%～99.9%。

“两转两吸”流程，由于气体两次进入转化器前均须从60℃左右加热到催化剂的起始活性温度，因而增加了换热面积，若要流程既满足各段热平衡的要求，又能使所需的换热面积较小，必须对换热面合理配置。根据冷气体与热转化气换热组合的情况不同，一般采用的有ⅢⅡ-ⅣⅠ型、ⅢⅠ-ⅣⅡ型和ⅣⅠ-ⅢⅡ型三种流程。

ⅢⅡ-ⅣⅠ型“两转两吸”示意流程如图6-20所示，一次转化前的炉气经过Ⅲ、Ⅱ段催化床后的换热器升温，二次转化前的冷气体经Ⅳ、Ⅰ段催化后的换热器升温。这种换热组合流程的优点是：当第一段催化剂活性降低，使反应速率减慢时，则Ⅱ、Ⅲ换热器能保证一次转化达到反应温度。此外，生产发烟硫酸时，这种换热方式可节省三氧化硫冷却器。其余两种流程系换热组合稍有差异。

“两转两吸”与“一转一吸”流程比较具有以下优点。

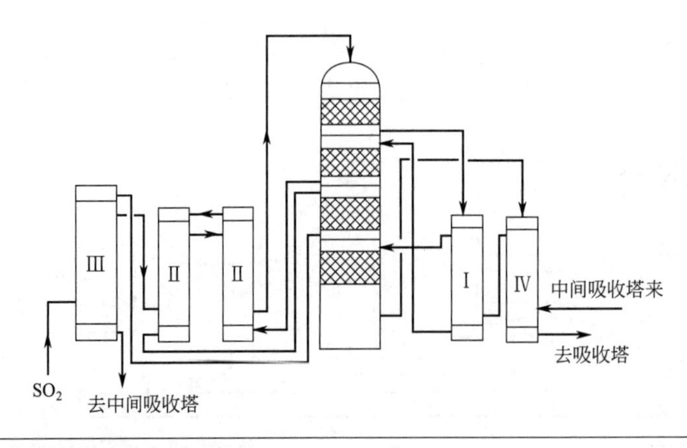

图 6-20　ⅢⅡ-ⅣⅠ型“两转两吸”流程示意图

最终转化率比一次转化高，可达 99.5%～99.9%。因此，尾气中二氧化硫含量可低达 0.01%～0.02%，比“一转一吸”尾气中二氧化硫含量降低 5%～10%，减少了尾气烟害。

进入转化器的炉气二氧化硫起始含量高，以焙烧硫铁矿为例，二氧化硫起始组成可提高到 9.5%～10%，与一次转化的 7%～7.5%对比，同样设备可以增产 30%～40%。

催化剂的利用率高。以硫铁矿为原料制取炉气时，一次转化的催化剂为 200～220 升/(吨酸·日)，而两次转化可降低到 170～190 升/(吨酸·日)。

“两转两吸”流程由于多了一次转化和吸收，因而流程长，虽然投资比一次转化高 10%左右，但与“一转一吸”再加上尾气回收的流程相比，实际投资可降低 5%左右，生产成本降低 3%。由于少了尾气回收工序，劳动生产率可以提高 7%。

对于硫黄制酸的“两转两吸”流程也有多种类型。硫黄制酸时，由于炉气不需采用湿法净化，因此，不需利用转化放出的热量加热炉气，可以利用这部分热量生产蒸气，而且不存在生产规模对采用“两转两吸”流程的限制。其流程类型按两次转化催化剂段数的配置分 2+1 型、3+1 型、3+2 型等。用于加热中间吸收塔来的炉气的换热器配置有ⅣⅠ换热型、ⅣⅡ换热型、ⅡⅢ换热型等。目前常用的为 3+1 型ⅡⅢ换热流程和 3+2 型ⅡⅢ换热流程。3+2 型ⅡⅢ换热流程如图 6-21 所示。

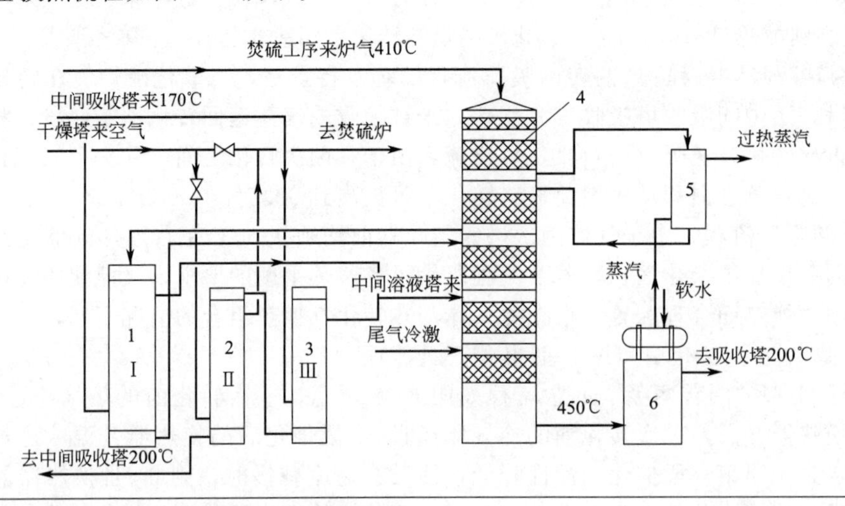

图 6-21　硫黄制酸 3+2 型ⅡⅢ换热转化流程示意图

1～3—换热器；4—转化器；5—蒸汽过热器；6—废热锅炉

6.5 三氧化硫的吸收

6.5.1 三氧化硫的吸收

6.5.1.1 吸收原理

将催化氧化后的气体用含水硫酸吸收，使三氧化硫溶于硫酸中并与硫酸中的水化合生成硫酸。

$$nSO_3 + H_2O \longrightarrow H_2SO_4 + (n-1)SO_3 + Q$$

随三氧化硫和水的比例不同，可以生成各种浓度的硫酸。如果 $n>1$，生成发烟硫酸；$n=1$，生成无水硫酸；$n<1$，生成含水硫酸。

在实际生产过程中，一般是用循环硫酸来吸收三氧化硫，吸收酸的浓度在循环过程中不断增高，需要用稀酸或水稀释，与此同时，不断取出部分循环酸作为产品。

在硫酸工厂中，可根据需要来确定产品酸的浓度。通常把产品酸制成含20%游离 SO_3 的标准发烟硫酸（总 SO_3 为85.3%）或98.3%或92.5%的浓硫酸。92.5%的浓硫酸一般从干燥塔中取出。

6.5.1.2 硫酸吸收三氧化硫的最适宜条件

为提高三氧化硫的吸收率有利于提高硫酸的产量，需要选择适宜的条件，其中最重要的是吸收（循环）酸的浓度和温度。

（1）硫酸的浓度　用浓硫酸吸收三氧化硫时，其组成最好为98.3%（H_2SO_4），当硫酸的组成低于或高于98.3%（H_2SO_4）时，都会使吸收率降低。

当硫酸组成低于98.3%时，硫酸液面上有水蒸气和硫酸蒸气存在，或者硫酸液面上仅有水蒸气存在。当转化器中的三氧化硫与这种浓度的酸接触时，会同时产生两个过程：一个是硫酸溶液吸收三氧化硫；一个是气体中三氧化硫与水蒸气生成硫酸蒸气，使气相中硫酸蒸气的分压大于硫酸液面上硫酸蒸气的平衡压力，因而硫酸蒸气为酸液所吸收。由于水蒸气不断与三氧化硫作用，气相中的水蒸气不断减少，硫酸溶液中的水分则不断蒸发。如果水的蒸发速率大于硫酸蒸气的吸收速率，则气相中硫酸蒸气含量会增大，而且可能大大超过平衡浓度而产生硫酸蒸气的过饱和现象。如前所述，如过饱和度超过了临界值，硫酸蒸气即凝结成酸雾，酸雾不易被硫酸吸收。吸收酸的浓度越低，酸液面上的水蒸气分压越高，产生酸雾也越多，吸收越不完全。

当酸的超过98.3%时，硫酸液面上硫酸蒸气和三氧化硫蒸气压随硫酸浓度的增加而增大，硫酸浓度越高，液面上的三氧化硫蒸气越多，吸收推动力减小，以致吸收率降低。

图6-22所示系在各种温度下，吸收率与吸收酸浓度的关系。由此可见，吸收酸组成为98.3%时，吸收三氧化硫最完全，吸收率最高。

发烟硫酸吸收三氧化硫是一个物理吸收过程。由于发烟硫酸液面上三氧化硫蒸气压较大，所以在发烟硫酸吸收塔中三氧化硫的吸收率不高。为了制得20%的标准发烟硫酸，在发烟硫酸吸收塔之后还要设置一个吸收塔，用98.3%的硫酸进一步吸收。最后总吸收率可达99.9%。

（2）硫酸的温度　吸收是否完全，在很大程度上取决于吸收酸的温度，温度愈低，吸收过程进行得愈完全。如图6-23所示，温度愈低，吸收率愈高，故降低温度，可大大提高吸收率。

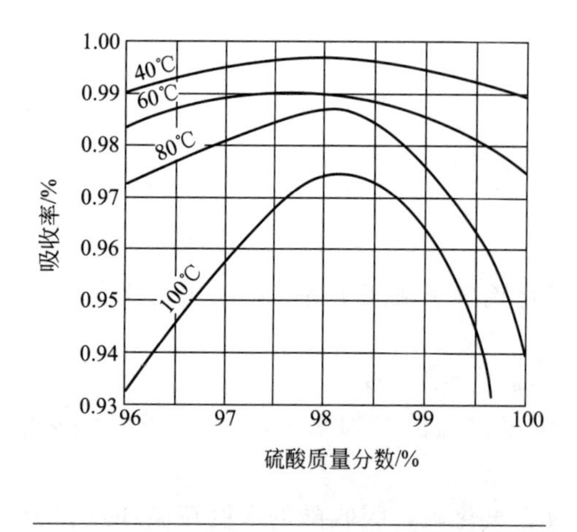

图 6-22　吸收率与硫酸组成和温度的关系

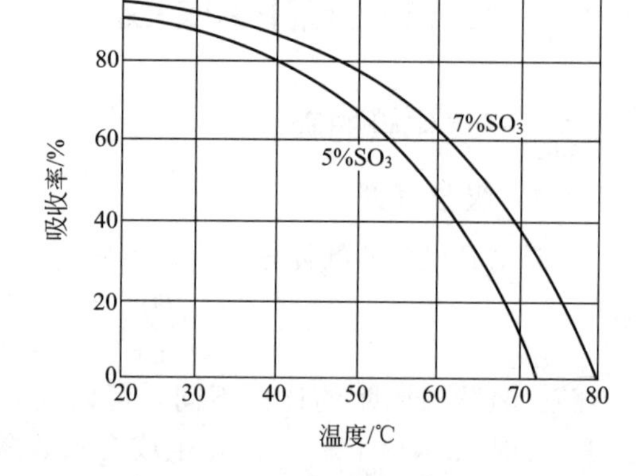

图 6-23　发烟硫酸吸收率与气体温度及三氧化硫含量的关系

酸温过低也是不必要的。当酸温在 40℃时，吸收率已经超过 99%，再降低温度，对提高吸收率并不明显，温度太低易使酸冻结，同时降低酸温还受到冷却水温的限制。

温度高对吸收是不利的。为此，确定吸收温度时，必须考虑酸的浓度以及要求达到的吸收率。当组成低于 98.3%而酸温又较高时，温度对吸收的影响很大，因为这时形成酸雾的可能性大。

在吸收三氧化硫的过程中，要放出大量的热，使吸收酸的温度升高。为了减小吸收三氧化硫的过程中温度的变化，生产中采用大液气比的办法加以解决。吸收酸的组成变化为 0.3%～0.5%时，温度变化一般不超过 20～30℃。为此，吸收酸的温度不宜高于 50℃，出口酸的温度不可高于 70℃。制取发烟硫酸时，可利用图 2-23 来确定吸收酸的温度。例如，气体中含 7%三氧化硫时吸收终止温度为 79℃，含 5%三氧化硫时吸收终止温度为 73℃，因此，生产发烟硫酸时，吸收酸的温度不应超过 50℃。

对于“两转两吸”的中间吸收塔，由于吸收率可以低些，因此，其吸收酸的温度可以适当调高，这样可降低冷却负荷，提高热能利用率，吸收酸的温度一般可达 100℃左右。

关于气体温度的影响，在一般的气液吸收过程中不是主要因素，而温度愈低愈好。但吸收三氧化硫的过程，温度不应过低，否则易形成酸雾，特别是在干燥不好的情况下，更容易形成酸雾。

6.5.2　吸收流程的配置

吸收是在塔设备中进行的，吸收三氧化硫系放热过程，随着吸收的进行，温度将升高，为了使吸收酸的温度恒定，必须设置冷却设备。另外吸收塔除应有自己的循环槽外，还应有输送酸的泵。因此，吸收流程应由吸收塔、循环槽、酸泵、冷却器等设备组成。

设备的配置方式有三种，见图 6-24。

第一种配置方式［见图 6-24(a)］，冷却器配置在酸泵后面，这样可以允许管道内有较大的流速，对传热有利，可以减小冷却的传热面积，循环酸温度较低，但管内酸的压力较大，容易泄漏而向外喷酸。酸泵输送热酸时，腐蚀较为严重，而且会降低输送效率。

第二种配置方式［见图 6-24(b)］，冷却器配置在循环酸储槽前面。这样冷却器管内流速较慢，传热较差，但比较安全。酸从吸收塔流至循环酸储槽，要克服流经冷却器的阻力。因此吸收塔必须安装在较高的平台上。

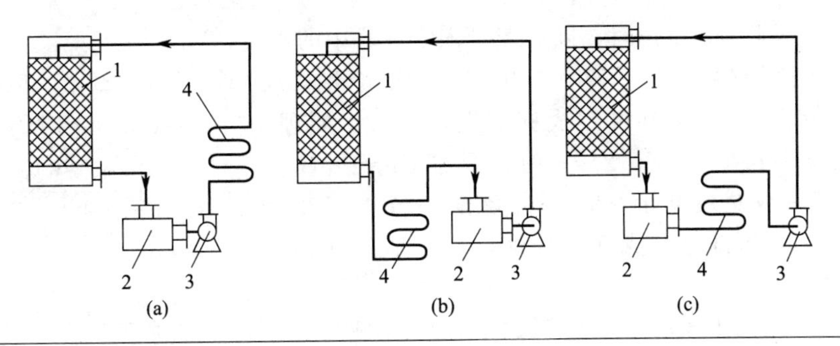

图 6-24　塔、槽、泵、冷却器流程配置方式

1—塔；2—循环槽；3—酸泵；4—冷却器

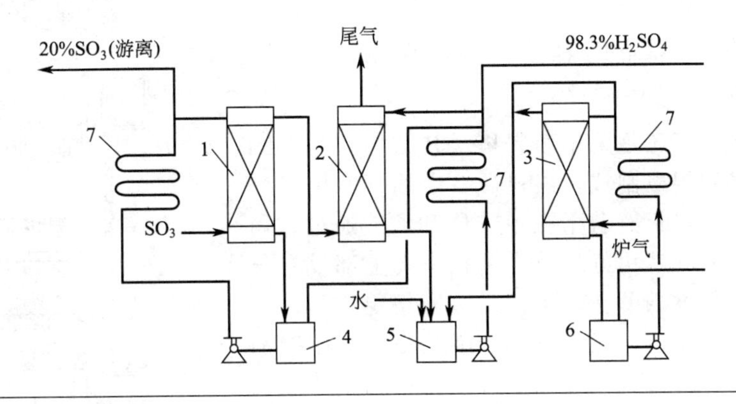

图 6-25　生产发烟硫酸和浓硫酸的吸收流程图

1—发烟硫酸吸收塔；2—98.3%硫酸吸收塔；3—干燥塔；4—发烟硫酸储槽；5—98.3%硫酸储槽；6—干燥酸储槽；7—喷淋式冷却器

第三种配置方式［见图 6-24(c)］，冷却器配置在泵前，酸在冷却器管内流动一方面靠位差，另一方面靠泵的抽吸，管内受压较小，而酸的流速较快，且比较安全，传热也较好。

图 6-25 系生产标准发烟硫酸和浓硫酸（98.3%）的典型工艺流程。转化气经三氧化硫冷却器冷却到 120℃左右，先经过发烟硫酸吸收塔 1，再经过 98.3%浓硫酸吸收塔 2。气体经吸收后通过尾气烟囱放空，或者送入尾气回收工序。吸收塔 1 用 18.5%或 20%（游离三氧化硫）的发烟硫酸喷淋，吸收三氧化硫后其浓度和温度均有升高。吸收塔 1 流出的发烟硫酸，在储槽 4 中与来自储槽 5 的 98.3%硫酸混合，以保持发烟硫酸的浓度。混合后的发烟硫酸，经过冷却器 7 冷却后，除取出一部分作为标准发烟硫酸成品外，大部分送入吸收塔 1 循环使用。吸收塔 2 用 98.3%硫酸喷淋，塔底排出酸的组成上升到 98.8%或 99.0%，酸温由 45℃升到 60℃以上，吸收塔 2 流出的酸在储槽 5 中与来自干燥塔的 93%硫酸混合，以保持 98.3%硫酸的含量，经冷却后的 98.3%硫酸一部分送往发烟硫酸储槽 4 以稀释发烟硫酸，另一部分送往干燥酸储槽 6 以保持干燥酸的浓度，大部分送入吸收塔 2 循环使用，同时可抽出部分作为成品酸。

在干燥塔中吸收的水分随循环酸转入 98.3%硫酸储槽 5，在吸收塔 2 中吸收的三氧化硫及干燥塔中吸收的水分，又以 98.3%硫酸转入储槽 4。如果吸收系统不补充水分，而生成硫酸所需的水分全部为自炉气带入干燥塔的水分，则所制得硫酸的组成 A_{SO_3}（以 SO_3 总含量分数表示）为：

$$A_{SO_3}=\frac{1}{1+a}$$

式中　a——每吸收 1kgSO_3 时，随炉气带入干燥塔中的水量，kg。

生产标准发烟硫酸时，$A_{SO_3}=0.853$，代入上式得 $a=0.1722$kg。因此，如果 $a<0.1722$kg，而全部 SO_3 都可制成标准发烟硫酸。同理，当 $a=0.25$kg 时，则只能制成 98.3%的浓硫酸；当 $a>0.25$kg 时，只能部分制成 98.3%的硫酸，或制成低于 98.3%的硫酸。当 $0.1722<a<0.25$kg 时，可部分制成标准发烟硫酸，部分制成 98.3%的硫酸。

由此可见，进入干燥塔的气体湿含量直接影响吸收工序制酸的浓度。

6.5.3　吸收的主要设备

吸收工序的主要设备有吸收塔、冷却器、酸泵。

6.5.3.1　吸收塔

目前我国多数厂还是采用填料塔，其结构如图 6-26 所示。塔的外壳用钢板制成，内衬砖。塔的下部用耐酸砖砌成一层隔板，隔板有若干孔道气体和酸液通过。隔板上堆有填料，使气液更好地分布。在塔的上部设有分酸装置，目的是使淋洒酸在整个面上分布得更均匀。分酸装置一般用铸铁制造，但在发烟酸吸收塔中则用碳钢或铸钢制造。在分酸装置上面，设有捕沫层用来捕集气体中的酸沫。

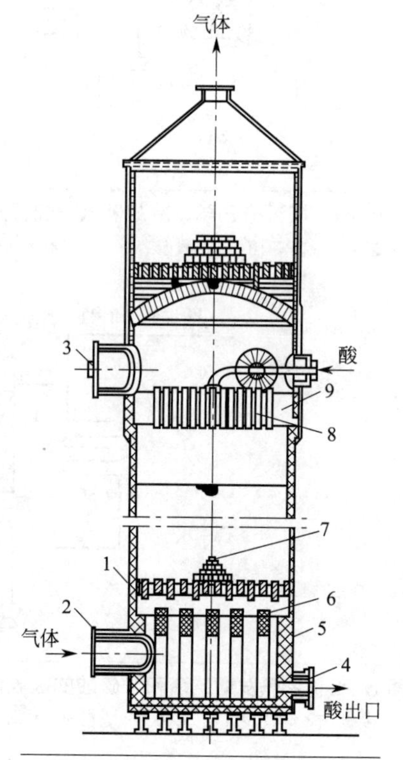

图 6-26　吸收塔

1—塔壳体；2—人孔；3—气体进口管；4—酸出口管；5—耐酸砖；6—栅板；7—填料；8—分酸槽；9—酸管

近年来，为了提高填料塔三氧化硫的吸收效率，不再用拉西环、鲍尔环填料，改用新型的阶梯环填料。阶梯环填料的特点是：传质系数高，抗污性能好，压降小，电能消耗低，酸沫夹带少，据实际测定，使用阶梯环其他填料后，吸收塔的能力可增大 33%。

有的硫酸厂也采用泡沫塔作吸收塔。

6.5.3.2　冷却器

一般采用排管冷却器和螺旋冷却器。螺旋冷却器构造紧凑，占地面积小，冷却效率比排管冷却器高。它的缺点是构造复杂，设备费用高，清理和检修较麻烦。

6.6　硫酸生产中的综合利用和“三废”治理

硫酸生产中的综合利用和“三废”治理是衡量现代化硫酸生产的重要标志之一。废热的利用，尾气、污水、烧渣中有用之物的回收，不仅充分利用了资源，降低了硫酸成本，而且还能避免“三废”可能造成的公害。

6.6.1　热能的回收与利用

由硫黄或硫铁矿制造二氧化硫气体及二氧化硫转化为三氧化硫时，均放出大量的反应热量。这些反应热除了能满足硫酸生产过程的需要外，还可以对外输出供其他部门使用。

目前，我国废热利用方法主要是采用废热锅炉生产蒸汽对外供热或发电。

6.6.2　烧渣的综合利用

硫铁矿焙烧后产生大量的烧渣，当矿石含硫为25%～35%时，每生产一吨硫酸约副产0.7～0.8t的烧渣。烧渣中除含有较高的铁外，还含有一定数量的铜、铅、锌、钴等有色金属，烧渣中的这些物质必须加以综合利用。烧渣中铁含量在60%以上，硫含量在0.5%以下者，可用于炼铁。对较低品位硫铁矿则采用磁化焙烧，烧渣进行磁选富集后炼铁。含有色金属组分较高的矿料，回收烧渣中的有色金属后，再作为炼铁原料，目前回收烧渣中有色金属采用的主要方法有中温氯化法、高温氯化挥发法、磁化还原法、硫酸化焙烧法、离析法和电热法等。较普遍采用的方法是氯化法和硫酸化法。

6.6.3　污水处理

硫酸工业生产过程中会排放大量的污水或污酸，污水或污酸量的多少，与炉气净化流程有关。目前炉气净化，通常采用水洗和酸洗两种流程。这两种流程所排出污水或污酸的量，和污水中含酸以及其他有害物质的量各不相同。即使净化流程相同，但由于净化所选用的设备不同，原料不同、产量不同，排出的污水量和污水含酸、含有害物质的量也不相同。

酸洗流程，若采用封闭循环流程，排出的含酸污水较少，只有沉淀槽中的酸泥需要处理。酸洗流程中多余的循环酸，浓度较高便于回收利用。

水洗流程的污水排放量很大，每生产1t硫酸要排放10～15t污水。污水中除含硫酸外，还含其他有毒物质，一般含砷2～20mg/L，含氟10～100mg/L和铁、铅、硒等。矿尘、酸、砷、氟对人类及一切生物都有很大的危害。砷是剧毒物质；氟危害人体骨骼及牙齿；酸严重影响水生物的生存，所以硫酸工业的污水必须进行处理。污水处理主要是对砷的处理，在处理砷的同时，酸和氟也得到处理，经处理后的污水必须符合国家规定的排放标准。国家规定的工业废水最高允许排放标准（以质量浓度表示）见表6-9。

表6-9　工业废水最高允许排放标准

序号	有害物质名称	最高允许排放标准/(mg/L)
1	砷及其无机化合物	0.5(按As计)
2	氟的无机化合物	10(按F计)
3	铅及其无机化合物	1(按Pb计)
4	锌及其化合物	5(按Zn)计
5	铜及其化合物	1(按Cu计)
6	汞及其无机化合物	0.05(按H9计)
7	pH	6～9
8	悬浮物(水力冲渣、水力排灰、洗煤水尾矿水)	500

6.6.3.1　污水处理的方法和原理

目前，对于硫酸工业的污水处理，普遍采用石灰或电石渣中和法，用石灰中和污水的化学反应如下：

$$CaO + H_2O \longrightarrow Ca(OH)_2$$

$$Ca(OH)_2 + H_2SO_4 \longrightarrow CaSO_4 \downarrow + 2H_2O$$

$$Ca(OH)_2 + 2HF \longrightarrow CaF_2 + 2H_2O$$

$$Ca(OH)_2 + 2H_3AsO_3 \longrightarrow Ca(AsO_2)_2 \downarrow + 4H_2O(As > 7mg/L)$$

$$2Ca(OH)_2 + 2H_3AsO_3 \longrightarrow 2Ca(OH)AsO_2 + 4H_2O(As < 7mg/L)$$

$$Ca(OH)_2 + FeSO_4 \longrightarrow Fe(OH)_2 + CaSO_4 \downarrow$$

$$4Fe(OH)_2 + 2H_2O + O_2 \longrightarrow 4Fe(OH)_3$$

$$2Fe(OH)_3 + 3As_2O_3(s) \longrightarrow 2Fe(AsO_2)_3 \downarrow + 3H_2O$$

硫铁矿中的砷化物经焙烧后，成为气态的 As_2O_3，混入炉气中，当炉气温度降低至50～70℃时，As_2O_3 部分转变为固体。因此，As_2O_3 在酸性污水可能呈 As_2O_3 和 H_3AsO_3 两种形态。

从反应式看出，石灰与酸和 HF 作用，生成难溶 $CaSO_4$ 和 CaF_2 从而除去了有害物质HF。但石灰与砷反应，在低温下反应很慢，所生成的 $Ca(AsO_2)_2$ 颗粒微小，不易沉淀。对污水中的砷，主要是依靠 $Fe(OH)_3$ 的吸附作用除去。$Fe(OH)_3$ 是一种胶体物质，表面积很大，吸附能力强，它在凝聚过程中吸附溶解于水中的砷以及其他化合物，使其共同沉淀，达到进一步除砷的目的。

当污水中含砷量超过 50mg/L 时，单纯加石灰中和处理往往达不到排放要求的标准。可适当加入硫酸亚铁，再加漂白粉，最后用石灰调整 pH 值为 8～9。硫酸亚铁作为凝聚剂，漂白粉为氧化剂，其主要反应为

$$Ca(ClO)_2 + H_3AsO_3 \longrightarrow CaCl_2 + H_3AsO_4$$

$$2H_3AsO_4 + 3Ca(OH)_2 \longrightarrow Ca_3(AsO_4)_2 \downarrow + 6H_2O$$

漂白粉的用量按方程式计算，过量系数为 1.05～1.1。

6.6.3.2　污水处理流程和设备

图 6-27 为污水处理的示意流程，此流程设有两个一级沉降池，两个沉降池交替操作。污水中的大部分矿尘在一级沉降池内自然沉降下来，沉淀下来的矿尘，因未加石灰乳，故不含氢氧化物胶体，从沉降池中挖出后放一至两天就会干燥，仍作矿尘处理。经一级沉降后的污水还含有酸和砷等有毒物质，送入中和池，加石灰乳进行中和，中和时控制 pH 值在 8～9 之间，以利于有毒物质的消除。然后进入第二级斜管沉降池，含有氢氧化物的污泥在通过斜管时沉淀下来，清水从上溢流。污泥浆用泵送到矿渣熄灭器，利用矿渣的热量使污泥脱水，以达到解决污泥浆处理的目的。经过处理后的污水，pH 值可达 9.0，砷含量为 0.1mg/L，氟含量为4.0mg/L，再与其他污水相混合达到排放标准后排放。

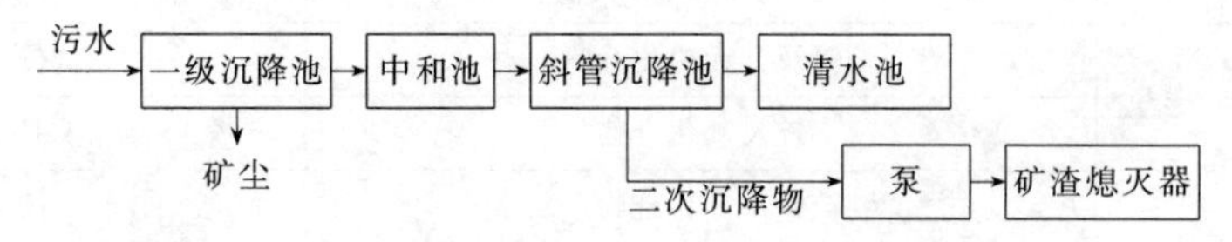

图 6-27　污水处理示意流程图

6.6.3.3　沉淀渣的利用

沉淀渣的主要成分是矿尘、硫酸钙、亚硫酸钙等。对于含铁低的沉淀渣可以掺和其他原料烧制红砖，对于含铁较高的沉淀渣，可以作为水泥的原料。对于沉淀渣的综合利用，还有待进一步研究。

6.6.4　从硫酸废泥中提取硒

硒是一种存在很分散的稀有元素。在硫铁矿中含硒 0.02%～0.002%，当沸腾焙烧时，约 45%的硒以氧化物的形态进入炉气中，在炉气净化过程中被捕集下来，一部分溶于洗涤酸内而成亚硒酸，其余的硒则溶解于酸雾滴之内并和冷凝液一起在电除雾器内沉降下来。在洗涤酸和酸的冷凝液内，亚硒酸被气体所还原。

$$H_2SeO_3 + 2SO_2 + H_2O \longrightarrow Se + 2H_2SO_4$$

从洗涤酸污泥中提取还原硒时，先将污泥用水稀释，再用蒸汽加热制得浆液。浆液经过过滤，沉淀物用水和0.5%碱液洗涤并在90～100℃温度下干燥，制得干的“贫”污泥，含硒约3%～5%。

图6-28和图6-29为硒污泥分离流程。

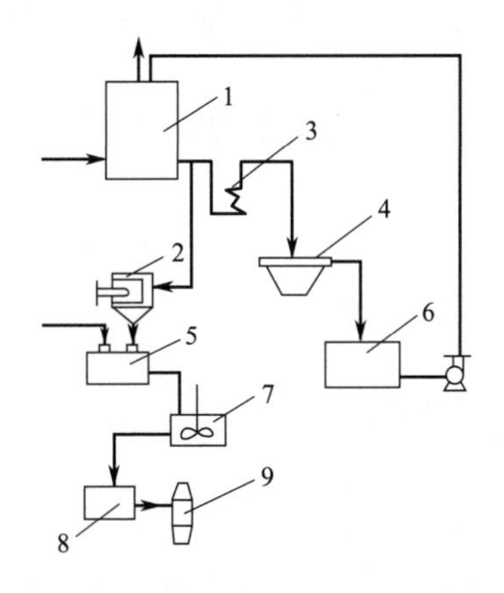

图6-28　由贫污泥分离硒的流程

1—第一洗涤塔；2—过滤器；3—冷却器；4—沉淀槽；5—拌浆器；6—第一洗涤塔酸槽；7—吸滤器；8—干燥器；9—包装设备

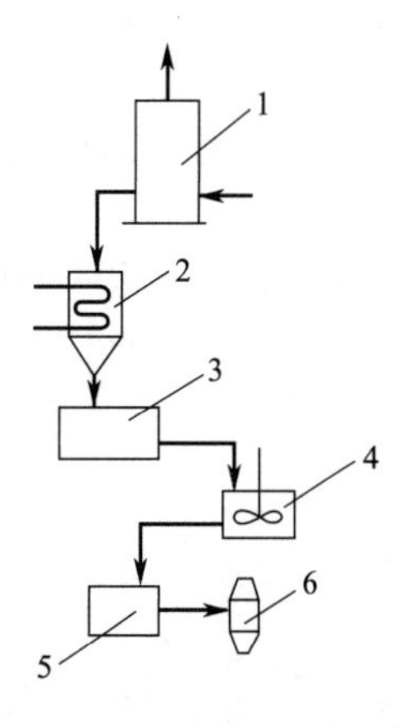

图6-29　由富污泥分离硒的流程

1—电除雾器；2—加热器；3—冷凝液槽；4—吸滤器；5—干燥器；6—包装设备

6.6.5　尾气回收

从吸收工序排出的尾气中，仍含有少量二氧化硫，其含量因转化率的不同而不同，一般在0.3%～0.8%之间。当吸收和捕沫不完全时，尾气中还有微量的三氧化硫和硫酸酸沫，它们污染环境，所以要设法清除。

要减少尾气中二氧化硫含量，最根本的方法是提高二氧化硫的转化率，但实际生产中要将转化率提高到二氧化硫含量符合排放标准，是有一定的困难的。生产上采用两种方法来消除尾气烟害。一是采用“两转两吸”流程，总转化率提高到99%以上，尾气中二氧化硫可降低至0.1%以下，少量的二氧化硫可用碱液吸收。二是采用尾气回收。尾气回收法很多，应用较普遍的有氨-酸法及碱法。我国除少数厂采用碱法外，大部分都采用氨-酸法，特别是大型硫酸厂几乎全用此法处理尾气。

思　考　题

1. 硫酸的生产原料有哪些？简述接触法制造硫酸的工艺步骤。
2. 简述耐酸材料的种类及其特点。
3. 硫铁矿焙烧的方法有哪些？写出焙烧过程的主要化学反应。
4. 说明焚硫温度与空气用量的关系。
5. 简述炉气中砷和硒的清除原理，为什么在炉气的湿法净化过程中酸雾的形态是不可避免的？
6. 简单说明炉气的净化方法分类，并画出标准酸洗流程示意图。
7. 简述二氧化硫转化的平衡转化率的影响因素。

8. 钒催化剂由哪些部分组成？

9. 二氧化硫转化的最适宜条件各是如何确定的？

10. 二氧化硫催化氧化的转化器有哪些类型？分别说明其特点。

11. 二氧化硫催化氧化的工艺流程有哪些类型？并简述“两转两吸”之优点。

12. 分析硫黄制酸与硫铁矿制酸在流程上的区别。

13. 三氧化硫吸收过程所用的吸收酸的最适宜组成为什么是98.3%？吸收过程中吸收酸为什么要大量循环？

14. 画出同时生产20% SO_3（游）的发烟硫酸、93%和98.3%硫酸的干燥吸收系统工艺流程示意图。

15. 简述硫酸生产中污水的处理方法及尾气回收方法？

第 7 章

有机化工实例——氯乙烯生产

知识目标

1. 了解氯乙烯的性质与用途；
2. 了解氯乙烯生产的原料及生产方法；
3. 掌握氯乙烯生产的基本原理。

能力目标

1. 绘制氯乙烯的工艺简图；
2. 利用单元操作和单元反应知识，确定氯乙烯生产工艺过程的适宜条件；
3. 会分析工艺条件变化对生产过程的影响。

素质目标

1. 提升运用所学知识综合分析问题和解决问题的能力；
2. 从氯乙烯生产工艺的发展变化，激发为国家化工事业发展而奋斗的决心；
3. 强化化工安全与环保的理念和责任意识。

7.1 概述

氯乙烯通常为无色液体，具有微弱芳香气味，易于着火，在空气中燃烧。在水和多数有机溶剂中可溶。爆炸极限上限为22%（体积分数），下限为4%（体积分数）。氯乙烯最重要的化学性质是能聚合及与别的不饱和化合物共聚。氯乙烯具有较四氯化碳弱的麻醉作用，并具有一定的毒性。氯乙烯主要用作聚氯乙烯的单体，此外还可作纤维单体。20 世纪 60 年代，聚氯乙烯占塑料产量的首位，以后则次于聚乙烯占第二位，目前世界产量在 1000 万吨以上。硬聚氯乙烯可制造各种耐腐蚀设备、管道以及日用品；软聚氯乙烯大量用来作电线、电缆的绝缘包皮；聚氯乙烯薄膜广泛用作防水包装材料及农膜；聚氯乙烯纤维耐酸耐碱，可作滤布和工作服，也可代替棉花供民用。

生产氯乙烯的合成方法按所用基本原料来源，可分为电石生产路线和石油生产路线。石油生产路线又分为乙炔法、乙烯法、联合法和氧氯化法。

电石生产乙炔法应用最早，20 世纪 50 年代前采用。1960 年第一套以乙烯为原料制氯乙烯的工厂正式投产，氯乙烯生产路线转向了石油生产路线。为了综合利用乙烯法副产的氯化氢，又开始开发了乙炔和乙烯为原料的联合法。当前，以乙烯和氯化氢为原料的氧氯化法已经成为生产氯乙烯的主要方法。在我国，电石法与氧氯化法均是主要方法。本节介绍电石法生产工艺。

7.2　反应原理

7.2.1　化学平衡与反应热

乙炔与氯化氢加成反应方程如下：

$$CH \equiv CH + HCl \xrightarrow{HgCl_2} CH_2 = CHCl + 124.7kJ/mol$$

该反应为放热反应。反应的平衡常数很大，在常温和常压下，平衡常数为 3.8×10^{10}，由此计算得平衡转化率接近 100%，可以认为反应是不可逆反应。由于该反应是放热反应，因此，随着反应温度升高，平衡常数下降。例如，在常压下，当温度为 423K 时 $K_p=3.6\times10^5$，温度达 573K 时 K_p 仅有 1.71×10^2。这说明温度升高对反应不利。另外，该反应为体积减小的反应，升高压力可促使平衡向生成产物的方向移动。因此，乙炔与氯化氢合成氯乙烯，应在较低的温度和较高的压力下进行。

7.2.2　反应机理和动力学方程

对乙炔与氯化氢合成氯乙烯的反应机理研究不很成熟，到目前为止，尚无公认的机理。目前提出的各种机理均只能在特定的条件下说明一些实际问题，不具有广泛的意义。下面介绍一种较为接近实际的机理，仅供参考。以 $HgCl_2$/活性炭为催化剂，在反应温度为 403～453K 之间，可以认为反应步骤为 HCl 吸附于催化剂表面的活性中心上，然后吸附态的 HCl 再与气相主体中扩散至相界面上的 C_2H_2 发生表面反应而生成吸附态的 C_2H_3Cl，最后 C_2H_3Cl 从催化剂表面解吸出来。其反应机理可由下列方程式表示：

$$HCl + HgCl_2 \longrightarrow HgCl_2 \cdot HCl \tag{7-1}$$

$$C_2H_2 + HgCl_2 \cdot HCl \xrightarrow{\triangle} HgCl_2 \cdot C_2H_3Cl \tag{7-2}$$

$$HgCl_2 \cdot C_2H_3Cl \longrightarrow HgCl_2 + C_2H_3Cl \tag{7-3}$$

其中式(7-3) 为控制步骤，依此机理导出的动力学方程式为：

$$r = kK_Hp_Hp_A/(1+K_Hp_H+K_{VC}p_{VC})$$

式中　k——反应速率常数；

K_H——HCl 在催化剂表面的吸附速率常数；

K_{VC}——氯乙烯在催化剂表面的吸附速率常数；

p_H、p_A、p_{VC}——分别为氯化氢、乙炔、氯乙烯的分压。

如果乙炔与氯化氢的摩尔比小，氯乙烯可进一步与氯化氢反应而生成 1,1-二氯乙烷，即

$$CH_2 = CHCl + HCl \longrightarrow CH_3 - CHCl_2$$

反之，如果乙炔与氯化氢的摩尔比大，则过量的乙炔使氯化汞催化剂还原成氯化亚汞或金属汞，导致催化剂失去活性，同时生成副产物二氯乙烯。

$$CH\equiv CH + HgCl_2 \longrightarrow Cl—CH═CH—HgCl$$

$$ClCH═CH—HgCl + HgCl_2 \longrightarrow Cl—Hg—\underset{\displaystyle Cl}{\underset{|}{C}H}—\underset{\displaystyle Cl}{\underset{|}{C}H}—HgCl$$

$$Cl—Hg—\underset{\displaystyle Cl}{\underset{|}{C}H}—\underset{\displaystyle Cl}{\underset{|}{C}H}—HgCl \longrightarrow ClCH═CHCl + Hg_2Cl_2$$

$$HC\equiv CH + HgCl_2 \longrightarrow Cl—CH——CH—Cl \ (\text{两个 CH 经 Hg 桥连})$$

$$Cl—CH——CH—Cl \ (\text{两个 CH 经 Hg 桥连}) \longrightarrow Hg + ClCH═CHCl$$

7.2.3 催化剂

乙炔与氯化氢合成氯乙烯，必须在催化剂作用下反应才具有一定的选择性。从目前的研究成果来看，AgCl、$ThCl_4$、$HgCl_2/C$、$BaCl_2/C$、$CuCl_2/C$、HgCl/C、$PtCl_4/C$、$BiCl_3/C$、$CdCl_2/C$、$ZnCl_2/C$ 等催化剂均对反应具有活性，其中以活性炭为载体的氯化汞催化剂（$HgCl_2/C$）的活性和选择性最高，甚至比 $PtCl_4/C$、HgCl/C、$CuCl_2/C$ 等催化剂的催化活性大 100～1000 倍。因此，乙炔法生产氯乙烯的生产厂大多数采用 $HgCl_2/C$ 催化剂，我国催化剂的技术指标大致为 $HgCl_2$ 含量 10%～15%，水含量＜0.03%，活性炭含量 85%～90%，外观呈灰色或黑色。$HgCl_2/C$ 催化剂活性高，选择性高，但过程由于有 Hg 产生，其毒性较大。因此，在使用和废旧催化剂的处理过程中要给予足够的重视。

7.3 工艺条件

7.3.1 催化剂的活性

催化剂活性高低对转化率影响很大，而催化剂的活性又与催化剂中有效催化成分的含量有关。对氯乙烯合成用催化剂，其氯化汞含量一般在 8%～15%之间。活性过低，乙炔转化率低，降低了设备的生产能力；活性过高，乙炔转化率高，反应放热也多，若不能及时导出反应热，必将造成局部过热，导致氯化汞升华，降低催化剂的活性。因此，工业上控制催化剂中氯化汞的含量一般控制在 10%左右。

7.3.2 原料气的纯度

7.3.2.1 惰性气体

对原料气中惰性气体的要求是除了不参加反应外，对催化剂也不能具有毒化作用。即便如此，惰性气体含量增加，也会使反应物浓度下降。由动力学方程式可见，反应物浓度降低，反应速率随之下降，从而降低了设备的生产能力。此外，惰性气体增多，会增加分离系统的负担。而且，随尾气损失的氯乙烯与惰性气体的流量成正比，因此，惰性气体的含量高，将增加氯乙烯损失。由于以上原因，在工业生产中惰性气体的含量愈低愈好。

7.3.2.2 含水量

原料气含水量应愈低愈好。这是因为水能吸收原料气中的氯化氢生成盐酸，生成的酸雾将腐蚀管道和设备。若设备为铁制品，铁与盐酸作用生成的氯化铁将会堵塞管道和设备，直接威胁设备的正常运转。原料气含水，还会造成催化剂黏结，减小催化剂的表面积，使催化剂活性下降，寿命缩短。催化剂结块还会堵塞设备，导致系统阻力增加，气体分配不均匀。在局部阻力小的管子中，气体大量通过，会使局部反应剧烈并放出大量的热，发生局部过热，催化剂迅速失活，以至于造成整个转化操作环境恶化。此外，乙炔与水发生化学反应生成乙醛，消耗原料，降低收率，也增加了氯乙烯分离的困难。

7.3.2.3　氯气含量

在原料气氯化氢的合成中，常由于操作控制不当，会含有少量游离氯气。这部分游离氯气遇到乙炔后，就会与乙炔剧烈反应生成氯乙炔，这种物质很容易燃烧爆炸，直接威胁到生产的安全。此外，游离氯气的存在还造成多氯化物等副产物含量的增加，增加了后系统的分离负担，同时也影响了氯乙烯的收率。所以要求原料气不含游离氯，在不得已的情况下，游离氯的含量亦应控制在0.002%以下。

7.3.2.4　氧含量

原料气中如果有氧气存在，它可与催化剂中载体活性炭发生反应，生成一氧化碳和二氧化碳，不但降低了催化剂的寿命，也增加合成气体中的惰性气体量，给后系统的分离增加了困难，也将增加氯乙烯的排空损失。此外，在氯乙烯的常压分馏中，二氧化碳与干燥塔中的固碱作用可生成一层碳酸钠硬壳，影响了固碱的脱水作用，导致大量水分随氯乙烯带出，从而引起水分在以后低温系统中结冰，堵塞设备。

7.3.2.5　催化剂的毒物

在原料气乙炔中，往往由于净化不好，含有少量的硫、磷、砷的化合物。这些化合物的存在，能使催化剂中毒，从而失去活性。其反应方程式如下：

$$HgCl_2+H_2S \longrightarrow HgS+2HCl$$

$$3HgCl_2+PH_3 \longrightarrow (HgCl)_3P+3HCl$$

因此，应严格限制这些物质的含量。

7.3.3　原料配比的影响

根据由动力学方程式的计算结果，当乙炔与氯化氢的摩尔比 $p_{C_2H_2}:p_{HCl}=1:1$ 或 $p_{HCl}:p_{C_2H_2}=1.1:1$ 以及 $p_{C_2H_2}:p_{HCl}=1.1:1$ 时，反应速率相差不大，也就是说，它们的摩尔比无论是采用相等还是其中任一种过量，反应速率都能满足工业生产的要求。

乙炔和氯化氢的摩尔比对化学平衡的影响，可由下式分析

$$K_p=\frac{p_{C_2H_3Cl}}{p_{C_2H_2}p_{HCl}}$$

平衡常数仅是温度的函数，当温度一定后，K_p 为常数。无论增加何种原料均可增加另一种原料的平衡转化率。最适宜原料配比可从以下方面考虑。

首先，当乙炔过量时，将在三个方面对生产产生不良影响。

① 乙炔比氯化氢价格昂贵，若采用过量乙炔，造成很大浪费，经济上不合理。

② 从动力学分析可知，乙炔过量会使催化剂中的氯化汞还原成氯化亚汞和金属汞，导致催化剂失活，副产物大量增加。

③ 乙炔过量时，反应产物中乙炔含量增加，将增加氯乙烯分离的负担。而且，常导致氯乙烯单体中乙炔含量过高，从而降低了产品的规格，影响聚合产品质量。

由此可见，乙炔过量是不可取的。因此，生产上常采用氯化氢过量。适当增加氯化氢加料量可以提高乙炔的转化率，降低粗氯乙烯中乙炔的含量，有利于精制。

另外，由动力学分析可见，氯化氢过量不能太多。因为，过量太多，会使生成的氯乙烯进一步与过量的氯化氢加成，生成多氯化物，这样，产品的收率和质量下降；还会增加净化过程的负担，造成化工原料的浪费。从这个意义上讲，氯化氢的过剩量应该愈小愈好。这对提高氯乙烯收率及单体质量，减少氯化氢消耗，降低成本都有很大的好处。目前，工业生产中乙炔与氯化氢的摩尔比通常控制在（1∶1.05）～（1∶1）之间，即氯化氢过量5%～10%。随着操作技术的熟练和仪表质量的提高，氯化氢的过剩量将会逐渐减少。

7.3.4 空速的影响

空速是指原料气体通过催化剂的空间速度，它是流动反应系统加料速度的量度。空速大，接触时间短，反应转化率低。产品中乙炔含量高，产品质量降低，原材料消耗高；空速低，接触时间长，对乙炔加成反应来说，高沸点副产物产量随之增加，生产能力降低。实际生产中控制乙炔的空速为30～60m^3 C_2H_2/（m^3 催化剂·h）。

7.3.5 反应温度

在热力学分析过程中已经指出，由乙炔和氯化氢合成氯乙烯反应的平衡常数随着温度的升高而降低，但即使是温度高达453K时，平衡转化率仍超过99%。因此，反应热力学方面对该反应温度的限制不大。但反应温度对反应速率以及对氯化汞带出量却有很大影响。对于流动反应系统，根据物料衡算可得

$$r\mathrm{d}W = F\mathrm{d}x$$

或

$$W/F = \int_0^x \frac{1}{r}\mathrm{d}x$$

式中 W——催化剂质量，kg；

F——乙炔流量，kmol/h；

x——乙炔转化率；

r——反应速率，kmol C_2H_2/（kg 催化剂·h）。

W/F 与温度的关系通过实验得出，相关内容可查阅有关文献。

图7-1为氯化汞的蒸气压与温度的关系，从图上可以看出在453K以上，p_{HgCl_2} 将随着温度的提高而急剧上升，这说明当温度超过453K后，氯化汞的升华大大增加。而催化剂的活性随着氯化汞升华的增加急剧下降，从而使反应速率和实际转化率显著下降。温度升高，还会加速氯化汞还原为氯化亚汞和金属汞的反应。另外，在主反应加速的同时，副反应速率也随温度的升高而加速，这样不但加重了精制的负担，而且也增加了原材料的消耗。

实验表明，温度低于403K是不适宜的，因为在这样的条件下反应速率及生产能力均很低。因此，适宜的温度为403～453K之间。对于初期使用的催化剂，反应温度可选择在403～423K范围内操作，反应进行一段时间后，催化剂活性会衰减，这时可逐步提高反应温度，直至达到453K的上限值。

7.3.6 合成压力的选择

从反应热力学角度考虑，由于乙炔和氯化氢合成氯乙烯是一个体积缩小的反应，提高压力有利于平衡向生成产物的方向移动，从而可提高乙炔的平衡转化率。从反应动力学角度考虑，增加压力，可提高乙炔和氯化氢的分压，从而加速反应的进行。但是，高压条件下乙炔易发生爆炸，生产不如常压安全；而且，高压对动力设备和耐压设备的要求高，使设备的投资增加；另外，压力的增加直接导致生产过程动力消耗的增加。而从热力学分析已经知道，

该反应在操作范围及常压下平衡转化率已经超过99%，且从动力学角度考虑，在同样条件下反应速率也较高。因此，升高压力意义不大。生产中一般采用低压操作，即选用$1.2\times10^5\sim1.5\times10^5$Pa（绝对压力）。

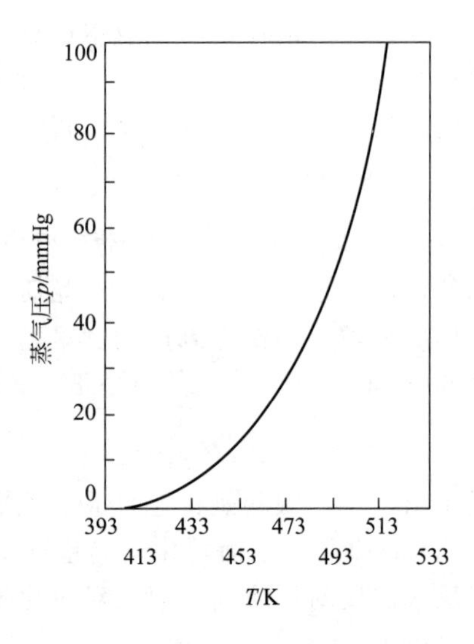

图 7-1　p_{HgCl_2}-T 关系
（1mmHg=133.3Pa）

7.4　工艺流程

7.4.1　反应器

乙炔和氯化氢加成反应生产氯乙烯是一个气固相放热反应，要求反应器能够装填催化剂和不断移出反应热。符合条件的常见设备是流化床反应器和列管式固定床反应器。目前工业上常用的是后者。其构造如图7-2所示。

反应器是一个圆柱形列管式设备，上下盖为锥形，外壳由钢板焊接而成。圆柱部分内装列管，管内装催化剂，管间有两块花板将整个圆柱部分隔为三层，每层均有冷却水进出口。上盖有一气体分配盘，使气体均匀分布。下盖内衬瓷砖，以防盐酸腐蚀，其内下部分填充瓷环，上部铺设活性炭作为填料，用于支撑列管内的催化剂，防止催化剂粉尘进入管道。

7.4.2　反应条件的影响

7.4.2.1　气体分布的影响

氯乙烯合成反应器是一种气-固相反应器，反应器中气体的均匀分布是一个非常重要的问题，如果气体分布不均匀，导致各部分气流停留时间不一致，将造成反应器各部分温度分布不均匀和转化率下降。为使气流分布均匀常采取以下措施。

① 多个进口或在进口处加上气体分配盘使气体均匀分布。

② 确保催化剂在各反应管中装填均匀，以保证气流在各反应管中阻力分配一致。否则，气体总是要从阻力小部位通过，在这些部位管内气体流量大，反应进行剧烈，放出的热量多，当所放出的热量不能被及时移出时，热量发生积累，造成局部过热，使催化剂活性下

降，造成反应器中反应条件恶化，严重时将使催化剂烧结，导致反应不能正常进行。

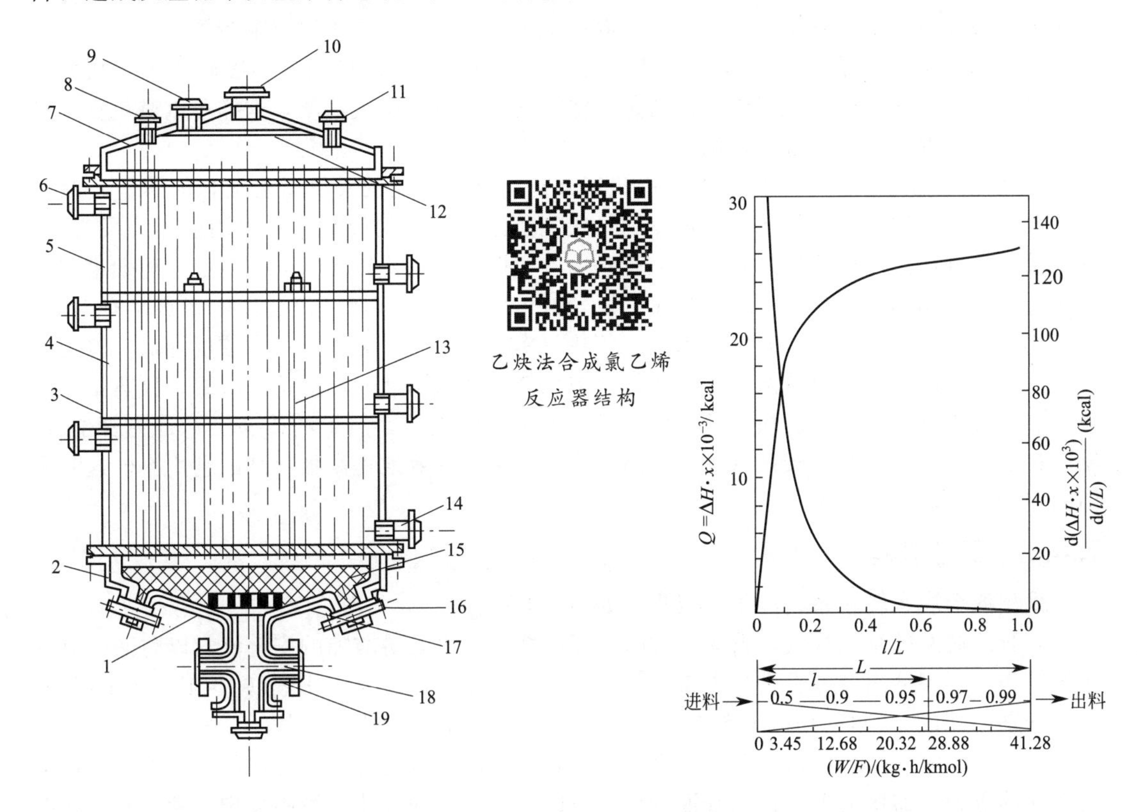

图7-2　反应器结构

1—锥形底盖；2—瓷砖；3—隔板；4—外壳；5—列管；6—冷却水出口；7—大盖；8,11—热电偶插孔；9—手孔；10—气体进口；12—气体分配板；13—支撑管；14—冷却水进口；15—填实；16—手孔；17—下花板；18—合成气出口；19—防腐衬里

图7-3　放热量及转化率沿床高的变化

注：图中 1kcal=4.184kJ

7.4.2.2　温度分布的影响

乙炔与氯化氢加成反应，在整个床层热量及转化率沿床层的变化规律，如图7-3所示。图中以对比床高 l/L 为横坐标，左边的纵坐标是放热量（对数值），右边的纵坐标则为放热量随床高的变化率，在图的下方画出了与对比床高相对应的转化率值，图中表明随着转化率的增高，反应速率越来越慢，以致所需催化剂量急剧增加。

从图中曲线可以看出热量大部分在前半段放出，尤其是在前1/5段内（$l/L=0.2$）放热率很大，要求的传热负荷高达 1.141×10^{4}kJ/kg·h。显然，采用固定床反应器，在这一段及时移出反应热是关键。出现这一现象的原因是在反应段的前半部分，由于反应组分浓度很高，反应速率很快，导致放热剧烈。但在反应管的后半部分，随着乙炔转化率的增高其浓度渐低，反应速率愈来愈慢，放出的热量随之减少。由此可见，如何减少前期的放热量，提高后半部分反应段的利用率是工业生产中非常重要的问题。目前，工业生产中是采用低空速来避免温峰热点超过允许温度，但是空速降低后，催化剂的生产能力大大降低，致使经济效益显著降低。

为了改变上述状况，应当采取适当措施使反应器中各段催化剂均能充分发挥作用，而这些措施应能满足下列基本要求，即克服反应前期放热过分集中致使提高空速受到的限制；尽量拉平床层反应温度使其接近最佳的允许温度。工业生产中主要采取以下措施。

① 采用多段反应器。在各段入口补加一定的原料气，使反应段间温度较均匀，从而提高空速。同时，在一段原料气中加入适量的惰性气体，控制反应速率，这样可以避免在一段反应器中出现温峰热点超过允许温度。

② 采用复合床反应器。由前面讨论我们知道，反应前期的关键是将大量的热量及时移出，而在反应后期的主要问题是用最少的催化剂量达到较高的转化率。采用前述分段进气，分段控温的方法虽然可使生产强化，但设备结构和操作工艺比较复杂。而在反应前期采用流化床，后期采用固定床这样一种复合床可以较好地解决上述问题。流化床的特点是有返混，其作用在于，一方面使床层温度均匀化，传热效率较高；另一方面床层内浓度降低，若为全混形则床层内浓度等于出口浓度，它比进口浓度低得多。因此，反应速率减缓，放热量相应减少。但对于反应后期，乙炔浓度较低，反应速率比较缓慢，热量的传递已不是主要矛盾，反应过程的主要矛盾为在较低浓度下提高反应的速率，有效地提高催化剂的利用率，这时采用固定床反应器更为合理。

7.4.3 工艺流程

采用混合脱水转化系统的工艺流程，如图 7-4 所示。

来自乙炔站的湿乙炔气，首先通过阻火器和装有三甲酚磷酸酯的安全液封以防回火以及超压操作，再用分离器分去少量夹带出的三甲酚磷酸酯，然后与氯化氢以 1∶1.05～1∶1 的比例分别由互成 90°角的切线方向进入脱水混合器中混合。在混合器中，乙炔气中的部分水分被氯化氢吸收，变成浓盐酸雾滴，借气体回转运动而产生的离心力甩向器壁发生凝聚，又借盐酸的重力顺器壁流下，达到气液分离的目的。混合后的气体，沿中央排出管上升至顶部扩大室，室内装有活性炭以除去氯化氢所含的游离氯，然后进入两个串联的石墨冷却器，用 238.16K 冷冻盐水将混合气冷至 263～258K。冷却后的混合气经旋风分离器及酸雾过滤器除去所夹带的酸滴和酸雾，再经预热器预热后进入反应器进行反应。

由各设备分离下来的浓盐酸，汇集后经一液封管自动流入酸罐，然后定期用氮气压至酸储槽。

活化催化剂时用的干燥氯化氢气体，由一单独系统获得。其过程是将未经干燥氯化氢气体通过另一石墨冷却器，进行冷冻脱水，经酸雾过滤器除去酸雾后进入反应器。

反应器由两组串联列管式固定床反应器组成。乙炔与氯化氢进入反应器后，在反应条件下与氯化汞催化剂接触，发生反应，生成主产物氯乙烯和一系列副产物。之后离开反应器进入脱汞器，除汞后送净化与精制系统。

乙炔与氯化氢的气相加成反应为放热反应，为使反应温度保持在正常条件下，不致产生局部过热及飞温现象，故反应器采用三路冷却水将反应热移出。

氯乙烯的净化与精制工艺流程如图 7-5 所示。

由反应系统送来的合成气，除含有未反应的氯化氢外，还含由原料带入的惰性气体，如氢气、氮气、二氧化碳、水等，以及副产物乙醛、乙烯基乙炔、二氯乙烷、二氯乙烯、三氯乙烷等多氯化物，这些杂质大多数会严重影响聚氯乙烯的质量。因此，必须将产品与杂质分离，达到产品的规格。氯乙烯的分离一般是在加压条件下进行。这是因为氯乙烯混合物中大多数物质的沸点较低，在常压常温条件下大多数是气体，若在常压使其分离必须在低温条件下才有可能。这样一来不但要消耗相当数量的冷冻剂，增加能量消耗，而且增加了流程的复杂性，致使操作困难。因此，在氯乙烯生产中一般采用 5×10^5 Pa 的压力使混合物的沸点提

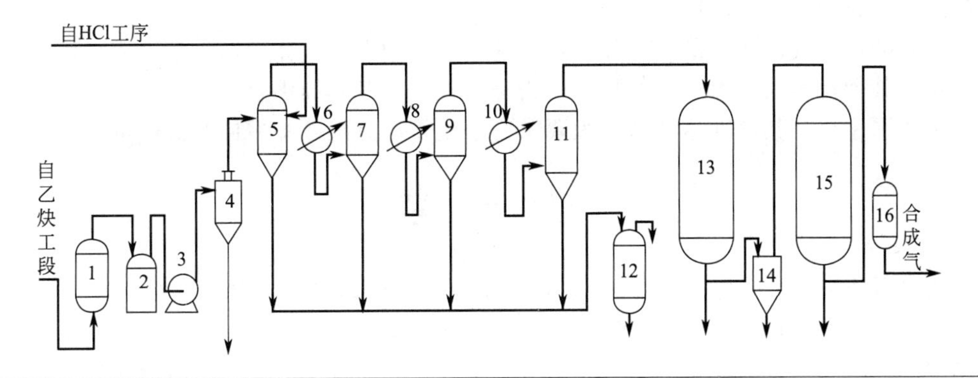

图 7-4　采用混合脱水的转化系统工艺流程图

1—阻火器；2—液封；3—水环式压缩机；4—旋风分离器；5—混合器；6,8—第一、第二石墨冷凝器；7,9—酸雾过滤器；10—预热器；11—缓冲罐；12—酸储槽；13,15—反应器；14—缓冲罐；16—脱水器

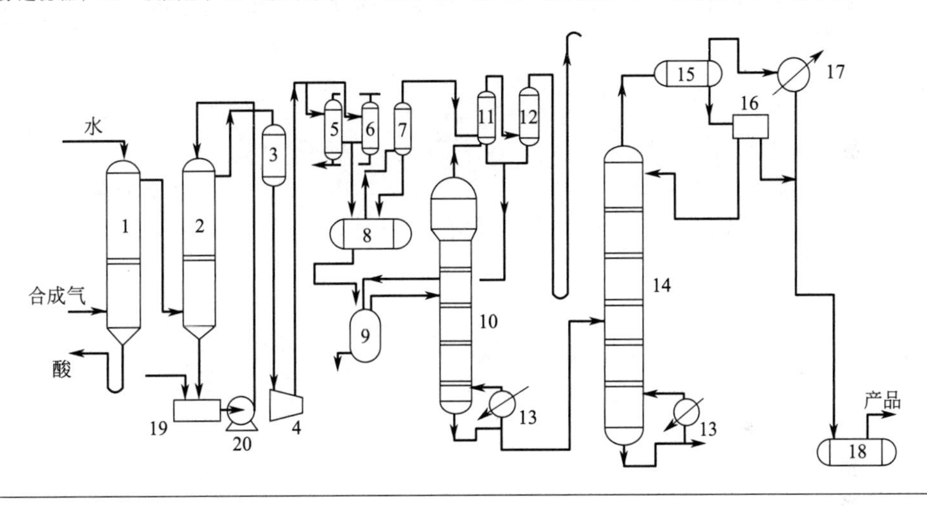

图 7-5　氯乙烯的净化与精制工艺流程图

1—水洗塔；2—碱洗塔；3—冷却器；4—压缩机；5～7—全凝器；8—缓冲器；9—水分离器；10—低沸塔；11—塔顶回流冷凝器；12—尾气冷凝器；13—再沸器；14—高沸点塔；15,17—第一、第二成品冷凝器；16—中间储槽；18—成品储槽；19—碱槽；20—碱泵

高到常温或较高的温度，使精馏在常温下进行。分离工艺主要由三部分组成。

首先，来自反应器的合成气进入水洗塔。该塔的作用有两个：其一，迅速降低温度；其二，吸收其中的氯化氢。氯化氢在水中的溶解度很大，当气体中氯化氢分压为 1×10^5 Pa 时，在 273K 温度下的 $1m^3$ 水中能溶解 $525.2m^3$，当温度在 291K 时，就能溶解 $451.2m^3$。一般来说，气体的溶解度随压力的升高和温度的降低而增加。

在水洗过程中，氯乙烯的溶解度虽小，但它在混合气中分压较大，且洗涤水用量很大，故会有相当数量的氯乙烯溶于水而损失，另外，机械夹带也会使氯乙烯损失。

经水洗后的气体中还含有少量氯化氢，为彻底将其除去需用5％～15％的氢氧化钠进一步吸收。同时，碱液还可以与二氧化碳反应生成碳酸钠，将其除去。在碱洗过程中，若溶液碱度不够，则生成的碳酸钠就会与二氧化碳作用生成碳酸氢钠。由于碳酸氢钠在水中的溶解度非常小，易沉淀而堵塞管道和设备，使生产不能顺利地进行。所以生产中必须控制碱液为5％～10％，使碳酸钠小于10％。

经碱洗后的气体经冷凝和气液分离，将带出的碱液分出，气体经压缩机把压力提高到

5×10^{5} Pa，这是净化过程的第二部分。

提压后的混合气体送入最后一部分，在这一部分中混合气体由塔中部进入低沸塔，塔顶分出乙炔及其他比氯乙烯沸点低的物质。塔釜的氯乙烯及其高沸物送至高沸点塔，在该塔中氯乙烯由塔顶采出，其浓度达到聚合级要求。塔釜重组分经冷却后回收。

思考题

1. 由电石乙炔生产氯乙烯时，为什么要控制乙炔和氯化氢的摩尔比？
2. 气固相反应器中气体的分布对反应效果有什么影响？
3. 简述反应温度对反应过程的影响。
4. 床层温度分布对乙炔转化率有什么影响？
5. 采取哪些措施可以提高催化剂的利用率？
6. 合成混合气体的净化系统包括哪三部分？简述各部分的作用。

第 8 章 精细化工概述

知识目标

1. 了解精细化工与普通化工的区别；
2. 理解精细化工的定义、内涵与范畴；
3. 了解精细化工产业在化工产业中的地位及其发展趋势。

能力目标

1. 能够区分精细化工产品和普通化工产品；
2. 能够根据需要，查找特定精细化工产品的生产方法。

素质目标

1. 基于精细化工的定义，理解少就是多的理念；
2. 正确认识精细化工产品与在人类日常生活中的应用；
3. 强化化工安全与环保的理念和责任意识。

8.1 精细化工的定义与范畴

精细化工是精细化学工业的简称，是生产精细化学品的工业。精细化学品原指医药、染料和香料等一类生产技术难度大，质量要求高，产量小的化工产品。精细化学品是与通用化工产品或大宗化学品相区分的一类化学品。所谓通用化学品，就是以天然资源为基本原料，经过简单加工而制成的大吨位、附加价值率与利润率较低、应用范围较广的化工产品；而精细化学品一般是以通用化学品为起始原料，采用复杂的生产工艺进行深度加工，制成小批量、多品种、附加值高、具有专用功能并提供应用技术和技术服务的化工产品。随着科学技术的进步，极大地促进了精细化工的迅猛发展，使精细化工的生产门类、品种不断增加，领域日益扩大，精细化工成为充满活力的朝阳工业。特别是近 20 多年来，精细化工迅速发展，并形成了许多独立的行业和门类。

关于精细化工的定义，在发达国家已经展开了较长时间的讨论，然而迄今为止，尚无简明、确切而又得到公认的科学定义。目前精细化学品在我国的含义与日本基本相同。概括起来“精细化学品是深度加工的、具有功能性或最终使用性的、品种多、产量小、附加价值高的一大类化工产品”。所谓功能性，是指该化学品通过物理作用、化学作用或生物作用，而产生某种功能或效果。所谓最终使用性，是指该化学品不需再加工即可提供用户使用。一般说来，精细化学品应具备如下特点：①品种多，产量小，主要以其功能进行交易；②多数采用间歇生产方式；③技术要求比较高，质量指标高；④生产占地面积小，一般中小型企业即可生产；⑤整个产品产值中原材料费用的比率较低，商品性较强；⑥直接用于工农业、军工、宇航、人民生活和健康等方面，重视技术服务；⑦投资小，见效快，利润大；⑧技术密集性高，竞争激烈。

欧美国家大多将精细化工产品分为精细化学品和专用化学品。精细化学品是按其分子的化学组成（即作为化合物）来销售的小量产品，强调的是产品的规格和纯度；专用化学品则是根据它们的功能来销售的小量产品，强调的是产品功能。精细化学品与专用化学品的区别，可归纳成以下六个方面。

① 精细化学品多为单一化合物，可用化学式表示其成分，而专用化学品很少是单一的化合物，通常是若干种化学品组成的复配物，通常不能用化学式表示其成分。

② 精细化学品一般为非最终使用性产品，用途较广，专用化学品的加工度高，为最终使用性产品，用途针对性强。

③ 精细化学品大体是用一种方法或类似的方法制造的，不同厂家的产品基本上没有差别，而专用化学品的制造，各生产厂家互不相同，产品有差别，有时甚至完全不同。

④ 精细化学品是按其所含的化学成分来销售的，而专用化学品是按其功能销售的。

⑤ 精细化学品的生命期相对较长，而专用化学品的生命期较短，产品更新很快。

⑥ 专用化学品的附加价值率、利润率更高，技术密集性更强，更需依靠专利保护或对技术严加保密，新产品的生产完全需依靠本企业的技术开发。

精细化学品与非精细化学品在某些情况下并无明显的界限。例如：医用水杨酸和食品添加剂用的苯甲酸属于精细化学品，而它们用作化工原料时属于基本有机产品。

精细化工目前还处于发展阶段，由于各个国家的科技、生产、生活水平不一，经济体制和结构差别更大，很显然，对精细化工的范围和分类不可能相同。

我国的精细化学品包括十一大类，即农药、染料、涂料（包括油漆和油墨）、颜料、试剂和高纯物、信息用化学品（包括感光材料、磁性材料等能接受电磁波的化学品）、食品和饲料添加剂、胶黏剂、催化剂和各种助剂、化工系统生产的化学药品（原料药）和日用化学品、高分子聚合物中的功能高分子材料（包括功能膜、偏光材料等）。

目前，我国已有用“专用化学品”替代“精细化学品”的趋势。但本书仍采用精细化学品这一叫法。

8.2　我国精细化工的发展趋势

精细化工发展迅速，不仅有大批精细化工产品投入市场，而且所占化工总产值的比例逐年上升。我国的精细化工与发达国家相比，还存在较大的距离，发展精细化工已成为当务之急，需要制定切实可行的发展规划，明确主要的研究方向，加快发展速度。

8.2.1　无机精细化工的发展趋势

① 立足于本国丰富的资源，积极发展系列化、多规格、多性能、高质量的产品。如无机硅化合物，它品种极多，应用范围较广，并且随着科学技术的进展仍在迅速发展。它所用主要原料是地球上取之不尽、用之不竭的二氧化硅。我国盛产较高质量的二氧化硅，且分布广。

② 发展与信息科学、生命科学和材料科学有关的无机精细化工产品。随着电子信息技术的飞速发展，许多无机精细化工产品已经成为电子制品、磁性材料、光电材料等不可缺少的原材料。

③ 开发新的工艺技术，大力发掘无机物潜在的特殊功能。无机盐是化学工业中发展较早的行业，但较长时间以来，人们只注意无机物固有的物理化学性质及其相应的用途，使无机化合物的应用领域未能拓宽。近年来，由于科学技术迅速发展，无机物的许多潜在特殊功能随着许多相应的特殊工艺技术的开发而逐渐被人们所认识，概括起来有：超细化、纤维化、薄膜化、单晶化、多孔化、形状化、高纯化、非晶化、高密度化、高聚合化、表面改性化、非化学计量化及化合物的复合化等。

④ 我国是一个农业大国，应积极发展为农业服务的以及农产品加工工业需要的无机精细化工产品。

8.2.2　有机精细化工的发展趋势

（1）传统精细化学品的更新换代

① 染料工业重点是发展纺织印染需求量大的活性染料、分散染料、还原染料等。

② 涂料工业以发展满足建筑、汽车、电器、交通（船舶、路标）、家具等需要的高档涂料，解决恶劣条件下的防腐难题，积极开发低污染、节能型新品种，包括水性涂料、高固体分涂料、粉末涂料、光固化涂料等。

③ 胶黏剂工业重点是发展低毒（或无毒）、中低温固化和高强耐候品种，开发功能型的新产品，尤其注重开发鞋用胶黏剂。

④ 化学试剂重点加强分离提纯技术研究，注意试剂门类品种的开发，实现超净高纯试剂、生物技术试剂、临床诊断试剂、有机合成试剂的产品系列化。

⑤ 感光材料和磁记录材料正在迅速发展。

（2）当前要优先发展的关键技术

① 新催化技术。发展与精细化工新产品开发密切相关的相转移催化、立体定向合成、固定化酶发酵等特种技术。加强与新型催化剂相适应的反应器放大、制造等技术的开发，使之能够设计和开发出若干具有高活性、高选择性、立体定向、稳定性好、寿命长的高效催化剂和相应的催化技术。

② 新分离技术。精细化学品工业规模的多组分分离，特别是不稳定化合物及功能性物质的高效精密分离技术的研究，对精细化工产品的开发与生产至关重要。重点开发超临界萃取分离技术，研究用超临界萃取分离技术制取出口创汇率极高的天然植物提取物（如色素、香油、中草药有效成分等），为超临界萃取分离技术的实用化、国产化提供理论和技术依据。

③ 增效复配技术。该技术可有效地提高产品的商品数与化工产品数量之比。在工业发达国家，此比值为20∶1左右，而我国仅为1.5∶1，不仅品种少，而且质量差，关键是增效复配技术落后。因此加强这方面的应用基础研究及应用技术研究是当务之急。

④ 气雾剂（CFC）无污染替代技术。气雾剂无污染替代技术的研究和应用对保护环境具有极其重要的意义。

⑤ 生物技术。由于生物技术的优点，各国对生物技术的开发研究的投入都在迅速增加。

其他新技术，如聚合物改性技术、计算机化工应用技术、综合治理等技术也与化学工业、精细化学品的发展密切相关。总之，我国将以国际市场为导向，使化工产品的精细化率达到50%以上，努力满足轻纺、机电、建材、国防等部门对化工产品日趋迫切的需求。

思　考　题

1. 通用化学品的含义是什么?
2. 我国对精细化学品是如何定义的?
3. 精细化学品的特点是什么?
4. 精细化学品与专用化学品的区别是什么?
5. 选择一精细化学品，通过检索资料，说明其生产需要的原料、工艺原理和生产工程。
6. 按照我国精细化学品分类，从其中任选一类，进行市场调研，并举例说明其制备要点。

附　　录

一、中华人民共和国法定计量单位（摘录）

1. 化工中常用的单位与其符号

	项　目	单位符号	词　头		项　目	单位符号	词　头
基本单位	长度	m	k,c,m,μ	导出单位	面积	m^2	k,d,c,m
	时间	s	k,m,μ		容积	m^3	d,c,m
		min				L 或 l	
		h			密度	kg/m^3	
	质量	kg	m,μ		角速度	rad/s	
		t(吨)			速度	m/s	
	温度	K			加速度	m/s^2	
		℃			旋转速度	r/min	
	物质的量	mol	k,m,μ		力	N	k,m,μ
辅助单位	平面角	rad			压强,压力,应力	Pa	k,m,μ
		°(度)			黏度	Pa·s	m
		′(分)			功,能,热量	J	k,m
					功率	W	k,m,μ
		″(秒)			热流量	W	k
					热导率	W/(m·K)或W/(m·℃)	k

2. 化工中常用单位的词头

词头符号	词头名称	所表示的因数	词头符号	词头名称	所表示的因数
k	千	10^3	m	毫	10^{-3}
d	分	10^{-1}	μ	微	10^{-6}
c	厘	10^{-2}			

3. 应废除的常用计量单位

名　称	单位符号	用法定计量单位表示的形式	名　称	单位符号	用法定计量单位表示的形式
标准大气压	atm	Pa	达因	dyn	N
工程大气压	at	Pa	公斤(力)	kgf	N
毫米水柱	mmH_2O	Pa	泊	P	Pa·s
毫米汞柱	mmHg	Pa			

二、某些气体的重要物理性质

名　称	分子式	密度(0℃,101.3kPa)/(kg/m^3)	比热容/[kJ/(kg·℃)]	黏度 $\mu\times10^5$/(Pa·s)	沸点(101.3kPa)/℃	汽化热/(kJ/kg)	临界点 温度/℃	临界点 压力/kPa	热导率/[W/(m·℃)]
空气		1.293	1.009	1.73	−195	197	−140.7	3768.4	0.0244
氧	O_2	1.429	0.653	2.03	−132.98	213	−118.82	5036.6	0.0240

续表

名称	分子式	密度(0℃,101.3kPa)/(kg/m^3)	比热容/[kJ/(kg·℃)]	黏度 $\mu \times 10^5$/(Pa·s)	沸点(101.3kPa)/℃	汽化热/(kJ/kg)	临界点		热导率/[W/(m·℃)]
							温度/℃	压力/kPa	
氮	N_2	1.251	0.745	1.70	−195.78	199.2	−147.13	3392.5	0.0228
氢	H_2	0.0899	10.13	0.842	−252.75	454.2	−239.9	1296.6	0.163
氦	He	0.1785	3.18	1.88	−268.95	19.5	−267.96	228.94	0.144
氩	Ar	1.7820	0.322	2.09	−185.87	163	−122.44	4862.4	0.0173
氯	Cl_2	3.217	0.355	1.29(16℃)	−33.8	305	+144.0	7708.9	0.0072
氨	NH_3	0.771	0.67	0.918	−33.4	1373	+132.4	11295.0	0.0215
一氧化碳	CO	1.250	0.754	1.66	−191.48	211	−140.2	3497.9	0.0226
二氧化碳	CO_2	1.976	0.653	1.37	−78.2	574	+31.1	7384.8	0.0137
硫化氢	H_2S	1.539	0.804	1.166	−60.0	548	+100.4	19136.0	0.0131
甲烷	CH_4	0.717	1.70	1.03	−161.58	511	−82.15	4619.3	0.0300
乙烷	C_2H_6	1.357	1.44	0.850	−88.5	486	+32.1	4948.5	0.0180
丙烷	C_3H_8	2.020	1.65	0.795(18℃)	−42.1	427	+95.6	4355.0	0.0148
正丁烷	C_4H_{10}	2.673	1.73	0.810	−0.5	386	+152.0	3798.8	0.0135
正戊烷	C_5H_{12}	—	1.57	0.874	−36.08	151	+197.1	3342.9	0.0128
乙烯	C_2H_4	1.261	1.222	0.935	+103.7	481	+9.7	5135.9	0.0164
丙烯	C_3H_8	1.914	2.436	0.835(20℃)	−47.7	440	+91.4	4599.0	—
乙炔	C_2H_2	1.71	1.352	0.935	−83.66(升华)	829	+35.7	6240.0	0.0184
氯甲烷	CH_3Cl	2.303	0.582	0.989	−24.1	406	+148.0	6685.8	0.0085
苯	C_6H_6	—	1.139	0.72	+80.2	394	+288.5	4832.0	0.0088
二氧化硫	SO_2	2.927	0.502	1.17	−10.8	394	+157.5	7879.1	0.0077
二氧化氮	NO_2	—	0.315	—	+21.2	712	+158.2	10130.0	0.0400

三、某些液体的重要物理性质

名称	分子式	密度(20℃)/(kg/m^3)	沸点(101.3kPa)/℃	汽化热/(kJ/kg)	比热容(20℃)/[kJ/(kg·℃)]	黏度(20℃)/(mPa·s)	热导率(20℃)/[W/(m·℃)]	体积膨胀系数 $\beta \times 10^4$(20℃)/$℃^{-1}$	表面张力 $\sigma \times 10^3$(20℃)/(N/m)
水	H_2O	998	100	2258	4.183	1.005	0.599	1.82	72.8
氯化钠盐水(25%)	—	1186(25℃)	107	—	3.39	2.3	0.57(30℃)	(4.4)	
氯化钙盐水(25%)	—	1228	107	—	2.89	2.5	0.57	(3.4)	
硫酸	H_2SO_4	1831	340(分解)	—	1.47(98%)		0.38	5.7	
硝酸	HNO_3	1513	86	481.1		1.17(10℃)			
盐酸(30%)	HCl	1149			2.55	2(31.5%)	0.42		
二硫化碳	CS_2	1262	46.3	352	1.005	0.38	0.16	12.1	32.0
戊烷	C_5H_{12}	626	36.07	357.4	2.24(15.6℃)	0.229	0.113	15.9	16.2
己烷	C_6H_{14}	659	68.74	335.1	2.31(15.6℃)	0.313	0.119		18.2
庚烷	C_7H_{16}	684	98.43	316.5	2.21(15.6℃)	0.411	0.123		20.1
辛烷	C_8H_{18}	763	125.67	306.4	2.19(15.6℃)	0.540	0.131		21.3
三氯甲烷	$CHCl_3$	1489	61.2	253.7	0.992	0.58	0.138(30℃)	12.6	28.5(10℃)
四氯化碳	CCl_4	1594	76.8	195	0.850	1.0	0.12		26.8
1,2-二氯乙烷	$C_2H_4Cl_2$	1253	83.6	324	1.260	0.83	0.14(60℃)		30.8
苯	C_6H_6	879	80.10	393.9	1.704	0.737	0.148	12.4	28.6
甲苯	C_7H_8	867	110.63	363	1.70	0.675	0.138	10.9	27.9
邻二甲苯	C_8H_{10}	880	144.42	347	1.74	0.811	0.142		30.2
间二甲苯	C_8H_{10}	864	139.10	343	1.70	0.611	0.167	10.1	29.0
对二甲苯	C_8H_{10}	861	138.35	340	1.704	0.643	0.129		28.0
苯乙烯	C_8H_9	911(15.6℃)	145.2	352	1.733	0.72			
氯苯	C_6H_5Cl	1106	131.8	325	1.298	0.85	1.14(30℃)		32
硝基苯	$C_6H_5NO_2$	1203	210.9	396	1.47	2.1	0.15		41
苯胺	$C_6H_5NH_2$	1022	184.4	448	2.07	4.3	0.17	8.5	42.9

续表

名　　称	分子式	密度(20℃)/(kg/m³)	沸点(101.3kPa)/℃	汽化热/(kJ/kg)	比热容(20℃)/[kJ/(kg·℃)]	黏度(20℃)/(mPa·s)	热导率(20℃)/[W/(m·℃)]	体积膨胀系数$\beta\times10^4$(20℃)/℃$^{-1}$	表面张力$\sigma\times10^3$(20℃)/(N/m)
苯酚	C_6H_5OH	1050(50℃)	181.8(熔点40.9℃)	511		3.4(50℃)			
萘	$C_{16}H_8$	1145(固体)	217.9(熔点80.2℃)	314	1.80(100℃)	0.59(100℃)			
甲醇	CH_3OH	791	64.7	1101	2.48	0.6	0.212	12.2	22.6
乙醇	C_2H_5OH	789	78.3	846	2.39	1.15	0.172	11.6	22.8
乙醇(95%)		804	78.2			1.4			
乙二醇	$C_2H_4(OH)_2$	1113	197.6	780	2.35	23			47.7
甘油	$C_3H_5(OH)_3$	1261	290(分解)	—		1499	0.59	5.3	63
乙醚	$(C_2H_5)_2O$	714	34.6	360	2.34	0.24	0.14	16.3	8
乙醛	CH_3CHO	783(18℃)	20.2	574	1.9	1.3(18℃)			21.2
糠醛	$C_5H_4O_2$	1168	161.7	452	1.6	1.15(50℃)			43.5
丙酮	CH_3COCH_3	792	56.2	523	2.35	0.32	0.17		23.7
甲酸	$HCOOH$	1220	100.7	494	2.17	1.9	0.26		27.8
乙酸	CH_3COOH	1049	118.1	406	1.99	1.3	0.17	10.7	23.9
乙酸乙酯	$CH_3COOC_2H_5$	901	77.1	368	1.92	0.48	0.14(10℃)		
煤油		780～820				3	0.15	10.0	
汽油		680～800				0.7～0.8	0.19(30℃)	12.5	

四、干空气的物理性质（101.33kPa）

温度t/℃	密度ρ/(kg/m³)	比热容c_p/[kJ/(kg·℃)]	热导率$k\times10^2$/[W/(m·℃)]	黏度$\mu\times10^5$/(Pa·s)	普朗特数Pr
−50	1.584	1.013	2.035	1.46	0.728
−40	1.515	1.013	2.117	1.52	0.728
−30	1.453	1.013	2.198	1.57	0.723
−20	1.395	1.009	2.279	1.62	0.716
−10	1.342	1.009	2.360	1.67	0.712
0	1.293	1.005	2.442	1.72	0.707
10	1.247	1.005	2.512	1.77	0.705
20	1.205	1.005	2.593	1.81	0.703
30	1.165	1.005	2.675	1.86	0.701
40	1.128	1.005	2.756	1.91	0.699
50	1.093	1.005	2.826	1.96	0.698
60	1.060	1.005	2.896	2.01	0.696
70	1.029	1.009	2.966	2.06	0.694
80	1.000	1.009	3.047	2.11	0.692
90	0.972	1.009	3.128	2.15	0.690
100	0.946	1.009	3.210	2.19	0.688
120	0.898	1.009	3.338	2.29	0.686
140	0.854	1.013	3.489	2.37	0.684
160	0.815	1.017	3.640	2.45	0.682
180	0.779	1.022	3.780	2.53	0.681
200	0.746	1.026	3.931	2.60	0.680
250	0.674	1.038	4.288	2.74	0.677
300	0.615	1.048	4.605	2.97	0.674
350	0.566	1.059	4.908	3.14	0.676

续表

温度 t/℃	密度 ρ/(kg/m³)	比热容 c_p/[kJ/(kg·℃)]	热导率 $k\times10^2$/[W/(m·℃)]	黏度 $\mu\times10^5$/(Pa·s)	普朗特数 Pr
400	0.524	1.068	5.210	3.31	0.678
500	0.456	1.093	5.745	3.62	0.687
600	0.404	1.114	6.222	3.91	0.699
700	0.362	1.135	6.711	4.18	0.706
800	0.329	1.156	7.176	4.43	0.713
900	0.301	1.172	7.630	4.67	0.717
1000	0.277	1.185	8.041	4.90	0.719
1100	0.257	1.197	8.502	5.12	0.722
1200	0.239	1.206	9.153	5.35	0.724

五、水的物理性质

温度/℃	饱和蒸气压/kPa	密度/(kg/m³)	焓/(kJ/kg)	比热容/[kJ/(kg·℃)]	热导率 $k\times10^2$/[W/(m·℃)]	黏度 $\mu\times10^5$/(Pa·s)	体积膨胀系数 $\beta\times10^4$/℃$^{-1}$	表面张力 $\sigma\times10^5$/(N/m)	普朗特数 Pr
0	0.6082	999.9	0	4.212	55.13	179.21	−0.63	75.6	13.66
10	1.2262	999.7	42.04	4.191	57.45	130.77	+0.70	74.1	9.52
20	2.3346	998.2	83.90	4.183	59.89	100.50	1.82	72.6	7.01
30	4.2474	995.7	125.69	4.174	61.76	80.07	3.21	71.2	5.42
40	7.3766	992.2	167.51	4.174	63.38	65.60	3.87	69.6	4.32
50	12.34	988.1	209.30	4.174	64.78	54.94	4.49	67.7	3.54
60	19.923	983.2	251.12	4.178	65.94	46.88	5.11	66.2	2.98
70	31.164	977.8	292.99	4.187	66.76	40.61	5.70	64.3	2.54
80	47.379	971.8	334.94	4.195	67.45	35.65	6.32	62.6	2.22
90	70.136	965.3	376.98	4.208	68.04	31.65	6.95	60.7	1.96
100	101.33	958.4	419.10	4.220	68.27	28.38	7.52	58.8	1.76
110	143.31	951.0	461.34	4.238	68.50	25.89	8.08	56.9	1.61
120	198.64	943.1	503.67	4.260	68.62	23.73	8.64	54.8	1.47
130	270.25	934.8	546.38	4.266	68.62	21.77	9.17	52.8	1.36
140	361.47	926.1	589.08	4.287	68.50	20.10	9.72	50.7	1.26
150	476.24	917.0	632.20	4.312	68.38	18.63	10.3	48.6	1.18
160	618.28	907.4	675.33	4.346	68.27	17.36	10.7	46.6	1.11
170	792.59	897.3	719.29	4.379	67.92	16.28	11.3	45.3	1.05
180	1003.5	886.9	763.25	4.417	67.45	15.30	11.9	42.3	1.00
190	1255.6	876.0	807.63	4.460	66.99	14.42	12.6	40.0	0.96
200	1554.77	863.0	852.43	4.505	66.29	13.63	13.3	37.7	0.93
210	1917.72	852.8	897.65	4.555	65.48	13.04	14.1	35.4	0.91
220	2320.88	840.3	943.70	4.614	64.55	12.46	14.8	33.1	0.89
230	2798.59	827.3	990.18	4.681	63.73	11.97	15.9	31	0.88
240	3347.91	813.6	1037.49	4.756	62.80	11.47	16.8	28.5	0.87
250	3977.67	799.0	1085.64	4.844	61.76	10.98	18.1	26.2	0.86
260	4693.75	784.0	1135.04	4.949	60.48	10.59	19.7	23.8	0.87
270	5503.99	767.9	1185.28	5.070	59.96	10.20	21.6	21.5	0.88
280	6417.24	750.7	1236.28	5.229	57.45	9.81	23.7	19.1	0.89
290	7443.29	732.3	1289.95	5.485	55.82	8.42	26.2	16.9	0.93
300	8592.94	712.5	1344.80	5.736	53.96	9.12	29.2	14.4	0.97
310	9877.6	691.1	1402.16	6.071	52.34	8.83	32.9	12.1	1.02
320	11300.3	667.1	1462.03	6.573	50.59	8.3	38.2	9.81	1.11
330	12879.6	640.2	1526.19	7.243	48.73	8.14	43.3	7.67	1.22
340	14615.8	610.1	1594.75	8.164	45.71	7.75	53.4	5.67	1.38
350	16538.5	574.4	1671.37	9.504	43.03	7.26	66.8	3.81	1.60
360	18667.1	528.0	1761.39	13.984	39.54	6.67	109	2.02	2.36
370	21040.9	450.5	1892.43	40.319	33.73	5.69	264	0.471	6.80

六、常用固体材料的密度和比热容

名　　称	密度/(kg/m³)	质量热容/[kJ/(kg·℃)]	名　　称	密度/(kg/m³)	质量热容/[kJ/(kg·℃)]
钢	7850	0.4605	高压聚氯乙烯	920	2.2190
不锈钢	7900	0.5024	干砂	1500～1700	0.7955
铸铁	7220	0.5024	黏土	1600～1800	0.7536(−20～20℃)
铜	8800	0.4062	黏土砖	1600～1900	0.9211
青铜	8000	0.3810	耐火砖	1840	0.8792～1.0048
黄铜	8600	0.3768	混凝土	2000～2400	0.8374
铝	2670	0.9211	松木	500～600	2.7214(0～100℃)
镍	9000	0.4605	软木	100～300	0.9630
铅	11400	0.1298	石棉板	770	0.8164
酚醛	1250～1300	1.2560～1.6747	玻璃	2500	0.6699
脲醛	1400～1500	1.2560～1.6747	耐酸砖和板	2100～2400	0.7536～0.7955
聚氨乙烯	1380～1400	1.8422	耐酸搪瓷	2300～2700	0.8374～1.2560
聚苯乙烯	1050～1070	1.3398	有机玻璃	1180～1190	
低压聚氯乙烯	940	2.5539	多孔绝热砖	600～1400	

七、饱和水蒸气表（以温度为基准）

温度/℃	压力/kPa	蒸汽的密度/(kg/m³)	液体的焓/(kJ/kg)	蒸汽的焓/(kJ/kg)	汽化热/(kJ/kg)
0	0.6082	0.00484	0.00	2491.1	2491.1
5	0.8730	0.00680	20.94	2500.8	2479.9
10	1.2262	0.00940	41.87	2510.4	2468.5
15	1.7068	0.01283	62.80	2520.5	2457.7
20	2.3346	0.01719	83.74	2530.1	2446.4
25	3.1684	0.02304	104.67	2539.7	2435.0
30	4.2474	0.03036	125.60	2549.3	2423.7
35	5.6207	0.03960	146.54	2559.0	2412.5
40	7.3766	0.05114	167.47	2568.6	2401.1
45	9.5837	0.06543	188.41	2577.8	2389.4
50	12.3400	0.08300	209.34	2587.4	2378.1
55	15.7430	0.10430	230.27	2596.7	2366.4
60	19.9230	0.13010	251.21	2606.3	2355.1
65	25.0140	0.16110	272.14	2615.5	2343.4
70	31.1640	0.19790	293.08	2624.3	2331.2
75	38.5510	0.24160	314.01	2633.5	2319.5
80	47.3790	0.29290	334.94	2642.3	2307.4
85	57.8750	0.35310	355.88	2651.1	2295.2
90	70.1360	0.42290	376.81	2659.9	2283.1
95	84.5560	0.50390	397.75	2668.7	2271.0
100	101.3300	0.59700	418.68	2677.0	2258.3
105	120.8500	0.70360	440.03	2685.0	2245.0
110	143.3100	0.82540	460.97	2693.4	2232.4
115	169.1100	0.96350	482.32	2701.3	2219.0
120	198.6400	1.11990	503.67	2708.9	2205.2
125	232.1900	1.29600	525.02	2716.4	2191.4
130	270.2500	1.49400	546.38	2723.9	2177.5
135	313.1100	1.71500	567.73	2731.0	2163.3
140	361.4700	1.96200	589.08	2737.7	2148.6
145	415.7200	2.23800	610.85	2744.4	2133.6
150	476.2400	2.54300	632.21	2750.7	2118.5
160	618.2800	3.25200	675.75	2762.9	2087.2
170	792.5900	4.11300	719.29	2773.3	2054.0
180	1003.5000	5.14500	763.25	2782.5	2019.3
190	1255.6000	6.37800	807.64	2790.1	1982.5
200	1554.7700	7.84000	852.01	2795.5	1943.5
210	1917.7200	9.56700	897.23	2799.3	1902.1
220	2320.8800	11.60000	942.45	2801.1	1858.7
230	2798.5900	13.98000	988.50	2800.1	1811.6
240	3347.9100	16.76000	1034.56	2796.8	1762.2
250	3977.6700	20.01000	1081.45	2790.1	1708.7
260	4693.7500	23.82000	1128.76	2780.9	1652.1
270	5503.9900	28.27000	1176.91	2768.3	1591.4
280	6417.2400	33.47000	1225.48	2752.0	1526.5
290	7443.2900	39.60000	1274.46	2732.3	1457.8
300	8592.9400	46.93000	1325.54	2708.0	1382.5
310	9877.9600	55.59000	1378.71	2680.0	1301.3
320	11300.3000	65.95000	1436.07	2648.2	1212.1

续表

温度/℃	压力/kPa	蒸汽的密度/(kg/m^3)	液体的焓/(kJ/kg)	蒸汽的焓/(kJ/kg)	汽化热/(kJ/kg)
330	12879.6000	78.53000	1446.78	2610.5	1163.7
340	14615.8000	93.98000	1562.93	2568.6	1005.7
350	16538.5000	113.20000	1636.20	2516.7	880.5
360	18667.1000	139.60000	1729.15	2442.6	713.0
370	21040.9000	171.00000	1888.25	2301.9	411.1
374	22070.9000	322.60000	2098.00	2098.0	0

八、某些液体的热导率

液体		温度 t/℃	热导率 k/[W/(m·℃)]
乙酸	100%	20	0.171
	50%	20	0.35
丙酮		30	0.177
		75	0.164
丙烯醇		25～30	0.180
氨		25～30	0.50
氨水溶液		20	0.45
		60	0.50
正戊醇		30	0.163
		100	0.154
异戊醇		30	0.152
		75	0.151
氯苯		10	0.144
三氯甲烷		30	0.138
乙酸乙酯		20	0.175
乙醇	100%	20	0.182
	80%	20	0.237
	60%	20	0.305
	40%	20	0.388
	20%	20	0.486
	100%	50	0.151
乙苯		30	0.149
		60	0.142
乙醚		30	0.138
		75	0.135
汽油		30	0.135
三元醇	100%	20	0.284
	80%	20	0.327
	60%	20	0.381
	40%	20	0.448
	20%	20	0.481
	100%	100	0.284
正庚烷		30	0.140
		60	0.137
正己烷		30	0.138
		60	0.135
正庚醇		30	0.163
		75	0.157
正己醇		30	0.164
		75	0.156
煤油		20	0.149
		75	0.140
盐酸	12.5%	32	0.52
	25%	32	0.48
	28%	32	0.44
水银		28	0.36
甲醇	100%	20	0.215
	80%	20	0.267
	60%	20	0.329
	40%	20	0.405
	20%	20	0.492
	100%	50	0.197
苯胺		0～20	0.173
苯		30	0.159
		60	0.151
正丁醇		30	0.168
		75	0.164
异丁醇		10	0.157
氯化钙盐水	30%	32	0.55
	15%	30	0.59
二硫化碳		30	0.161
		75	0.152
四氯化碳		0	0.185
		68	0.163
氯甲烷		−15	0.192
		30	0.154
硝基苯		30	0.164
		100	0.152
硝基甲苯		30	0.216
		60	0.208
正辛烷		60	0.14
		0	0.138～0.156
石油		20	0.180
蓖麻油		0	0.173
		20	0.168
橄榄油		100	0.164
正戊烷		30	0.135
		75	0.128
氯化钾	15%	32	0.58
	30%	32	0.56
氢氧化钾	21%	32	0.58
	42%	32	0.55
硫酸钾	10%	32	0.60
正丙醇		30	0.171
		75	0.164
异丙醇		30	0.157
		60	0.155
氯化钠盐水	25%	30	0.57
	12.5%	30	0.59
硫酸	90%	30	0.36
	60%	30	0.43
	30%	30	0.52
二氯化硫		15	0.22
		30	0.192
甲苯		75	0.149
		15	0.145
松节油		20	0.128
二甲苯	邻位	20	0.155
	对位		0.155

九、某些气体和蒸气的热导率

下表中所列出的极限温度数值是实验范围的数值。若外推到其他温度时，建议将所列出的数据按 lg$k$ 对 lg$T$［k——热导率，W/(m·℃)；T——温度，K］作图，或者假定 Pr 数与温度（或压力，在适当范围内）无关。

物　质	温度/℃	热导率 k/[W/(m·℃)]
丙酮	0	0.0098
	46	0.0128
	100	0.0171
	184	0.0254
空气	0	0.0242
	100	0.0317
	200	0.0391
	300	0.0459
二氧化碳	−50	0.0118
	0	0.0147
	100	0.0230
	200	0.0313
	300	0.0396
二硫化碳	0	0.0069
	−73	0.0073
一氧化碳	−189	0.0071
	−179	0.0080
	−60	0.0234
四氯化碳	46	0.0071
	100	0.0090
	184	0.01112
氯	0	0.0074
三氯甲烷	0	0.0066
	46	0.0080
	100	0.0100
	184	0.0133
硫化氢	0	0.0132
水银	200	0.0341
甲烷	−100	0.0173
	−50	0.0251
	0	0.0302
	50	0.0372
甲醇	0	0.0144
	100	0.0222
氯甲烷	0	0.0067
	46	0.0085
	100	0.0109
	212	0.0164
乙烷	−70	0.0114
	−34	0.0149
	0	0.0183
	100	0.0303
乙醇	20	0.0154
	100	0.0215
乙醚	0	0.0133
	100	0.0227
	184	0.0327
	212	0.0362
	46	0.0171
氨	−60	0.0164
	0	0.0222
	50	0.0272
	100	0.0320
苯	0	0.0090
	46	0.0126
	100	0.0178
	184	0.0263
	212	0.0305
正丁烷	0	0.0135
	100	0.0234
异丁烷	0	0.0138
	100	0.0241
乙烯	−71	0.0111
	0	0.0175
	50	0.0267
	100	0.0279
正庚烷	200	0.0194
	100	0.0178
正己烷	0	0.0125
	20	0.0138
氢	−100	0.0113
	−50	0.0144
	0	0.0173
	50	0.0199
	100	0.0223
	300	0.0308
氮	−100	0.0164
	0	0.0242

续表

物　　质	温度/℃	热导率 k/[W/(m·℃)]	物　　质	温度/℃	热导率 k/[W/(m·℃)]
	50	0.0277	二氧化硫	0	0.0087
	100	0.0312		100	0.0119
氧	−100	0.0164	水蒸气	46	0.0208
	−50	0.0206		100	0.0237
	0	0.0246		200	0.0324
	50	0.0284		300	0.0429
	100	0.0321		400	0.0545
丙烷	0	0.0151		500	0.0763
	100	0.0261			

十、某些固体材料的热导率

1. 常用金属的热导率

热导率 k/[W/(m·℃)] \ 温度/℃	0	100	200	300	400
铝	227.95	227.95	227.95	227.95	227.95
铜	383.79	379.14	372.16	367.51	362.86
铁	73.27	67.45	61.64	54.66	48.85
铅	35.12	33.38	31.40	29.77	—
镁	172.12	167.47	162.82	158.17	—
镍	93.04	82.57	73.27	63.97	59.31
银	414.03	409.38	373.32	361.69	359.37
锌	112.81	109.90	105.83	401.18	93.04
碳钢	52.34	48.85	44.19	41.87	34.89
不锈钢	16.28	17.45	17.45	18.49	—

2. 常用非金属材料

材　　料	温度 t/℃	热导率 k/[W/(m·℃)]	材　　料	温度 t/℃	热导率 k/[W/(m·℃)]
软木	30	0.04303	泡沫塑料	—	0.04652
玻璃棉	—	0.03489～0.06978	木材(横向)	—	0.1396～0.1745
保温灰	—	0.06978	(纵向)	—	0.3838
锯屑	20	0.04652～0.05815	耐火砖	230	0.8723
棉花	100	0.06978		1200	1.6398
厚纸	20	0.01369～0.3489	混凝土	—	1.2793
玻璃	30	1.0932	绒毛毡	—	0.0465
	−20	0.7560	85%氧化镁粉	0～100	0.06978
搪瓷	—	0.8723～1.163	聚氯乙烯	—	0.1163～0.1745
云母	50	0.4303	酚醛加玻璃纤维	—	0.2593
泥土	20	0.6978～0.9304	酚醛加石棉纤维	—	0.2942
冰	0	2.326	聚酯加玻璃纤维	—	0.2594
软橡胶	—	0.1291～0.1593	聚碳酸酯	—	0.1907
硬橡胶	0	0.1500	聚苯乙烯泡沫	25	0.04187
聚四氟乙烯	—	0.2419		−150	0.001745
泡沫玻璃	−15	0.004885	聚乙烯	—	0.3291
	−80	0.003489	石墨	—	139.56

十一、液体的黏度共线图

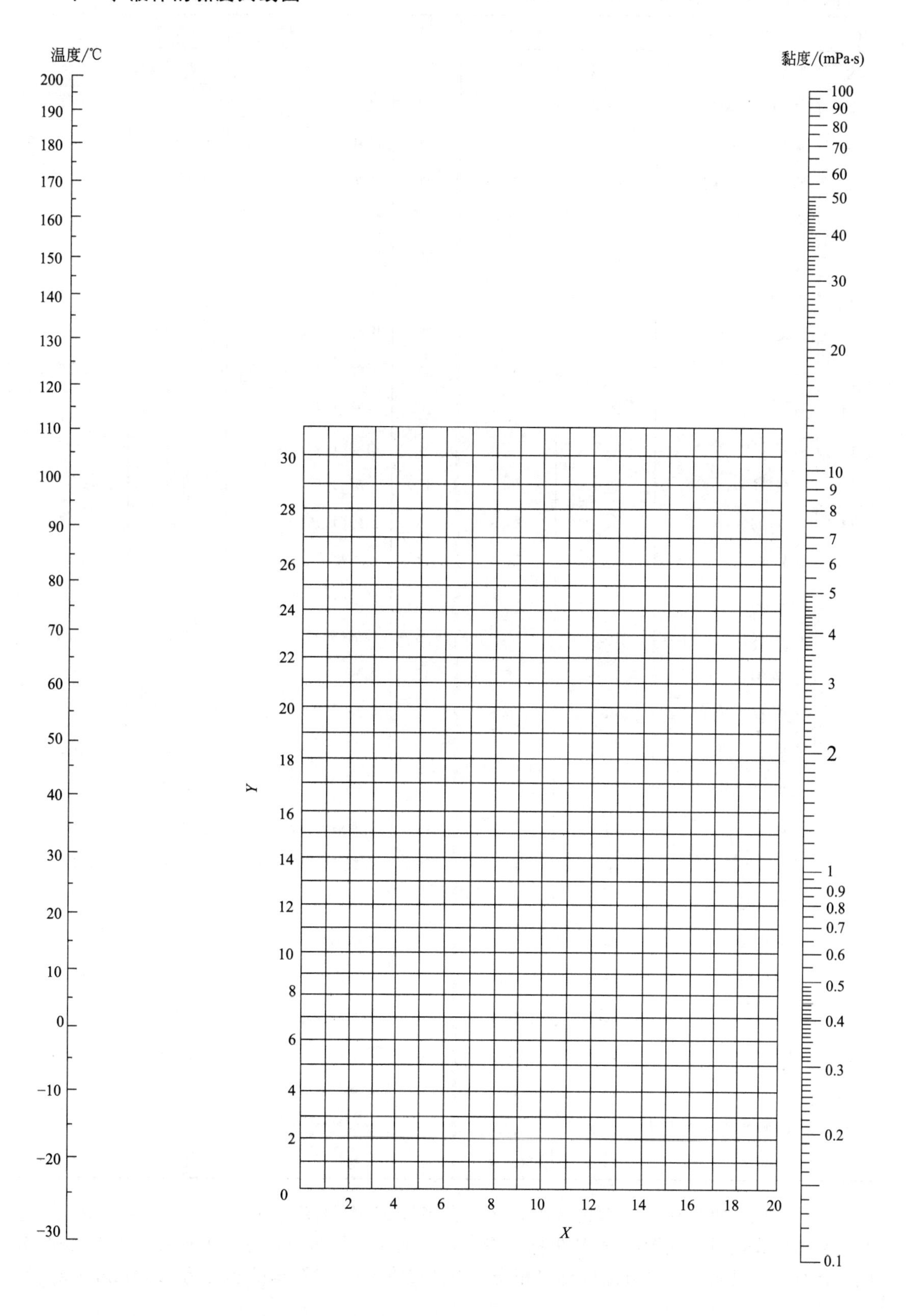

温度/℃
200
190
180
170
160
150
140
130
120
110
100
90
80
70
60
50
40
30
20
10
0
−10
−20
−30
黏度/(mPa·s)
100
90
80
70
60
50
40
30
20
10
9
8
7
6
5
4
3
2
1
0.9
0.8
0.7
0.6
0.5
0.4
0.3
0.2
0.1
Y
30
28
26
24
22
20
18
16
14
12
10
8
6
4
2
0
X
2
4
6
8
10
12
14
16
18
20

液体黏度共线图的坐标值列于下表中。

序号	名　称	X	Y	序号	名　称	X	Y
1	水	10.2	13.0	31	乙苯	13.2	11.5
2	盐水(25%NaCl)	10.2	16.6	32	氯苯	12.3	12.4
3	盐水(25%$CaCl_2$)	6.6	15.9	33	硝基苯	10.6	16.2
4	氨	12.6	2.2	34	苯胺	8.1	18.7
5	氨水(26%)	10.1	13.9	35	酚	6.9	20.8
6	二氧化碳	11.6	0.3	36	联苯	12.0	18.3
7	二氧化硫	15.2	7.1	37	萘	7.9	18.1
8	二硫化碳	16.1	7.5	38	甲醇(100%)	12.4	10.5
9	溴	14.2	18.2	39	甲醇(90%)	12.3	11.8
10	汞	18.4	16.4	40	甲醇(40%)	7.8	15.5
11	硫酸(110%)	7.2	27.4	41	乙醇(100%)	10.5	13.8
12	硫酸(100%)	8.0	25.1	42	乙醇(95%)	9.8	14.3
13	硫酸(98%)	7.0	24.8	43	乙醇(40%)	6.5	16.6
14	硫酸(60%)	10.2	21.3	44	乙二醇	6.0	23.6
15	硝酸(95%)	12.8	13.8	45	甘油(100%)	2.0	30.0
16	硝酸(60%)	10.8	17.0	46	甘油(50%)	6.9	19.6
17	盐酸(31.5%)	13.0	16.6	47	乙醚	14.5	5.3
18	氢氧化钠(50%)	3.2	25.8	48	乙醛	15.2	14.8
19	戊烷	14.9	5.2	49	丙酮	14.5	7.2
20	己烷	14.7	7.0	50	甲酸	10.7	15.8
21	庚烷	14.1	8.4	51	乙酸(100%)	12.1	14.2
22	辛烷	13.7	10.0	52	乙酸(70%)	9.5	17.0
23	三氯甲烷	14.4	10.2	53	乙酸酐	12.7	12.8
24	四氯化碳	12.7	13.1	54	乙酸乙酯	13.7	9.1
25	二氯乙烷	13.2	12.2	55	乙酸戊酯	11.8	12.5
26	苯	12.5	10.9	56	氟利昂-11	14.4	9.0
27	甲苯	13.7	10.4	57	氟利昂-12	16.8	5.6
28	邻二甲苯	13.5	12.1	58	氟利昂-21	15.7	7.5
29	间二甲苯	13.9	10.6	59	氟利昂-22	17.2	4.7
30	对二甲苯	13.9	10.9	60	煤油	10.2	16.8

用法举例：求苯在50℃时的黏度，从本表序号26查得苯的$X=12.5$，$Y=10.9$。把这两个数值标在前页共线图的X-Y坐标上得一点，把这点与图中左方温度标尺上50℃的点连成一条直线并延长，与右方黏度标尺相交，由此交点定出50℃苯的黏度为0.44mPa·s。

十二、101.33kPa 压力下气体的黏度共线图

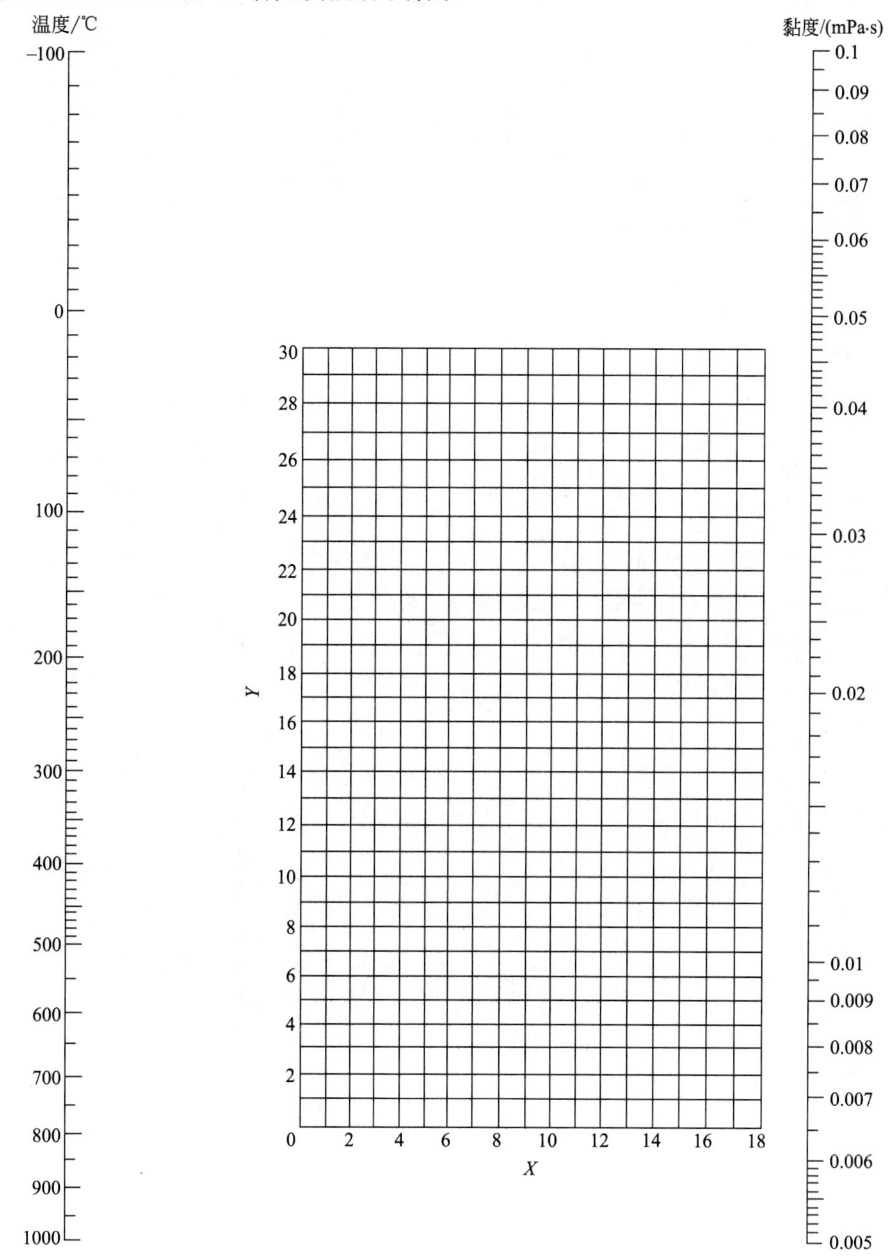

气体黏度共线图坐标值列于下表中。

序号	名　称	X	Y	序号	名　称	X	Y
1	空气	11.0	20.0	14	一氧化氮	10.9	20.5
2	氧	11.0	21.3	15	氟	7.3	23.8
3	氮	10.6	20.0	16	氯	9.0	18.4
4	氢	11.2	12.4	17	氯化氢	8.8	18.7
5	$3H_2+1N_2$	11.2	17.2	18	甲烷	9.9	15.5
6	水蒸气	8.0	16.0	19	乙烷	9.1	14.5
7	二氧化碳	9.5	18.7	20	乙烯	9.5	15.1
8	一氧化碳	11.0	20.0	21	乙炔	9.8	14.9
9	氨	8.4	16.0	22	丙烷	9.7	12.9
10	硫化氢	8.6	18.0	23	丙烯	9.0	13.8
11	二氧化硫	9.6	17.0	24	丁烯	9.2	13.7
12	二硫化碳	8.0	16.0	25	戊烷	7.0	12.8
13	一氧化二氮	8.8	19.0	26	己烷	8.6	11.8

续表

序号	名　　称	X	Y	序号	名　　称	X	Y
27	三氯甲烷	8.9	15.7	34	丙酮	8.9	13.0
28	苯	8.5	13.2	35	乙醚	8.9	13.0
29	甲苯	8.6	12.4	36	乙酸乙酯	8.5	13.2
30	甲醇	8.5	15.6	37	氟利昂-11	10.6	15.1
31	乙醇	9.2	14.2	38	氟利昂-12	11.1	16.0
32	丙醇	8.4	13.4	39	氟利昂-21	10.8	15.3
33	乙酸	7.7	14.3	40	氟利昂-22	10.1	17.0

十三、液体的比热容共线图

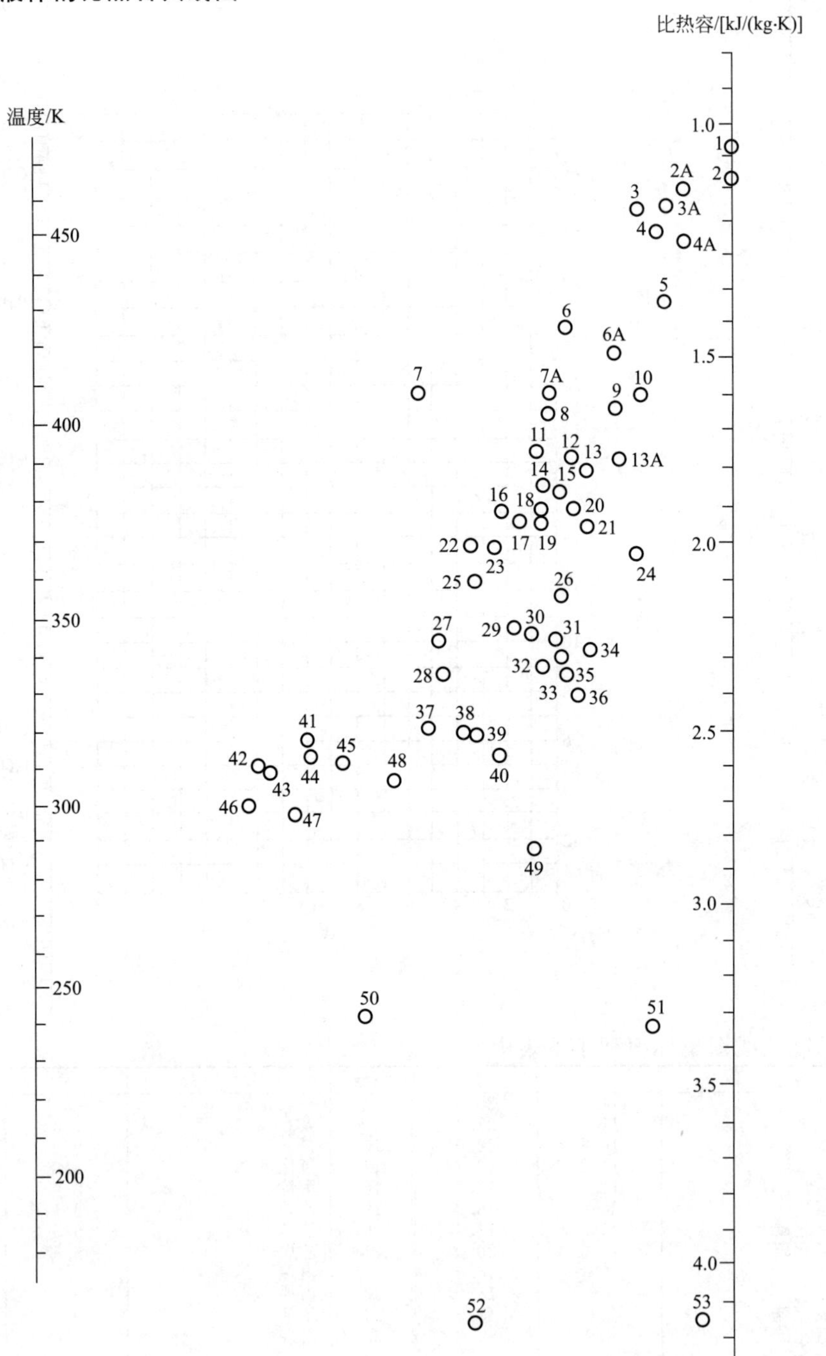

液体比热容共线图中的编号列于下表中。

编号	名　称	温度范围/℃	编号	名　称	温度范围/℃
53	水	10～200	35	己烷	−80～20
51	盐水(25%NaCl)	−40～20	28	庚烷	0～60
49	盐水(25%$CaCl_2$)	−40～20	33	辛烷	−50～25
52	氨	−70～50	34	壬烷	−50～25
11	二氧化硫	−20～100	21	癸烷	−80～25
2	二氧化碳	−100～25	13A	氯甲烷	−80～20
9	硫酸(98%)	10～45	5	二氯甲烷	−40～50
48	盐酸(30%)	20～100	4	三氯甲烷	0～50
22	二苯基甲烷	30～100	46	乙醇(95%)	20～80
3	四氯化碳	10～60	50	乙醇(50%)	20～80
13	氯乙烷	−30～40	45	丙醇	−20～100
1	溴乙烷	5～25	47	异丙醇	20～50
7	碘乙烷	0～100	44	丁醇	0～100
6A	二氯乙烷	−30～60	43	异丁醇	0～100
3	过氯乙烯	−30～140	37	戊醇	−50～25
23	苯	10～80	41	异戊醇	10～100
23	甲苯	0～60	39	乙二醇	−40～200
17	对二甲苯	0～100	38	甘油	−40～20
18	间二甲苯	0～100	27	苯甲醇	−20～30
19	邻二甲苯	0～100	36	乙醚	−100～25
8	氯苯	0～100	31	异丙醚	−80～200
12	硝基苯	0～100	32	丙酮	20～50
30	苯胺	0～130	29	乙酸	0～80
10	苯甲基氯	−30～30	24	乙酸乙酯	−50～25
25	乙苯	0～100	26	乙酸戊酯	−20～70
15	联苯	80～120	20	吡啶	−40～15
16	联苯醚	0～200	2A	氟利昂 11	−20～70
16	道舍姆 A(DowthermA) (联苯-联苯醚)	0～200	6	氟利昂-12	−40～15
14	萘	90～200	4A	氟利昂-21	−20～70
40	甲醇	−40～20	7A	氟利昂-22	−20～60
42	乙醇(100%)	30～80	3A	氟利昂-113	−20～70

用法举例：求丙醇在 47℃（320K）时的比热容，从本表找到丙醇的编号为 45，通过图中标号 45 的圆圈与图中左边温度标尺上 320K 的点联成直线并延长与右边比热容标尺相交，由此交点定出 320K 时丙醇的比热容为 2.71kJ/(kg·K)。

十四、气体的比热容共线图（101.33kPa）

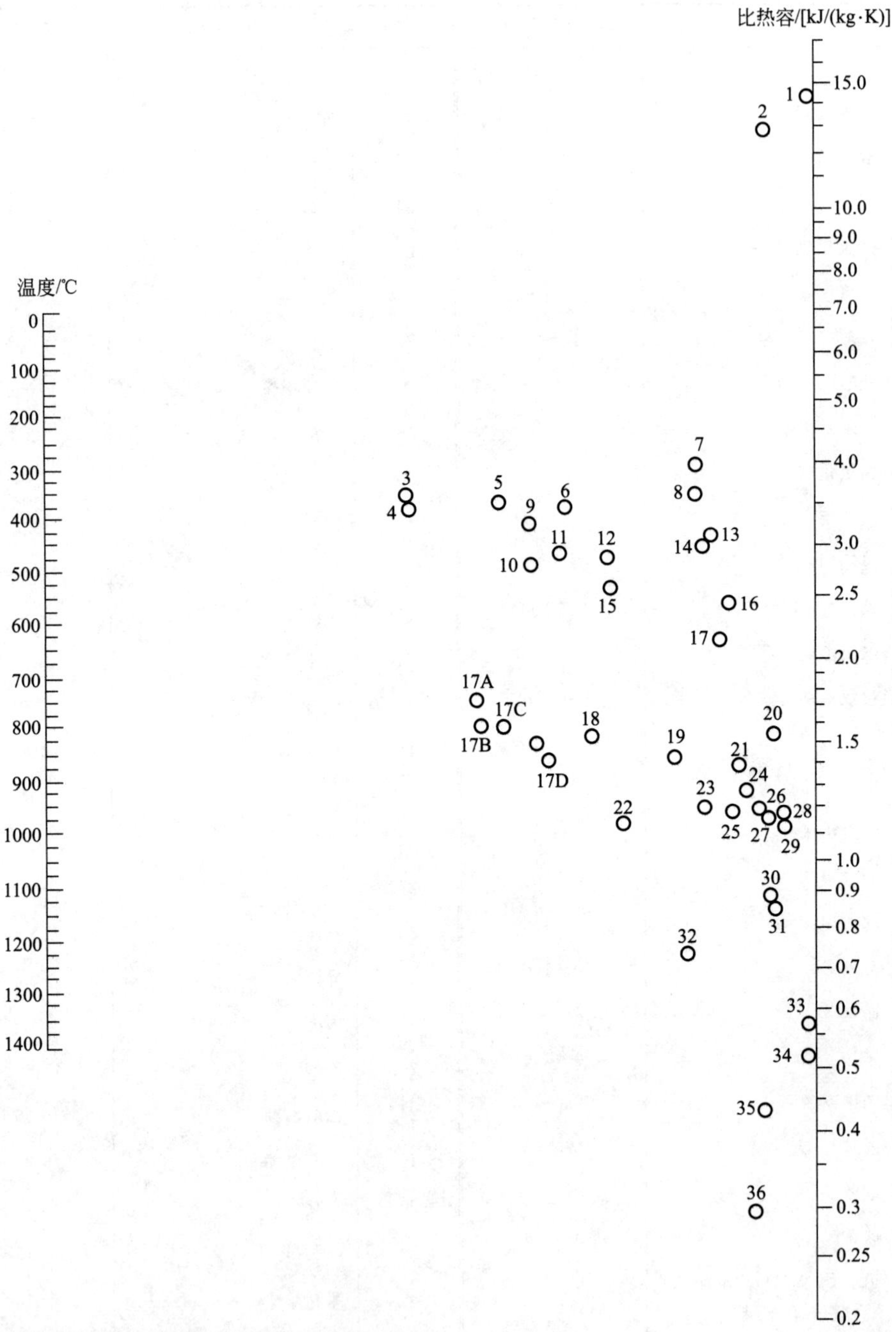

气体比热容共线图的编号列于下表中。

编号	气　体	温度范围/K	编号	气　体	温度范围/K
10	乙炔	273～473	34	氯气	473～1673
15	乙炔	473～673	3	乙烷	273～473
16	乙炔	673～1673	9	乙烷	473～873
27	空气	273～1673	8	乙烷	873～1673
12	氨	273～873	4	乙烯	273～473
14	氨	873～1673	11	乙烯	473～873
18	二氧化碳	273～673	13	乙烯	873～1673
24	二氧化碳	673～1673	17B	氟利昂-11(CCl_3F)	273～423
26	一氧化碳	273～1673	17C	氟利昂-21($CHCl_3F$)	273～423
32	氯气	273～473	17A	氟利昂-22($CHClF_2$)	273～423

续表

编号	气　　体	温度范围/K	编号	气　　体	温度范围/K
17D	氟利昂-113(CCl_2F-$CClF_2$)	273～423	6	甲烷	573～973
1	氢	273～873	7	甲烷	973～1673
2	氢	873～1673	25	一氧化氮	273～973
35	溴化氢	273～1673	28	一氧化氮	973～1673
30	氯化氢	273～1673	26	氮	273～1673
20	氟化氢	273～1673	23	氧	273～773
36	碘化氢	273～1673	29	氧	773～1673
19	硫化氢	273～973	33	硫	573～1673
21	硫化氢	973～1673	22	二氧化硫	272～673
5	甲烷	273～573	31	二氧化硫	673～1673
			17	水	273～1673

十五、蒸发潜热（汽化热）共线图

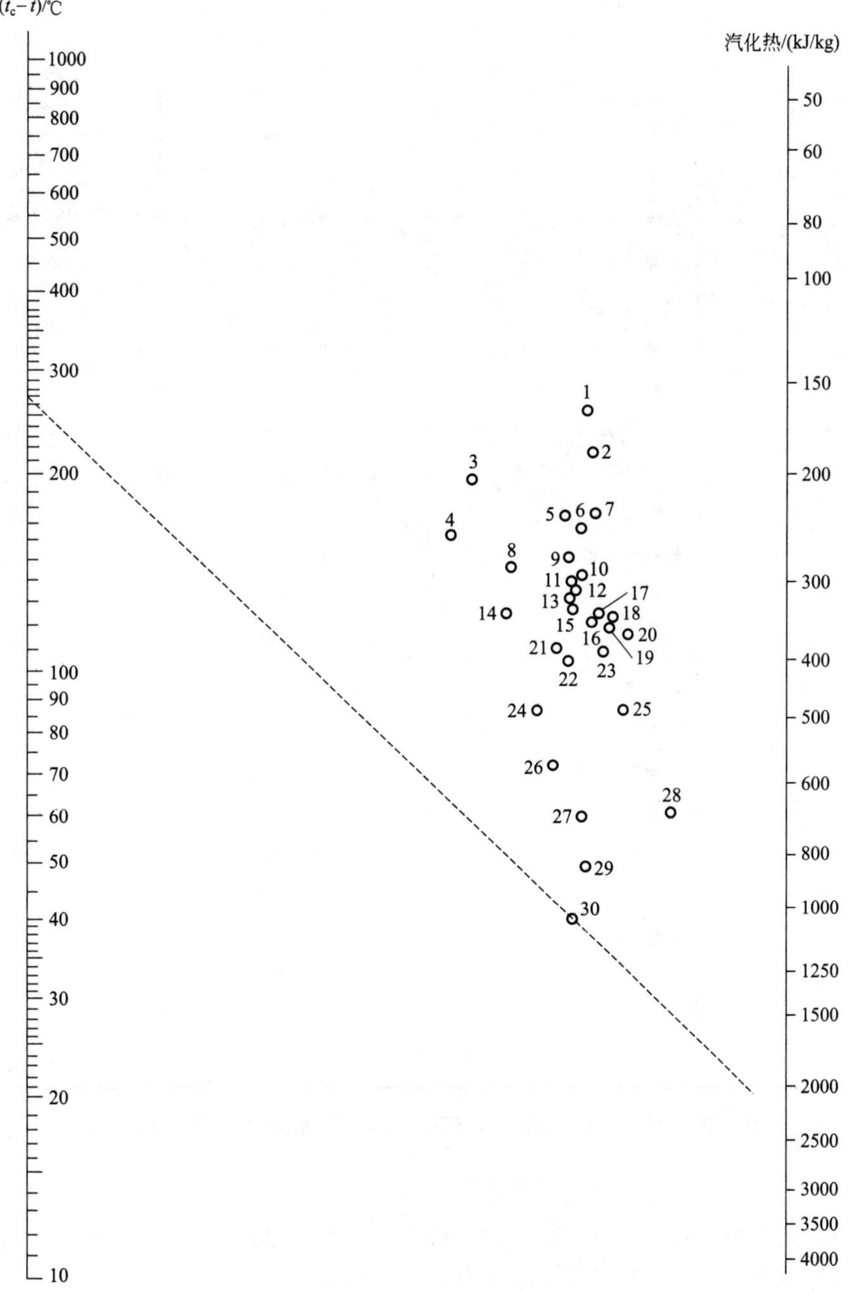

蒸发潜热共线图的编号列于下表中。

编　　号	化　合　物	范围(t_c-t)/℃	临界温度 t_c/℃
18	乙酸	100～225	321
22	丙酮	120～210	235
29	氨	50～200	133
13	苯	10～400	289
16	丁烷	90～200	153
21	二氧化碳	10～100	31
4	二硫化碳	140～275	273
2	四氯化碳	30～250	283
7	三氯甲烷	140～275	263
8	二氯甲烷	150～250	216
3	联苯	175～400	527
25	乙烷	25～150	32
26	乙醇	20～140	243
28	乙醇	140～300	243
17	氯乙烷	100～250	187
13	乙醚	10～400	194
2	氟利昂-11(CCl_3F)	70～250	198
2	氟利昂-12(CCl_2F_2)	40～200	111
5	氟利昂-21($CHCl_2F$)	70～250	178
6	氟利昂-22($CHClF_2$)	50～170	96
1	氟利昂-113(CCl_2F-$CClF_2$)	90～250	214
10	庚烷	20～300	267
11	己烷	50～225	235
15	异丁烷	80～200	134
27	甲醇	40～250	240
20	氯甲烷	70～250	143
19	一氧化二氮	25～150	36
9	辛烷	30～300	296
12	戊烷	20～200	197
23	丙烷	40～200	96
24	丙醇	20～200	264
14	二氧化硫	90～160	157
30	水	10～500	374

用法举例：求100℃水蒸气的蒸发潜热。从表中查出水的编号为30，临界温度 t_c 为274℃，故

$$t_c-t=374-100=274℃$$

在温度标尺上找出相应于274℃的点，将该点与编号30的点相连，延长与蒸发潜热标尺相交，由此读出100℃时水的蒸发潜热为2257kJ/kg。

十六、某些有机液体的相对密度共线图

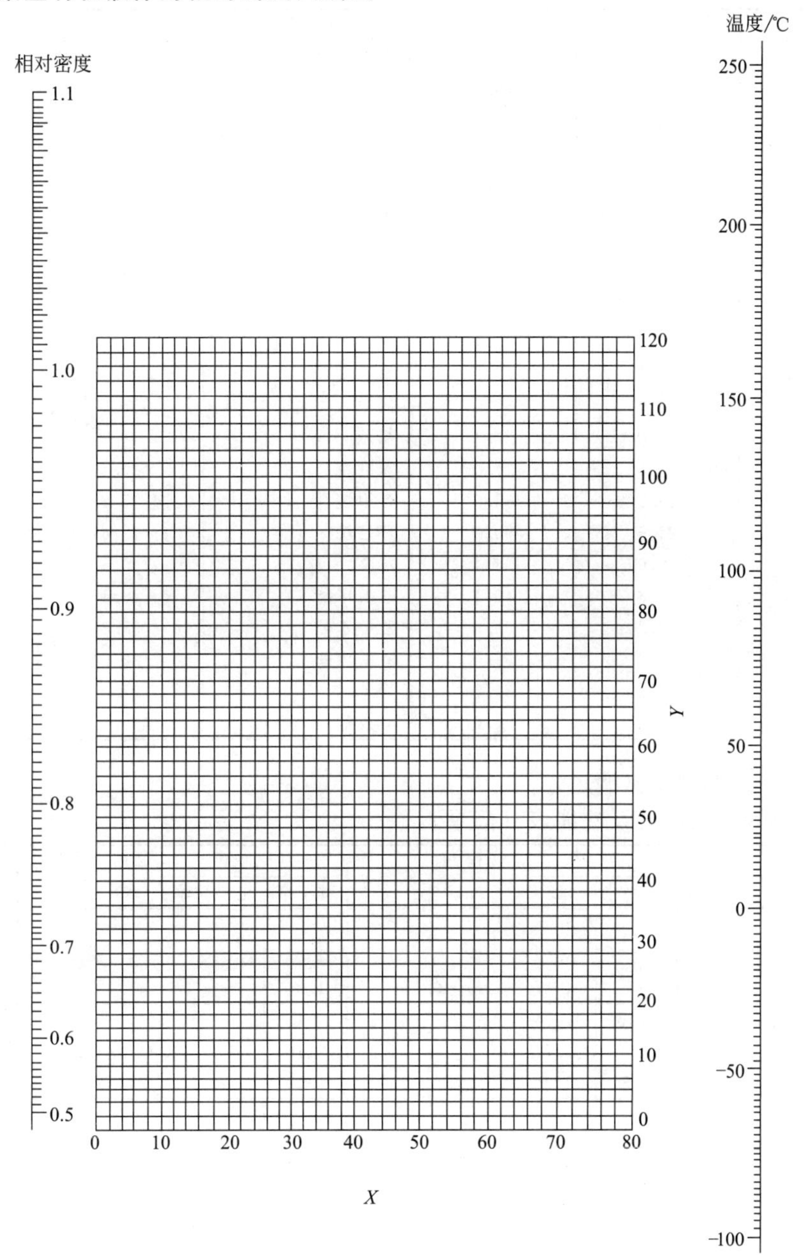

有机液体相对密度共线图的坐标值。

有机液体	X	Y	有机液体	X	Y
乙炔	20.8	10.1	甲酸乙酯	37.6	68.4
乙烷	10.8	4.4	甲酸丙酯	33.8	66.7
乙烯	17.0	3.5	丙烷	14.2	12.2
乙醇	24.2	48.6	丙酮	26.1	47.8
乙醚	22.8	35.8	丙醇	23.8	50.8
乙丙醚	20.0	37.0	丙酸	35.0	83.5
乙硫醇	32.0	55.5	丙酸甲酯	36.5	68.3
乙硫醚	25.7	55.3	丙酸乙酯	32.1	63.9

续表

有　机　液　体	X	Y	有　机　液　体	X	Y
二乙胺	17.8	33.5	戊烷	12.6	22.6
二氧化碳	78.6	45.4	异戊烷	13.5	22.5
异丁烷	13.7	16.5	辛烷	12.7	32.5
丁酸	31.3	78.7	庚烷	12.6	29.8
丁酸甲酯	31.5	65.5	苯	32.7	63.0
异丁酸	31.5	75.9	苯酚	35.7	103.8
丁酸(异)甲酯	33.0	64.1	苯胺	33.5	92.5
十一烷	14.4	39.2	氯苯	41.9	86.7
十二烷	14.3	41.4	癸烷	16.0	38.2
十三烷	15.3	42.4	氨	22.4	24.6
十四烷	15.8	43.3	氯乙烷	42.7	62.4
三乙胺	17.9	37.0	氯甲烷	52.3	62.9
三氯化磷	38.0	22.1	氯苯	41.7	105.0
己烷	13.5	27.0	氰丙烷	20.1	44.6
壬烷	16.2	36.5	氰甲烷	27.8	44.9
六氢吡啶	27.5	60.0	环己烷	19.6	44.0
甲乙醚	25.0	34.4	乙酸	40.6	93.5
甲醇	25.8	49.1	乙酸甲酯	40.1	70.3
甲硫醇	37.3	59.6	乙酸乙酯	35.0	65.0
甲硫醚	31.9	57.4	乙酸丙酯	33.0	65.5
甲醚	27.2	30.1	甲苯	27.0	61.0
甲酸甲酯	46.4	74.6	异戊醇	20.5	52.0

十七、离心泵的规格（摘录）

1. IS 型单级单吸离心泵性能表（摘录）

型　号	转速 n /(r/min)	流量 /(m^3/h)	流量 /(L/s)	扬程 H /m	效率 η	功率/kW 轴功率	功率/kW 电机功率	必需汽蚀余量 $(NPSH)_r$/m	质量(泵/底座) /kg
IS50-32-125	2900	7.5 12.5 15	2.08 3.47 4.17	22 20 18.5	47% 60% 60%	0.96 1.13 1.26	2.2	2.0 2.0 2.5	32/46
	1450	3.75 6.3 7.5	1.04 1.74 2.08	5.4 5 4.6	43% 54% 55%	0.13 0.16 0.17	0.55	2.0 2.0 2.5	32/38
IS50-32-160	2900	7.5 12.5 15	2.08 3.47 4.17	34.3 32 29.6	44% 54% 56%	1.59 2.02 2.16	3	2.0 2.0 2.5	50/46
	1450	3.75 6.3 7.5	1.04 1.74 2.08	13.1 12.5 12	35% 48% 49%	0.25 0.29 0.31	0.55	2.0 2.0 2.5	50/38
IS50-32-200	2900	7.5 12.5 15	2.08 3.47 4.17	82 80 78.5	38% 48% 51%	2.82 3.54 3.95	5.5	2.0 2.0 2.5	52/66
	1450	3.75 6.3 7.5	1.04 1.74 2.08	20.5 20 19.5	33% 42% 44%	0.41 0.51 0.56	0.75	2.0 2.0 2.5	52/38

续表

型　　号	转速 n /(r/min)	流　量 /(m^3/h)	/(L/s)	扬程 H /m	效率 η	功率/kW 轴功率	电机功率	必需汽蚀余量 $(NPSH)_r$/m	质量(泵/底座) /kg
IS50-32-250	2900	7.5	2.08	21.8	23.5%	5.87	11	2.0	88/110
		12.5	3.47	20	38%	7.16		2.0	
		15	4.17	18.5	41%	7.83		2.5	
	1450	3.75	1.04	5.35	23%	0.91	1.5	2.0	88/64
		6.3	1.74	5	32%	1.07		2.0	
		7.5	2.08	4.7	35%	1.14		3.0	
IS65-50-125	2900	7.5	4.17	35	58%	1.54	3	2.0	50/41
		12.5	6.94	32	69%	1.97		2.0	
		15	8.33	30	68%	2.22		3.0	
	1450	3.75	2.08	8.8	53%	0.21	0.55	2.0	50/38
		6.3	3.47	8.0	64%	0.27		2.0	
		7.5	4.17	7.2	65%	0.30		2.5	
IS65-50-160	2900	15	4.17	53	54%	2.65	5.5	2.0	51/66
		25	6.94	50	65%	3.35		2.0	
		30	8.33	47	66%	3.71		2.5	
	1450	7.5	2.08	13.2	50%	0.36	0.75	2.0	51/38
		12.5	3.47	12.5	60%	0.45		2.0	
		15	4.17	11.8	60%	0.49		2.5	
IS65-40-200	2900	15	4.17	53	49%	4.42	7.5	2.0	62/66
		25	6.94	50	60%	5.67		2.0	
		30	8.33	47	61%	6.29		2.5	
	1450	7.5	2.08	13.2	43%	0.63	1.1	2.0	62/46
		12.5	3.47	12.5	55%	0.77		2.0	
		15	4.17	11.8	57%	0.85		2.5	
IS65-40-250	2900	15	4.17	82	37%	9.05	15	2.0	82/110
		25	6.94	80	50%	10.89		2.0	
		30	8.33	78	53%	12.02		2.5	
	1450	7.5	2.08	21	35%	1.23	2.2	2.0	82/67
		12.5	3.47	20	46%	1.48		2.0	
		15	4.17	19.4	48%	1.65		2.5	
IS65-40-315	2900	15	4.17	127	28%	18.5	30	2.5	152/110
		25	6.94	125	40%	21.3		2.5	
		30	8.33	123	44%	22.8		3.0	
	1450	7.5	2.08	32.2	25%	6.63	4	2.5	152/67
		12.5	3.47	32.0	37%	2.94		2.5	
		15	4.17	31.7	41%	3.16		3.0	
IS80-65-125	2900	30	8.33	22.5	64%	2.87	5.5	3.0	44/46
		50	13.9	20	75%	3.63		3.0	
		60	16.7	18	74%	3.98		3.5	
	1450	15	4.17	5.6	55%	0.42	0.75	2.5	44/38
		25	6.94	5	71%	0.48		2.5	
		30	8.33	4.5	72%	0.51		3.0	
IS80-65-160	2900	30	8.33	36	61%	4.82	7.5	2.5	48/66
		50	13.9	32	73%	5.97		2.5	
		60	16.7	29	72%	6.59		3.0	
	1450	15	4.17	9	55%	0.67	1.5	2.5	48/46
		25	6.94	8	69%	0.79		2.5	
		30	8.33	7.2	68%	0.86		3.0	

续表

型号	转速 n /(r/min)	流量 /(m³/h)	/(L/s)	扬程 H /m	效率 η	功率/kW 轴功率	电机功率	必需汽蚀余量 $(NPSH)_r$/m	质量(泵/底座) /kg
IS80-50-200	2900	30 50 60	8.33 13.9 16.7	53 50 47	55% 69% 71%	7.87 9.87 10.8	15	2.5 2.5 3.0	64/124
	1450	15 25 30	4.17 6.94 8.33	13.2 12.5 11.8	51% 65% 67%	1.06 1.31 1.44	2.2	2.5 2.5 3.0	64/46

2. Y型离心油泵性能表

型号	流量 /(m³/h)	扬程/m	转速 /(r/min)	功率/kW 轴	电机	效率 η	汽蚀余量/m	泵壳许用应力/Pa	结构型式	备注
50Y-60	12.5	60	2950	5.95	11	35%	2.3	1570/2550	单级悬臂	泵壳许用应力内的分子表示第Ⅰ类材料相应的许用应力数，分母表示Ⅱ、Ⅲ类材料相应的许用应力数
50Y-60A	11.2	49	2950	4.27	8			1570/2550	单级悬臂	
50Y-60B	9.9	38	2950	2.39	5.5	35%		1570/2550	单级悬臂	
50Y-60×2	12.5	120	2950	11.7	15	35%	2.3	2158/3138	两级悬臂	
50Y-60×2A	11.7	105	2950	9.55	15			2158/3138	两级悬臂	
50Y-60×2B	10.8	90	2950	7.65	11			2158/3138	两级悬臂	
50Y-60×2C	9.9	75	2950	5.9	8			2158/3138	两级悬臂	
65Y-60	25	60	2950	7.5	11	55%	2.6	1570/2550	单级悬臂	
65Y-60A	22.5	49	2950	5.5	8			1570/2550	单级悬臂	
65Y-60B	19.8	38	2950	3.75	5.5			1570/2550	单级悬臂	
65Y-100	25	100	2950	17.0	32	40%	2.6	1570/2550	单级悬臂	
65Y-100A	23	85	2950	13.3	20			1570/2550	单级悬臂	
65Y-100B	21	70	2950	10.0	15			1570/2550	单级悬臂	
65Y-100×2	25	200	2950	34	55	40%	2.6	2942/3923	两级悬臂	
65Y-100×2A	23.3	175	2950	27.8	40			2942/3923	两级悬臂	
65Y-100×2B	21.6	150	2950	22.0	32			2942/3923	两级悬臂	
65Y-100×2C	19.8	125	2950	16.8	20			2942/3923	两级悬臂	
80Y-60	50	60	2950	12.8	15	64%	3.0	1570/2550	单级悬臂	
80Y-60A	45	49	2950	9.4	11			1570/2550	单级悬臂	
80Y-60B	39.5	38	2950	6.5	8			1570/2550	单级悬臂	
80Y-100	50	100	2950	22.7	32	60%	3.0	1961/2942	单级悬臂	
80Y-100A	45	85	2950	18.0	25			1961/2942	单级悬臂	
80Y-100B	39.5	70	2950	12.6	20			1961/2942	单级悬臂	
80Y-100×2	50	200	2950	45.4	75	60%	3.0	2942/3923	单级悬臂	
80Y-100×2A	46.6	175	2950	37.0	55	60%	3.0	2942/3923	两级悬臂	
80Y-100×2B	43.2	150	2950	29.5	40				两级悬臂	
80Y-100×2C	39.6	125	2950	22.7	32				两级悬臂	

注：与介质接触的且受温度影响的零件，根据介质的性质需要采用不同性质的材料，所以分为三种材料，但泵的结构相同。第Ⅰ类材料不耐硫腐蚀，操作温度在－20～200℃之间，第Ⅱ类材料不耐硫腐蚀，操作温度在－45～400℃之间，第Ⅲ类材料耐硫腐蚀，操作温度在－45～200℃之间。

十八、管壳式换热器系列标准（摘录）

1. 固定管板式（代号 G）

公称直径 DN	管程数 N_p	换热管数量 n	换热器面积 S_o/m^2 换热管长 L/mm 1500	2000	3000	6000	管程通道截面积/m^2	管程流速为 0.5m/s 时的流量/(m^3/h)	公称压力/PN
							碳钢管 $\phi25\times2.5$ / 不锈耐酸钢管 $\phi25\times2$		
159	Ⅰ	13	1/1.43	2/1.94	3/2.96	—	0.0041/0.0045	7.35/8.10	2.5
273	Ⅰ	38	4/4.18	5/5.66	8/8.66	16/17.6	0.0119/0.0132	21.5/23.7	2.5
273	Ⅱ	32	3/3.52	4/4.76	7/7.30	14/14.8	0.0050/0.0055	9.05/9.98	2.5
400	Ⅰ	109	12/12.0	16/16.3	25/24.8	50/50.5	0.0342/0.0378	61.6/68.0	1.6
400	Ⅱ	102	10/11.2	15/15.2	22/23.2	45/47.2	0.0160/0.0177	28.8/31.8	1.6
400	Ⅳ	86	10/9.46	12/12.8	20/19.6	40/39.8	0.0068/0.0074	12.2/13.4	1.6
500	Ⅰ	177	—	—	40/40.4	80/82.0	0.0556/0.0613	100.1/110.4	2.5
500	Ⅱ	168	—	—	40/38.3	80/77.9	0.0264/0.0291	47.5/52.4	2.5
500	Ⅳ	152	—	—	35/34.6	70/70.5	0.0119/0.0132	21.5/23.7	2.5
600	Ⅰ	269	—	—	60/61.2	125/124.5	0.0845/0.0932	152.1/167.7	1.0
600	Ⅱ	254	—	—	55/58.0	120/118	0.0399/0.0440	71.8/79.2	1.6
600	Ⅳ	242	—	—	55/55.0	110/112	0.0190/0.0210	34.2/37.7	2.5
800	Ⅰ	501	—	—	110/114	230/232	0.1574/0.1735	283.3/312.3	0.6
800	Ⅱ	488	—	—	110/111	225/227	0.0767/0.0845	138.0/152.1	1.0
800	Ⅳ	456	—	—	100/104	210/212	0.0358/0.0395	64.5/71.1	1.6
800	Ⅵ	444	—	—	100/101	200/206	0.0232/0.0258	41.8/46.1	2.5
1000	Ⅰ	801	—	—	180/183	370/371	0.2516/0.2774	453.0/499.4	0.6
1000	Ⅱ	770	—	—	175/176	350/356	0.1210/0.1333	217.7/240	1.0
1000	Ⅳ	758	—	—	170/173	350/352	0.0595/0.0656	107.2/118.1	1.6
1000	Ⅵ	750	—	—	170/171	350/348	0.0393/0.0433	70.7/77.9	2.5

说明：1. 表中换热面积按下式计算 $S_o=\pi n d_0(L-0.1)$

式中 S_o—计算换热面积，m^2；L—换热管长，m；d_0—换热管外径，m；n—换热管数目。

2. 通道截面积按各程平均值计算；

3. 管内流速 0.5m/s 为 20℃的水在 $\phi25\times2.5$ 的管内达到湍流状态时的速度；

4. 换热管排列方式为正三角形，管间距 $t=32$mm。

2. 浮头式（代号 F）

（1）F_A 系列

公称直径 DN	325	400	500	600	700	800
公称压力 PN	4.0	4.0	1.6 2.5 4.0	1.6 2.5 4.0	1.6 2.5 4.0	2.5
公称面积/m^2	10	25	80	130	185	245
管长/m	3	3	6	6	6	6
管子尺寸/mm	$\phi 19 \times 2$	$\phi 19 \times 2$	$\phi 19 \times 2$	$\phi 19 \times 2$	$\phi 19 \times 2$	$\phi 19 \times 2$
管子总数	76	138	228(224)①	372(368)	528(528)	700(696)
管程数	2	2	2(4)①	2(4)	2(4)	2(4)
管子排列方法	△②	△	△	△	△	△

① 括号内的数据为四管程的；

② 表示管子为正三角形排列，管子中心距为 25mm。

（2）F_B 系列

公称直径 DN	325	400	500	600	700	800
公称压力 PN	4.0	4.0	1.6 2.5 4.0	1.6 2.5 4.0	1.6 2.5 4.0	1.0 1.6 2.5
公称面积/m^2	10	25	65	95	135	180
管长/m	3	3	6	6	6	6
管子尺寸/mm	$\phi 25 \times 2.5$	$\phi 25 \times 2.5$	$\phi 25 \times 2.5$	$\phi 25 \times 2.5$	$\phi 25 \times 2.5$	$\phi 25 \times 2.5$
管子总数	36	72	124(120)①	208(192)	292(292)	388(384)
管程数	2	2	2(4)①	2(4)	2(4)	2(4)
管子排列方法	◇②	◇	◇	◇	◇	◇

公称直径 DN	900	110
公称压力 PN	1.0 1.6 2.5	1.0 1.6
公称面积/m^2	225	365
管长/m	6	6
管子尺寸/mm	$\phi 25 \times 2.5$	$\phi 25 \times 2.5$
管子总数	512(508)	(748)
管程数	2	4
管子排列方法	◇	◇

① 括号内的数据为四管程的；

② 表示管子为正方形斜转 45°排列，管子中心距为 32mm。

3. 冷凝器规格

序号	公称直径 DN	公称压力 PN	管程数	壳程数	管长/m	管径/m	管束图型号	公称换热面积/m^2	计算换热面积/m^2	规 格 型 号	设备质量/kg
1	400	2.5	2	1	3	19	A	25	23.7	FL_A400-25-25-2	1300
						25	B	15	16.5	FL_B400-15-25-2	1250
2	500	2.5	2	1	3	19	A	40	39.0	FL_A500-40-25-2	2000
						25	B	30	32.0	FL_B500-30-25-2	2000
3	500	2.5	2	1	6	19	A	80	79.0	FL_A500-80-25-2	3100
						25	B	65	65.0	FL_B500-65-25-2	3100
4	500	2.5	4	1	6	19	A	80	79.0	FL_A500-80-25-4	3100
						25	B	65	65.0	FL_B500-65-25-4	3100
5	600	1.6	2	1	6	19	A	130	131	FL_A600-130-16-2	4100
						25	B	95	97.0	FL_B600-95-16-2	4000
6	600	1.6	4	1	6	19	A	130	131	FL_A600-130-16-4	4100
						25	B	95	97.0	FL_B600-95-16-4	4000
7	600	2.5	2	1	6	19	A	130	131	FL_A600-130-25-2	4500
						25	B	95	97.0	FL_B600-95-25-2	4350

续表

序号	公称直径 DN	公称压力 PN	管程数	壳程数	管长/m	管径/m	管束图型号	公称换热面积/m^2	计算换热面积/m^2	规格型号	设备质量/kg
8	600	2.5	4	1	6	19	A	130	131	FL_A600-130-25-4	4500
						25	B	95	97.0	FL_B600-95-25-4	4350
9	700	1.6	2	1	6	19	A	185	187	FL_A700-185-16-2	5500
						25	B	135	135	FL_B700-135-16-2	5250
10	700	1.6	4	1	6	19	A	185	187	FL_A700-185-16-4	5500
						25	B	135	135	FL_B700-135-16-4	5250
11	700	2.5	2	1	6	19	A	185	187	FL_A700-185-25-2	5800
						25	B	135	135	FL_B700-135-25-2	5550
12	700	2.5	4	1	6	19	A	185	187	FL_A700-185-25-4	5800
						25	B	135	135	FL_B700-135-25-4	5550
13	800	1.6	2	1	6	19	A	245	246	FL_A800-240-16-2	7100
						25	B	180	182	FL_B800-185-16-2	6850
14	800	1.6	4	1	6	19	A	245	246	FL_A800-245-16-4	7100
						25	B	180	182	FL_B800-180-16-4	6850
15	800	2.5	2	1	6	19	A	245	246	FL_A800-245-25-2	7800
						25	B	180	182	FL_B800-180-25-2	7550
16	800	2.5	4	1	6	19	A	245	246	FL_A800-245-25-4	7800
						25	B	180	182	FL_B800-180-25-4	7550
17	900	1.6	4	1	6	19	A	325	325	FL_A900-325-16-4	8500
						25	B	225	224	FL_B900-225-16-4	7900
18	900	2.5	4	1	6	19	A	325	325	FL_A900-325-25-4	8900
						25	B	225	224	FL_B900-225-25-4	8300
19	1000	1.6	4	1	6	19	A	410	412	FL_A1000-410-16-4	10500
						25	B	285	285	FL_B1000-285-16-4	10050
20	1100	1.6	4	1	6	19	A	500	502	FL_A1100-500-16-4	12800
						25	B	365	366	FL_B1100-365-16-4	12300
21	1200	1.6	4	1	6	19	A	600	604	FL_A1200-600-16-4	14900
						25	B	430	430	FL_B1200-430-16-4	13700
22	800	1.0	2	1	6	25	B	180	182	FL_B800-180-10-2	6600
23	800	1.0	4	1	6	25	B	180	182	FL_B800-180-10-4	6600
24	900	1.0	4	1	6	25	B	225	224	FL_B900-225-10-4	7500
25	1000	1.0	4	1	6	25	B	285	285	FL_B1000-285-10-4Ⅲ	9400
26	1100	1.0	4	1	6	25	B	365	366	FL_B1100-365-10-4Ⅲ	11900
27	1200	1.0	4	1	6	25	B	430	430	FL_B1200-430-10-4Ⅲ	13500

十九、某些二元物系在101.33kPa（绝压）下的气液平衡组成

1. 苯-甲苯

苯摩尔分数		温度/℃	苯摩尔分数		温度/℃
液相中	气相中		液相中	气相中	
0.0	0.0	110.6	59.2%	78.9%	89.4
8.8%	21.2%	106.1	70.0%	85.3%	86.8
20.0%	37.0%	102.2	80.3%	91.4%	84.4
30.0%	50.0%	98.6	90.3%	95.7%	82.3
39.7%	61.8%	95.2	95.0%	97.0%	81.2
48.9%	71.0%	92.1	100.0%	100.0%	80.2

2. 乙醇-水

乙醇摩尔分数		温度/℃	乙醇摩尔分数		温度/℃
液相中	气相中		液相中	气相中	
0.00	0.00	100	32.73%	58.26%	81.5
1.90%	17.00%	95.5	39.65%	61.22%	80.7
7.21%	38.91%	89.0	50.79%	65.64%	79.8
9.66%	43.75%	86.7	51.98%	65.99%	79.7
12.38%	47.04%	85.3	57.32%	68.41%	79.3
16.61%	50.89%	84.1	67.63%	73.85%	78.74
23.37%	54.45%	82.7	74.72%	78.15%	78.41
26.08%	55.80%	82.3	89.43%	89.43%	78.15

二十、无缝钢管的直径与壁厚

（摘自 GB/T 17395—2008）

外径/mm			壁厚/mm															
系列 1	系列 2	系列 3	0.25	0.30	0.40	0.50	0.60	0.80	1.0	1.2	1.4	1.5	1.6	1.8	2.0	2.2(2.3)	2.5(2.6)	2.8
			单位长度理论重量/(kg/m)															
	6		0.035	0.042	0.055	0.068	0.080	0.103	0.123	0.142	0.159	0.166	0.174	0.186	0.197			
	7		0.042	0.050	0.065	0.080	0.095	0.122	0.148	0.172	0.193	0.203	0.213	0.231	0.247	0.260	0.277	
	8		0.048	0.057	0.075	0.092	0.109	0.142	0.173	0.201	0.228	0.240	0.253	0.275	0.296	0.315	0.339	
	9		0.054	0.064	0.085	0.105	0.124	0.162	0.197	0.231	0.262	0.277	0.292	0.320	0.345	0.369	0.401	0.428
10(10.2)			0.060	0.072	0.095	0.117	0.139	0.182	0.222	0.260	0.297	0.314	0.331	0.364	0.395	0.423	0.462	0.497
	11		0.066	0.079	0.105	0.129	0.154	0.201	0.247	0.290	0.331	0.351	0.371	0.408	0.444	0.477	0.524	0.566
	12		0.072	0.087	0.114	0.142	0.169	0.221	0.271	0.320	0.366	0.388	0.410	0.453	0.493	0.532	0.586	0.635
	13(12.7)		0.079	0.094	0.124	0.154	0.183	0.241	0.296	0.349	0.401	0.425	0.450	0.497	0.543	0.585	0.647	0.704
13.5			0.082	0.098	0.129	0.160	0.191	0.251	0.308	0.364	0.418	0.444	0.470	0.519	0.567	0.613	0.678	0.739
		14	0.085	0.101	0.134	0.166	0.198	0.260	0.321	0.379	0.435	0.462	0.489	0.542	0.592	0.640	0.709	0.773
	16		0.097	0.116	0.154	0.191	0.228	0.300	0.370	0.438	0.504	0.536	0.568	0.630	0.691	0.749	0.832	0.911
17(17.2)			0.103	0.124	0.164	0.203	0.243	0.320	0.395	0.468	0.539	0.573	0.608	0.675	0.740	0.803	0.894	0.981
		18	0.109	0.131	0.174	0.216	0.257	0.339	0.419	0.497	0.573	0.610	0.647	0.719	0.789	0.857	0.956	1.05
	19		0.116	0.138	0.183	0.228	0.272	0.359	0.444	0.527	0.608	0.647	0.687	0.764	0.838	0.911	1.02	1.12
	20		0.122	0.146	0.193	0.240	0.287	0.379	0.469	0.556	0.642	0.684	0.726	0.808	0.888	0.966	1.08	1.19
21(21.3)					0.203	0.253	0.302	0.399	0.493	0.586	0.677	0.721	0.765	0.852	0.937	1.02	1.14	1.25
		22			0.213	0.265	0.317	0.418	0.518	0.616	0.711	0.758	0.805	0.897	0.986	1.07	1.20	1.33
	25				0.243	0.302	0.361	0.477	0.592	0.704	0.815	0.869	0.923	1.03	1.13	1.24	1.39	1.53
		25.4			0.247	0.307	0.367	0.485	0.602	0.716	0.829	0.884	0.939	1.05	1.15	1.26	1.41	1.56
27(26.9)					0.262	0.327	0.391	0.517	0.641	0.764	0.884	0.943	1.00	1.12	1.23	1.35	1.51	1.67
	28				0.272	0.339	0.405	0.537	0.666	0.793	0.918	0.980	1.04	1.16	1.28	1.40	1.57	1.74

续表

外径/mm			壁厚/mm															
系列 1	系列 2	系列 3	0.25	0.30	0.40	0.50	0.60	0.80	1.0	1.2	1.4	1.5	1.6	1.8	2.0	2.2(2.3)	2.5(2.6)	2.8
			单位长度理论重量/(kg/m)															
		30			0.292	0.364	0.435	0.576	0.715	0.852	0.987	1.05	1.12	1.25	1.38	1.51	1.70	1.88
	32(31.8)				0.312	0.388	0.465	0.616	0.765	0.911	1.06	1.13	1.20	1.34	1.48	1.62	1.82	2.02
34(33.7)					0.331	0.413	0.494	0.655	0.814	0.971	1.13	1.20	1.28	1.43	1.58	1.73	1.94	2.15
		35			0.341	0.425	0.509	0.675	0.838	1.00	1.16	1.24	1.32	1.47	1.63	1.78	2.00	2.22
	38				0.371	0.462	0.553	0.734	0.912	1.09	1.26	1.35	1.44	1.61	1.78	1.94	2.19	2.43
	40				0.391	0.487	0.583	0.773	0.962	1.15	1.33	1.42	1.52	1.70	1.87	2.05	2.31	2.57
42(42.4)									1.01	1.21	1.40	1.50	1.59	1.78	1.97	2.16	2.44	2.71
		45(44.5)							1.09	1.30	1.51	1.61	1.71	1.92	2.12	2.32	2.62	2.91
48(48.3)									1.16	1.38	1.61	1.72	1.83	2.05	2.27	2.48	2.81	3.12
	51								1.23	1.47	1.71	1.83	1.95	2.18	2.42	2.65	2.99	3.33
		54							1.31	1.56	1.82	1.94	2.07	2.32	2.56	2.81	3.18	3.54
	57								1.38	1.65	1.92	2.05	2.19	2.45	2.71	2.97	3.36	3.74
60(60.3)									1.46	1.74	2.02	2.16	2.30	2.58	2.86	3.14	3.55	3.95
	63(63.5)								1.53	1.83	2.13	2.28	2.42	2.72	3.01	3.30	3.73	4.16
	65								1.58	1.89	2.20	2.35	2.50	2.81	3.11	3.41	3.85	4.30
	68								1.65	1.98	2.30	2.46	2.62	2.94	3.26	3.57	4.04	4.50
	70								1.70	2.04	2.37	2.53	2.70	3.03	3.35	3.68	4.16	4.64
		73							1.78	2.12	2.47	2.64	2.82	3.16	3.50	3.84	4.35	4.85
76(76.1)									1.85	2.21	2.58	2.76	2.94	3.29	3.65	4.00	4.53	5.05
	77										2.61	2.79	2.98	3.34	3.70	4.06	4.59	5.12
	80										2.71	2.90	3.09	3.47	3.85	4.22	4.78	5.33

参 考 文 献

[1] 冷士良．化工单元操作．3版．北京：化学工业出版社，2018.

[2] 柴诚敬，张国亮．化工流体流动与传热．3版．北京：化学工业出版社，2020.

[3] 张洪流．流体流动与传热．北京：化学工业出版社，2009.

[4] 姚玉英等．化工原理．天津：天津大学出版社，2001.

[5] 陆美娟，张浩勤．化工原理．3版．北京：化学工业出版社，2018.

[6] 柴诚敬．化工原理．3版．北京：高等教育出版社，2017.

[7] 冷士良等．化工单元操作及设备．2版．北京：化学工业出版社，2007.

[8] 大连理工大学．化工原理．3版．北京：高等教育出版社，2015.

[9] 陈敏恒等．化工原理．5版．北京：化学工业出版社，2020.

[10] 丛德滋，方图南．化工原理示例与练习．上海：华东化工学院出版社，1992.

[11] 张振坤，王锡玉．化工基础．5版．北京：化学工业出版社，2018.

[12] 陈裕清．化工原理．2版．上海：上海交通大学出版社，2009.

[13] 刘承先，张裕萍．流体输送与过滤操作实训．北京：化学工业出版社，2013.

[14] 贾绍义，柴诚敬．化工传质与分离过程．3版．北京：化学工业出版社，2020.

[15] 谭天恩等．化工原理（上下册）．4版．北京：化学工业出版社，2017.

[16] 武汉大学．化学工程基础．北京：高等教育出版社，2003.

[17] 陈敏恒等．化工原理教学指导与内容精要．北京：化学工业出版社，2019.

[18] 李德华．化学工程基础．3版．北京：化学工业出版社，2020.

[19] 张弓．化工原理．2版．北京：化学工业出版社，2016.

[20] 王志魁．化工原理．5版．北京：化学工业出版社，2019.

[21] 刘媛，潘文群．传质分离技术．3版．北京：化学工业出版社，2020.

[22] 闫晔，刘佩田．化工单元操作过程．2版．北京：化学工业出版社，2016.

[23] 张新战．化工单元过程及操作．2版．北京：化学工业出版社，2018.

[24] 杨雷库，刘宝鸿．化学反应器．3版．北京：化学工业出版社，2014.

[25] 王奇．化工生产基础．3版．北京：化学工业出版社，2018.

[26] 张国俊等．化工原理800例．北京：国防工业出版社，2005.

[27] 蒋维钧，余立新．化工原理．北京：清华大学出版社，2005.

[28] 李德华．化学工程基础．3版．北京：化学工业出版社，2020.

[29] 陈五平．无机化工工艺学（中）．北京：化学工业出版社，2016.

[30] 宋启煌．精细化工工艺学．4版．北京：化学工业出版社，2019.

[31] 黄仲九等．化学工艺学．北京：高等教育出版社，2001.

[32] 程铸生．精细化学品化学．上海：华东化工学院出版社，1990.

[33] 李和平等．精细化工工艺学．北京：科学出版社，1997.

[34] 韩冬冰等．化工工艺学．北京：中国石化出版社，2003.

[35] 廖巧丽．化学工艺学．北京：化学工业出版社，2005.

[36] 吴指南．基本有机化工工艺学．北京：化学工业出版社，1990.

[37] 林世雄．石油炼制工程（上册）．2版．北京：石油工业出版社，1994.

[38] 朱志庆．化工工艺学．2版．北京：化学工业出版社，2020.

[39] 周国保．化学反应器与操作．北京：化学工业出版社，2018.

[40] 陈炳和．化学反应过程与设备——反应器选择、设计和操作．4版．北京：化学工业出版社，2020.